高等教育质量工程信息技术系列教材

信息系统安全教程

张基温 编著 （第4版）

清华大学出版社

北 京

内 容 简 介

本书介绍信息系统的安全原理。作为一本原理类的教材,全文已统筹梳理成合理而又容易理解和掌握的体系。全书共 12 章,共分为如下 4 篇:第 1 篇介绍窃听、恶意代码和黑客三种攻击风险,使读者对信息系统安全产生紧迫感;第 2 篇先介绍数据加密、消息认证、身份认证和安全传输协议,奠定与信息系统安全有关的信任体系基础。此后介绍区块链中的安全技术,着重探讨在分布式系统中,如何建立基于去中心的自信任机制;第 3 篇介绍信息系统安全防卫技术,内容包括访问控制、网络隔离(防火墙、物理隔离、VPN 和沙箱)、入侵威慑(信息系统安全卫士、IDS、网络陷阱、数字取证、审计、日志和法治)和应急处理;第 4 篇从系统工程的高度,介绍开放系统互连安全体系结构、信息系统安全测试准则和信息系统工程方法。

本书深入浅出、结构新颖、紧扣本质,适合教学,可以激发读者的求知欲。书中除了配有丰富的习题供读者验证和自测外,还提供了几十个知识链接,以丰富和拓展读者视野。

本书适合作为计算机科学与技术专业、信息管理与信息系统专业、网络专业和信息安全专业的“信息系统安全概论”课程的教材或教学参考书,也可供有关技术人员参考。

图书在版编目(CIP)数据

信息系统安全教程 / 张基温编著. —4 版. —北京:清华大学出版社,2023.7
高等教育质量工程信息技术系列教材
ISBN 978-7-302-63762-2

Ⅰ. ①信… Ⅱ. ①张… Ⅲ. ①信息系统-安全技术-高等学校-教材 Ⅳ. ①TP309

中国国家版本馆 CIP 数据核字(2023)第 101700 号

责任编辑:白立军
封面设计:杨玉兰
责任校对:徐俊伟
责任印制:沈 露

出版发行:清华大学出版社
　　　　网　　　址:http://www.tup.com.cn,http://www.wqbook.com
　　　　地　　　址:北京清华大学学研大厦 A 座　　　　　　　　邮　编:100084
　　　　社 总 机:010-83470000　　　　　　　　　　　　　　　邮　购:010-62786544
　　　　投稿与读者服务:010-62776969,c-service@tup.tsinghua.edu.cn
　　　　质量反馈:010-62772015,zhiliang@tup.tsinghua.edu.cn
　　　　课件下载:http://www.tup.com.cn,010-83470236
印 装 者:三河市龙大印装有限公司
经　　销:全国新华书店
开　　本:185mm×260mm　　　印　　张:21.25　　　字　　数:516 千字
版　　次:2007 年 8 月第 1 版　2023 年 7 月第 4 版　　　印　　次:2023 年 7 月第 1 次印刷
定　　价:69.00 元

产品编号:100481-01

前　　言

（一）

信息系统是重要的系统，重要的系统需要特别保护；信息系统是复杂的系统，复杂的系统是脆弱的，脆弱的系统需要特别保护；信息系统是虚拟的系统，虚拟的系统给安全保护带来很大的难度；现代信息系统是开放的，开放的系统会带来更多的风险。重要、复杂、虚拟和开放，也给人们带来研究的乐趣和商业机会。现在信息系统安全技术和产品已经大量涌现，并且还在不断发展。

本书主要介绍信息系统的安全原理。作为一本原理类的教材，关键的问题是要梳理成合理而又容易理解和掌握的体系。在教学实践中，笔者反复探索，将安全理论梳理成如下4大类。

（1）信息系统安全威胁。

（2）信息系统信任认证。

（3）信息系统安全防卫。

（4）信息安全系统工程。

这样的梳理基本上囊括了几乎所有的安全技术。

在内容的安排上，则考虑了如下原则。

（1）尽量把与其他技术或概念相关的内容排在后面，即与其他内容相关最少的排在最前面。

（2）将能引起兴趣的内容排在前面，以使读者能有成就感。

（3）把安全体系结构和安全等级放在最后，这样不仅使其内容容易理解，而且也是对前面内容的总结和提高。

在内容的取舍上采取的原则是：重点内容详细介绍，次要内容只做一般介绍。

本书每章最后都配备了较多的习题，这些习题有如下不同的类型。

（1）有些要思考、总结。

（2）有些要进一步理解。

（3）有些要自己想象。

（4）有些要查找资料。

（5）有些要动手实验。

本书的前几版正是基于这些考虑逐步演进的。

（二）

常言道："道高一尺，魔高一丈。"信息系统安全是针对入侵和攻击威胁采取的一系列安全策略和技术。然而，按照木桶原理，当最短的一块木板被加长后，另一块次短的木板就变成最短的木板了；而一种攻击被防御之后，新的攻击又会出现。在这个充满竞争的世界里，攻击与防御相伴而生并且永远不会完结，攻与防的博弈将在竞争中永无止境。一般说来，防御往往要比攻击付出更多的代价，原因如下。

（1）攻击可以择机发起，防御必须随时警惕。

（2）攻击可以选择一个薄弱点实施，防御必须全线设防。

（3）攻击一般使用一种或几种技术，防御则需要考虑已知的所有技术。

（4）攻击可以肆意进行，防御必须遵循一定的规则。

社会总在发展，技术总在进步，攻击与防御也在博弈中相互促进。信息系统安全作为一门新兴的技术和学科，在本书第3版出版后的近5年间，又有了长足的发展。在读者和出版社的不断呼吁下，笔者下大力气进行全面修订，并在内容上进行了增删，除删除了已经不再使用的技术之外，还增添了新技术的内容，如同态加密、区块链安全技术、沙箱、ISSE、SSE-CMM等。

（三）

本书的修订永远是进行时。在本书第4版即将出版之际，衷心地希望读者和有关专家不吝指正，以便适当的时候进一步修订。

本书在编写过程中还参考了大量文献资料。这些资料有的引自国内外论文，有的引自其他著作，有的引自网站。虽编者尽心在参考文献中予以列出，但仍会有许多疏漏，同时也受篇幅所限，未能将所有参考资料一一列出。在此谨向有关作者致谢。

张基温

2023年6月

目　　录

第1篇　信息系统安全威胁

第 3 篇　信息系统安全防卫

第 4 篇　信息安全系统工程

第1篇　信息系统安全威胁

随着信息时代的到来和数字经济的展现，信息系统的重要性越来越突出。信息系统作为现代社会最重要的系统，是一种极其复杂的系统。事实上，重要系统往往是竞争对手攻击的首选目标，因为其所具有的神秘性往往会刺激好奇者、好胜者和恶作剧者的攻击兴趣。因此，随着信息系统重要性的提升、先进技术的应用以及内容的日益丰富，所受到的安全威胁（threats）也与日俱增。

信息系统的安全威胁，是对于自身薄弱性和攻击（aggression）者能力的综合评估。并且，攻击与防御的博弈，往往会以"道高一尺，魔高一丈"的规律相互刺激，使信息系统受到的攻击日新月异，变换无穷。在这个充满竞争的世界里，攻击与防御相伴而生并且永不会完结，并会在相互博弈中相得益彰。

孙子曰："知己知彼，百战不殆"。好的防御总是对对手充分了解的防御。目前对信息系统的攻击种类繁多，形式多样。这一篇仅对于常见的三种攻击手段——窃听、恶意代码和黑客进行讨论。

第1章 窃听型攻击

自古以来，各种竞争对手之间都把获取情报当作竞争成功的必要环节。窃听是指使用专用技术装备直接秘密窃取侦察目标的话音、图像等信息，从中获得情报的一种手段。因此，窃听也包括窃视、窃录和窃照，其手段和装置随着科学技术的发展，不断升级换代。

1.1 窃听技术及其发展概况

1.1.1 声波窃听

声波窃听就是直接获取信息声波的窃听。

1. 声波特性

声波是声音的传播形式，由声源振动产生。从物理学的角度来说，声音就是机械波，随着声音的传播，空气中的分子被挤压在一起，接着被分开，然后又被挤压，再被分开，如此反复，就产生了声波。声波传播的空间被称为声场。

声波有如下一些特性。

（1）声波可以理解为介质偏离平衡态的小扰动的传播。这个传播过程只是能量的传递过程，不发生质量的传递。

（2）声波只能通过物体传播，不能在真空中传播。

（3）作为一种波，声波的波形由振幅、频率、相位和周期决定。

（4）声波是一种波动，它具有波动的一切特性，能产生反射、折射、干涉、衍射、共鸣等现象。

（5）声波具有方向性，主要与声源尺寸和声波波长有关，当波长比声源尺寸大得多时，声波比较均匀地向各方向传播。

（6）人耳可以听到的声波的频率一般在20Hz（赫兹）至20kHz之间。

（7）声波在传递中，部分能量会被所传递的物质吸收，形成声波的衰减。

2. 早期的声波窃听

据史料记载，最早的窃听事件发生在约2500年前的战国时代。《韩非子·外储说右上》记载，秦惠王的弟弟樗（chū）里疾（见图1.1）足智多谋，很受秦王宠爱。后来，秦王手下来了一个叫公孙衍的谋士，获得了秦王赏识。为了保住自己的地位，樗里疾在秦王宫殿下面挖了条地道，每当秦王单独召见公孙衍，樗里疾就潜入地道窃听他们谈话，并最终靠窃听得到的消息挤走了公孙衍。

还是在战国时代，曾出现过一种称为"听瓮"的监听工具。听瓮是用陶制成的，如图1.2

（a）所示，大肚小口，把它埋在地下，并在瓮口蒙上一层薄薄的皮革，人伏在上面就可以听到城外方圆数十里的动静。到了唐代，又出现了一种"地听器"，如图 1.2（b）所示，它是用精瓷烧制而成的，形状犹如一个空心的葫芦形枕头，人睡卧休息时，侧头贴耳枕在上面，就能清晰地听到 30 里外的马蹄声。

图 1.1 樗里疾

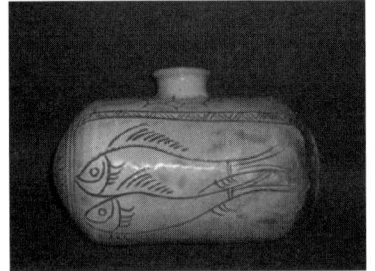

(a) 听瓮　　　　　(b) 地听器

图 1.2 听瓮和地听器

北宋大科学家沈括在他的《梦溪笔谈》一书中介绍了一种用牛皮做的"箭囊听枕"。他指出，这种"箭囊听枕"之所以能"数里内有的人马声，则皆闻之"，是因"虚能纳声"，即利用共振来放大传来的微弱信号。在江南一带，还有一种常用的"竹管窃听器"。它用一根根凿穿内节的毛竹连接在一起，敷设在地下、水下或隐蔽在地上、建筑物内，进行较短距离的窃听。

在国外还出现过与此相似的"大耳朵"窃听器（见图 1.3）。这种窃听器有一个特别大

图 1.3 "大耳朵"窃听器

的圆盘，圆盘朝前的一面为抛物面，当正前方传来的声波碰到圆盘时，根据波的反射原理，声波会被圆盘反射聚集在焦点上，来自其他方向的声波则不会聚焦。在焦点上放置一个能接收微弱声音的微音器，从正面传来的微弱声音激励微音器工作，将声能转换成电信号，经电子线路放大，再由窃听人员使用耳机监听。这种抛物面式窃听器能够拾取较大面积的声能，窃听距离可达几千米。

根据声波反射、折射原理，人们制成了外形像扩音喇叭一样的远距离定向麦克风窃听器。为了提高灵敏度和指向性，根据双耳效应，用两个喇叭拾音使来自正前方的声音同时到达双耳，而来自侧面的声音，由于传播路程略有差异，总是一个耳朵先听到，另一个耳朵后听到，分析两耳听到声音的时间差，就可确定声音的方向和距离。

为了便于携带，人们还根据波的叠加原理制成了外形像鸟枪的窃听器，窃听者只要把"鸟枪"的枪口对准被窃听的方向，就能取得较好的窃听效果。这种"鸟枪"窃听器在长长的枪管上开有很多规则排列的小孔，当声波从正前方传来时，经过小孔进入枪管，就会在枪管尾部的微音器处互相加强；而当无关的声波从枪管两侧传来时，经小孔进入枪管后则互相抵消，这就使监听人员听不到与窃听对象无关的声音，只拾取被侦察方向的声音。

1.1.2　电气时代的窃听器

声波是疏密波，在稀疏区域的实际压强小于原来的静压强，在稠密区域的实际压强大于原来的静压强，声压的周期性变化可以控制电流的周期性变化，从而把声信号转换为电信号，然后经输送线传到电声装置，再将电信号转换为声信号，以供监听人员接收。这种利用声振动产生声压传递信号的原理，不仅是窃听器的工作原理，也是电话机的工作原理。随着电话的普及，电话机也成为常用的窃听工具。最初使用电话进行窃听的方法如图 1.4 所示，是将微小窃听器放到电话的麦克风中，进行声波窃听。

为了便于隐藏，窃听器日趋小型化、微型化。有的窃听器可以做成黄豆粒或针尖那么小，埋设在墙壁、电话机、电灯、沙发、椅子里，用一对导线将信号引出来。窃听者在远远的地方即可听到室内的动静，其监听范围可达 10m 左右，甚至连写字的声音都能听得一清二楚。为了减少专设线路和解决窃听器的用电问题，窃听者往往利用室内电源插座上的交流电，只要在电源插座上附设小小的配件，窃听麦克风拾取的谈话声音，经过放大调频变成载波信号，送到电源线上传输出去。窃听者在电源线路的任何位置接上一个载波接收器，便能听到室内的谈话。

为了隐蔽，许多窃听器被隐藏在日常用品中。例如，国外曾有一种伪装成航空卡片架的窃听器，上面用法文写着"航空运输联盟"等字样，但实际上它的不到 1cm 厚的木头底座里隐藏着微型麦克风窃听发射机、遥控接收机和电池等，上面的金属框架就是发射天线和接收天线。有的微波窃听器可以制得很小，隐藏在提包、首饰、钢笔、眼镜、鲜花、领带、纽扣、调料、烟灰缸以及电子打字机、计算机、译码电信机、电传机、保密机等电子设备中。1969 年春，美国驻罗马尼亚大使被监听，保安军官最后在大使皮鞋左脚的鞋后跟里发现了一只大功率苏制 K9R 窃听器（见图 1.5），这只皮鞋曾由大使馆里的一个"女佣"拿去修理过。在"修理"过程中，鞋后跟被人剜开，装进了这个重量不到 5.7g 的窃听器，鞋跟上还挖了一个小孔，使窃听器的麦克风头露出来，在另一个小洞里插着一根钢针。这样，只要"女佣"在夜里把针拔出来就关闭了窃听器，而早上在大使起床前把钢针一踩进去，就又开启了窃听器。

图 1.4　电话机中的窃听器　　　　　　　图 1.5　皮鞋中的窃听器

还有的窃听器被预埋在建筑物中。例如，20 世纪 80 年代，美国曾派特工渗入负责兴建苏联驻美使馆的建筑商，趁机在大使馆地底下挖掘了一条秘密隧道，在隧道中安装各种窃听工具，监听大使馆的一举一动。而当时的苏联也采取了同样手段。再如，1985 年，美国在对其驻苏大使馆的新馆舍进行安全检查时，在混凝土构件中查出了一大堆麦克风。

为了解决入室布放窃听装置困难的问题，人们也绞尽脑汁。例如，可将拾音器、信号放大电子线路、电池、天线等装在特制的炮弹中，在作战之前伴随火力侦察，发射到敌方的哨所、驻地、指挥部附近，或交通要道等处，它们可以起着侦察兵起不到的作用。克格勃在 20 世纪 50 年代中期广泛应用的一种微型无线电窃听器"虫威"是那个时代窃听器的代表作，其体积只有火柴盒大小，可以用气枪弹射到窃听目标外墙上，用超短波将所收到的声音发射到直径为 5 英里的范围之内，用一个灵敏度很高的接收机就能收到。

美国中央情报局在 20 世纪 60 年代后期采用集成电路生产了一种直径 0.25cm 的无线电传送器，并把它安装在苍蝇背上。执行任务前，他们会让苍蝇先吸入一口神经毒气，使它到达目的地完成窃听器的布放后很快死去。

20 世纪 70 年代初，美国中央情报局利用训练过的鸽子布放窃听器。他们把微型窃听器系在鸽子身上，然后将红色激光束射向要进行窃听的窗户上，鸽子就乖乖按照激光导向，飞落在这个窗户的窗台上。它啄一下按钮，窃听器便脱离鸽身，开始自动工作。

在冷战时期，美国曾进行过一项代号为"声响小猫"的试验。他们在猫体内放入窃听器、电池和线路，猫的尾巴被用作天线。按照中情局原先的设想，他们最终要把这只猫变成可遥控指挥、听话的"高级间谍"。只是由于试验失败，这一计划才被迫告吹。

可以说，在今天，人们都不知道什么地方没有窃听器了。一个耐人寻味的故事是，1955年已经有了可以放进手表中的窃听器，当时美国在柏林的特工会见一东德同行时使用的就是这种监听器。尽管事先有一个禁止记录谈话的协定，但谁也没有遵守。没想到在谈话中美方的录音机出了毛病，发出响声。而德方人员还以为是自己偷带的录音机出了故障，甚至尴尬地问："先生，是您的录音机出了毛病呢，还是我的？"

1.1.3 纳米窃听与激光窃听

1. 纳米窃听

据外电报道，现在一些军事强国正在竞相研发纳米微型兵器。据悉，现在已有超微型信息体系和进犯体系悄然走出实验室，有的已准备投入战场，这些"特务"极端细小，很难被发现，它们装备有敏感的微型摄像机、窃听器和感应器等，能够大面积分布，通过网络感知外界各种信息；它们能够深入虎穴，将微型智能侦察体系植入昆虫体内，并进行操作以搜集情报，乃至引导己方导弹实施进犯；很多"麻雀卫星"布撒在不同的轨道上组网，可连续监督地球上的任何角落，即便少量小卫星失灵，卫星网也不会受到影响。

2. 激光窃听

随着科学技术新成就的不断出现，窃听技术越来越高级，其方法和手段越来越多，如激光窃听、辐射窃听等新的窃听技术相继问世。例如，由于激光可以探测到物体表面极微弱的振动,20 世纪 60 年代激光技术问世不久后也被窃听技术专家利用，制作出激光窃听器。这样，室内谈话的声音引起窗户上玻璃轻微振动后，窃听者可以用激光对准窗玻璃发射，再用一个激光接收器接收由窗户玻璃反射回来的激光，还原成声音。

1.2 通信信号截获（信息窃听新动向之一）

1.2.1 电磁波窃听

1. 电磁波窃听的种类

电磁波窃听是截获载信电磁波。它有两种形式：信号拦截监听和电磁泄漏监听。

（1）信号拦截监听。

信号拦截监听也称为搭线窃听，其方法是在被监听的信道加装信号拦截装置。例如，将窃听器的两根线接到电话线路上，直接截获电话线路里的电流信号。"水门事件"就属于典型的搭线窃听。为了隐蔽，窃听者常把窃听位置选择在电话线路的接线盒内、分线箱上，尽量不入侵室内。现在已有自动化程度很高的旁听设备，一旦有人拿起手机准备打电话，电话集中机（前台与后台之间起承上启下作用）便自动开始工作，数字显示器就显示出该电话机的号码，自动报时器报告通话开始和结束的时间，录音机录下电话内容。此外，还可根据电磁感应现象，将感应线圈设置在电话线外、电话机下，以此来窃听电话内容。

（2）电磁泄漏监听。

电磁泄漏是指电子设备中的杂散能量向外扩展中夹带了设备所处理的数据信号的电磁波。在一定的条件下和距离内，重新复原这些信息已经不是难事。

1985 年，在法国召开的一次国际计算机安全会议上，年轻的荷兰人范·艾克当着各国代表的面，用价值仅仅几百美元的器件对普通电视机进行改造，在楼下的汽车内接收并显示出了 8 层楼上计算机屏幕上显示的图像。国外也有实验表明，银行计算机上显示的密码，竟在马路上就轻易地被截获了。

因为计算机的数字信号就是一些高频脉冲信号。这些高频电磁信号会产生与一台小型电台差不多的电磁波辐射。

最早用来捕获电磁波泄漏信号的设备是矿石无线电收报窃听器。矿石收音机是最简单的无线电接收机，由长导线天线加上选择信号频率的调谐器和检波器组成，因为检波器可以使用晶体矿石，所以称为矿石收音机。据说矿石收音机至今仍在被间谍使用，因为它没有振荡器，不需要电池和电能，使反间谍组织不能侦测到被监听的频率。例如，1914 年夏天，第一次世界大战时期，在法国北部一座幽静的花园里停着一辆毫不起眼的马拉大篷车。这辆车里安装着当时英国军事情报局最先进的矿石无线电收报窃听器，用它来窃听邻近德国军队的无线电联系信号。

随着天线技术的进步，人们已经可以捕捉到距离更远、强度更弱的电磁波信号了。据美军一份泄密文件透露，驻日美军楚边基地是美国家安全局遍布全球的情报网的重要一环，楚边通信所始建于 1957 年，于 1962 年完工。在冷战时期，美国国家安全局能够监听到苏联的所有密码通信，冷战结束后，由于所处地理位置的独特性，楚边通信所非但没有被拆除，反而在对朝鲜半岛以及中国和东南亚地区的侦察中发挥着不可替代的作用。图 1.6 为位于冲绳美军基地的楚边通信所内用来搜集周边国家情报的天线"象栏"。图 1.7 为日本在三泽基地密布的球形天线。

图 1.6　美军部署在日本的巨形雷达天线"象栏"

图 1.7　日本在三泽基地密布的球形天线

随着大数据处理技术日臻成熟，广泛进行电磁泄漏信号的监听往往可以获得意想不到的有价值信息。

2. 电磁波窃听的防范

针对电磁泄漏可以采取如下一些对抗措施。

（1）屏蔽：用电磁屏蔽技术，既可防止电磁波外泄，又可防止外来电磁波的干扰。

（2）隔离：将需要重点防护的设备从系统中分离出来，加以特别保护。

（3）使用低辐射计算机设备，在分立元器件、集成电路、连线器和阴极射线显示器等方面采取防辐射措施。

（4）使用干扰器：产生电磁噪声，增大辐射信息被截获后破解还原的难度。

（5）滤波：在电源或信号线上加装合适的滤波器，阻断传导泄露的通道。

（6）接地：接地可以使杂散能量向大地泄露。

（7）数据加密和数据隐藏。前者隐蔽了数据的可读性，后者隐蔽了数据的可见性。

1.2.2　通信电缆监听和光缆监听

1. 通信电缆监听

当电缆有电流通过时，在导体周围会产生磁场，设备足够灵敏就能感应到这个磁场的变化，而无须物理分割导体的金属载体。一个典型的例子就是美国的"常春藤之铃"行动。

在冷战最激烈的1971年，美国"大比目鱼"号潜艇（见图1.8）奉命前往鄂霍次克海，执行代号为"常春藤之铃"的行动。潜水员们在鄂霍次克海北部水下120m的深处艰难地发现一串"禁止靠近"的标记后，沿着该标记找到了一条苏联军事通信电缆。这是一条苏联位于符拉迪沃

图 1.8　"大比目鱼"号潜艇

斯托克的太平洋舰队司令部与彼得罗巴甫洛夫斯克潜艇基地进行联络的电缆。电缆中的信号虽是编码的，但却并未加密。潜水员们在这条电缆上安装了能录下所有谈话的窃听器。窃听器是一个长约5m、直径约1.2m的钢柱，内置包含提供能源的钚电池和录音设备。该录音设备能够在电缆有信号时自动开机，最多可录下长达150h的通话。美军潜水员每月下

水一次，取回录好的录音带，换上新录音带。五角大楼确信这个计划很成功，随后在其他几处苏联通信电缆上也安装了类似的窃听设备。这个"常春藤之铃"行动延续了 10 年之久。直到 1981 年，美国国安局的一位雇员将这一秘密卖给了莫斯科，该行动才被苏联知晓。莫斯科为了掩护美国线人，声称是在修理被渔船毁坏的电缆过程中误打误撞发现了此事。

2. 光缆监听

一直以来，人们都认为光缆传输要比通信电缆传输安全得多，因为光缆中传播的激光信号不会在光缆外面形成电磁场信号。然而，2005 年 3 月，美国"海狼"级核潜艇"吉米·卡特"号（见图 1.9）的服役，彻底改变了人们的认识，这是因为"吉米·卡特"号潜艇是一艘专攻海底光缆窃听的潜艇。该潜艇具备海底光缆窃听功能，配备有专门用于安装窃听装置的深潜器，其最大下潜深度达到 610m，通过坐沉海底，释放深潜器实施窃听，或者将窃听装置安装到光缆上长期监听。

实际上，美国早在 20 世纪 90 年代中期就进行过光缆窃听试验，目前的光缆窃听技术已经十分纯熟。据美方资料透露，对光缆进行窃听主要有两种方式：光纤窃听和中继站窃听。

对光缆进行窃听的技术也不止一种。一种技术是将含有一根光纤的极细"针管"插入光缆内护套，直抵光纤。于是，针头中的光纤与光缆中的光纤连接，光束会被部分引入窃听装置，而光缆中的光强衰减并不影响光缆正常工作。另一种方法是将光缆剥开至裸纤，将光缆弯曲到临界角度，使得一部分光线从光纤中折射出来。其基本方法如图 1.10 所示，从光纤中折射出来的光线被设备中的光学检测设备拾取，然后发送给光电转换设备将光信号转换为电信号，再将这些信号送计算机中分析。

图 1.9 美国"海狼"级核潜艇"吉米·卡特"号

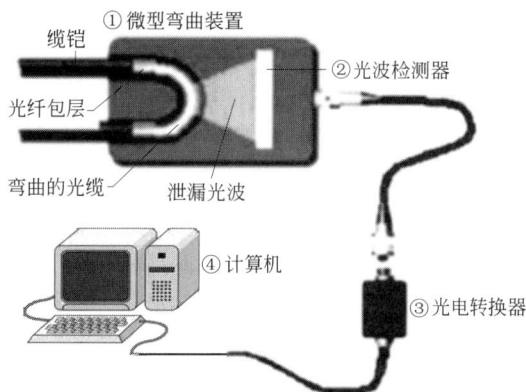

图 1.10 弯曲光缆进行窃听

光纤对比法也是美国较常用的窃听方式，让与激光不同波段的光线沿光纤的径向射过光纤，从而得到相应脉冲信号的光信号，进而转换成电信号，达到窃听目的。而中继站窃听。即通过打开光缆中继器加装窃听装置实现窃听更为容易。不过，由于大多数光纤窃听技术都会导致光纤内部光束的能量出现微小减弱，因此检测光纤能量衰减就是一种窃听发现技术，其中就包括宽波带能量监测，当监测到的通信服务下降达到超过一定阈值时，就认为遭到攻击。

对付光缆窃听，除了检测能量衰减外，采用量子通信是目前被广泛认可的技术。量子通信是指利用"量子纠缠"效应进行信息传递的一种新型通信方式。所谓"量子纠缠"，是指在微观世界里，不论两个粒子间距离多远，一个粒子的变化都会影响另一个粒子的现象。这个现象被爱因斯坦称为"诡异的互动性"。作个形象的比喻，纠缠状态下的量子就像一对"心有灵犀"的骰子。甲、乙两人身处两地，各拿其中一个骰子，甲随意掷一下骰子是 5 点，与此同时，乙手中的骰子就自动翻转到 5 点。

量子通信涉及量子密码、量子远程传态和量子密集编码等技术。基于量子力学的基本原理，量子通信具有高效和绝对安全等特点，因此成为国际上量子物理和信息科学的研究热点。这门学科已逐步从理论走向实验，向实用化发展。可喜的是，我国对于量子通信技术的研究已经取得了重大进展。据报道，我国正在研制可以自行毁灭的量子密钥，广域量子通信网络计划已经开始实施，未来 2～5 年，量子通信技术将得到广泛拓展应用。

1.2.3 共享网络窃听

共享网络有几种不同的解释。这里主要指以共享信道为基础的共享。一般说来，信道共享有三种形成方式：随机接入、受控接入和信道复用。它们虽然都有被窃听的可能，但随机接入的危险最大。这里讲的共享网络主要指这种情况。

现在实际运行的计算机网络基本上是一种如图 1.11 所示的"TCP/IP + 以太网"结构。

应用层
IP地址	TCP/IP
MAC地址	物理网

图 1.11 现行网络基本结构

在这种网络中，当有两台主机通信的时候，源主机（记为 A）发往目的主机（记为 B）的数据包，要先在运输层（TCP/UDP）标记上端口（进程）号，在网际层加上主机的 IP 地址，成为网际层数据包。但是，这种数据包必须再交给网络接口，在物理网中传送。然而，物理网不会识别 IP 地址，还必须添加只有物理网才能识别的源主机和目的主机的物理地址，再以帧的形式由网卡发送到网络上。

网卡具有如下 4 种工作模式。

（1）广播模式（broadcast mode）。它的目的地址是 0Xffffff 的帧为广播帧，工作在广播模式的网卡接收广播帧。

（2）多播模式（multicast mode）。多播传送地址作为目的 MAC 地址的帧可以被组内的其他主机同时接收，而组外主机却接收不到。但是，如果将网卡设置为多播传送模式，它可以接收所有的多播传送帧，而不论它是不是组内成员。

（3）直接模式（direct mode）。工作在直接模式下的网卡只接收目的地址匹配本机 MAC 地址的数帧。

（4）混杂模式（promiscuous mode）。工作在混杂模式下的网卡接收所有流过网卡的帧，数据包捕获程序就是在这种模式下运行的。

网卡的默认工作模式是广播模式和直接模式，即它只接收广播帧和发给自己的帧。如果采用混杂模式，一个站点的网卡将接收同一网络内所有站点发送的数据包，这样就可以达到对网络信息进行监视和捕获的目的。

早期的以太网采用的是总线结构，即各台主机使用集线器（hub）连接。这时，数据帧可以到达每一台主机。当网卡在默认模式下工作时，如果到达的数据帧中携带的物理地址是自己的或者是广播地址，则将数据帧交给上层协议软件——IP 层软件处理，否则就将这个帧丢弃，即数据帧只能被与目的地址相符的主机接收。但是，若网卡的工作模式被设置成混杂模式，这台主机就可以接收所有到达的数据帧了。在这样的网络中实施监听并非难事，并且监听可以在网上的任何一个位置实施，如局域网中的一台主机、网关上或远程网的调制解调器之间等。

现在，随着集线器被交换机取代，这一现象基本不再出现。

1.3 手机监听（信息窃听新动向之二）

1.3.1 手机监听的基本技术

随着手机成为人们生活中的必需品，手机监听的事件便层出不穷。1996 年 4 月，俄罗斯车臣叛乱分子的头目杜达耶夫因手机泄密，被俄军发射导弹击毙。2002 年 3 月，本·拉登的得力助手、"基地"组织的二号人物阿布·祖巴耶达赫因使用手机暴露藏身地而落网。2013 年 10 月 23 日，德国媒体报道了美国情报部门监听德国总理默克尔的消息，如晴空霹雳，一时间舆论大哗，默克尔无限委屈，恼怒万分（见图 1.12）。

图 1.12　得知手机被美国情报
部门监听的默克尔

1. 截获手机的电磁波

一般说来，手机的通信过程就是使用手机把语音信号传输到移动通信网络中，再由移动通信网络将其变成电磁频谱，通过通信卫星辐射漫游传送到受话人的电信网络中；受话人的通信设备接收到无线电磁波，再转换成语音信号接通通信网络。手机使用的无线信道的开放性，让第三者只要有相应的接收设备，就能够截获任何时间、任何地点、任何人的通话信息。拦截距离可达上万千米，有效监听距离与地球同步通信卫星信号覆盖范围几乎相等。

2. 安装手机"卧底"软件

强大的卧底软件可以完成如下一些监控。

（1）隐秘地进行环境音效拦截监控。如果目标手机是空闲状态，通过拨打使这个手机被秘密接通，卧底软件会自动激活目标手机的免提麦克风而不会有任何显示，这时目标手机可以清楚地传回周围环境的声音。如果目标手机正在使用中或者目标手机的使用者按了任意键，本次呼叫将会被秘密断开，不留一点痕迹。

（2）对目标手机进行定位追踪。对于有 GPS 装置的手机，卧底软件可以清楚地确定目标手机的经纬度坐标以及显示定位时完整的地图。虽然有些手机没有 GPS 装置，但是所有手机都有电话身份识别功能，手机卧底软件还可以提供基于移动基站查询位置的功能。

（3）短信监控。手机卧底软件可以根据设置，捕获目标手机发送、接收的短信，使窃听者可以在远端查看到短信的内容、对方号码、发送/接收时间等信息，如果对方号码在目标手机的通讯录（联系人）存有姓名，对方号码会与姓名关联，并显示该姓名。

（4）电子邮件监控。手机卧底软件会根据设置，捕获目标手机所发送、接收的电子邮件信息并上传到手机卧底服务器。

（5）远程遥控。手机卧底软件可以使用指令对目标手机进行遥控设置，如更改监控号码、更改上传频率、发送诊断请求等。

（6）手机卧底软件让目标手机永不脱离窃听者的视线。当目标手机更换 SIM 卡（手机卡）后，手机卧底软件会使用目标手机新更换的 SIM 卡以秘密短信的形式把监控号码发送给监控者，告知 SIM 卡已变更的信息。监听者可以根据此信息，对目标手机的新号码进行监控。

有一些监听是根据手机网络的制式特点进行的。下面针对 GSM 和 CDMA 这两种常用手机制式的监听原理展开讨论。

1.3.2　GSM 手机监听

1. 利用 GSM 信道漏洞监听

全球移动通信系统（Global System for Mobile Communications，GSM）是世界上主要的蜂窝系统之一。GSM 是采用 FDMA（频分）与 TDMA（时分）制式相结合的一种通信技术，其网络中所有用户分时地使用不同频率进行通信。中国 GSM 手机采用 900MHz 频段和 1800MHz 频段工作。表 1.1 为中国 GSM 工作频段的具体分配。

表 1.1　中国 GSM 工作频段分配

种　　类	上行频段/MHz	下行频段/MHz
GSM900	890～915	935～960
GSM1800	1710～1785	1805～1880

对于 GSM900，上下行频段的各 25MHz 的频率范围被划分为 124 个不同的信道，每个信道带宽为 200kbps，每个信道采用 TDMA 技术分为 8 个时隙，形成 8 个物理信道，理论上一个射频允许同时进行 8 组通话。所以 GSM900 频段在同一区域内可同时供近 1000 个用户使用。

GSM900 的帧时长为 4.615ms，每个物理信道的时隙长度为 0.577ms，即把时间分割成周期性的帧，每一帧再分割成许多个时隙。之后根据特定的时隙分配原则，使移动手机用户在每帧中按指定的时隙向基站发送信号。基站分别在各自指定的时隙中，接收到不同的移动手机用户的信号，同时基站也按规定的时隙给不同的移动手机用户发射信号。各移动用户在指定的时隙中接收信号。为保证在同一信道上的用户可以相互不受干扰，GSM 按欧洲和亚洲的应用标准采取以下 5 级保护。

（1）用户接入网络时的鉴权。

（2）移动设备识别。

（3）无线路径信号加密。

（4）临时识别码保护。

（5）以个人身份识别码（Personal Identification Number，PIN）保护 SIM 卡。

如果电信运营商真的严格执行了这些标准，就会大大增加监听难度。但现实中，有些运营商往往出于盈利目的，使这些标准的实施有可能不完全到位，形成一些漏洞。例如，当一个人使用 GSM 进行通信的时候,其手机和 GSM 网络将对本次会话用一个临时 ID 和会话密钥进行加密。但是,由于 GSM 的加密算法存在缺陷并重复地使用相同的会话密钥,这样,如果数据被记录,黑客会很快而且很容易解密会话密钥和临时 ID,然后黑客可以使用临时 ID 和会话密钥去伪造该号码的通信。

2. 利用接口漏洞监听

从信令(Signal,电信网中的控制信号)结构上看,GSM 系统包括如下一些接口。
(1)移动应用部分(Mobile Application Part,MAP)接口。
(2)A 接口(GSM 网络子系统 NSS 与基站子系统 BSS 之间的标准接口)。
(3)ABIS 接口(基站控制器 BSC 与基站收发信台 BTS 之间的通信接口)。
(4)UM 接口(GSM 的空中接口——基站与移动台间的接口)。
这些接口都有大量的性能参数和配置参数,一些具体参数在设备完成前就已经设定好了,这里面本身就存在许多漏洞。另外,一般人不知道的是一些国外生产的手机也都留有监听接口。

3. 利用其他漏洞监听

GSM 还有一个特点是其发射功率较大,这也为远程监听提供了一些条件。

1.3.3　CDMA 手机监听

码分多址(Code Division Multiple Access,CDMA)是在扩频通信技术上发展起来的一种崭新而成熟的无线通信技术。如图 1.13 所示,它将需传送的具有一定信号带宽的数据用一个带宽远大于信号带宽的高速伪随机码进行调制,使原数据信号的带宽被扩展,再经载波调制并发送出去。接收端使用完全相同的伪随机码对接收的带宽信号做相关处理,把宽带信号换成原数据的窄带信号,即解扩,以实现信息通信。

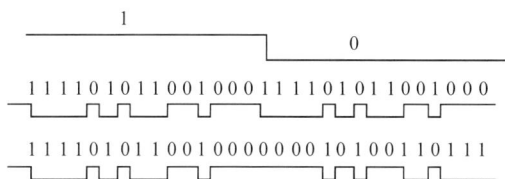

图 1.13　CDMA 扩频

CDMA 手机所使用的 WCDMA、TDCDMA、CDMAX 等技术,均是理论上可以防止低水平窃听的。
(1)CDMA 采用了扩频技术,可以使其信号强度比 GSM 小得多。
(2)CDMA 的呼叫都使用相同的频率,大量的 CDMA 信号共用一个频谱,大大增加了监听分析的难度。
(3)CDMA 手机各自的信号带有不同的随机码,原数据信号的带宽被扩展后经载波调制发射出去。在接收端则使用完全相同的高速伪随机码,在最后环节才将接收的宽带信号还原成窄带信号(解扩)来实现通信。随机码的使用大大增加了监听分析的难度。
但是,所有这些并不能保证其不可窃听,只不过窃听难度要比 GSM 难得多。

1.3.4　NFC 泄露

近场通信（Near Field Communication，NFC）是一种由非接触式射频识别（RFID）及其互连技术演变而来的短距高频的无线电技术，最先由飞利浦半导体（现恩智浦半导体公司）、诺基亚和索尼 3 家公司共同研制开发。

该技术规范定义了两个 NFC 设备之间基于 13.56MHz 频率的无线通信方式。使用NFC，不需要卡，也不需要读卡器，只要有两台 NFC 设备，就可以在 20cm 距离内进行数据交换，传输速度有 106kbps、212kbps 或者 424kbps 三种。

从 2006 年诺基亚公司推出第一部 NFC 手机开始，其后陆续有不少设备加入了 NFC 功能。目前，NFC Forum 在全球拥有数百个成员，包括索尼、飞利浦、LG、摩托罗拉、NXP、NEC、三星、英特尔、中国移动、华为、中兴等公司。

1．NFC 在手机上的应用

NFC 技术在手机上的应用主要有以下 5 类。

（1）接触通过（Touch and Go），如门禁管理、车票和门票等，用户将存储车票证或门控密码的设备靠近读卡器即可，也可用于物流管理。

（2）接触支付（Touch and Pay），如非接触式移动支付，用户将设备靠近嵌有 NFC 模块的 POS 机可进行支付，并确认交易。

（3）接触连接（Touch and Connect），如把两个 NFC 设备相连接，进行点对点（Peer-to-Peer）数据传输，例如下载音乐、图片互传和交换通讯录等。

（4）接触浏览（Touch and Explore），用户可将 NFC 手机接靠近街头有 NFC 功能的智能公用电话或海报，来浏览交通信息等。

（5）下载接触（Load and Touch），用户可通过 GPRS 网络接收或下载信息，用于实现支付或门禁等功能，如前述，用户可发送特定格式的短信至家政服务员的手机来控制家政服务员进出住宅的权限。

也就是说，可以凭借一部手机走遍天下。

2．NFC 数据泄露

近距离通信的方便性，也给犯罪者以有机可乘。现在已经有犯罪分子近距离获取别人银行卡信息的报道，所以有关媒体提醒人们不要将银行卡等与手机放在一起，也要提防别人近距离刷走自己重要卡中的信息。

习　题　1

1．总结各种电磁波窃听方法的技术要点，提出相应的防范设想。

2．收集各种手机监听技术要点，提出相应的防范设想。

3．收集各种网络监听技术要点，提出相应的防范设想。

4. 收集资料，比较下列传输介质上信息被监听的机会和可能。

（1）以太网。

（2）令牌网。

（3）电话网。

（4）有线电视网。

（5）微波和无线电。

第 2 章　恶意代码攻击

一般说来，恶意代码（malicious code）或称恶意程序（malicious program）是指一类特殊的程序代码，它们通常在用户不知晓也未经授权的情况下潜入到计算机系统中，对系统产生不良影响。

在信息系统安全的反复博弈中，恶意代码不断花样翻新，种类不断增加。其中，最多见的是病毒（virus）、蠕虫（worm）、特洛伊木马（trojan horse）、细菌、陷门（trap doors）、僵尸（bot）等。它们的区别主要在存在形式、自繁殖性、传播机制、运行机制和攻击机制等方面。表 2.1 为几种典型恶意代码的主要区别。

表 2.1　几种典型恶意代码的主要区别

恶意代码	存在形式	自繁殖性	传播机制	运行机制	攻击机制
病毒	寄生	有	文件感染传播	自主运行，条件触发	文件感染
蠕虫	独立	有	利用网络，主动传播	自主运行	消耗资源加恶意行为
特洛伊木马	欺骗性，独立	无	被植入	受控运行	窃取网络信息
细菌	独立	有	自传播	自主运行	消耗计算机资源

2.1　病　　毒

2.1.1　计算机病毒的特征与存在状态

在生物学界，病毒是一类没有细胞结构，但有遗传、复制等生命特征，主要由核酸和蛋白质组成的有机体。计算机病毒（computer virus）是指与生物界中的病毒有极为相似特征的程序代码，在《中华人民共和国计算机信息系统安全保护条例》中有明确定义："计算机病毒，是指编制或者在计算机程序中插入的破坏计算机功能或者毁坏数据、影响计算机使用，并能自我复制的一组计算机指令或者程序代码。"

通常，人们也简单地把计算机病毒定义为：利用计算机软件与硬件的缺陷，破坏计算机数据并影响计算机正常工作的一组指令集或程序代码。通常，人们也把凡是能够引起计算机故障，破坏计算机数据的程序代码都简单地称为计算机病毒。

1. 计算机病毒的特征

具体地说，计算机病毒具有如下特征。

1）非授权执行性

一个有用程序的执行是由用户调用开始的。被调用时，要从系统获得控制权，得到系统分配的相应资源，来实现用户要求的任务。而病毒程序的执行不是由用户调用开始的，即其执行具有非授权性。

2）潜伏性与可触发性

在一般情况下，计算机病毒并非系统一启动就发作，而是处于潜伏状态，在一定的条件下才被激活，发起攻击。病毒具有判断这个条件的功能。下面列举一些病毒的触发（激活）条件。

（1）日期/时间触发：病毒读取系统时钟，判断是否激活。例如，"黑色星期五"逢 13 日的星期五发作，CIH 1.2 则于每年的 4 月 26 日发作，CIH 1.3 则在每年的 6 月 26 日发作，CIH 1.4 的发作日期则为每个月的 26 日。

（2）计数器触发：病毒内部设定一个计数单元，对系统事件进行计数，判定是否激活。例如，2708 病毒当系统启动次数达到 32 次时被激活，发起对串、并口地址的攻击。

（3）键触发：当输入某些字符时触发（如 AIDS 病毒，在输入 A、I、D、S 时发作）或以击键次数（如 Devil's Dance 病毒在用户第 2000 次击键时被触发）或以按键组合等为激发条件（如 Invader 病毒在按下 Ctrl+Alt+Delete 键时发作）。

（4）启动触发：以系统的启动次数作为触发条件。例如，Anti Tei 和 Telecom 病毒当系统第 400 次启动时被激活。

（5）感染触发：以感染文件个数、感染序列、感染磁盘数或感染失败数作为触发条件。例如，Black Monday 病毒在运行第 240 个染毒程序时被激活；VHP2 病毒每感染 8 个文件就会触发系统热启动操作等。

（6）条件触发：将多种条件综合使用，作为病毒代码的触发条件。

3）寄生性与隐蔽性

计算机病毒为了不被发现，必须具有隐蔽性。为了隐蔽，病毒代码通常非常短小，一般只有几百字节或上千字节，此外还寄生于正常的程序或磁盘较隐蔽的地方，也有个别以隐含文件形式存在，不经过代码分析很难被发觉。

就目前出现的各种病毒来看，病毒宿主体有两种：一种是磁盘引导扇区，另一种是可执行文件（.exe 或.com）。因为不论是磁盘引导扇区还是可执行文件，它们都有获取执行权的可能，这样病毒寄生在它们的上面，就可以在一定条件下获得执行权，从而使病毒得以进入计算机系统，并处于激活状态，然后进行病毒的动态传播和破坏活动。

病毒的寄生方式有两种：一种是替代法，另一种是链接法。替代法是指病毒用自己的部分或全部指令代码替代磁盘引导扇区或文件中的全部或部分内容。链接法则是指病毒将自身代码作为正常程序的一部分与原有正常程序链接在一起，病毒链接的位置可能在正常程序的首部、尾部或中间。寄生在磁盘引导扇区的病毒一般采用替代法，而寄生在可执行文件中的病毒一般采用链接法。

4）传染性

传染是病毒最本质的特征之一，是病毒的再生机制。生物界的病毒可以从一个生物体传播到另一个生物体，计算机病毒也可以从一个程序、部件或系统传播到另一个程序、部件或系统。在单机环境下，病毒传染的基本途径是通过磁盘引导扇区、操作系统文件或应用文件进行传染；在网络中，病毒主要是通过电子邮件、Web 页面、App 等特殊文件和数据共享方式进行传染。

一般将传染分为被动传染和主动传染。通过网络传播或文件复制，使病毒由一个载体被携带到另一个载体，称为被动传染。病毒处于激活状态下，满足传染条件时，病毒从一个载体自我复制到另一个载体，称为主动传染。

从传染的时间性上看，传染分为立即传染和伺机传染。病毒代码在被执行瞬间，抢在宿主程序执行前感染其他程序，称为立即传染。病毒驻留内存后，当满足传染条件时才感染其他程序，称为伺机传染。

5）破坏性

破坏性体现了病毒的杀伤能力。大多数病毒具有破坏性，并且其破坏方式总在花样翻新。常见的病毒破坏性有以下几个方面。

（1）占用或消耗 CPU 资源及内存空间，导致一些大型程序运行受阻，系统性能下降。

（2）干扰系统运行，例如不执行命令、干扰内部命令的执行、虚发报警信息、打不开文件、内部栈溢出、占用特殊数据区、时钟倒转、重启动、死机、文件无法存盘、文件存盘时丢失字节、内存减小、格式化硬盘等。

（3）攻击 CMOS。CMOS 是保存系统参数（如系统时钟、磁盘类型、内存容量等）的重要场所。有的病毒（如 CIH 病毒）可以通过改写 CMOS 参数破坏系统硬件的运行。

（4）攻击系统数据区。硬盘的主引导记录、分区引导扇区、FAT（文件分配表）、文件目录等是系统重要的数据，这些数据一旦受损，将造成相关文件的破坏。

（5）攻击文件。现在发现的病毒中，大多数是文件型病毒。这些病毒会使染毒文件的长度、文件存盘时间和日期发生变化。

（6）干扰外部设备运行，例如封锁键盘、产生换字、抹掉缓存区字符、输入紊乱、使屏幕显示混乱以及干扰声响、干扰打印机等。

（7）破坏网络系统的正常运行，例如发送垃圾邮件、占用带宽，使网络拒绝服务等。

2. 计算机病毒的存在状态

如上所述，计算机病毒一般有如下 4 种状态。

（1）潜伏。病毒处于休眠状态，用户感觉不到病毒的存在。不过，有些病毒也可能没有潜伏期。

（2）感染。病毒感染其他程序。一般感染需要一定的条件。

（3）触发。病毒被某个条件激活，系统开始为其分配资源。

（4）发作。病毒开始运行，对系统形成一些破坏。

2.1.2 病毒分类

按照不同的分类标准，病毒可以分为不同的类型，下面介绍几种常用的分类方法。

1. 按照病毒的攻击目标分类

（1）DOS 病毒：攻击 DOS 系统。

（2）UNIX/Linux 病毒：攻击 UNIX 或 Linux 系统。

（3）Windows 病毒：攻击 Windows 系统，如 CIH 病毒。

（4）OS/2 病毒：攻击 OS/2 系统。

（5）Macintosh 病毒：攻击 Macintosh 系统，如 Mac.simpsons 病毒。

（6）手机病毒。

（7）网络病毒。

2. 按照病毒的寄生位置分类

1）引导区病毒

引导区病毒是寄生在磁盘引导区的病毒。图 2.1 显示了硬盘的逻辑结构。可以看出，磁盘有两种引导区：主引导区和分区的引导区。因此也就有两种引导型病毒：主引导区病毒和引导分区病毒。

（1）主引导区（Main Boot Record，MBR）病毒寄生在硬盘主引导程序所占据的硬盘 0 头 0 柱面第 1 个扇区中，典型的病毒有大麻病毒、2708 病毒、火炬病毒等。

（2）引导分区（Boot Record，BR）病毒寄生在硬盘活动分区的逻辑 0 扇区（即 0 面 0 道第 1 个扇区），典型的病毒有 Brain、小球病毒、Girl 病毒等。

2）文件病毒

文件病毒寄生在文件中，按照所寄生的文件类型可以分为 4 类。

（1）可执行文件病毒，即寄生在扩展名为.com、.exe、.pe、.bat、.sys、.ovl 等文件的病毒。一旦运行这类病毒的载体程序，就会使病毒注入、安装并驻留在内存中，伺机进行感染。感染了该类病毒的程序往往会减慢执行速度，甚至无法执行。

（2）文档文件病毒或数据文件病毒，即寄生在 Word 文档、Excel 文档、Access 数据库文件等中的病毒。宏病毒（Macro）就是感染这些文件的病毒。

（3）Web 文档病毒，如寄生在 HTML 文档和 HTM 文档的病毒。已经发现的 Web 病毒有 HTML/Prepend 和 HTML/ Redirect 等。

（4）目录文件病毒，如 DIR2 病毒。

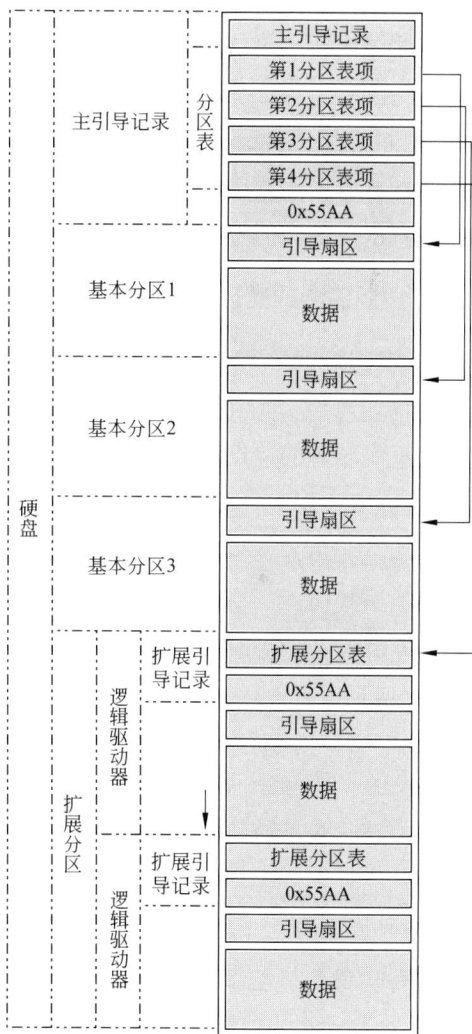

图 2.1　硬盘的逻辑结构

3）引导区兼文件病毒

这类病毒在感染文件时还伺机感染引导区，例如 CANCER 病毒、HAMMER Ⅴ病毒等。

4）CMOS 病毒

CMOS 是保存系统参数和配置的重要地方，一般存在一些没有使用的空间。CMOS 病毒就隐藏在这一空间中，从而可以躲避磁盘的格式化清除。

3. 按照病毒是否驻留内存分类

1）驻留（resident）型病毒

驻留型病毒感染计算机后，把自身的内存驻留部分放在内存（RAM）中，这一部分程序挂接系统调用并合并到操作系统中，并处于激活状态，直到关机或系统重新启动。

2）非驻留（nonresident）型病毒

非驻留型病毒在得到机会激活时并不感染计算机内存。虽然有一些非驻留型病毒在内存中留有小部分，但是并不通过这一部分进行传染。

4. 按照病毒的表现形态分类

1）多态病毒

这种病毒形态多样。它们在复制之前会不断改变形态以及自己的特征码，以躲避检测。例如，臭名昭著的"红色代码"病毒几乎每天变换一种形态。

2）隐身病毒

隐身病毒对所隐身之处进行修改，以便藏身。隐身病毒分为两种情形。
（1）规模修改：病毒隐藏感染一个程序之后，立即修改程序的规模。
（2）读修改：病毒可以截获已感染引导区记录或文件的读请求并进行修改，以便隐藏。

3）逆录病毒

这是一种攻击病毒查防软件的病毒。逆录病毒有 3 种攻击方式。
（1）关闭病毒查防软件。
（2）绕过病毒查防软件。
（3）破坏完整性校验软件中的完整性数据库。

4）外壳病毒

这种病毒为自己添加一层保护外套，躲过病毒查防软件的检测、跟踪和拆卸。

5）伴随病毒

这种病毒首先创建可执行文件，并在此基础上扩展，以便抢先执行。

6）噬菌体病毒

这种病毒用自己的代码替代可执行代码，可以破坏接触到的任何可执行程序。

5. 按照病毒的感染方式分类

按照感染方式，文件型病毒可以分为如图 2.2 所示的几种类型。

1）寄生病毒

这类病毒在感染的时候，将病毒代码加入正常程序之中，原来程序的功能部分或者全部被保留。根据病毒代码加入的方式不同，寄生病毒可以分为头寄生、尾寄生、中间插入和空洞利用 4 种。

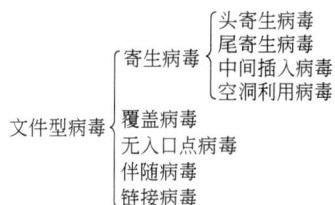

图 2.2　文件型病毒分类

（1）头寄生是将病毒代码加入文件的头部。具体有两种方法：一种是将原来程序的前面一部分复制到程序的最后，空出病毒代码空间；另外一种是生成一个新的文件，首先在头的位置写上病毒代码，然后将原来的可执行文件放在病毒代码的后面。头寄生方式适合于不需要重新定位的文件，如批处理病毒和.com 文件。

（2）尾寄生是将病毒代码加入文件的尾部，避开了文件重定位的问题，但为了先于宿主文件执行，需要修改文件头，使用跳转指令使病毒代码先执行。不过，修改头部也是一项复杂的工作。

（3）中间插入是病毒将自己插入被感染的程序中，可以整段插入，也可以分成很多段，靠跳转指令连接。有的病毒通过压缩原来的代码的方法保持被感染文件的大小不变。

（4）空洞利用多用于视窗环境下的可执行文件。因为视窗程序的结构复杂，其中都会有很多没有使用的部分，一般是空的段或者每个段的最后部分。病毒寻找这些没有使用的部分，然后将病毒代码分散到其中，从而实现了难以察觉的感染（CIH 病毒就使用了这种方法）。

2）覆盖病毒

编制这种病毒的手法极其简单，是初期的病毒感染技术，它仅仅是直接用病毒代码替换被感染程序，使被感染的文件头变成病毒代码的文件头，不用做任何调整。

3）无入口点病毒

这种病毒并不是真正没有入口点，只是在被感染程序执行的时候，并不立刻跳转到病毒的代码处开始执行，而是将病毒代码无声无息地潜伏在被感染的程序中，可能在非常偶然的条件下才会被触发，开始执行。采用这种方式感染的病毒非常隐蔽，杀毒软件很难发现在程序的某个随机的部位有这样一些在程序运行过程中会被执行的病毒代码。

大量的可执行文件是使用 C 语言编写的，这些程序有这样一个特点，即程序中会使用一些基本的库函数，比如字符串处理、基本的输入输出等。为了使用这些库函数，编译器会在启动用户开发的程序之前增加一些代码对库进行初始化。这给了病毒一个机会，病毒可以寻找特定的初始化代码，并修改这段代码的开始语句，使得执行完病毒之后再执行通常的初始化工作。"纽克瑞希尔"病毒就采用了这种方法进行感染。

4）伴随病毒

这种病毒不改变被感染的文件，而是为被感染的文件创建一个伴随文件（病毒文件），这样当执行被感染文件的时候，实际上执行的是病毒文件。

5）链接病毒

这类病毒将自己隐藏在文件系统的某个地方，并使目录区中文件的开始簇指向病毒代码。这种感染方式的特点是每一个逻辑驱动器上只有一份病毒的副本。

6．按照病毒的破坏程度分类

按照破坏程度可将病毒分为以下几种类型。

（1）无害型：除了传染时减少磁盘的可用空间外，对系统没有其他影响。

（2）无危险型：这类病毒仅仅是减少内存、显示古怪图像、发出古怪声音等。

（3）危险型：这类病毒在计算机系统操作中造成严重的错误。

（4）非常危险型：这类病毒删除程序，破坏数据，清除系统内存区和操作系统中重要的信息。

2.1.3　病毒的逻辑结构

为了实现上述 4 种存在状态间的变换，病毒程序需要有如图 2.3 所示的 3 个模块：引导模块、感染模块和表现（破坏）模块。

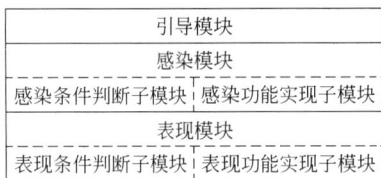

引导模块	
感染模块	
感染条件判断子模块	感染功能实现子模块
表现模块	
表现条件判断子模块	表现功能实现子模块

图 2.3　病毒的基本逻辑结构

1．引导模块

1）引导模块的基本功能

引导模块也称为主控模块，主要实现如下功能。

（1）将病毒装入内存，使感染和破坏（表现）模块处于活动的状态。

（2）保护内存中的病毒代码不被覆盖。

（3）设置病毒的触发条件。

2）引导过程

（1）检测运行环境，如操作系统类型、内存容量、现行区段、磁盘设置和显示器类型等。

（2）驻留内存。自身的程序代码引入并驻留在内存中。

（3）窃取控制权。取代或扩充系统原有功能，并窃取系统的控制权，设置病毒的激活条件和触发条件，使病毒处于可激活状态，为感染模块做准备（如驻留内存、修改中断、修改高端内存、保存原中断向量等操作）。

（4）恢复系统功能。引导过程完成之后，病毒为了隐藏自己，等待时机进行感染和破坏，还要把控制权交还给系统。

3）病毒代码引导模块的算法示例

```
BootingModule(){
    将病毒代码寄生于宿主程序中；
    启动自我保护功能；
```

```
    设置感染条件；
    设置表现激活条件；
    宿主程序加载时，将病毒代码加载到内存；
}
```

2. 感染模块

1）病毒感染标志

一个程序感染了病毒后，往往会携带一个 ASCII 码形式的数字或字符串，称为病毒感染标志或病毒签名。不同的病毒，其感染标志的位置和内容不同。

具有感染标志的病毒在进行感染时，一般要查看感染对象是否已经带有感染标志，若有，就不再实施感染操作。杀毒软件也常常将感染标志作为病毒的特征码之一。人们也会利用感染标志实现病毒免疫。不过，病毒制造者也会利用感染标志实施欺骗，并且有一些病毒没有感染标志。

2）感染模块的功能

感染机制的作用是在特定的感染条件下将病毒代码复制到被感染的目标上去。其主要功能包括 3 个方面。

（1）寻找感染目标。

（2）测试感染条件是否满足。

（3）实施感染。

3）感染模块的组成

感染模块由以下两个子模块组成。

（1）感染条件判断子模块。依据引导模块设置的感染条件，判断当前系统环境是否满足感染条件。

（2）感染功能实现子模块。当一个感染条件满足时，启动感染功能，将病毒代码寄生在其他宿主程序上。

4）病毒代码感染模块的算法示例

```
InfectingModule(){
    实现感染目标程序的功能；
}
```

3. 表现模块

1）表现模块结构

表现机制的作用是在被感染系统上表现出特定现象，主要是产生破坏被感染系统的行为。大部分病毒都是在一定条件下才会被触发而发作。表现模块分为两个子模块。

（1）表现条件判断子模块。依据引导模块设置的感染条件，判断当前系统环境是否满足表现触发条件。

（2）表现功能实现子模块。当一个表现条件满足时，启动病毒代码的表现功能，产生预定的效果。

2）表现模块的算法示例

```
BehavingModule(){
        实现病毒代码的表现功能;
}
```

4. 病毒代码的主函数算法

```
int main(){
      BootingModule();
      while(1){
            寻找感染目标;
            if(感染条件不满足) continue;
            InfectingModule();
            if(表现激活条件不满足) continue;
            BehavingModule();
            if(病毒代码需要退出)exit();
      }
}
```

2.1.4 引导区病毒解析

如图2.1所示，硬盘可以分为多个分区，其中有一个主引导扇区，每个分区都有一个引导扇区。计算机开始工作时，首先执行的是引导程序。因此，引导扇区先于其他程序获得对CPU的控制。操作系统对于引导程序的辨认，不是依据内容，而是依据地址，即引导程序的入口地址是放在引导扇区的某个固定地方。这一特点给了引导区病毒一个机会：它可以偷梁换柱，将自己的入口地址放到原来的引导程序入口地址处。这样，当系统要装载引导程序时，实际是把一个引导区病毒装载到内存中。为了隐蔽自己，该病毒程序在自己进入内存后，再把引导程序装载到内存中。这样，病毒程序就可以驻留内存，监视系统运行，伺机传染和破坏。下面进一步介绍引导区病毒的工作原理。

1. 引导区病毒的自举

引导区病毒为了能在操作系统被装入前先将自己装入，会先把BOOT引导程序搬移到另外一个地方，把自己的引导程序放在磁盘0面0道1扇区；同时修改INT 13H中断服务处理程序的入口地址，使之指向病毒引导模块。这样，当系统启动ROM BIOS之后，依托BIOS中断服务程序，就会先于BOOT执行病毒引导程序，把病毒代码装入内存，监视系统的运行，伺机感染插入的其他磁盘。图2.4（a）简要描述了正常DOS自举过程，图2.4（b）为带有病毒的DOS自举过程。

2. 装入内存过程

（1）系统开机后，进入系统检测，检测正常后，从0面0道1扇区（即逻辑0扇区）读取信息到内存的0000～7C00处。

正常时，逻辑0扇区存放的是BOOT引导程序；操作系统感染了引导扇区病毒时，逻辑0扇区存放的是病毒引导部分，BOOT引导程序被放到其他地方。例如，大麻病毒在软盘中将原DOS引导扇区搬移到0道1面3扇区，在硬盘中将原DOS引导扇区搬移到0道0

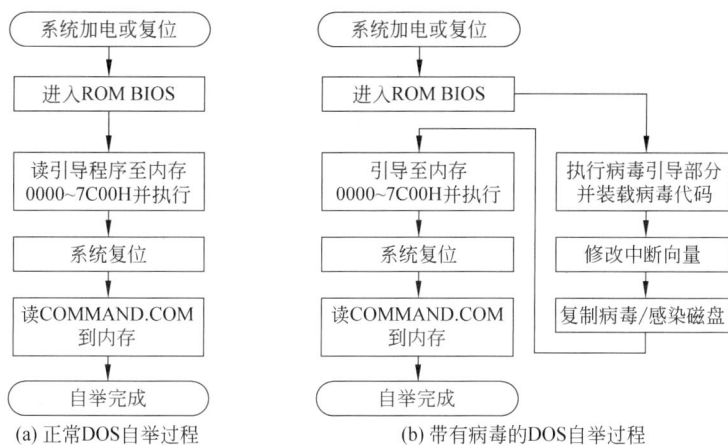

图 2.4　引导区病毒的一次活动过程

面 7 扇区；香港病毒则将原 DOS 引导扇区搬移到 39 磁道第 8 扇区；Michelangelo 病毒在高密度软盘上是第 27 扇区，在硬盘上是 0 道 0 面 7 扇区。

（2）系统开始运行病毒引导部分，将病毒的其他部分读入内存的某一安全区，常驻内存，监视系统的运行。

（3）病毒修改 INT 13H 中断服务处理程序的入口地址，使之指向病毒控制模块并执行，以便必要时接管磁盘操作系统的控制权。BIOS INT 13H 调用是 BIOS 提供的磁盘基本输入输出中断调用，可以完成磁盘（包括硬盘和软盘）的复位、读写、校验、定位、诊断、格式化等操作。它采用 CHS 寻址（按柱面、磁头、扇区 3 个参数寻址，这是老的寻址方式。新的寻址方式是 LAB，即线性寻址），最大访问能力为 8GB 左右。

（4）病毒代码全部读入后，接着读入正常 BOOT 内容到内存 0000～7C00H 处，进行正常的启动过程（这时病毒代码已经全部被读入内存，不再需要病毒的引导部分）。

（5）病毒代码伺机等待，随时感染新的系统盘或非系统盘。

3. 攻击过程

病毒代码发现有可攻击的对象后，要进行下列工作。

（1）将目标盘的引导扇区读入内存，判断它是否感染了病毒。

（2）满足感染条件时，将病毒的全部或一部分写入引导区，把正常的磁盘引导区程序写入磁盘特定位置。

（3）返回正常的 INT 13H 中断服务处理程序，完成对目标盘的感染过程。

2.1.5　Win32 PE 文件病毒解析

1. Win32 PE 文件格式

Win32 PE 文件就是 Win32（Windows 95/98/2000/XP）环境下的 PE 格式的可执行文件。为了了解病毒对它的感染机理，首先介绍 PE 文件的结构和运行机制。PE 文件的格式如图 2.5 所示。

PE（Portable Executable）即可移植的执行体。所有 PE 文件必须以一个具有重定位功能的可执行文件格式 DOS MZ（MZ 是主要作者 Mark Zbikowski 名字的缩写）头开始。MZ 头中包括各种说明数据，如第一句可执行代码执行指令时所需要的文件入口点、堆栈的位置、重定位表等，操作系统根据文件头的信息将代码部分装入内存，然后根据重定位表修正代码，并在设置好堆栈后从文件头中指定的入口开始执行。因此 DOS 可以把程序放在任何它想要的地方。图 2.6 是 MZ 格式的可执行文件的简单结构示意图。

图 2.5　PE 文件的格式　　　　图 2.6　MZ 格式的可执行文件的简单结构

DOS stub 是一个极小（几百字节）的 DOS 程序，用于输出警告，如"该程序不能在 DOS 模式下运行"等。当 Win32 把一个 PE 文件映像加载到内存时，内存映像文件的第一个字节对应到 DOS stub 的第一个字节。

PE 头长度为 1024B，是 PE 文件的标志。执行体在支持 PE 文件的操作系统中执行时，PE 装载器将从 DOS MZ 头中找到 PE 头的偏移量。

PE 文件的内容部分由一些称为段的块组成。每段是一块具有共同属性的数据。段数写在段表中。

2. PE 文件的装载过程

（1）PE 文件被执行时，PE 装载器检查 DOS MZ 头中的 PE 头偏移量，找到了，就跳转到 PE 头。

（2）PE 检查器检查 PE 头的有效性。若有效，就跳转到 PE 头的尾部。

（3）读取段表信息，通过文件映射，将段映射到内存，同时附上段表中指定的段属性。

（4）PE 文件映射到内存后，PE 装载器处理 PE 文件中的有关逻辑。

3. 重定位

对于正常的程序来说，数据的内存存储位置在编译时就已经计算好了，程序可按照这个地址直接装入。而病毒代码可能依附在宿主程序的不同位置，当病毒随着宿主程序装载到内存后，病毒中数据的位置也会随之发生变化。由于指令是通过地址引用数据的，地址的不准确将导致病毒代码的不正确执行。为此，有必要对病毒代码中的数据进行重定位。

4. 获取 API 函数地址

在 Win32 环境中，系统功能调用不是通过中断实现，而是通过调用 API 函数实现。因此，获取 API 函数的入口地址非常重要。但是，Win32 PE 病毒与普通的 Win32 PE 程序不同。普通的 Win32 PE 程序里有一个引入函数表，程序通过这个表可以找到代码段中所用的 API 函数在动态链接库中的真实地址。调用 API 函数时，可以通过该引入函数表找到相应 API 函数的真正执行地址。但是，Win32 PE 病毒只有一个代码段，并不存在引入函数表，因此不能直接用真实地址调用 API 函数。获取 API 地址是病毒的一个重要技术。

5. 其他机制

（1）搜索目标文件。通常通过 API 函数 FindFirstFile 和 FindNextFile 进行。
（2）内存文件映射。使用内存文件映射进行文件读写。
（3）感染其他文件。
（4）返回到宿主程序。

2.1.6　计算机病毒检测方法

病毒是一段程序代码，即使它隐藏得很好，也会留下许多痕迹。通过对这些蛛丝马迹的判别，发现病毒的特征和名称，就称为查毒。目前使用的查毒方法有以下几种。

1）现象观测法

现象观测法是根据病毒代码发作前、发作时和发作后的现象，推断发现病毒代码。

2）进程监视法

进程监视会观察到系统的活动状况，同时也会拦截所有可疑行为。例如，多数个人计算机的 BIOS 都有防病毒设置，当这些设置打开时，就允许计算机拦截所有对系统主引导记录进行写入的企图。

3）比较法

比较法是用原始或正常文件与被检测文件进行比较。按照比较内容有以下几种方法。
（1）长度（内容）比较法。
（2）内存比较法。
（3）中断比较法。
（4）校验和比较法。
比较法可以通过感染实验室法进行。它先运行一些确切知道不带毒的正常程序，然后观察这些正常程序的长度和校验和，如果发现有的程序增长，或者校验和有变化，就可以断定系统中有病毒。

4）特征码法

特征码法是将所有病毒的病毒特征码加以剖析，把分析得到的这些病毒独有的特征搜集在一个病毒特征码资料库（病毒库）中。检测时，以扫描的方式将待检测程序与病毒库中的病毒特征码一一对比；发现有相同的代码，则可判定该程序已遭病毒感染。这种方法是许多病毒检测工具的基础。但是，这种方法检测不出未知病毒。

5）软件模拟法

软件模拟法是一种软件分析器，用软件方法来模拟和分析程序的运行。这种方法后来演变为虚拟机上进行的查毒、启发式查毒等技术，是相对成熟的技术。

6）分析法

分析法是适用于反病毒技术人员的病毒检测方法，分为静态分析和动态分析两种方法。

（1）静态分析法是用 DEBUG 等反汇编程序，将病毒代码打印成反汇编后的程序清单进行分析，看病毒分成哪些模块，使用了哪些系统调用，采用了哪些技巧，如何将病毒感染文件的过程翻转为清除病毒、修复文件的过程，哪些代码可被用作特征代码以及如何防御这种病毒。

（2）动态分析法是利用 DEBUG 等调试工具，在内存带病毒的情况下对病毒进行动态跟踪，观察病毒的具体工作过程，以进一步在静态分析的基础上理解病毒工作的原理。

在病毒编码比较简单的情况下，动态分析不是必须的。当病毒采用了较多的技术手段时，必须使用动、静相结合的分析方法才能完成整个分析过程。

2.2　蠕　虫

2.2.1　蠕虫及其特征

1982 年，Xerox PARC 的 John F. Shoch 等人为了进行分布式计算的模型实验，编写了称为蠕虫（worm）的程序。可他们没有想到，这种"可以自我复制"并可以"从一台计算机移动到另一台计算机"的程序，后来竟给计算机界带来了巨大的灾难。1988 年，被罗伯特·莫里斯（Robert Morris）释放的 Morris 蠕虫在 Internet 上爆发，在几个小时之内迅速感染了所能找到的存在漏洞的计算机。如图 2.7 所示，Internet 上的蠕虫袭击最初缓慢地增加，到 2000 年后开始呈指数上升。蠕虫具有以下特征。

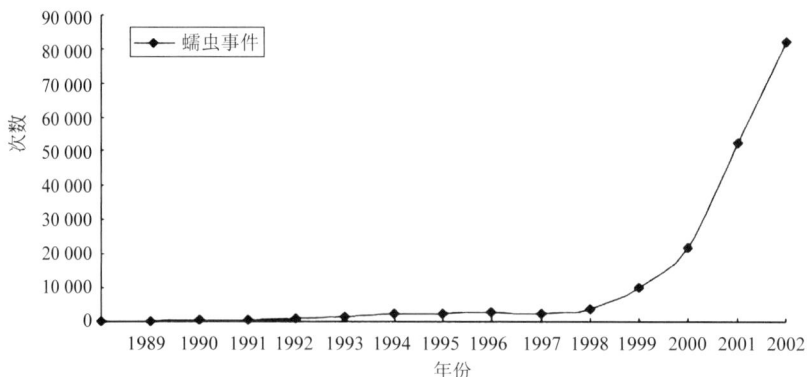

图 2.7　CERT（计算机紧急响应小组）统计的 1988—2002 年蠕虫事件的发生次数

1）存在的独立性

病毒具有寄生性，寄生在宿主文件中；而蠕虫是独立存在的程序个体。

2）攻击的对象是计算机系统

病毒的攻击对象是文件系统，而蠕虫的攻击对象是计算机系统。

3）传播的主动性

蠕虫与病毒都采用自传播方式。感染型病毒可以搜索并感染同一台计算机上能够访问到的其他文件。与病毒不同的是，蠕虫传播的主动性非常强，它会不断地复制，并非常努力地通过各种途径将自身或变种传播到其他计算机系统中，因此可能造成更广泛的危害。蠕虫的传播途径很多，如操作系统漏洞、电子邮件、移动设备、即时通信等，也可以随网络攻击传播，使人防不胜防。

4）感染的反复性

病毒与蠕虫都具有感染性，都可以自我复制。但是，病毒与蠕虫的感染机制有 4 点不同。
（1）病毒感染是一个将病毒代码嵌入到宿主程序的过程，而蠕虫的感染是自身的复制。
（2）病毒的感染目标针对本地程序（文件），而蠕虫是针对网络上的其他计算机。
（3）病毒是在宿主程序运行时被触发进行感染，而蠕虫是通过系统漏洞进行感染。
（4）蠕虫是一种独立程序，也可以作为病毒的寄生体，携带病毒，并在发作时释放病毒，进行双重感染。

5）行踪的隐蔽性

由于蠕虫传播过程的主动性，蠕虫不需要像病毒那样由计算机使用者的操作触发，并且还常常伪装成有用的软件，因而难以察觉。例如，2011 年 9 月 5 日，首个 QQ 群蠕虫（Pincav）被截获。该蠕虫伪装成电视棒破解程序欺骗网民下载，盗取魔兽、邮箱及社交网络账号，计算机被感染后，蠕虫会自动访问 QQ 群共享空间来进行传播。其感染量每天约 2 万个。到了 2013—2014 年间，QQ 群蠕虫升级为第四代，它们利用大众猎奇心理，将其程序改名为"××视频助手.exe"或"××视频偷看神器.exe"进行伪装，来吸引网民点击。如果网民信以为真，双击运行，蠕虫就会劫持网民的 QQ，把推广消息转发到 QQ 群共享和空间说说，甚至发送病毒邮件给好友。该蠕虫的最终目的是在中毒计算机上安装一大堆流氓软件以牟取暴利；在 Android 手机上则会弹出全屏广告，并在后台偷偷下载色情应用，严重影响手机正常使用。

6）破坏的严重性

病毒虽然对系统性能有影响，但破坏的主要是文件系统。而蠕虫主要是利用系统及网络漏洞影响系统和网络性能，降低系统性能。例如，它们的快速复制以及在传播过程中的大面积漏洞搜索，会造成巨量的数据流量，导致网络拥塞甚至瘫痪；对一般系统来说，多个副本形成大量进程，会大量耗费系统资源，导致系统性能下降，对网络服务器尤为明显。

非但如此，蠕虫通常还会在传播的同时执行一些其他的恶意行为，以达到自己的目的。例如，2007 年 1 月流行的"熊猫烧香"蠕虫病毒，利用微软公司视窗操作系统的漏洞进行传播。计算机感染这一病毒后，会不断自动拨号上网，并利用文件中的地址信息或者网络共享进行传播，最终破坏用户的大部分重要数据。

从上述讨论可以看出，蠕虫虽然与病毒有些不同，但也有许多共同之处。如果将凡是能够引起计算机故障，破坏计算机数据的程序均统称为病毒代码，那么，从这个意义上说，蠕虫也应当是一种病毒。它以计算机为载体，以网络为攻击对象，是通过网络传播的恶性病毒。

2.2.2 蠕虫代码的功能结构

一个蠕虫程序的基本功能包括传播模块、隐藏模块和目的模块 3 部分。

1. 传播模块

传播模块用于实现蠕虫的自动入侵功能。它由扫描子模块、攻击子模块和复制子模块组成。

1）扫描子模块

扫描子模块负责探测存在漏洞的主机。当程序向某个主机发送探测漏洞的信息并收到成功的反馈信息后，就会得到一个可传播的对象。

一般说来，蠕虫希望隐蔽地传播，并尽快地传播到更多的主机。根据这一原则，扫描模块采取的扫描策略是：随机选取一段 IP 地址，然后对这一地址段上的主机进行扫描。差的扫描程序并不知道一段地址是否已经被扫描过，只是随机地扫描 Internet，很有可能重复扫描一个地址段。于是，蠕虫传播得越广，网上的扫描包就越多，即使扫描包很小，但积少成多，就会引起严重的网络拥塞。

扫描策略改进的原则是，尽量减少重复的扫描，使扫描发送的数据包尽量少，并保证扫描覆盖尽量大的范围。

（1）在网段的选择上，可以主要对当前主机所在网段进行扫描，对外网段随机选择几个小的 IP 地址段进行扫描。

（2）对扫描次数进行限制。

（3）将扫描分布在不同的时间段进行，不集中在某一时间内。

（4）针对不同的漏洞设计不同的扫描包，提高扫描效率。例如，对远程缓冲区溢出漏洞，通过发出溢出代码进行探测。对 Web CGI 漏洞，发出一个特殊的 HTTP 请求探测。

2）攻击子模块

攻击子模块按照漏洞攻击步骤自动攻击已经找到的攻击对象，获得一个 shell，就拥有了对整个系统的控制权。对 Windows 2000 来说，就是 cmd.exe。

3）复制子模块

复制子模块通过原主机和新主机的交互，将蠕虫程序复制到新主机并启动，实际上是一个文件传输过程。

图 2.8 表明了蠕虫的工作过程：①蠕虫首先随机生成一个 IP 地址作为要攻击的对象，接着对被攻击的对象进行扫描，探测有无存在漏洞的主机。②当程序向某个主机发送探测漏洞的信息并收到成功的反馈信息后，就得到一个可传播的对象，随后就可以将蠕虫主体迁移到目标主机。③蠕虫程序进入被感染的系统，对目标主机进行现场处理。现场处理部

分的工作包括隐藏、信息搜集等。④蠕虫入侵计算机系统之后，会在被感染的计算机上产生自己的多个副本，每个副本启动搜索程序寻找新的攻击目标。一般要重复上述过程 m 次（m 为蠕虫产生的繁殖副本数量）。不同的蠕虫采取的 IP 生成策略可能并不相同，甚至随机生成。各个步骤的繁简程度也不同，有的十分复杂，有的则非常简单。

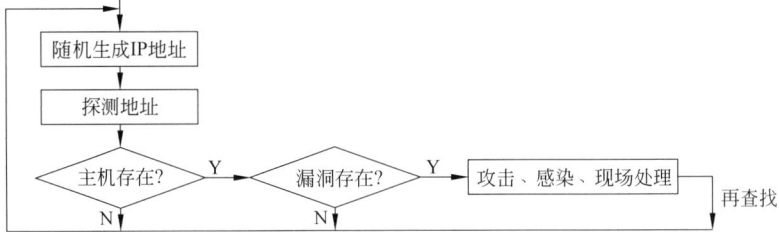

图 2.8　蠕虫的工作流程

2. 隐藏模块

隐藏模块负责在侵入主机后隐藏蠕虫程序，防止被用户发现。蠕虫为了不被发现，就要采用一些隐藏技术。下面介绍蠕虫的几种隐藏手法。

（1）修改蠕虫在系统中的进程号和进程名称，掩盖蠕虫启动的时间记录。此方法在 Windows 95/98 下可以使用 RegisterServiceProcess API 函数使得进程不可见。但是，在 Windows NT/2000 下，由于没有这个函数，方法就要复杂一些了：只能在 psapi.dll 的 EnumProcess API 上设置"钩子"，建立一个虚的进程查看函数。

（2）将蠕虫复制到一个目录下，并更换文件名为已经运行的服务名称，使任务管理器不能终止蠕虫运行。这时要参考 ADV API32.DLL 中的 OpenSCManagerA 和 CreateServiceA API 函数。

（3）删除自己。在 Windows 95 系统中，可以采用 DeleteFile API 函数。在 Windows 98/NT/2000 中，只能在系统下次启动时删除自己。常用的方法是在注册表中加入如下一条。

```
HKLM\\SOFTWARE\\Microsoft\\Windows\\CurrentVersion\\RUNONCE%COMSPEC%/CDEL<PATH_TO_WORM
\\WORM_FILE_NAME.EXE>
```

应在尖括号括起的部分输入蠕虫的路径和文件名；然后重新启动操作系统。

3. 目的模块

该模块实现对计算机的控制、监视或破坏等功能，其核心是攻击子模块。

2.3　特洛伊木马

2.3.1　特洛伊木马及其特征

古希腊诗人荷马（Homer）在其史诗《伊利亚特》（*The Iliad*）中描述了这样一个故事：希腊王的王妃海伦被特洛伊（Troy）的王子掠走，希腊王在攻打特洛伊城（位于今土耳其西北面的恰纳卡莱省的希沙利克）时，使用了木马计（the strategy of trojan horse），在巨大的木马内装满了士兵，然后假装撤退，把木马留下。特洛伊人把木马当作战利品拉回特洛伊城内。到了夜间，木马内的士兵钻出来作为内应，打开城门，希腊王得以攻下特洛伊城。此后，人们就把特洛伊木马作为伪装的内部颠覆者的代名词。图 2.9 为重造的木马与特洛伊遗址。

(a) 重造的木马   (b) 特洛伊遗址

图 2.9　重造的木马与特洛伊遗址

RFC 1244（Request For Comments:1244）中，关于特洛伊木马程序的定义是：特洛伊木马（以下简称木马）程序是一种恶意程序，它能提供一些有用的或者令人感兴趣的功能；但是还具有用户不知道的其他功能，例如，在用户不知晓的情况下复制文件或窃取密码。简单地说，凡是人们能在本地计算机上操作的功能，木马基本上都能实现。

进入 21 世纪后，木马已经成为恶意程序中增长较快的一种。金山毒霸全球病毒疫情监测系统的数据表明，多年来在每年的新增恶意程序中，木马一直占据 70%左右，表 2.2 为 2006—2009 年的数据。此外，木马的破坏性大大增强。2010 年的数据表明，新型木马的破坏性超过传统木马的 10 倍。

表 2.2　2006—2009 年金山毒霸全球病毒疫情监测系统截获的新增病毒、木马数量

年　份	新增病毒、木马总数量	新增木马数量	比例（%）
2006	240 156	175 313	73
2007	11 147	7659	68.7
2008	13 899 717	7 801 911	56.13
2009	20 684 223	15 223 588	73.6

木马是一种危害性极大的恶意代码。它执行远程非法操作者的指令，进行数据和文件的窃取、篡改和破坏，释放病毒，以及使系统自毁等任务。下面介绍它的特征。

1）目的性和功能特殊性

一般说来，每个木马程序都被赋有特定的使命，其活动目的都比较清楚，例如盗号木马、网银木马、下载木马等。木马的功能都是十分特殊的，除了普通的文件操作以外，还有些木马具有搜索高速缓存中的口令、设置口令、扫描目标计算机的 IP 地址、进行键盘记录、远程注册表的操作以及锁定鼠标等功能。

2）受控性与非授权性

受控性是指木马的活动大都是由攻击者控制的，非授权性是指木马的运行不需由受攻击系统用户授权。一旦控制端与服务器端建立连接后，控制端将窃取用户密码，获取大部分操作权限，例如修改文件、修改注册表、重启或关闭服务器端操作系统、断开网络连接、控制服务器端鼠标和键盘、监视服务器端桌面操作、查看服务器端进程等。这些权限不是用户授权的，而是木马自己窃取的。

3）非自繁殖性、非自传播性与预入性

一般说来，病毒具有极强的感染性，蠕虫具有很强大的传播性，而木马不具备繁殖性和自动感染的功能，其传播是通过一些手段植入的。例如，可以在系统软件和应用软件的文件传播中人为植入，也可以在系统或软件设计时被故意放置进来。例如，微软公司曾在其操作系统设计时故意放置了一个木马程序，可以将客户的相关信息发回其总部。

4）欺骗性

隐藏是一切恶意代码的存在之本。木马为了获得非授权的服务，要通过欺骗进行隐藏。例如，它们使用的是常见的文件名或扩展名，如 dll\\win\\sys\\explorer 等字样；或者仿制一些不易被人区别的文件名，如字母 l 与数字 1、字母 o 与数字 0，木马经常修改基本文件中的这些难以分辨的字符，更有甚者干脆借用系统文件中已有的文件名，只不过将它保存在不同的路径之中。木马通过这些手段便可以隐藏自己，更重要的是，通过偷梁换柱的行动，让用户把它当作要运行的软件启动。有一类网购木马可以利用多款银行交易系统接口，后台自动查询银行卡余额，将中毒网民银行卡的所有余额一次窃走。例如，"秒余额"网购木马采用的骗术是：当网民在淘宝网买完东西，骗子说你的订单被卡单了，需要联系某某人处理。不明真相的网民联系后，会被诱导运行不明程序，这个程序就是网购木马。中毒后，只要网民继续购物，就会造成网银资金损失。

2.3.2 特洛伊木马分类

1. 根据攻击动作方式分类

1）远程控制型

远程控制型是木马程序的主流。远程控制就是在计算机间通过某种协议（如 TCP/IP）建立一个数据通道。通道的一端发送命令，另一端解释并执行该命令，并通过该通道返回信息。简单地说，就是采用 Client/Server（客户机/服务器，简称 C/S）工作模式。

采用 C/S 模式的木马程序都由两部分组成：一部分为被控端（通常是监听端口的 Server 端），另一部分称为控制端（通常是主动发起连接的 Client 端）。被控端的主要任务是隐藏在被控主机的系统内部，并打开一个监听端口，就像隐藏在木马中的战士等待着攻击的时机，当接收到来自控制端的连接请求后，主线程立即创建一个子线程并把请求交给它处理，同时继续监听其他的请求。控制端的任务只是发送命令，并正确地接收返回信息。

这种类型的木马运行起来非常简单，只要先运行服务器端程序，同时获得远程主机的 IP 地址，控制者就能任意访问被控制端的计算机，从而使远程控制者在本地计算机上做任何想做的事情。

2）信息窃取型

信息窃取型木马的目的是收集系统上的敏感信息，例如用户登录类型、用户名、口令和密码等。这种木马一般不需要客户端，运行时不会监听端口，只悄悄地在后台运行，一边收集敏感信息，一边不断检测系统的状态。一旦发现系统已经连接到 Internet 上，就在受害者不知情的情形下将收集的信息通过一些常用的传输方式（如电子邮件、ICQ、FTP）发送到指定的地方。

3）键盘记录型

键盘记录型木马只做一件事情，就是将受害者的键盘敲击完整地记录在 LOG 文件中。

4）毁坏型

毁坏型木马以毁坏并删除文件（如受害者计算机上 DLL、INI 或 EXE 格式的文件）为主要目的。

2. 根据木马程序的功能分类

1）网络游戏木马

网络游戏木马常常以盗取网游账号密码为目的，它通常采用记录用户键盘输入、Hook 游戏进程 API 函数等方法获取用户的密码和账号。窃取到的信息一般通过发送电子邮件或向远程脚本程序提交的方式发送给木马控制者。

2）网银木马

网银木马针对网上交易系统，以盗取用户的卡号、密码甚至安全证书为目的，常常造成受害用户的惨重损失。这类木马控制者可能会首先对某银行的网上交易系统进行仔细分析，然后针对安全薄弱环节编写病毒程序。如 2004 年的"网银大盗"病毒，在用户进入该银行网银登录页面时，会自动把页面换成安全性能较差，但依然能够运转的老版页面，然后记录用户在此页面上填写的卡号和密码；"网银大盗 3"利用招行网银专业版的备份安全证书功能，可以盗取安全证书。

3）即时通信类木马

常见的即时通信类木马一般有如下 3 种。

（1）发送消息型。这类木马能自动发送含有恶意网址的消息，让收到消息的用户点击网址中毒，用户中毒后又会自动向更多好友发送病毒消息。此类病毒的常用技术是搜索聊天窗口，进而控制该窗口自动发送文本内容。发送消息型木马常常充当网游木马的广告，如"武汉男生 2005"木马可以通过 MSN、QQ、微信等多种聊天软件发送带毒网址，其主要功能是盗取游戏的账号和密码。

（2）盗号型。这类木马的工作原理和网游木马类似。病毒作者盗得他人账号后，可能偷窥聊天记录等隐私内容，或将账号卖掉。

（3）传播自身型。这类木马可以发布消息或文件并通过 QQ 聊天软件发送自身进行传播。具体方法是搜寻到聊天窗口后，对聊天窗口进行控制，以便发送文件或消息。

4）网页点击类木马

网页点击类木马会恶意模拟用户点击广告等动作，在短时间内可以产生数以万计的点击量。网页点击类木马作者的编写目的一般是为了赚取高额的广告推广费用。此类木马的技术简单，一般只是向服务器发送 HTTP GET 请求。

5）下载类木马

下载类木马程序的体积一般很小，其功能是从网络上下载其他病毒程序或安装广告软件。由于体积很小，它们更容易传播，传播速度也更快。通常功能强大、体积也很大的后门类病毒，如"灰鸽子""黑洞"等，传播时都单独编写一个小巧的下载类木马，用户中毒后会把后门主程序下载到本机运行。

6）代理类木马

用户感染代理类木马后，会在本机开启 HTTP、SOCKS 等代理服务功能。黑客把受感染计算机作为跳板，以被感染用户的身份进行活动，达到隐藏自己的目的。

2.3.3　木马的功能与结构

1. 木马的功能

一般说来，木马具有如下一些功能。

（1）远程监视、控制。远程监视和控制是木马最主要的功能，通过这个功能，可以让黑客就像使用自己的计算机一样使用被种植了木马的计算机。同时为了不引起对方的察觉，也可以只是远程监视，令对方的一举一动都暴露在黑客的监视之下。并且当对方有摄像头时，还可以自动启动摄像头捕捉图像，相当于监视对方的环境。

（2）远程管理。远程管理包括很多功能，比如远程文件管理、远程 Telnet、远程注册表管理等，这些都是为了方便黑客控制主机而设置的。

（3）获取并发送主机消息。在客户端选择被控服务器端，单击"远程控制命令"标签，弹出系统信息，这时可以得到被控服务器端的详细信息，然后将这些消息发送到客户端。

（4）执行远程攻击者的命令。

（5）修改系统注册表。木马可以使黑客单击客户端上的"注册表编辑器"标签，展开远程主机，并在远程主机的注册表上进行修改、添加、删除等一系列操作。

2. 木马软件的结构

木马是一种由攻击者控制的恶意代码。主动方是攻击者，通常在系统的客户端；被动方是被攻击者，在服务端。木马攻击由分布在客户端和服务器端的木马配置程序、木马控制程序和木马程序合作进行。

（1）木马配置程序。木马配置程序用于设置木马程序的端口号、触发条件和木马名称等，使其在服务器端隐藏更深。

（2）木马控制程序。木马控制程序用于控制远程木马服务器，给服务器发送指令，同时接收服务器传送来的数据。

（3）木马程序。木马程序驻留在目标系统中，非法获取其操作权，负责接收控制指令，并根据指令或配置发送数据给控制端。

2.3.4　木马植入技术

为了有效地工作，木马一般都采用客户机/服务器形式，即由攻击者控制的客户端程序和运行在被控计算机端的服务器程序组成。木马的植入，就是将木马的服务器程序放置到目标主机上。下面介绍木马的几种植入形式。

（1）手工放置。手工放置是比较简单且常见的做法。手工放置分为本地放置和远程放置两种。本地放置就是直接在计算机上进行安装。远程放置就是通过常规攻击手段获得目标主机的上传权限后，将木马上传到目标计算机上，然后通过其他方法使木马程序运行起来。

（2）以邮件附件的形式传播。控制端将木马改头换面，然后将木马程序添加到附件中，发送给收件人。

（3）通过线上通信软件对话，利用文件传送功能发送伪装了的木马程序。

（4）捆绑文件。这种伪装手段是将木马捆绑到一个安装程序上，当安装程序运行时，木马在用户毫无察觉的情况下偷偷地进入了系统。被捆绑的文件一般是可执行文件（即.exe、.com 一类的文件）。

（5）通过病毒或蠕虫程序传播。

（6）通过 U 盘或光盘传播。

2.3.5　木马隐藏技术

隐藏是一切恶意代码生存之本，欺骗是通过伪装来实现隐藏的一种技巧。

1. 木马隐藏的一般策略

1）隐蔽进程

服务器端想要隐藏木马，可以伪隐藏，也可以真隐藏。伪隐藏是指程序的进程仍然存在，只不过是让它消失在进程列表里。真隐藏则是让程序彻底消失，不以一个进程或者服务的方式工作。

伪隐藏的方法比较简单。在 Windows 9x 系统中，只要把木马服务器端的程序注册为一个服务（在后台工作的进程）就可以了。这样，木马程序就会从任务列表中消失，系统不再认为其是一个进程，当按下 Ctrl+Alt+Delete 键的时候，也就看不到这个进程。对于 Windows NT、Windows 2000 等系统，则要通过服务管理器，使用 API 的拦截技术，通过建立一个后台的系统钩子，拦截 PSAPI 的 EnumProcessModules 等相关的函数来实现对进程和服务的遍历调用的控制，当检测到进程 ID（PID）为木马程序的服务器端进程时直接跳过，这样就实现了进程的隐藏。

当进程为真隐藏的时候，木马完全融进了系统内核，因此开发者就不把它做成一个应用程序，其服务器程序运行之后，就不具备一般进程的特征，也不具备服务的特征。

2）修改文件标志或文件名

将木马文件伪装成图像、HTML、TXT、ZIP 等文件。一般来说，安装到系统文件夹中的木马的文件名是固定的，因此只要根据一些查杀木马的文章按图索骥，在系统文件夹查找特定的文件，就可以断定中了什么木马。所以现在有很多木马都允许控制端自由定制安装后的木马文件名，这样用户就很难判断所感染的木马类型了。

3）定制端口

很多老式的木马端口都是固定的，这给用户判断计算机是否感染木马带来了方便，只要查一下特定的端口就知道感染了什么木马，所以现在很多新式的木马都加入了定制端口的功能，控制端用户可以在 1024～65 535 之间任选一个端口作为木马端口（一般不选 1024 以下的端口），这样就给用户判断系统所感染的木马类型带来了麻烦。

4）伪装成应用程序扩展组件

将木马程序写成任何类型的文件（如 .dll、.ocx 等），然后挂在十分出名的软件中，因为人们一般不怀疑这些软件。

5）错觉欺骗

利用人的错觉，例如，故意混淆文件名中的 1（数字）与 l（L 的小写）、0（数字）与 o（字母）或 O（字母）。

6）合并程序欺骗

合并程序就是将两个或多个可执行文件结合为一个文件，使这些可执行文件能同时执行。木马的合并欺骗就是将木马绑定到应用程序中。

7）出错显示——施放烟雾弹

有一定木马知识的人都知道，如果打开一个文件，没有任何反应，这很可能就是一个木马程序，为了能蒙蔽用户，有的木马程序被点击时，会弹出一个错误提示框（这当然是假的），显示诸如“文件已破坏，无法打开！”之类的信息，当用户信以为真时，木马却悄悄侵入了系统。

2. 便于木马启动的隐藏方式

植入目标主机的木马只有启动运行，才能开启后门为攻击者提供服务。为了便于启动，可以将木马程序隐藏在下列位置。

1）集成到程序中

作为一种客户机/服务器程序，木马为了不让用户能轻易地把它删除，就常常集成到程序里，一旦用户激活木马程序，木马文件就会和某一应用程序捆绑在一起，然后上传到服务器端覆盖原文件，这样即使木马被删除了，只要运行捆绑了木马的应用程序，木马又会被安装上去。如果它绑定到系统文件，那么每一次系统启动均会启动木马。

2）隐藏在配置文件中

利用配置文件的特殊作用，木马很容易在计算机中运行、发作，从而偷窥或者监视其他计算机。不过，这种方式不是很隐蔽，容易被发现。

3）潜伏在 Win.ini 中

Win.ini 通常是木马比较惬意的潜伏地方。因为 Win.ini 的\[windows\]字段中有启动命令"load="和"run="。在一般情况下"="后面是空白的，这为木马程序留了一个合适的隐藏场所。

4）隐藏在 System.ini 中

Windows 安装目录下的 System.ini 为木马提供了下列隐藏场所。

（1）木马程序可以接在 System.ini 的[boot]字段的 hell=Explorer.exe 后面。

（2）System.ini 中的[386Enh]字段的"driver=路径\程序名"也有可能被木马所利用。

（3）System.ini 中的[mic]、[drivers]、[drivers32]这 3 个字段起到加载驱动程序的作用，也是容易被增添木马程序的场所。

5）隐蔽在 Winstart.bat 中

Winstart.bat 也是一个能自动被 Windows 加载运行的文件，它多数情况下由应用程序及 Windows 自动生成，在执行了 Win. com 并加载了多数驱动程序之后开始执行（这一点可通过启动时按 F8 键再选择逐步跟踪启动过程的启动方式得知）。由于 autoexec.bat 的功能可以由 Winstart.bat 代替完成，因此木马完全可以像在 autoexec.bat 中那样被加载运行。

6）捆绑在启动配置文件中

黑客利用应用程序的启动配置文件能启动程序的特点，将制作好的带有木马启动命令的同名文件上传到服务器端覆盖这同名文件，这样就可以达到启动木马的目的了。

7）设置在超链接中

木马的主人在网页上放置恶意代码，引诱用户点击。

8）加载程序到启动组

木马隐藏在启动组虽不是十分隐蔽，但非常便于自动加载运行。常见的启动组如下。

（1）"开始"菜单中的启动项，对应的文件夹是 C:\Documents and Settings\用户名\[开始]菜单\程序\启动。

（2）注册表[HKEY_CURRENT_USER\SOFTWARE\Microsoft\Windows\CurrentVersion\Run]项。

（3）注册表[HKEY_LOCAL_MACHINE\SOFTWARE\Microsoft\Windows\CurrentVersion\Run]项。

9）注册成为服务项

将服务器端程序注册为一个自启动的服务也是木马常用的手段，其在注册表中的键值是[HKEY_LOCAL_MACHINE\SYSTEM\CurrentControlSet\Services\]，比如"灰鸽子"就是这样。

2.3.6 木马的连接与远程控制

1. 木马的连接

从连接方法来分，木马可以分为 3 类：正向连接型、反向连接型和反弹连接型。

（1）正向连接型。这种类型的客户端连接服务器的时候是直接根据服务器的 IP 地址和端口来进行连接，比如 Penumbra。这种方法直观、简单，但同时也存在相应的缺陷，即要求知道对方的 IP。这对于不是固定 IP 的被控端而言，过一段时间 IP 改变后，控制端就无法连接了。为了弥补这个问题，一些正向连接型的木马工具提供了开机发邮件通知等方法，在被控端一开机时就把主机信息通知给控制端。但对于有防火墙的主机，这种方法就不一定能成功，毕竟防火墙对于这种直接连接是比较敏感的。基于以上缺陷，发展出了后面的反向连接型木马。

（2）反向连接型。在反向连接型木马系统中，不再是由控制端去连接被控端，而是控制端自动监听，由被控端来进行连接，例如"流萤"。这个办法可以很好地解决正向连接所遇到的问题，但这种方法要求控制端有一个固定的公网 IP。如果控制端 IP 是自动分配的，过一段时间后 IP 发生变化，则被控端就不可能连接到了。

（3）反弹连接型。这种木马由反向连接型发展而来，它也是由被控端去连接控制端，但其被控端的木马程序不知道控制端的 IP，而是知道一个固定的网页文件地址，这个地址一般是网上的免费空间。典型的例子就是"灰鸽子"。

2. 木马的远程控制

木马连接建立后，控制端端口和木马端口之间将会出现一条通道。控制端上的控制端程序可通过这条通道与服务端上的木马程序取得联系，并通过木马程序对服务器端进行远程控制。

（1）窃取密码。一切以明文的形式、*符号形式或缓存在 Cache 中的密码都能被木马侦测到。此外很多木马还提供击键记录功能，它将会通过记录服务器端每次击键的位置和动作，计算出输入的内容。所以一旦有木马入侵，密码将很容易被窃取。

（2）文件操作。控制端可通过远程控制对服务器端上的文件进行删除、新建、修改、上传、下载、运行、更改属性等一系列操作，基本涵盖 Windows 平台上所有的文件操作功能。

（3）修改注册表。控制端可任意修改服务器端注册表，包括删除、新建，或修改主键、子键、键值。有了这项功能，控制端就可以做到禁止服务端 U 盘、光驱的使用，锁住服务器端的注册表，将服务器端上木马的触发条件设置得更隐蔽等一系列高级操作。

（4）系统操作。这项内容包括重启或关闭服务器端操作系统、断开服务器端网络连接、控制服务器端的鼠标和键盘、监视服务器端桌面操作、查看服务器端进程等，控制端甚至可以随时给服务器端发送信息。

3. 木马的数据传送

木马程序的数据传递方法有很多种，通常是靠 TCP、UDP 传输数据。这时可以利用 Winsock 与目标机的指定端口建立起连接，使用 send 和 recv 等 API 进行数据的传递，但是这种方法的隐蔽性比较差，往往容易被一些工具软件查看到。例如，在命令行状态下使用 netstat 命令，就可以查看到当前活动的 TCP、UDP 连接。

4. 木马传送数据时躲避侦察的方法

木马常用以下 3 种方法躲避数据传送时的侦察。

（1）合并端口法：使用特殊的手段，在一个端口上同时绑定两个 TCP 或者 UDP 连接（例如 80 端口的 HTTP），通过把自己的木马端口绑定于特定的服务端口（例如 80 端口的 HTTP）之上达到隐藏端口的目的。

（2）修改 ICMP（Internet Control Message Protocol）头法：使用 ICMP 进行数据发送，同时修改 ICMP 头，加入木马的控制字段。这样的木马具备很多新的特点，如不占用端口，使用户难以发觉，并可以穿透一些防火墙，从而增大了防范的难度。

（3）为了避免被发现，木马程序必须很好地控制数据传输量，例如把屏幕画面切分为多个部分，并将画面存储为 JPG 格式，使压缩率变高、数据变得十分小，甚至在屏幕没有改变的情况下传送的数据量为 0。

2.4　陷　　门

2.4.1　陷门及其特征

陷门（trap doors）也称为后门，是一种操作系统的无口令入口，由一段程序实现，通常是系统开发者为调试、测试、维修而设置的简便入口，操作系统提供的调试器（debug）、向导（wizard）以及 daemon 软件，都有可能被攻击者利用进入系统；有些则是入侵者在完成入侵目标后，为了能够继续保持对系统的访问特权而挖空心思设计的，形成隐蔽的信道监视系统运行或伺机对系统发起攻击。所以陷门可以看作人为漏洞。

陷门一般有如下一些技术或功能特征。

（1）陷门通常寄生于某些程序（有宿主），但无自我复制功能。

（2）陷门可以在系统管理员采取了增强系统安全措施（如改变所有密码）的情况下，继续进入系统。

（3）陷门可以使攻击者以最短的时间再次进入系统，而不是重新挖掘漏洞。

（4）许多陷门可以绕过注册直接进入系统，或者帮助攻击者隐藏其在系统中的一举一动。

（5）陷门可以把再次入侵被发现的可能性降至最低。

2.4.2　陷门分类

1. 账户与注册类陷门

（1）Login 陷门。在 UNIX 中，Login 程序常用来对通过远程登录来的用户进行口令验证。入侵者获取 Login 的源代码并修改，使它在比较输入口令与存储口令时先检查陷门口令。当入侵者输入陷门口令后，Login 程序将忽视管理员设置的口令而让入侵者长驱直入。使用这种方法，入侵者可以进入任何账号，甚至是 root 目录。

（2）密码破解陷门。这是入侵者使用的古老方法。通常，入侵者寻找口令薄弱的未被使用的账号进行破解，之后将口令改得难一些，形成一些新账号。这些新账号将成为重新侵入的后门。当管理员寻找口令薄弱的账号时，也不会发现这些密码已修改的账号。因而管理员很难确定查封哪个账号。

（3）超级账户陷门。超级账户（Administrator，Admin）是系统安全的宝贵资源。入侵者一旦可以创建这样的账号，就可以拥有很大的权力。在 Windows NT/2000 上可以使用下面的命令创建本地特权账号。

```
net user <username> <password>/ADD
net localgroup <groupname> <username>/ADD
```

在 UNIX 下，在口令文件中增加一个 UID 为 0 的账户，是创建超级账户的最简单方法。

（4）rhosts++陷门。在联网的 UNIX 机器中，像 Rsh 和 Rlogin 这样的服务是基于 rhosts 的。入侵者只要向可以访问的用户的 rhosts 文件中输入++，就可以允许任何人从任何地方进入这个账户。这些账户也成了入侵者再次侵入的陷门。

2. 通信与连接类陷门

（1）网络通信陷门。入侵者不仅想隐匿在系统里的痕迹，而且也要隐匿他们的网络通信后门。这些网络通信后门有时允许入侵者通过防火墙进行访问。有许多网络后门程序允许入侵者建立某个端口号，并且不通过普通服务就能实现访问。因为这是通过非标准网络端口的通信，管理员可能忽视入侵者的足迹。这种后门通常使用 ICP、UDP 和 ICMP，但也可能是其他类型的报文。

（2）TCP Shell 陷门。TCP Shell 陷门建立在防火墙没有阻塞的高位 TCP 端口，例如，可能建立在 SMTP 端口，因为很多防火墙允许 E-mail 通过。TCP Shell 后门可以让入侵者躲过 TCP Wrapper 技术。这些端口在许多情况下受口令保护，以防管理员连接后察觉。

（3）UDP Shell 陷门。UDP 是无连接的，管理员不会像观察 TCP 连接的怪异情况那样发现它，因而不能用 netstat 显示入侵者的访问痕迹。所以入侵者通常将 UDP Shell 后门放置在 DNS 端口，因为许多防火墙设置成允许类似 DNS 的 UDP 报文通行。

（4）ICMP Shell 陷门。由于许多防火墙允许外部 ping 内部的主机，所以入侵者可以将数据放入 ping 的 ICMP 包，在 ping 的主机间形成一个 Shell 通道。虽然管理员也许会注意到 ping 包，但他不查看包内数据就不会了解哪些是入侵者的数据包。

（5）Telnet 陷门。当用户通过 Telnet 连接到系统后，监听端口的 inetd 服务会接受连接并传递给 in.telnetd，由它运行 login。一些入侵者知道管理员会检查 login 是否被修改，就着手修改 in.telnetd。在 in.telnetd 内部有一些对用户信息的检验，比如用户使用了何种终端。入侵者可以对某些服务做这样的后门，对来自特定源端口的连接产生一个不要任何验证的 Shell。

（6）校验和以及时间戳陷门。早期，许多入侵者用自己的木马程序替代二进制文件，系统管理员便依靠时间戳和系统校验和的程序辨别一个二进制文件是否已被改变，如 UNIX 里的 sum 程序。为此，入侵者又开发了使木马文件和原文件时间戳同步的新技术。这种技术是这样实现的：先将系统时钟拨回到原文件时间，然后调整木马文件的时间为系统时间。一旦二进制木马文件与原文件精确同步，就可以把系统时间设回当前时间。例如，sum 程序是基于 CRC 校验的，很容易骗过。另外，入侵者设计出了可以将木马的校验和调整到原文件的校验和的程序。不过，MD5（见 5.1.2 节）是被大多数人推荐的，MD5 使用的算法目前还没人能骗过。

3．隐匿类陷门

1）隐匿进程陷门

入侵者通常想隐匿他们运行的程序，这样的程序一般是口令破解程序和监听程序（Sniffer）。有许多办法可以实现他们的目的，较通用的有以下几种方法。

（1）编写程序时修改自己的 argv，使它看起来像其他进程名。

（2）将监听程序改名再执行。

（3）修改库函数致使 ps 不能显示所有进程。

（4）将一个后门或程序嵌入中断驱动程序，使它不会在进程表中显现。

2）文件系统陷门

入侵者常要在服务器上存储他们的掠夺品或数据，不希望被管理员发现。入侵者的文件一般有 exploit 脚本工具、陷门集、Sniffer 日志、E-mail 的备份和源代码等。为了防止管理员发现这些文件，入侵者需要修补 ls、du 和 fsck 以隐匿特定的目录和文件。在很低的级别，入侵者制作这样的漏洞：以专有的格式在硬盘上隔出一部分，且表示为坏的扇区，使管理人员难发现这些"坏扇区"里的文件。

3）共享库陷门

几乎所有的 UNIX 系统都使用共享库，并且管理员很少检查这些库，因此一些入侵者在 crypt.c 和_crypt.c 等函数里做了陷门。

4）Cronjob 陷门

UNIX 上的 Cronjob 可以按时间表调度特定程序的运行。例如，入侵者可以加入陷门 Shell 程序，使它在深夜 1～2 点运行。那么每晚有一个小时可以获得访问，也可以查看 Cronjob 中经常运行的合法程序，同时植入后门。

5）内核陷门

内核陷门可以使库躲过高级校验，甚至连静态连接也大多不能识别。

6）Boot 块陷

一些入侵者将一些陷门留在根区，因为在 UNIX 下多数管理员不检查根区的软件。

7）网络服务陷门

网络服务陷门是以服务方式启动陷门或把陷门放置在服务程序有关的文件中。例如在 Windows NT 中，可以采用以服务方式启动陷门程序，使陷门随系统运行而自动启动，使其不易手工删除并且隐藏性好。在 UNIX 中，由于系统管理员在一般情况下不经常检查超级服务器守护进程（inetd），因此这些配置文件就成为放置陷门的好地方。

4．一些常见的陷门工具

下面是黑客常用的创建陷门的工具。

（1）rootkit、cron、at、secadmin、Invisible Keystoke、remove.exe、rc（UNIX）。

（2）Windows 启动文件夹。

（3）sub7。

（4）Netcat。

（5）VNC。

（6）BO2K。

2.5　其他恶意代码

除了上述介绍的几种恶意代码此之外，还有如下多种恶意代码。

1. 逻辑炸弹

逻辑炸弹（logic bomb）是嵌入某些合法程序的一段代码，没有自我复制功能，通常被预置于较大的程序中，等待某随机事件发生触发其破坏行为。

2. 细菌

细菌（germ）是一种在计算机系统中不断进行自我复制的程序，它们通过不断复制来占有系统资源。细菌也具有独立性。这两点与蠕虫相同，但是，蠕虫一般要利用一些网络工具进行繁殖，而细菌可以自己繁殖。

3. 恶意广告

恶意广告是采用强制弹出、欺骗安装等形式的网络广告，典型的有"插屏流氓""千尺游戏大厅"推荐的应用和恶意积分墙等。

4. Cookie 与网络臭虫

Cookie（小甜饼）是一种由服务器生成、发送到用户端（一般是浏览器）的文本文件，专门用于保存登录过服务器网站的用户名、密码、浏览过的网页、停留的时间等信息，以便提高网站和用户之间的交互效率。这样，当该用户再次访问同一网站时，服务器就可以决定不需要用户输入用户名和密码直接进入登录状态，甚至还会根据用户的访问历史主动提供有关信息。Cookie 在生成时就会被指定一个 Expire 值，这就是 Cookie 的生存周期，在这个周期内 Cookie 有效，超出周期 Cookie 就会被清除。有些页面将 Cookie 的生存周期设置为 0 或负值，这样在关闭浏览器时就马上清除 Cookie，不会记录用户信息，更加安全。通常，Cookie 是没有危害的。但是有些互联网企业为了发现"商机"，把"小甜饼"变成了"网络臭虫"（web bug，也称为网络信标——web beacon）。"网络臭虫"是一段恶意代码，它们用于收集用户信息、用户访问过的网页、停留时间、购买的商品等个人偏好信息，通过统计分析这些个人信息，向用户精准投放广告，或者再向其他需要这些个人信息的公司出售获利。

习 题 2

一、选择题

1. 下列关于计算机病毒的叙述中，_____ 是错误的。

A. 计算机病毒会造成对计算机文件和数据的破坏

B. 只要删除感染了计算机病毒的文件就可以彻底消除计算机病毒

C. 计算机病毒是一段人为制造的小程序

D. 计算机病毒是可以预防和消除的

2. 某计算机病毒利用 RPCDCOM 缓冲区溢出漏洞进行传播，计算机病毒运行后，在%System%文件夹下生成自身的副本 nvchip4.exe，添加注册表项，使得自身能够在系统启动时自动运行。通过以上描述可以判断这种计算机病毒的类型为_____。

A. 文件型计算机病毒   B. 宏计算机病毒

C. 网络蠕虫计算机病毒   D. 特洛伊木马计算机病毒

3. 下面计算机病毒出现的时间最晚的类型是_____。

A. 携带特洛伊木马的计算机病毒   B. 以网络钓鱼为目的的计算机病毒

C. 通过网络传播的蠕虫计算机病毒   D. Office 文档携带的宏计算机病毒

4. 计算机宏病毒主要感染_____文件。

A. .EXE   B. .COM   C. .TXT   D. .DOC

5. 计算机病毒最重要的特点是_____。

A. 可执行   B. 可传染   C. 可保存   D. 可打印

6. 下列描述中，不属于引导扇区计算机病毒的是_____。

A. 用自己的代码代替 MBR 中的代码   B. 会在操作系统之前加载到内存中

C. 将自己复制到计算机的每个磁盘   D. 格式化硬盘

7. 特洛伊木马_____。

A. 表面上看起来无害，但隐藏着罪恶   B. 不是有意破坏，仅仅制造恶作剧

C. 经常将自己复制、附着在宿主文件中   D. 传播和运行都不需要客户参与

8. 蠕虫_____。

A. 不进行自我复制   B. 不向其他计算机传播

C. 不需要宿主文件   D. 不携带有效负载

9. 现代计算机病毒木马融合了（   ）新技术。

A. 进程注入   B. 注册表隐藏   C. 漏洞扫描   D. 都是

10. 陷门_____。

A. 是为计算机系统开启秘密访问入口的程序   B. 会大量占用计算机资源，造成计算机瘫痪

C. 用于对互联网中的目标主机发起攻击   D. 用于寻找电子邮件地址，发送垃圾邮件

二、填空题

1. 计算机病毒是一段_____程序，它不单独存在，经常是附属在_____的起、末端，或磁盘引

导区、分配表等存储器件中。

2. 计算机病毒的 5 个特征是：主动传染性、破坏性、_____、寄生性（隐蔽性）和_____。

3. 计算机病毒是_____，它能够侵入_____，并且能够通过修改其他程序，把自己或者自己的变种复制插入其他程序中；这些程序又可传染别的程序，实现繁殖传播。

4. _____是一组计算机指令或者程序代码，能自我复制，通常嵌入在计算机程序中，能够破坏计算机功能或者毁坏数据，影响计算机的使用。

三、简答题

1. 什么是病毒的特征代码？它有什么作用？

2. 什么是网络蠕虫？它的传播途径是什么？

3. 收集充分的证据，论述计算机病毒程序的特征。

4. 收集资料，解析下列恶意代码的关键技术。

（1）"求职信"计算机病毒。

（2）"主页"计算机病毒。

（3）"欢乐时光"计算机病毒。

（4）"爱虫"计算机病毒。

（5）"美丽杀"计算机病毒。

（6）"万花谷"计算机病毒。

（7）"红色代码"计算机病毒。

5. 在什么情况下，计算机病毒能感染被写保护的文件？

6. 收集资料，解析一种最新计算机病毒的关键技术。

7. 总结现代计算机病毒技术及其发展趋势。

8. 讨论现代计算机病毒检测技术的发展趋势。

9. 分析蠕虫与计算机病毒的区别，收集资料，解析下列蠕虫的关键技术。

（1）蠕虫王。

（2）震荡波。

10. 木马有哪些危害？

11. 木马按破坏功能分为哪几种？

12. 典型木马有哪些特点？

13. 木马有哪些植入技术？

14. 木马自动加载方式有哪几种？

15. 木马是如何隐藏自己的？

16. 请举例说明几种常见的木马程序和使用端口号。

17. 木马的远程监控功能有哪些？

18. 如何防御木马攻击？

19. 比较计算机病毒、蠕虫、木马、后门和僵尸。

20. 收集国内外有关计算机病毒和其他恶意程序的网站信息，简要说明各网站的特点。

四、课外阅读

恶意代码发展历史　　恶意代码的防范技术　　蠕虫破坏性举例　　特洛伊木马发展历史

第3章 黑 客 攻 击

"黑客"一词是对于网络攻击者的统称。一般说来，黑客是一个精通计算机技术的特殊群体。从攻击的动机看，可以把黑客分为 3 类：一类称为"侠客"（hacker），他们多是好奇者和爱出风头者；一类称为"骇客"（crackers），他们是一些不负责的恶作剧者；一类称为"入侵者"（intruder），他们是有目的的破坏者。随着 Internet 的普及，黑客的活动日益猖獗，对社会造成巨大损失。

黑客形式多样，技术不断更新。下面仅介绍其中影响较大的几个。

3.1 黑客攻击的基本过程与常用工具

3.1.1 黑客进行网络攻击的一般过程

黑客进行网络信息系统攻击的主要工作流程是：收集情报、远程攻击、远程登录、取得权限、留下后门、清除日志，主要内容包括目标分析、文档获取、破解密码、日志清除等。这些内容都包括在黑客攻击的 3 个阶段——准备阶段、实施阶段和善后阶段中。

1．攻击的准备阶段

（1）确定目的。一般说来，入侵者进行攻击的目的主要有 3 种类型：破坏型、获取型和恶作剧型。破坏型攻击指破坏攻击目标，使其不能正常工作，主要的手段是拒绝服务攻击（DoS）。获取型主要是窃取有关信息，或获取不法利益。恶作剧型则是进来遛遛，以显示自己的能耐。目的不同，但所采用的手段大同小异。

（2）踩点，即寻找目标。

（3）查点。搜索目标上的用户、用户组名、路由表、SNMP 信息、共享资源、服务程序及旗标等信息。

（4）扫描。自动检测计算机网络系统在安全方面存在的可能被黑客利用的脆弱点。

（5）模拟攻击。进行模拟攻击，测试对方反应，找出毁灭入侵证据的方法。

2．攻击的实施阶段

（1）获取权限。获取权限往往是利用漏洞进行的。系统漏洞分为本地漏洞和远程漏洞两种：本地漏洞需要入侵者利用自己已有的或窃取来的身份，以物理方式访问机器和硬件；相比本地漏洞，攻击者往往只需要向系统发送恶意文件或者恶意数据包就能实现入侵。这就是远程漏洞比本地漏洞更危险的原因。因此，黑客的攻击一般都是从远程漏洞开始的。但是利用远程漏洞获取的不一定是最高权限，往往只是一个普通用户的权限，这样常常没有办法做黑客们想要做的事。这时就需要配合本地漏洞来把获得的权限进行扩大，常常是扩大至系统的管理员权限。

（2）权限提升。有时获得了一般用户的权限就足以达到修改主页等目的了，但只有获得了最高的管理员权限之后，才可以做诸如网络监听、清理痕迹之类的事情。要完成权限的扩大，不但可以利用已获得的权限在系统上执行利用本地漏洞的程序，还可以放一些木马之类的欺骗程序来套取管理员密码，这种木马是放在本地套取最高权限用的，而不能进行远程控制。

（3）实施攻击。如对一些敏感数据的篡改、添加、删除和复制，以及对敏感数据的分析，或者使系统无法正常工作。

3．攻击的善后阶段

（1）修改日志。如果攻击者完成攻击后就立刻离开系统而不做任何善后工作，那么他的行踪将很快被系统管理员发现，因为所有的网络操作系统一般都提供日志记录功能，会把系统上发生的动作记录下来。为了自身的隐蔽性，黑客一般都会抹掉自己在日志中留下的痕迹。为了能抹掉痕迹，攻击者要知道常见的操作系统的日志结构以及工作方式。

（2）设置后门。一般黑客都会在攻入系统后不止一次地进入该系统。为了下次再进入系统时方便一点，黑客会留下一个后门，特洛伊木马就是后门的最好范例。

（3）进一步隐匿。只修改日志是不够的，因为百密必有一疏，即使自认为修改了所有的日志，仍然会留下一些蛛丝马迹。例如，安装了某些后门程序，运行后也可能被管理员发现。所以，黑客经常通过替换一些系统程序的方法来进一步隐藏踪迹。这种用来替换正常系统程序的黑客程序称为 rootkit，这类程序在一些黑客网站可以找到，比较常见的有 LinuxRootKit，现在已经发展到了 5.0 版本了。它可以替换系统的 ls、ps、netstat、inetd 等一系列重要的系统程序，当替换了 ls 后，就可以隐藏指定的文件，使得管理员在使用 ls 命令时无法看到这些文件，从而达到隐藏自己的目的。

3.1.2 黑客常用工具

一般说来，众多的恶意代码都是黑客的帮凶，或者是黑客利用的工具。不过有一些恶意代码是黑客利用最多的工具，陷门就是其一。此外还有一些是黑客刻意研发出来的工具，例如下列一些。

（1）僵尸网络。僵尸网络与后门类似，也允许攻击者访问系统。但是所有被同一个僵尸网络感染的计算机将会从一台控制命令服务器接收到相同的命令。有关作用将在 3.5.3 节介绍。

（2）下载器。这是一类用来下载其他恶意代码的恶意代码。下载器通常是在攻击者获得系统的访问时首先进行安装的。下载器程序会下载和安装其他的恶意代码。

（3）间谍软件。这是一类从受害计算机上收集信息并发送给攻击者的恶意代码。例如嗅探器、密码哈希采集器、键盘记录器等。这类恶意代码通常用来获取 E-mail、在线网银等账号的访问信息。

（4）启动器。用来启动其他恶意程序的恶意代码。通常情况下，启动器使用一些非传统的技术，来启动其他恶意程序，以确保其隐蔽性，或者以更高权限访问系统。

（5）内核套件。设计用来隐藏其他恶意代码的恶意代码。内核套件通常是与其他恶意代码（如后门）组合成工具套装，来允许为攻击者提供远程访问，并且使代码很难被受害者发现。

（6）勒索软件。设计成吓唬受感染的用户来勒索他们购买某些东西的恶意代码。这类软件通常有一个用户界面，使得它看起来像是一个杀毒软件或其他安全程序。它会通知用户系统中存在恶意代码，而唯一除掉它们的方法只有购买他们的"软件"，而事实上，他们所卖软件的全部功能只不过是将勒索软件进行移除而已。

（7）发送垃圾邮件的恶意代码。这类恶意代码在感染用户计算机之后，便会使用系统与网络资源来发送大量的垃圾邮件。这类恶意代码通过为攻击者出售垃圾邮件发送服务而获得收益。

3.2　系统扫描攻击

系统扫描攻击也称为系统敏感信息采集，其目标是获取系统的有关敏感数据。网络拓扑结构、网络地址、端口开放状况、运行什么样的操作系统、存在哪些漏洞以及用户口令等关系到信息系统的运行和安全状态，它们都可以称为信息系统敏感数据。用扫描手段获取这些数据是网络管理人员进行网络维护常用的手段，也是攻击者进行攻击踩点、确定攻击目标和攻击方法的基本手段。

3.2.1　网络扫描

网络扫描包括地址扫描和端口扫描。前者的目的是判断某个 IP 地址上有无活动主机和系统，以及某台主机是否在线；后者的目的是判断有关端口的打开状况。

1．地址扫描

进行地址扫描的方法很多，下面先介绍几种常用的命令。

1）ping 命令

ping 是潜水艇人员的专用术语，表示回应的声纳脉冲。在网络中，用 ping 命令向目标主机发送 ICMP 回显请求报文，并等待 ICMP 回显应答，从而检测网络的连通情况和分析网络速度。

ping 命令的完整格式如下。

```
ping [-t] [-a] [-n count] [-l size] [-f] [-i ttl] [-v tos] [-r count] [-s count] [-j
computer-list] | [-k computer-list] [-w timeout] destination-list
```

各参数的含义如下。

-t：不断 ping 目标主机，直至中断。

-a：以 IP 地址格式来显示目标主机的网络地址。

-n count：指定要 ping 的次数，默认值为 4。

-l size：指定发送到目标主机的数据包的大小，默认为 32B，最大值是 65527B。

-f：在数据包中发送"不要分段"标志，数据包就不会被路由上的网关分段。

-i ttl：将"生存时间"字段设置为 ttl 指定的值。

-v tos：将"服务类型"字段设置为 tos 指定的值。

-r count：在"记录路由"字段中记录传出和返回数据包的路由。count 最少可以指定 1 台计算机，最多可以指定 9 台计算机。

-s count：指定 count 指定的跃点数的时间戳。

-j computer-list：利用 computer-list 指定的计算机列表路由数据包。连续计算机可以被中间网关分隔（路由稀疏源）的 IP 允许的最大数量为 9。

-k computer-list：利用 computer-list 指定的计算机列表路由数据包。连续计算机不能被中间网关分隔（路由严格源）的 IP 允许的最大数量为 9。

-w timeout：指定超时间隔，单位为毫秒。

destination-list：指定要 ping 的远程计算机。

ping 命令有如下几种用法。

（1）使用 ICMP 协议的 Ping 扫描：Ping 程序利用 ICMP 协议中的 ICMP Echo Request 数据包进行探测，如果目标主机返回了 ICMP Echo Reply 数据包，说明主机真实存在。

（2）TCP ACK Ping 扫描：发送一个只有 ACK 标志的 TCP 数据包给目标主机，如果目标主机反馈一个 TCP RST 数据包，则表明主机存在。更容易通过一些无状态型的包过滤防火墙。

（3）TCP SYN Ping 扫描：如果目标主机活跃但是指定端口不开放，则会返回 RST。如果目标主机端口开放，则返回 SYN/ACK 标志的数据包。无论收到哪种反馈，都可以判断目标主机真实存在。

2）tracert 命令

tracert 是一个路由跟踪程序，它通过向目标发送不同的 IP 生存时间（TTL）值的 ICMP 回显数据包来确定到目标所选择的路由。tracert 程序工作时，首先发送一个 TTL=1（ms）的回显数据包，以后每次递增 1；它要求每个路由器在转发数据包之前先将 TTL 减 1，当 TTL=0 时，路由器将返回 ICMP Time Exceeded。这样，直到目标响应或 TTL 达到最大值后，可以根据每次到达的路由接口列表得到到达目标的路由信息。它的主要选项如下。

-d：防止将中间路由器解析为它们的 IP 地址。

-h maximum_hops：指定搜索到目标地址的最大跳跃数，默认值为 30。

-j host_list：是一系列用空格分隔的带点十进制 IP 地址，用来表示一系列由一个或多个路由器隔开的中间目标。最大数量为 9，仅在 IPv4 中才使用。

-w timeout：指定超时时间间隔，程序默认的时间单位是毫秒。默认值为 4000。

-4：强制 tracert 使用 IPv4。

-6：强制 tracert 使用 IPv6。

target_name：目标主机的名称或 IP 地址。

3）pathping 命令

pathping 命令是一个路由跟踪工具，它将 ping 和 tracert 命令的功能与这两个工具所不提供的其他信息结合起来。pathping 命令在一段时间内将数据包发送到将到达最终目标的路径上的每个路由器，然后根据从每个跃点返回的数据包计算结果。由于命令显示数据包在任何给定路由器或链接上丢失的程度，因此可以很容易地确定可能导致网络问题的路由器或链接。它的主要选项如下。

-n hostnames：不将地址解析成主机名。

-h maximum hops：搜索目标的最大跃点数。

-g host-list：沿着主机列表释放源路由。

-p period：在 ping 之间等待的毫秒数。

-q num_queries：每个跃点的查询数。

-w time-out：每次等待回复的毫秒数。

-i 地址：使用指定的源地址。

-4 IPv4：强制 pathping 使用 IPv4。

-6 IPv6：强制 pathping 使用 IPv6。

4）who 命令

who 命令主要用于查看当前在线上的用户情况。它的主要选项如下。

-a：显示所有用户的所有信息。

-m：显示运行该程序的用户名，和 "who am I" 的作用一样。

-q：只显示用户的登录账号和登录用户的数量，该选项优先级高于其他任何选项。

-u：在登录用户后面显示该用户最后一次对系统进行操作距今的时间。

-h：显示列标题。

5）ruser 命令

ruser 是一个 UNIX 命令，可以生成登录到远程机的用户列表。它的主要选项如下。

-a：即使没有用户登录也提供报告。

-h：按主机名的字母顺序排序。

-i：按空闲时间排序。

-l：提供类似于 who 命令的更长的清单。

-u：按用户数量排序。

6）finger 命令

finger（端口 79）是一个 UNIX 命令，用于提供站点及用户的基本信息。它的主要选项如下。

-s：显示用户注册名、实际姓名、终端名称、写状态、停滞时间和登录时间等信息。

-l：除了用-s 选项显示的信息外，还显示用户主目录、登录 Shell、邮件状态等信息，以及用户主目录下的.plan、.project 和.forward 文件的内容。

-p：除了不显示.plan 文件和.project 文件以外，与-l 选项相同。

7）host 命令

host 是一个 UNIX 命令，可以把一个主机名解析到一个网络地址或把一个网络地址解析到一个主机名，得到很多信息，包括操作系统、计算机和网络的很多数据。它的主要选项如下。

-a：等同于-v-t。

-C：在需要认证的域名服务器上查找 SOA 记录。

-d：等同于-v。

-l：列出一个域内所有的主机。

-i：反向查找。

-N：改变点数。

-r：不使用递归处理。

-R：指定 UDP 包数。

-T：支持 TCP/IP 模式。

-v：运行时显示详细的处理信息。

-w：永远等待回复。

-W：指定等待回复的时间。

-4：用于 IPv4 的查询。

-6：用于 IPv6 的查询。

8）netstat

该命令可以使用户了解到自己的主机是怎样与 Internet 相连接的。它的主要选项如下。

-r：显示本机路由表的内容。

-s：显示每个协议（包括 TCP、UDP 和 IP）的使用状态。

-n：以数字表格形式显示地址和端口。

-a：显示所有主机的端口号。

2．端口扫描

在 TCP/IP 网络中，端口号是主机上提供的服务标识。例如，FTP 服务的端口号为 21，Telnet 服务的端口号为 23，DNS 服务的端口号为 53，HTTP 服务的端口号为 80 等。入侵者知道了被攻击主机的地址后，还需要知道通信程序的端口号。一个打开的端口就是一个潜在的入侵通道。只要扫描到相应的端口已打开，就知道目标主机上运行着什么服务，以便采取针对这些服务的攻击手段。下面介绍几种常用的端口扫描技术。

1）全连接扫描与半连接扫描

TCP 连接通过三次握手（three-way handshake）建立。图 3.1 表示了一个建立 TCP 连接的三次握手过程。若主机 B 运行一个服务器进程，则它要首先发出一个被动打开命令，要求它的 TCP 准备接收客户进程的连接请求，然后服务器进程就处于"听"状态，不断检测有无客户进程发起连接的请求。

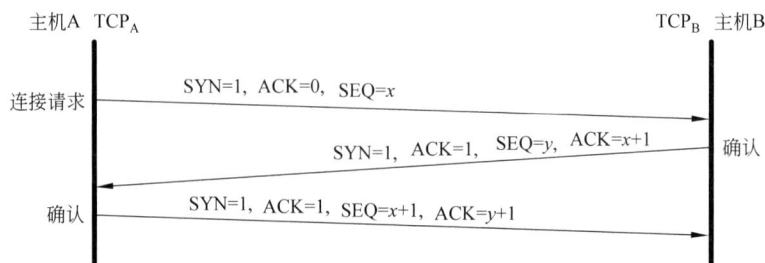

图 3.1　建立 TCP 连接的三次握手过程

（1）若主机 A 中运行有客户进程，当它需要服务器的服务时，就要向它的 TCP 发出主动连接请求：用 SYN=1 和 ACK=0 表示连接请求，用 SEQ=x 表示选择了一个序号。主机 B 收到 A 的连接请求报文，就完成了第一次握手。

（2）主机 B 如果同意连接，其 TCP 就向 A 发回确认报文：用 SYN=1 和 ACK=1 表示同意连接，用 ACK=x+1 表示对 x 的确认，用 SEQ=y 表示 B 选择的一个序号。主机 A 接收到该确认报文，完成第二次握手。

（3）接着，主机 A 的 TCP 就还要向主机 B 发出确认：用 SYN=1 和 ACK=1 表示同意连接，用 ACK=y+1 表示对 y 的确认，同时发送 A 的第一个数据 SEQ=x+1。主机 B 收到主机 A 的确认报文，完成第三次握手过程。

完成这样一个三次握手，才算建立了可靠的 TCP 连接，才能可靠地传输数据报文，也可以获取端口是否开放的信息。这种扫描称为全连接扫描或 TCP connect 扫描。但是，这种扫描往往会被远程系统记入日志。为避免被记入日志，可以使用半开放扫描——TCP SYN 扫描。因为，当客户端发出一个 SYN 连接请求报文后，如果收到了远程目标主机的 ACK/SYN 确认，就说明远程主机的该端口是打开的；若没有收到远程目标主机的 ACK/SYN 确认，而是收到 RST 数据报文（表明连接出现了问题），就说明远程主机的该端口没有打开。这样对于扫描要获得的信息已经足够了，也不会在目标主机的日志中留下记录。这种扫描称为半连接扫描或 SYN 扫描。

2）TCP FIN 扫描

FIN 是释放连接的数据报文，表明发送方已经没有数据要发送了。很多日志不记录这类报文。TCP FIN 扫描的原理是向目标端口发送 FIN 报文，当 FIN 数据包到达一个关闭的端口时，会返回一个 RST 的回复；当 FIN 数据包到达一个开放的端口时，该包将被忽略，没有回复。由此可以判断一个端口是关闭还是打开的。这种方法还可以用来区别操作系统是 Windows，还是 UNIX。

这种方法比 SYN 扫描更隐蔽，也被称为秘密扫描。但是，有的系统不管端口打开与否，一律回复 RST。这时，FIN 扫描就不适用了。

3）认证扫描

前面介绍的扫描方法有一个共同特点：判断一个主机中哪个端口上有进程在监听。认证扫描的特点与之不同，它是利用认证协议（将在第 5 章介绍），获取运行在某个端口上进程的用户名（userid）。例如，尝试与一个 TCP 端口建立连接，如果连接成功，扫描器发送认证请求到目的主机的 TCP 端口 113。

认证扫描同时也被称为反向认证扫描，因为即使最初的 RFC 建议的是一种帮助服务器认证客户端的协议，然而在实际的实现中也考虑了反向应用（即客户端认证服务器）。

4）慢速扫描

慢速扫描就是使用非连续性端口，进行时间间隔长、且无定率的扫描，并使用不一致的源地址，使这些扫描记录无规律地分布在大量日志中被淹没，给日志分析造成困难。

5）乱序扫描

乱序扫描就是对扫描的端口号集合随机地产生扫描顺序，并且每次的扫描顺序不同。

这就给入侵检测系统的发觉端口扫描带来困难。

3. 网络扫描工具

1）NMap

NMap 是运行在 Linux/UNIX 下的一个功能非常强大的扫描工具，被称为扫描之王。它支持多种协议（如 TCP、UDP、ICMP 等）扫描，可以用来查看有哪些主机以及主机运行何种服务。

NMap 的扫描方式如下。

（1）TCP connect 扫描。

（2）TCP SYN (half open) 扫描。

（3）TCP FIN、Xmas 或 NULL (stealth) 扫描。

（4）TCP ftp proxy (bounce attack) 扫描。

（5）使用 IP 分片包的 SYN/FIN 扫描。

（6）TCP ACK 和 Window 扫描。

（7）UDP raw ICMP port unreachable 扫描。

（8）ICMP ping 扫描。

（9）TCP ping 扫描。

（10）Direct (non portmapper) RPC 扫描。

（11）通过 TCP/IP 堆栈探测远程主机操作系统和 Reverse-ident 扫描等。

2）SuperScan

SuperScan（见图 3.2）是一款 Windows 平台上的具有 TCP connect 端口扫描、ping 和域名解析等功能的工具，能较容易地做到对指定范围内的 IP 地址进行 ping 和端口扫描。

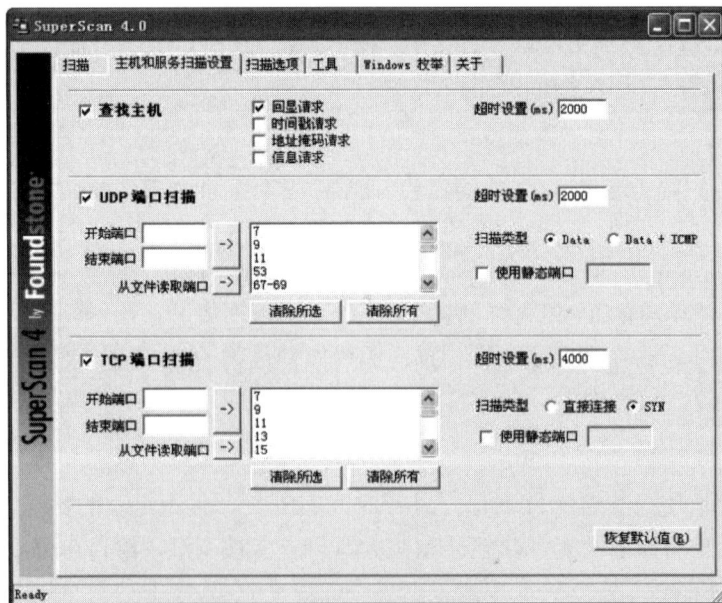

图 3.2　SuperScan 主界面

SuperScan 的功能如下。

（1）通过 ping 来检验 IP 是否在线。

（2）IP 和域名相互转换。

（3）检验目标计算机提供的服务类别。

（4）检验一定范围的目标计算机是否在线和端口情况。

（5）工具自定义列表检验目标计算机是否在线和端口情况。

（6）自定义要检验的端口，并可以保存为端口列表文件。

（7）SuperScan 自带一个木马端口列表 trojans.lst，通过这个列表可以检测目标计算机是否有木马，也可以自己定义修改这个木马端口列表。

3）Wireshark

Wireshark（见图 3.3）是一个网络封包分析软件，其功能是截取流经本地网卡的数据流量进而对其进行分析。通常的应用包括网络管理员用来解决网络问题，网络安全工程师用来检测安全隐患，开发人员用来测试协议执行情况，读者用来学习网络协议。

图 3.3　Wireshark 主界面

图形界面的 Wireshark 使用十分便捷，选取监听的网卡之后，主界面中会显示所有的数据流量。双击任意条目，则可以根据协议的层次拆分该数据流。Wireshark 内置了基本的网络协议，可以方便地查询包括但不局限于 IP、TCP、UDP、HTTP、FTP 和 SMB 等常见的协议内容。

3.2.2　漏洞扫描

系统安全漏洞也称为系统脆弱性（vulnerability），是系统缺陷和不足。管理人员可以通过漏洞扫描对所管理的系统和网络进行安全审计，检测系统中的安全脆弱环节，所以也称为网络安全扫描。攻击者则可以通过漏洞扫描找到入侵攻击的缺口实施攻击。

常言道："苍蝇不叮无缝的蛋。"对于信息系统的攻击基本上都是利用系统的漏洞进行的。非法用户可利用系统安全漏洞获得计算机系统的额外权限，在未经授权的情况下访问或提高其访问权，危害计算机系统的正常运行。

攻击者扫描到系统的漏洞，测试出目标主机的漏洞信息后，往往会先通过使用插件（功能模块技术）进行模拟攻击，或者采用漏洞库的匹配方法，制定出攻击的策略。网络管理者也会针对这些漏洞制定相关对策。

1. 系统安全漏洞的类型

对于漏洞可以从不同的角度进行分类，来讨论它们的特点。

1）基于触发主动性的漏洞分类

（1）主动触发漏洞。该漏洞可以被攻击者直接用于攻击，如直接访问他人计算机。

（2）被动触发漏洞。这种漏洞必须要有计算机操作人员配合才能起作用。例如，攻击者给某人发一封带有特殊的 jpg 图片文件的邮件，接收者只有打开该图片文件，才会导致某个漏洞被触发，使系统被攻击；若接收者不看这个图片，则不会受攻击。

2）基于发现时间的漏洞分类

（1）已发现很久的漏洞。厂商发布补丁或修补方法已经有一段时间，广为知晓。由于很多人已经进行了修补，因此宏观危害较小。

（2）刚发现的漏洞。厂商刚发布补丁或修补方法，知道的人还不多。这种漏洞相对于已发现很久的漏洞危害性较大，若此时使用蠕虫或傻瓜化程序，就会导致大批系统受到攻击。

（3）0day 漏洞。还没有公开，或因私下交易而形成的漏洞。这类漏洞会导致目标受到精确攻击，危害非常大。

3）基于系统或部位的漏洞分类

（1）操作系统漏洞。指计算机操作系统本身所存在的问题或技术缺陷。操作系统产品提供商通常会定期对已知漏洞发布补丁程序提供修复服务。

（2）Web 服务器漏洞。主要包括物理路径泄露、CGI 源代码泄露、执行任意命令、缓冲区溢出、拒绝服务、SQL 注入、条件竞争和跨站脚本执行漏洞。

（3）不同服务相互感染漏洞。有时候在一台服务器上会运行多种网络服务，如 Web 服务、FTP 服务等。这就很可能会造成服务之间的相互感染，攻击者只要攻击一种服务，就可以利用相关的技术作为平台，攻陷另一种服务。

（4）数据库服务器漏洞。如某些数据库服务器在处理请求数据时存在缓冲区溢出漏洞，远程攻击者可能利用此漏洞控制服务器，向数据库服务器发送畸形请求触发漏洞，最终导致执行任意指令。

（5）应用程序漏洞。这种漏洞由应用程序编写时的错误导致。目前，大部分应用程序都有数百万行代码。但人们只需要几分钟就可以开启后门或者安放"定时炸弹"。

（6）内存覆盖漏洞。内存覆盖漏洞主要为内存单元可指定，写入内容可指定。这样就能执行攻击者想执行的代码（如缓冲区溢出漏洞、格式化字符串漏洞、PTrace 漏洞、Windows 2000 的硬件调试寄存器用户可写漏洞）或直接修改内存中的机密数据。

4）基于成因的漏洞分类

（1）操作性漏洞。操作性漏洞可以分为写入内容被控制和内容信息被输出两种情形。

写入内容被控制导致可伪造文件内容、权限提升或直接修改重要数据（如修改存贷数据）。内容信息被输出包含内容被打印到屏幕、记录到可读的日志文件、产生可读的 core 文件等。

（2）配置漏洞。可以分为系统配置漏洞和网络结构配置漏洞两种。

系统配置漏洞多源于管理员疏漏，如共享文件配置漏洞、服务器参数配置漏洞、使用默认参数配置的漏洞等。网络结构配置漏洞多与网络拓扑结构有关，如将重要设备与一般设备设置在同一网段等。

（3）协议漏洞。这种漏洞主要源于 Internet 上的现行协议在设计之初仅考虑了效率和可靠性，没有考虑安全性。这类漏洞很多。后面将要介绍的 ARP 欺骗、IP 源地址欺骗、路由欺骗、TCP 会话劫持、DNS 欺骗和 Web 欺骗等都是由于协议漏洞引起的。此外还有 UDP Flood（循环）攻击（基于 UDP 端口漏洞）、SYN Flood 攻击、Land 攻击、Smurt 攻击、WinNuke 攻击、Fraggle 攻击和 Ping to death 攻击等都源于相关协议漏洞。

（4）程序漏洞。程序漏洞缘于程序设计的复杂性、程序设计语言的漏洞和运行环境的不可预见性。下面是一些常见的程序漏洞。

- 缓冲区溢出漏洞。
- 格式字符串漏洞。
- BIND 漏洞。
- Finger 漏洞。
- SendMail 漏洞。

2. 常用的漏洞扫描器

目前已经开发出了大量的扫描器。下面仅列举几例。

1）ISS/SAFESuite（应用层风险评估工具）

ISS（Internet Security Scanner）始于 1992 年，最初由 Christopher Klaus 发布，是一个小小的开放源代码扫描器，但功能强大，不过价格也昂贵。

它可以用来检查使用 TCP/IP 网络连接的主机是否会受到攻击，可以扫描以下漏洞。

（1）一些默认的包头，如是否存在 guest、bbs 等。

（2）IP 包头。

（3）Decode Alias。

（4）Sendmail。

（5）匿名 FTP。

（6）NIS、NFS、rusers。

SAFESuite 是 ISS 的最新版本，功能更强，效率更高，不仅可以运行在 UNIX 下，还可以运行在 Windows 下。它不仅能广泛检查各种服务，还能对所发现漏洞提供位置信息、有关描述和正确的应对建议。

2）Nessus

Nessus（见图 3.4）是一款可以运行在 Linux、BSD、Solaris 以及其他一些系统上的远程漏洞扫描与分析软件，它采用 B/S 架构的方式安装，以网页的形式向用户展现。用户登录之后可以指定对本机或者其他可访问的服务器进行漏洞扫描。Nessus 的扫描程序与漏洞库相互独立，因而可以方便地更新其漏洞库，同时提供多种插件的扩展和一种语言 NASL（Nessus Attack Scripting Language）用来编写测试选项，极大地方便了漏洞数据的维护、更新。在扫描完成后，Nessus 还可以生成详尽的用户报告，包括脆弱性、漏洞修补方法以及危害级别等，以方便后续加固工作。

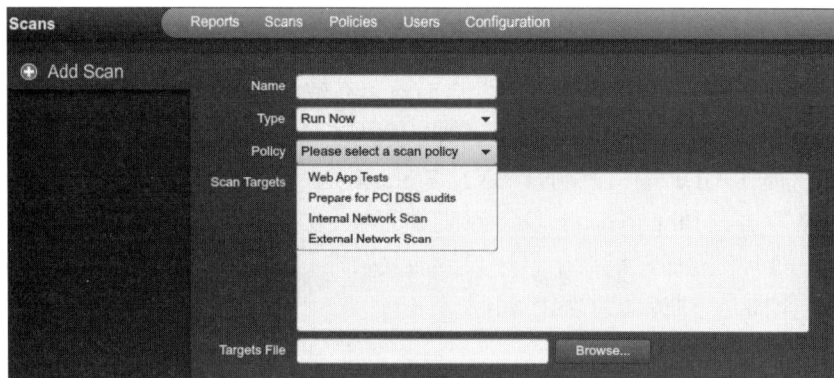

图 3.4　Nessus 主界面

3）Mysfind

Mysfind 是著名的扫描器 pfind 的加强版，主要用于扫描 Printer 漏洞和 Unicode 漏洞。Printer 漏洞可以让攻击者取得系统的控制权，Unicode 漏洞可以让攻击者随意操作系统内的文件甚至完全控制系统。它采用多线程扫描系统漏洞，速度快，结果准。

Mysfind 是一个命令行程序，格式如下。

```
sfind 漏洞类型 开始 IP 地址 结束 IP 地址
```

它有 3 种扫描方式。

-all：扫描所有漏洞。

-e：扫描 Printer 漏洞，可以让攻击者取得系统的控制权。

-u：扫描 Unicode 漏洞，可以让攻击者随意操作计算机内的文件甚至完全控制系统。

扫描结束以后，结果自动保存在 sfind.txt 文件中。

4）X-Scan

X-Scan 能够扫描大范围网段中存在漏洞的主机。它采用多线程方式对指定 IP 地址（或单机）进行安全漏洞检测，支持插件功能，可以在图形和命令两种界面下操作，扫描内容包括远程操作系统类型及版本、标准端口状态、端口 BANNER 信息、SNMP 信息、CGI 漏洞、IIS 漏洞、RPC 漏洞、SQL-Server、FTP-Server、SMTP-Server、POP3-Server、NT-Server 和注册表信息等。

5）Zenoss

Zenoss 是商业服务器监控工具 Zenoss Enterprise 的一个开源版本，全部用 Python 语言编写。它支持 Nagios plugin format（Nagios 插件格式），所以许多 Nagios 的插件也可以用于 Zenoss。Zenoss 的一个突出的地方是它强大而又容易使用的用户接口。

6）AppScan

AppScan 是 IBM 公司推出的一款 Web 应用安全测试工具，它采用黑盒测试的方式，可以扫描常见的 Web 应用安全漏洞。

7）Nikto

Nikto 是一款非常全面的 Web 扫描器，能在 200 多种服务器上扫描出 2000 多种有潜在危险的文件、CGI 及其他问题。它也使用 LibWhisker 库，但通常比 Whisker 更新得更为频繁。

8）N-Stealth

N-Stealth 是 ZMT 公司出品的一款商业的 Web 站点安全扫描软件，同时也有可以免费使用的版本，只是功能没有商业版本的多，漏洞库也不支持自动更新。

3.2.3　口令攻击

口令机制是资源访问的第一道关口。攻破了这道关口，就打开了进入系统的第一道大门。所以口令攻击是入侵者最常用的攻击手段。口令攻击可以从破解口令和屏蔽口令保护两个方面进行。下面主要介绍口令破解技术。

1．口令攻击的基本技术

1）口令字典猜测破解法

攻击者基于某些知识，编写出口令字典，然后对字典进行穷举或猜测攻击。表 3.1 为口令字典的构造方法。

表 3.1　口令字典的构造方法

序号	口 令 类 型	实　　例	序号	口 令 类 型	实　　例
1	规范单词	computer	14	动词变化	see, sees, saw, seen
2	反写规范单词	retupmoc	15	复数	books
3	词首正规大写	Computer	16	法律用语	legal
4	反拼写与反大写	computeR	17	地名（城/街/山/河等）	BeiJing
5	缩写	TCP	18	生物词汇	Dog
6	带点缩写	T.C.P	19	医药词汇	vitamin
7	缩写后带点	TCP.	20	技术词汇	Ruter
8	略写	etc.	21	商品	beer
9	专有名词缩写，带点	Ph.D	22	用户标识符	woodc
10	专有名词缩写，不全大写	kHz	23	反写用户标识符	cdoow
11	姓	Bush	24	串接用户标识符	woodc-woodc
12	名	Tom	25	截短用户标识符	woo
13	所有格	Bob's	26	串接用户标识符并截短	woodcwood

序号	口 令 类 型	实　例	序号	口 令 类 型	实　例
27	单字符构成串	bbbbbb	32	邮政编码	214036
28	键盘字母	asdfgh	33	证件号码	20010612345
29	文化名人	Beethoven	34	门牌号码	AB3579
30	年月日	040723	35	车牌号码	苏-w12345
31	电话号码	5863583	⋮	⋮	⋮

目前，Internet 上已经提供了一些口令字典，从一万到几十万条，可以下载。此外，还有一些可以生成口令字典的程序。利用口令字典可以通过猜测方式进行口令破解攻击。

2）穷举破解法

有人认为使用足够长的口令或者使用足够完善的加密模式，计算机就不会被攻破。事实上没有攻不破的口令，这只是个时间问题。如果有速度足够快的计算机能尝试字母、数字、特殊字符的所有组合，将最终能破解所有的口令。这种类型的攻击方式通过穷举口令空间获得用户口令，称为穷举破解法或蛮力破解，也称为强行攻击。例如，先从字母 a 开始，尝试 aa、ab、ac…，然后尝试 aaa、aab、aac…。

3）组合破解法

词典破解法只能发现词典单词口令，但是速度快。穷举破解法能发现所有的口令，但是破解时间很长。鉴于很多管理员要求用户使用字母和数字，用户的对策是在口令后面添加几个数字，例如把口令 computer 变成 computer99，这时使用强行破解法非常费时间。由于实际的口令常常很弱（可以通过对字典或常用字符列表进行搜索或经过简单置换而发现的口令），这时可以基于词典单词而在单词尾部串接几个字母和数字，这就是组合破解法。

4）其他破解类型

（1）社会工程学：通过对目标系统的人员进行游说、欺骗、利诱，获得口令或其部分。
（2）偷窥：观察别人输入口令。
（3）搜索垃圾箱。

2. 口令破解工具

1）Cain & Abel（穷人的 L0phtCrack）

类别：免费。
平台：Windows。
简介：Cain & Abel 是一个针对 Windows 操作系统的免费口令恢复工具。它通过如下多种方式轻松地实现口令恢复：网络嗅探、破解加密口令（使用字典或强行攻击）、解码被打乱的口令、显示口令框、显示缓存口令和分析路由协议等。该工具的源代码不公开。

2）DSniff（一流的网络审计和渗透测试工具）

类别：开放源码。
平台：Linux/BSD/UNIX/Windows。
简介：DSniff 是由 Dug Song 开发的一套包含多个工具的软件套件。其中，dsniff、

filesnarf、mailsnarf、msgsnarf、rlsnarf 和 webspy 可以用于监视网络上的数据（如口令、E-mail、文件等），arpspoof、dnsspoof 和 macof 能很容易地截取到攻击者通常难以获取的网络信息（如二层交换数据），sshmitm 和 webmitm 则能用于实现重写 SSH 和 HTTPS 会话达到 monkey-in-the-middle 攻击。

3）John the Ripper（格外强大、灵活、快速的多平台哈希口令破解器）

类别：开放源码。

平台：Linux/BSD/UNIX/Windows。

简介：John the Ripper 是一个快速的口令破解器，支持多种操作系统，如 UNIX、DoS、Win32、BeOS 和 OpenVMS 等。它设计的主要目的是用于检查 UNIX 系统的弱口令，支持几乎所有 UNIX 平台上经 crypt 函数加密后的口令哈希码，也支持 Kerberos AFS 和 Windows NT/2000/XP LM 哈希码等。

4）L0phtCrack 4（Windows 口令审计和恢复程序）

类别：商业。

平台：Linux/BSD/UNIX/Windows。

简介：L0phtCrack 从独立的 Windows NT/2000 工作站、网络服务器、主域控制器或 Active Directory 上正当获取或者从线路上嗅探到的加密哈希值里破解出 Windows 口令，含有词典攻击、组合攻击、强行攻击等多种口令猜解方法。

5）网络刺客

网络刺客是一个强大的网络安全工具，扫描只是其中的一个功能。它的扫描功能包括共享扫描、端口扫描和口令扫描猜测等。

3.3 欺骗型攻击

在网络环境下，通信主体之间的认证也是基于数字进行的。这种非直接的认证为欺骗（Spoofing）提供了机会。广义地说，网络欺骗泛指在网络环境下，攻击者冒充已经建立了信任关系的对象中的一方，对另一方进行欺骗，获取有用资源的行为。一般说来，网络欺骗是针对网络协议漏洞实施的。本节讨论几种常见的欺骗型攻击的原理和手段。

3.3.1 ARP 欺骗——交换网络监听

在 1.2.3 节中介绍了共享网络中的窃听问题。但是，现在以太网已经从共享进入到交换时代。交换式网络不是共享网络，交换式设备可以准确地将数据报文发给目的主机。这时，在交换网络中，能够直接收听的是群发帧和广播帧，无法直接实施广泛监听。

在这种环境下，由于一个局域网上发往其他网络的数据帧的目标地址都是指向网关的，因此实施监听的一个简单的方法是将安装有 Sniffer 软件的计算机伪装成为网关。这就是地址解析协议（Address Resolution Protocol，ARP）欺骗窃听。

1．ARP 欺骗窃听原理

ARP 是一个将 32 位的 IP 地址翻译成 48 位 MAC 地址的协议。图 3.5 是 ARP 的请求和应答分组格式。

以太网目的地址(6B)	以太网源地址(6B)	帧类型(2B)	ARP首部(8B)	源MAC地址(6B)	源IP地址(4B)	目的MAC地址(6B)	目的IP地址(4B)
以太网首部			以太网ARP字段				

图 3.5　ARP 的请求和应答分组格式

ARP 协议是一个无状态的协议，一旦收到 ARP 应答报文，就会对其高速缓存中的 IP 地址到 MAC 地址的映射记录进行更新，而不会关心之前是否发出过 ARP 请求。ARP 欺骗的核心就是向目标主机发送一个包含伪造的 IP-MAC 映射信息的 ARP 应答报文。当目的主机收到此应答报文后就会更新其 ARP 高速缓存，从而使目标主机将报文发送给错误的对象。这种攻击也称为中间人攻击。

所谓中间人攻击，就是使进行监听的主机插入到被监听主机与其他网络主机之间，利用 ARP 欺骗进行攻击，造成进行监听的主机成为被监听主机与其他网络主机通信的中继。如图 3.6 所示，当主机 A 要给主机 B 发送 IP 包时，在包头中需要填写 B 的 IP 为目标地址，并且这个 IP 包在以太网上传输的时候，还需要进行一次以太包的封装，即填入 B 的 MAC 地址。但是 A 是不知道 B 的 MAC 地址的。为了获得 B 的 MAC 地址，A 就广播一个 ARP 请求包，请求包中填有 B 的 IP 地址，以太网中的所有计算机都会接收这个请求，而正常的情况下只有 B 会给出 ARP 应答包，包中就填充上了 B 的 MAC 地址，并回复给 A。A 得到 ARP 应答后，将 B 的 MAC 地址放入本机缓存，便于下次使用，或者更新已有的 ARP 缓存。

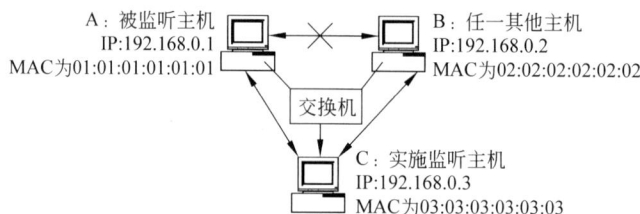

图 3.6　ARP 欺骗窃听

由于 ARP 并不只在发送了 ARP 请求后才接收 ARP 应答，这就会使入侵者有机可乘。例如，局域网中的主机 C 可能会冒充主机 B 向 A 发送一个伪造的 ARP 应答，应答中的 IP 地址为 B 的 IP 地址，而 MAC 地址是主机 C 的 MAC 地址（也可以是另外的主机 D 的 MAC 地址），则当 A 接收到 C 伪造的 ARP 应答后，就会更新本地的 ARP 缓存，这样 A 就会把发向 B 的数据包发送到同一物理网的主机 C（或 D）。这样，C 就是插入的 A 和 B 之间的进行攻击的主机。

2．ARP 欺骗窃听防范

1）采用静态 ARP

指定静态 ARP，即将 IP 地址与 MAC 地址绑定。大多数 UNIX 系统支持 ARP 读取指定的 IP 和 MAC 地址对应文件，首先编辑内容为 IP 和 MAC 地址对照的文件，然后使用命令 arp -f /path/to/ipandmacmapfile 读取文件，这样就指定了静态的 ARP 地址，即使接收到 ARP 应答，也不会更新自己的 ARP 缓存，从而使 ARP 欺骗丧失作用。

Windows 系统没有-f 这个参数，但有-s 参数，可以用命令行指定 IP 和 MAC 地址对照关系，如 arp -s 192.168.1.33 00-90-6d-f2-24-00。但除了 Windows XP 外，其他版本的 Windows 平台即使这样做，当接收到伪造的 ARP 应答后，依然会更新自己的 ARP 缓存，用新的 MAC 地址替换掉旧的 MAC 地址，所以无法对抗 ARP 欺骗。而且采用静态 ARP 有一个缺憾，就是如果网络很大的话，工作量会非常大。

2）ARP 监听检测

首先，借助检测 IP 地址和 MAC 地址对应的工具，如 arpwatch，安装了 arpwatch 的系统在 MAC 地址发生变化时会在系统的日志文件中看到如下提示。

```
Apr 21 23:05:00 192.168.1.35 arpwatch:flip flop 192.168.1.33 0:90:6d:f2:24:0 (8:0:20:c8:fe: 15)
Apr 21 23:05:02 192.168.1.35 arpwatch:flip flop 192.168.1.33 8:0:20:c8:fe:15 (0:90:6d:f2: 24:0)
Apr 21 23:05:03 192.168.1.35 arpwatch:flip flop 192.168.1.33 0:90:6d:f2:24:0 (8:0:20:c8:fe: 15)
```

从提示中可以看出，arpwatch 检测到了网关 MAC 地址发生了改变。

其次，借助一些入侵检测系统，如 Snort，也可以起到一定的检测作用。在 Snort 的配置文件中打开 arpspoof 的 preprocessor 开关并进行配置即可。

3）数据加密

数据加密可以使攻击者即使窃听到，也无法了解内容。

3. 监听器

监听器（Sniffer）是一种用于捕获网络报文的软件，可以用来进行网络流量分析，找出网络中潜在问题，确定在通信所使用的多个协议中属于不同协议的流量大小，哪台主机承担主要协议的通信，哪台主机是主要的通信目的地，报文发送的时间是多少，主机间报文传送的时间间隔等，是网络管理员的一种常用工具。

监听器只是接收数据，而不向外发送数据，从而能悄无声息地监听到所有局域网内的数据通信，其潜在危害性也在于此。

下面介绍几种常用的监听器。

1）Sniffer Pro

Sniffer Pro 是 NAI 公司开发的一种图形界面嗅探器。它功能强大，能全面监视所有网络信息流量，识别和解决网络问题，是目前唯一能够为七层 OSI 网络模型提供全面性能管理的工具。

2）Libpcap/Winpcap

Libpcap 是 Packet Capture Library（数据包捕获函数库）的缩写与重组。它不是一个监听器，但是它提供的 C 语言函数接口可用于对经过网络接口的数据包的捕获，以支持监听器产品的开发。

Winpcap 是 Libpcap 的 Win32 版本。

3）Dsniff

Dsniff 是 Dug Song 编写的一个功能强大的工具软件包，可以支持多种协议类型，包括 FTP、Telnet、rlogin、Ldap、SMTP、POP、IMAP、IRC、ICQ、MS-CHAP、Npster、Citrix、ICA、PCAnywher、SNMP、OSPF、PPTP、X11、NFS、RIP、VRRP、Microsoft SQL Protocol 等。

4）Tcpdump/Windump

Tcpdump 是一个传统的嗅探器，通过将网卡设置为混杂模式截取帧进行工作。

4. ARP 监听软件 arpspoof

arpspoof 是 Dsniff 中的一个组件，是一个基于 ARP 理论的网络监听程序，它的工作原理是这样的：发起 ARP 欺骗的主机向目标主机发送伪造的 ARP 应答包，骗取目标系统更新 ARP 表，将目标系统的网关的 MAC 地址修改为发起 ARP 欺骗攻击的主机 MAC 地址，使数据包都经由发起 ARP 欺骗的主机。这样即使系统连接在交换机上，也不会影响对数据包的截取，由此就轻松地通过交换机实现了网络监听。例如，主机 A 和 B 连接在交换机的同一个 VLAN（虚拟局域网）上。

A 主机的 IP 地址为 192.168.1.37。

B 主机的 IP 地址为 192.168.1.35，MAC 地址为 08-00-20-c8-fe-15。

网关的 IP 地址为 192.168.1.33，MAC 地址为 00-90-6d-f2-24-00。

（1）在 A 主机上看到 A 主机的 ARP 表：

```
C:>arp -a
nbsp; Interface:192.168.1.37
Internet Address Physical Address Type
192.168.1.33 00-90-6d-f2-24-00 dynamic
```

可以看到 A 主机中保留着网关的 IP 地址 192.168.1.33 和对应的 MAC 地址 00-90-6d-f2-24-00。

（2）在 B 主机上执行 arpspoof，将目标指向 A 主机，宣称自己为网关，如下所示。

```
HOSTB# arpspoof -t 192.168.1.37 192.168.1.33
8:0:20:c8:fe:15 0:50:ba:1a:f:c0 0806 42:arp reply 192.168.1.33 is-at 8:0:20:c8:fe:15
8:0:20:c8:fe:15 0:50:ba:1a:f:c0 0806 42:arp reply 192.168.1.33 is-at 8:0:20:c8:fe:15
8:0:20:c8:fe:15 0:50:ba:1a:f:c0 0806 42:arp reply 192.168.1.33 is-at 8:0:20:c8:fe:15
8:0:20:c8:fe:15 0:50:ba:1a:f:c0 0806 42:arp reply 192.168.1.33 is-at 8:0:20:c8:fe:15
8:0:20:c8:fe:15 0:50:ba:1a:f:c0 0806 42:arp reply 192.168.1.33 is-at 8:0:20:c8:fe:15
8:0:20:c8:fe:15 0:50:ba:1a:f:c0 0806 42:arp reply 192.168.1.33 is-at 8:0:20:c8:fe:15
8:0:20:c8:fe:15 0:50:ba:1a:f:c0 0806 42:arp reply 192.168.1.33 is-at 8:0:20:c8:fe:15
8:0:20:c8:fe:15 0:50:ba:1a:f:c0 0806 42:arp reply 192.168.1.33 is-at 8:0:20:c8:fe:15
8:0:20:c8:fe:15 0:50:ba:1a:f:c0 0806 42:arp reply 192.168.1.33 is-at 8:0:20:c8:fe:15
```

可以看到 B 主机持续向 A 主机发送 ARP 回应包，宣称网关 192.168.1.33 的 MAC 地址是 B 主机自己。此时，在 A 主机上看到 ARP 表的内容：

```
C:>arp -a
```

```
Interface: 192.168.1.37
Internet Address Physical Address Type
192.168.1.33 08-00-20-c8-fe-15 dynamic
```

显然 A 主机的 ARP 表已经改变了，网关的 MAC 地址被更新为 B 主机的 MAC 地址。这样，当有数据包发送时，A 主机理所当然地会发到其 ARP 表中网关对应的 MAC 地址 08-00-20-c8-fe-15。可是，A 主机却不知道它的数据实际上发送到了一台别有用心的 B 主机。

（3）但是还不能这样结束。为了让 A 主机不会有明显的感觉，B 主机还必须打开数据转发。在不同的系统中应使用不同的转发方法：

- 在 Linux 中可以使用 sysctl -w net.ipv4.ip_forward=1。
- 在 BSD 系统可以使用 sysctl -w net.inet.ip.forwarding=1。
- 在 Solaris 系统可以使用 ndd -set /dev/ip ip_forwarding=1。

除了这样打开内核的支持外，也可以选用外部的 fragrouter 等转发软件，如此，就能确保 A 主机能正常工作了。

3.3.2　IP 源地址欺骗

IP 有一个缺陷：它只依据 IP 头中的目的地址发送数据包，而不对数据包中的 IP 地址进行认证。这个缺陷使任何人不经授权就可以伪造 IP 包的源地址。IP 源地址欺骗就是基于这一点，使攻击者可以假冒他人的 IP 地址向某一台主机发送数据包，进行攻击。

攻击者使用 IP 地址欺骗的目的主要有两种。

（1）隐藏自身，对目标主机发送不正常包，使之无法正常工作。

（2）伪装成被目标主机信任的友好主机得到非授权的服务。

1．IP 源地址欺骗攻击的基本过程

IP 源地址欺骗是冒用别的主机的 IP 地址来欺骗第三者。假定有两台主机 S（设 IP 地址为 201.15.192.11）和 T（设 IP 地址为 201.15.192.22），并且它们之间已经建立了信任关系。入侵者 X 要对 T 进行 IP 欺骗攻击，就可以假冒 S 与 T 进行通信。

1）确认攻击目标

实行 IP 源地址欺骗的第一步是确认攻击目标。下面是容易受到电子欺骗攻击的服务类型。

（1）运行 Sun RPC（Sun Remote Procedure Call，Sun 远程过程调用）的网络设备。

（2）基于 IP 地址认证的任何网络服务。

（3）提供 R 系列服务的计算机，如提供 rlogin、rsh、rcp 等服务的计算机。

其他没有这类服务的系统所受到的 IP 欺骗攻击虽然也有，但要少得多。

2）使被冒充的主机无法响应目标主机的会话

当 X 要对 T 实施 IP 源地址欺骗攻击时，就要假冒 S（称为被利用者）与目标主机 T 进行通信。但是，X 并不是真正的 S，而 T 只向 S 回送应答包。这样，就有可能使 S 对 T 的报文产生反应，而将 X 暴露。X 避免自己暴露的办法是让 S 瘫痪，使之无法响应目标主机 T 的数据包。

使 S 瘫痪的办法是对其实施拒绝服务攻击，例如，通过 SYN Flood 攻击使之连接请求被占满，暂时无法处理进入的其他连接请求。通常，黑客会用一个虚假的 IP 地址（可能该合法 IP 地址的服务器没有开机）向目标主机 TCP 端口发送大量的 SYN 请求。受攻击的服务器则会向该虚假的 IP 地址发送响应。自然得不到回应，得到的是该服务器不可到达的消息。而目标主机的 TCP 会认为这是暂时的不通，于是继续尝试连接，直到确信无法连接。不过这已经为黑客进行攻击提供了充足的时间。

3）精确地猜测来自目标请求的正确序列数

X 为了使自己的攻击不露馅的另一个措施是取得被攻击目标 T 主机的信任。由于 TCP 是可靠传输协议，每台主机要对自己发送的所有字节分配序列编号，供接收端确认并据此进行报文装配。在通过三次握手建立 TCP 连接的过程中，客户端首先要向服务器发送序列号 x，服务器收到后通过确认要向客户端送回期待的序列号 $x+1$ 和自己的序列号。由于序列号的存在，给 IP 欺骗攻击增加了不少难度，要求攻击者 X 必须能够精确地猜测出来自目标机的序列号，否则也会露馅。那么，如何精确地猜测来自目标机的序列号呢？这就需要知道 TCP 序列号的编排规律。

初始的 TCP 序列号是由 tcp_init( )函数确定的，是一个随机数，并且它每秒钟增加 128 000。这表明，在没有连接的情况下，TCP 的序列号每 9.32 h 会复位一次；而有连接时，每次连接把 TCP 序列号增加 64 000。

随机的初始序列号的产生也是有一定规律的。在 Berkeley 系统中，初始序列号由一个常量每秒钟加 1 产生。

所以，TCP 序列号的估计也并非绝对不可能。但是，除此之外，攻击者还需要估计他的服务器与可信服务器之间的往返时间（RTT）。RTT 一般是通过多次统计平均计算出来的。在没有连接的情况下，TCP 序列号为 128000·RTT；如果目标服务器刚刚建立过一个连接，就还要加上 64 000。

上述分析是一种理论上的分析。黑客通常的做法是通过对目标主机的合法连接来获得目标主机发送 IP 数据包的序列记录，即先请求连接目标主机，等目标主机送回带序列号的回应后，记录序列号并断开连接。

在一般情况下，通过对所记录的序列号的分析，也可以猜测出认证要求序列号的规则。

4）实施欺骗过程

① 冒充受信主机连接到目标主机。

② 根据猜出的序列号，向目标主机发送回应 IP 包。

③ 进行系列会话。

2．IP 源地址欺骗的防范

IP 源地址欺骗攻击比较普遍，产生的危害性很大。下面是 IP 欺骗的一些预防策略。

（1）放弃基于 IP 地址的信任策略。IP 欺骗是基于 IP 地址信任的。而 IP 地址很容易伪造。因此，阻止这类攻击的一种非常简单的方法是放弃以 IP 地址为基础的验证。

（2）使用随机化的初始序列号。序列号是接收方 TCP 进行合法检查的一个重要依据。黑客攻击能够得逞的一个重要因素就是序列号有一定的选择和增加规律。堵塞这一漏洞的方法就是让黑客无法计算或猜测出序列号。Bellovin 提出了一个公式：

$$ISN=M + F（localhost,localport,remotehost,remoteport）$$

其中，M 为 4 μs 定时器，F 为加密 Hash 函数，localhost 为本地主机，localport 为本地端口，remotehost 为远方主机，remoteport 为远方端口。Bellovin 建议 F 是一个结合连接标识符和特殊矢量（随机数，基于启动时间的密码）的 Hash 函数，它产生的序列号不能通过计算或猜测得出。

（3）在路由器中加上一些附加条件。这些条件包括：不允许声称是内部包的外部包（源地址和目标地址都是本地域地址）进入，以防止外部攻击者假冒内部主机的 IP 欺骗；禁止带有内部资源地址的内部包出去，以防止内部用户对外部站点的攻击。

（4）配置服务器，降低 IP 欺骗的可能。分析自己的服务器，看哪些服务容易遭受 IP 欺骗攻击，并考虑这些服务有无保留的必要。

（5）使用防火墙和其他抗 IP 欺骗的产品。例如，防火墙决定是否允许外部的 IP 数据包进入局域网，对来自外部的 IP 数据包进行检验。假如来自外部的数据包声称有内部地址，它一定是欺骗包。如果数据包的 IP 地址不是防火墙内的任何子网，它就不能离开防火墙。

3.3.3　路由欺骗

在 TCP/IP 网络中，IP 包的传输路径完全由路由表决定。因此，如果攻击者能控制路由表，则可以控制自己发送的 IP 包到达希望的目标，进行监听或其他攻击。下面介绍两种路由欺骗方法。

1. IP 源路由欺骗

IP 报文首部具有"源站选路"可选项，可以指定到达目的站点的路由。在正常情况下，若目的主机有应答或其他信息回送源站点，就可以按照源站所选路由逆向路径回复。

假定有两台主机 S（设 IP 地址为 201.15.192.11）和 T（设 IP 地址为 201.15.192.22）之间已经建立了信任关系。若有攻击者 X 想冒充 S 从 T 处获得某种服务，则它可以按照下面的步骤进行。

（1）攻击者 X 进行 IP 地址欺骗，将自己发往 T 的源地址修改为 201.15.192.11，目标地址写为 201.15.192.22。

（2）将路由表写为 X 到 T 的路由（例如 X 所在局域网的路由器 GX）。

这样，T 要发送到 S 的应答，实际上按照 X 指定的路由的逆向路径，送回到 X 所在局域网的路由器 GX。X 通过监听收取该数据包。当然，要求路由器 GX 所在的局域网中不包括 S。

防范 IP 源路由欺骗的主要方法是关闭主机和路由器上的源路由选项。此外，也可以通过路由器配置，阻挡那些来自外部却声称是内部主机的报文。

2. RIP 路由欺骗

路由信息协议（Routing Information Protocol，RIP）是一种基于选择算法的内部或域内路由选择协议。距离向量算法（DVA）的路由选定原则是，到一个目的站的最少"路由中继"（hop，跳）数或到那个目的站路径的费用。为适应网络的变化，要求域内路由器之间动态地（每 30s）交换信息，内容包括每个路由器可以到达哪些网络，这些网络有多远等。

信息交换用 IP 数据包进行，并用 UDP 作为传输协议。

这样，若攻击者在网上发布假的路由信息，声称路由器 GX 可以使 T 发往 S 的数据包最快到达，再通过 ICMP 重定向来欺骗服务器路由器和主机，将 T 到 S 的正常路由器标志为失效，就可以诱使 T 将数据包发到攻击者控制的路由器 GX。

3.3.4 TCP 会话劫持

会话劫持（session hijack）就是攻击者作为第三者，隐秘地加入到他人的会话中，发送恶意数据，或者对他人的会话进行监听，甚至接替其中一方与另一方会话。在网络中进行会话劫持往往是利用了通信协议的漏洞，通过嗅探与欺骗两种手段结合进行。

1. TCP 会话劫持的基本原理

（1）TCP 使用端到端的连接，即 TCP 用（源 IP，源 TCP 端口号，目的 IP，目的 TCP 端号）来唯一标识每一条已经建立连接的 TCP 链路。

（2）TCP 在进行数据传输时，其首部有两个非常重要的字段：序号（seq）和确认序号（ackseq）。序号指出了本报文中传送的数据在发送主机所要传送的整个数据流中的顺序号。确认序号指出了发送本报文的主机希望接收的对方主机中下一个八位组的顺序号。

对于一台主机来说，其收发的两个相邻 TCP 报文之间的序号和确认序号与所携带 TCP 数据净荷（payload）的多少有数值上的关系：它所要发出的报文中的 seq 值应等于它所刚收到的报文中的 ackseq 的值，而它所要发送的报文中 ackseq 的值应为它所收到的报文中 seq 的值加上该报文中所发送的 TCP 净荷的长度。

（3）在 TCP 连接中，只是刚开始连接时进行一次 IP 地址的验证，在连接过程中 TCP 应用程序只跟踪序列号，而不进行 IP 地址验证。因此，一旦同一网段上的入侵者获悉目标主机的序列号规律，就可以假冒该目标主机的受信机与该目标主机进行通信，把原来目标主机与其受信机之间的会话劫持过去。

2．TCP 会话劫持过程

会话劫持一般采取如下 3 步进行。

（1）找一个同网段的活动会话。这要求攻击者嗅探在子网上的通信。攻击者将寻找诸如 FTP 之类的一个已经建立起来的 TCP 会话。在共享网络中，查找这种会话是很容易的。在交换网络中则需要攻击 ARP 协议。

（2）猜测正确的序列号码。进行 TCP 传输时，传输的数据的每一个字节必须有一个序列号码。这个序列号用来保持跟踪数据和提供可靠性。最初的序列号码是在 TCP 握手的第一步生成的。目的地系统使用这个值确认发出的字节。这个序列号字段长度有 32B。这就意味着可能有大约 4 294 967 295 个序列号。

（3）把合法的用户断开。一旦确定了序列号，攻击者就要把合法用户断开，以免露出破绽。断开合法用户可以采用拒绝服务攻击、源路由欺骗或者向用户发送一个重置命令。如果这些步骤取得成功，攻击者现在就可以控制这个会话。只要这个会话能够保持下去，攻击者就能够通过身份验证进行访问。

3. 会话劫持攻击工具

1）Juggernaut

Juggernaut 是由 Mike Schiffman 开发的一个可以用来进行 TCP 会话攻击的网络监听器，它是一个开放的自由软件。可以运行于 Linux 操作系统的终端机上，安装和运行都很简单。可以设置值、暗号或标志这 3 种不同的方式来通知 Juggernaut 程序是否对所有的网络流量进行观察。例如，一个典型的标记就是登录暗号。无论何时 Juggernaut 发现这个暗号，就会捕获会话，这意味着黑客可以利用捕获到的用户密码再次进入系统。

2）Hunt

Hunt 是 Kra 开发的一个用来监听、截取和劫持网络上的活动会话的程序。

3）TTY Watcher

TTY Watcher 是一个免费的程序，允许人们监视并且劫持一台单一主机上的连接。

4）IP Watcher

IP Watcher 是一个商用的会话劫持工具，它允许监视会话并且获得积极的反会话劫持方法。它基于 TTY Watcher，此外还提供一些额外的功能，IP Watcher 可以监视整个网络。

3.3.5 DNS 欺骗

域名系统（Domain Name System，DNS）是一个将主机域名和 IP 地址互相映射的数据库系统，它的安全性对于互联网的安全有着举足轻重的影响。但是由于 DNS Protocol 在自身设计方面存在缺陷，安全保护和认证机制不健全，造成 DNS 自身存在较多安全隐患，导致其很容易遭受攻击。DNS 欺骗（DNS spoofing）就是利用 DNS 漏洞进行的攻击行为。

1. DNS 欺骗过程

设有如图 3.7 所示的 3 台主机。其中，S 向 A 提供 DNS 服务，A 想要访问 B（www. ccc.com）。这个过程如下。

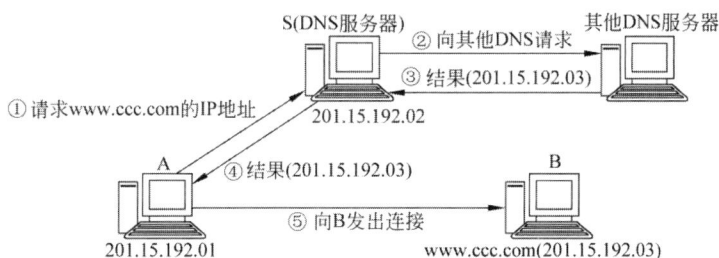

图 3.7 DNS 工作过程示意图

（1）A 向 S 发一个 DNS 查询请求，要求 S 告诉 www.ccc.com 的 IP 地址，以便与之通信。

（2）S 查询自己的 DNS 数据库，若找不到 www.ccc.com 的 IP 地址，即向其他 DNS 服务器求援，逐级递交 DNS 请求。

（3）某个 DNS 服务器查到了 www.ccc.com 的 IP 地址，向 S 返回结果。S 将这个结果保存在自己的缓存中。

（4）S 把结果告诉 A。

（5）A 得到了 B 的地址，就可以访问 B 了（如向 B 发出连接请求）。

在上述过程中，如果 S 在一定的时间内不能向 A 返回要查找的 IP 地址，就会向 A 返回主机名不存在的错误信息。

注意：DNS 客户端的查询请求和 DNS 服务器的应答数据包是依靠 DNS 报文的 ID 标识来相互对应的。这个 ID 是随机产生的。在进行域名解析时，DNS 客户端首先用特定的 ID 号向 DNS 服务器发送域名解析数据包。DNS 服务器找到结果后使用此 ID 给客户端发送应答数据包。DNS 客户端接收到应答包后，将接收到的 ID 与请求包的 ID 对比，如果相同则说明接收到的数据包是自己所需要的，如果不同就丢弃此应答包。

2．DNS 欺骗特点和关键环节

DNS 有两个重要特性。

（1）DNS 对于自己无法解析的域名，会自动向其他 DNS 服务器查询。

（2）为提高效率，DNS 会将所有已经查询到的结果存入高速缓存（cache）。

正是这两个特点，使得 DNS 欺骗成为可能。实施 DNS 欺骗的基本思路是让 DNS 服务器的高速缓存中存有错误的 IP 地址，即在 DNS 高速缓存中放一个伪造的记录。为此，攻击有两个关键环节。

（1）先伪造一个用户的 DNS 请求。

（2）再伪造一个查询应答。

但是，在 DNS 包中还有一个 16 位的查询标识符（Query ID），它将被复制到 DNS 服务器的相应应答中，在多个查询未完成时，用于区分响应。所以，回答信息只有 Query ID 和 IP 都吻合才能被 DNS 服务器接收。因此，进行 DNS 欺骗攻击，还需精确地猜测出 Query ID。由于 Query ID 每次加 1，只要通过第一次向将要欺骗的 DNS 服务器发一个查询包并监听其 Query ID 值，随后再发送设计好的应答包，包内的 Query ID 就是要预测的 Query ID。

3．DNS 欺骗的局限性

DNS 欺骗有如下局限性。

（1）入侵者不能替换 DNS 高速缓存中已经存在的记录。

（2）高速缓存中的记录具有一定的生存期，过期就会被刷新。

3.3.6　Web 欺骗

1．Web 欺骗与网络钓鱼

Web 欺骗的攻击者会创建整个 WWW 世界的影像副本。用户进入该影像 Web 的入口，实际是进入到攻击者的 Web 服务器。此时，攻击者就可以肆意实施如下攻击。

（1）可将用户的一切活动置于攻击者的监控之下，攻击者就会获得用户 ID、密码、浏览过的网页和停留的时间等。

（2）能以受攻击者的名义将错误或者易于误解的数据发送到真正的 Web 服务器。

（3）以任何 Web 服务器的名义发送数据给受攻击者。

通过这些活动，攻击者可以实施诈骗进行获利。典型的例子是假冒金融机构偷盗客户的信用卡信息。

网络钓鱼（phishing，是 phone 与 fishing 的组合）是 Web 欺骗技术的一种形式，指攻击者通过垃圾邮件、即时通信、社交网络等信息载体，发布欺诈性消息，骗取网络用户访问其构建的仿冒网１站（即钓鱼网站），引诱用户泄露其敏感信息（如用户名、口令、账号、ATM PIN 码或信用卡详细信息）的一种当前极为流行的网络攻击方式。被攻击的用户，轻则泄露个人隐私，重则遭受经济损失。需要警惕的是，从 2010 年以来，钓鱼网站一直处于快速蔓延和持续增长势态，目前已经成为网络攻击的一种主流形式。

Google 提供数据表明，2011 年检测到的钓鱼网站数量为 69 254 个，2015 年检测到的新建网络钓鱼站点为 272 109 个，2016 年和 2017 年继续增加，直到 2018 年检测到了 110 万个。2020 年，Google 平均每周检测到的新建网络钓鱼站点超过 4 万个。卡巴斯基专家发现，整个 2022 年网络犯罪分子越来越多地转向网络钓鱼，该公司的反网络钓鱼系统在 2022 年拦截了 507 851 735 次试图访问欺诈内容的行为，是 2021 年拦截的攻击数量的 2 倍。

360 安全中心将这些钓鱼网站分为如下 7 种类型。

（1）设置中奖骗局。这类网站冒充游戏网站、QQ、CCTV 等知名栏目、门户网站等发布中奖、奖励信息，用与官方网站极为相似的页面骗取访问者的 QQ、游戏账号密码，或者骗取中奖者支付领取奖品的相关费用。

（2）各种预测网站。这些网站会利用彩民梦想中大奖的心理，进行各种收费预测，网站上会列出很多预测准确的记录来骗取彩民信任，吸引彩民加入会员，购买所谓专家的预测资料，大部分网站还会打出中国福利彩票的官方字样，甚至还有不少是涉及六合彩、赌球方面的网站。彩民如果相信了他们所谓的预测号码、操纵比赛、预测比赛结果的骗局，往往都会损失惨重。

（3）黑马股票的骗局。这些网站会使用知名证券公司的名称，或者干脆使用一些不存在的证券公司名称来构建网站，网站以保证高额利润为诱饵，向股民推荐涨停股和黑马股，向被骗股民收取高额会员费和保密费，甚至直接让股民投资给他们做代理炒股。受骗股民往往会损失几万元或数十万元。

（4）虚假购物网站。这类网站会在网民购物时出现在买家或卖家的 QQ/旺旺上，买卖双方经常发送各种与商品有关的链接，而钓鱼网站就会掺杂其中，页面通常会模仿淘宝、拍拍、支付宝、财付通等与购物有关的网站，骗取账号密码或钱财。

另外还有一些用极低价格来吸引顾客的购物网站，如钻石、手表、手机、充值卡，也是涉及购物欺诈的一种。

（5）仿冒官方网站登录。无论人们在网络上做什么，最常遇到的就是需要输入注册账号，输入用户名、密码。各种模仿官方网站登录的钓鱼网站，仿真度非常高，和官方网站几乎一模一样，即时通信（Instant Message，IM）、网络游戏、邮箱、购物网站、银行，几乎只要是可以登录的网站，就有相应的钓鱼网站。

（6）仿冒的医疗、药品相关网站。近年来，销售假药、劣质药品、假冒医疗机构的现象也时有发生，这类网站也是钓鱼欺诈的重要类型。这些网站的危害不只是骗人钱财，更重要的是会影响人的健康。

（7）假冒的下载网站。这类网站往往有着和官方下载页面相似的页面，但是却提供含有木马的下载链接，这属于用钓鱼的方式来推广木马。

2．Web 欺骗的基本原理

Web 欺骗基于如下 3 个基本原理。

（1）目前注册一个域名没有任何要求。利用这一点，攻击者会抢先或特别设计注册一个有欺骗性的站点。

（2）Cookie 欺骗。在浏览器/服务器系统中，Cookie 指由服务器创建的数据文件，这个文件会记录客户在浏览器中所输入的任何文字和选择，包括用户 ID、密码、浏览过的网页、选择的商品等。这些数据被存放到用户计算机硬盘的一个小的文件（C:\\Documents and Settings\\用户名\\Cookies）中。当该用户再光临同一个网站时，Web 服务器会先看看有没有它上次留下的 Cookie 资料，有的话，就会依据 Cookie 里的内容来为该用户送出特定的网页内容。它最早是网景公司的前雇员 Lou Montulli 在 1993 年 3 月发明的。显然，获取客户 Cookie 文件，就可以获取客户的许多敏感信息。另外，Cookie 可以由服务器创建和修改，所以攻击者也可以修改用户的 Cookie 内容。Cookie 欺骗就是在只对用户进行 Cookie 验证的系统中，通过伪造的 Cookie 获得登录权限。

（3）Session 欺骗。在 Web 中，Session 是用来记录浏览器端数据（如用户 ID 等敏感数据）的对象。这些数据存放在服务器端。当一个访问者首次访问一个网页时，服务器就会为其创建一个新的、独立的 Session 对象，为该次会话分配一个会话标识 ID，并把该次会话的会话 ID 的特殊加密版本的 Cookie 发送给客户端。当浏览器关闭时，这个会话 ID 即消失。所以 Session 生命期仅为一次会话的时间，一般为几十分钟。Session 欺骗就是在只对用户进行 Session 验证的系统中通过伪造的 Session 获得登录权限。

3．Web 欺骗的技巧

1）改写 URL

首先，攻击者改写 Web 页中的所有 URL 地址，这样它们指向了攻击者的 Web 服务器而不是真正的 Web 服务器。

2）表单欺骗

在 URL 改写的基础上，表单欺骗将会进行得非常自然。当受攻击者提交表单后，所提交的数据进入了攻击者的服务器。攻击者的服务器能够观察甚至修改所提交的数据。同样，在得到真正的服务器返回信息后，攻击者在将其向受攻击者返回以前也可以为所欲为。

3）设计攻击的导火索

为了开始攻击，攻击者必须以某种方式引诱受攻击者进入攻击者所创造的错误的 Web。黑客往往使用下面若干种方法。

（1）把错误的 Web 链接到一个热门 Web 站点上。

（2）如果受攻击者使用基于 Web 的邮件，可以将它指向错误的 Web。

（3）创建错误的 Web 索引，指示给搜索引擎。

4）完善攻击

前面描述的攻击相当有效，但是它还不是十分完美的。黑客往往还要创造一个可信的环境，包括各类图标、文字、链接等，提供给受攻击者各种各样的可信的暗示，以隐藏一切尾巴。

5）状态信息

状态信息显示在浏览器底部。Web 欺骗中涉及两类信息。

（1）当鼠标指针放置在 Web 链接上时，连接状态显示链接所指的 URL 地址。

（2）当 Web 连接成功时，连接状态将显示所连接的服务器名称。

这两项信息都容易使攻击者露出尾巴——URL 或服务器名称。为此，攻击者往往通过 JavaScript 编程来弥补这两项不足。由于 JavaScript 能够对连接状态进行写操作，而且可以将 JavaScript 操作与特定事件绑定在一起，所以，攻击者完全可以将改写的 URL 状态恢复为改写前的状态。这样 Web 欺骗将更为可信。

4. 钓鱼网站的推广方式

（1）即时通信推广。旺旺、MSN 和 QQ 都属于即时通信工具，骗子会利用即时工具跟会员沟通，经常以下列迷惑性情况直接向会员发送钓鱼链接。

- 专柜和银行联合搞特价活动。
- 支付宝被监管。
- 宝贝拍不了，被监管。
- 商品出现下架等。

（2）在论坛、博客、微博、问答类网站等发布帖子链接钓鱼网站，往往会用"我知道一个特别好的网站"等推荐方式。

（3）通过手机短信和 E-mail 等批量发布链接，如冒充"银行密码重置邮件"，冒充颁奖等欺骗用户点击进入钓鱼网站。

（4）在网站上制作仿冒 QQ、阿里旺旺等知名软件的弹窗，吸引用户进入钓鱼网站。

（5）在搜索引擎、中小网站投放广告，吸引用户单击钓鱼网站链接，此种手段多被假医药网站、假机票网站所采用。

（6）使用恶意导航网站、恶意下载网站弹出仿真悬浮窗口，点击后进入钓鱼网站。

（7）利用与正规网站极为相似的域名，混淆视听，使用户难判真假。表 3.2 为采用混淆视听方法的几个典型钓鱼网站。

表 3.2　几个采用混淆视听方法的钓鱼网站

假冒网站域名	正规网站域名	攻击方式
www.1cbc.com.cn	www.icbc.com.cn(中国工商银行)	金融诈骗
www.1enovo.com	www.lenovo.com(联想公司)	假冒
www.chsic.com.cn	www.chsi.com.cn(中国高等教育学生信息网)	发布虚假学历证书信息
www.cnbank-yl.com	www.chinaunionpay.com(中国银联)	金融诈骗
www.chinacharity.cn.net	www.chinacharity.cn(中华慈善总会)	利用废弃域名骗取善款

5．钓鱼网站的逃避手段

（1）境外注册域名，逃避网络监管。

（2）连续转账操作，迅速转移网银款项。

6．钓鱼网站的防范

1）查验"可信网站"

通过第三方网站身份诚信认证辨别网站的真实性。不少网站已在网站首页安装了第三方网站身份诚信认证——"可信网站"，可帮助网民判断网站的真实性。"可信网站"验证服务通过对企业域名注册信息、网站信息和企业工商登记信息进行严格交互审核来验证网站真实身份，通过认证后，企业网站就进入中国互联网络信息中心（CNNIC）运行的国家最高目录数据库中的"可信网站"子数据库中，从而全面提升企业网站的诚信级别，网民可通过单击网站页面底部的"可信网站"标识确认网站的真实身份。网民在网络交易时应养成查看网站身份信息的使用习惯。企业也要安装第三方身份诚信标识，加强对消费者的保护。

2）核对网站域名

假冒网站一般和真实网站有细微区别，有疑问时要仔细辨别其不同之处，例如在域名方面，假冒网站通常将英文字母 I 替换为数字 1，CCTV 被换成 CCYV 或者 CCTV-VIP 这样的仿造域名。

3）比较网站内容

假冒网站上的字体样式不一致，并且模糊不清。假冒网站上没有链接，用户可单击栏目或图片中的各个链接看是否能打开。

4）查询网站备案

通过 ICP 备案可以查询网站的基本情况、网站拥有者的情况，对于没有合法备案的非经营性网站或没有取得 ICP 许可证的经营性网站，根据网站性质，将予以罚款或关闭网站。

5）查看安全证书

大型的电子商务网站都应用了可信证书类产品，这类网站网址都是 https 打头的，如果发现不是 https 开头，应谨慎对待。

3.3.7　伪基站攻击

1．基站与伪基站

在移动通信中，为了扩大覆盖范围，除了可以采用卫星外，一种有效的方法是采用图 3.9（a）所示的蜂窝技术。如图 3.9（b）所示，基站是指在一定的无线电覆盖区中，通过移动通信交换中心，与移动电话终端之间进行信息传递的无线电收发信电台。一个小区的用户通信都要通过该小区的基站。或者说，基站可以控制所在区的用户通信，获取该小区用户的通信有关信息。

"伪基站"（pseudo base station）即假基站，设备一般由主机和笔记本电脑组成。伪基站设备运行时，用户手机被强制连接到该设备上，导致手机无法正常使用运营商提供的服务，

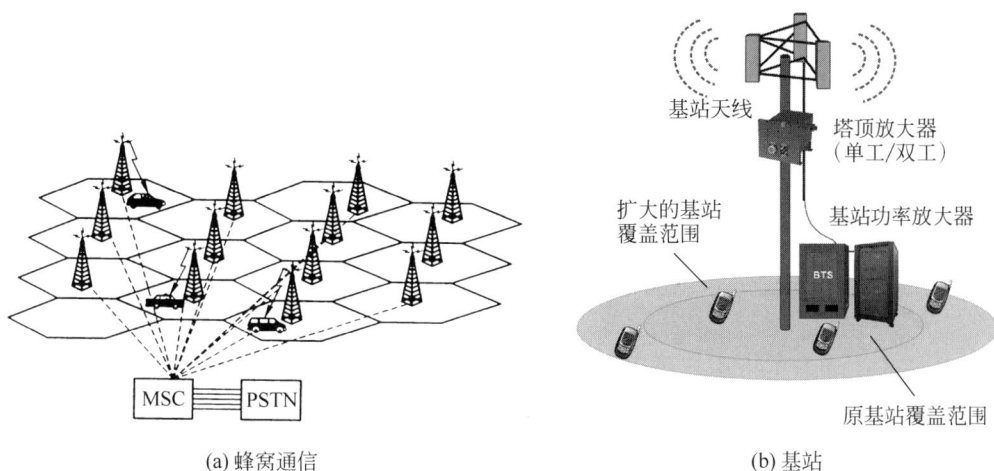

(a) 蜂窝通信　　　　　　　　　　　　(b) 基站

图 3.9　蜂窝通信及其基站

手机用户一般会暂时脱网 8～12s 后恢复正常，部分手机则必须开关机才能重新入网。这个短暂的脱网，就是伪基站实施攻击的机会。这时，伪基站通过短信群发器、短信发信机等相关设备能够搜取以其为中心、一定半径范围内的手机卡信息，利用 2G 移动通信的缺陷，通过伪装成运营商的基站，冒用他人手机号码强行向用户手机发送诈骗、广告推销等短信息。

2. 伪基站的主要作案手法

1）利用 GSM 协议漏洞，冒充其他号码诈骗

GSM 通信协议存在问题，老式的 SIM 卡并没有验证呼叫方是否合法，也无法验证 SMS 短信发送方是否来自真实的手机。伪基站利用这个漏洞，可以随意以某些特别号码，如 10086 或 95588 等发送短信，使手机用户误以为真的是运营商、银行或其他商家发送的短信。以此进行诈骗。《全国首份伪基站短信治理报告》显示，70.2%的诈骗短信冒充运营商诱导用户点击恶意网址；19.4%的诈骗短信冒充银行实施诈骗；4.6%的诈骗短信内容为欺骗用户订低价机票，诱骗回拨电话进行诈骗。报告建议，不要轻信陌生号码发来的短信，更不要随意单击陌生链接；即使是常见的服务号或好友号码，也要对短信内容进行甄别，最好回拨电话进行咨询验证。

2012 年 9 月至 11 月，深圳有一起全国首例入刑的"伪基站"案件，汪某团伙在深圳宝安机场利用一台伪基站设备发送机票广告短信，非法获取 62 万部手机信息，导致机场众多手机用户无法通话，造成区域手机通话业务量损失达 100 余万元。深圳一名司机介绍，他到机场后手机经常信号不好，有一次中断了 2 个小时。

2）注册"钓鱼"网站，实施"钓鱼"式诈骗

钓鱼泛指网络诈骗者利用发送不实信息来诱惑用户上当，从而达到获得用户数据信息的诈骗行为。伪基站"钓鱼"手法与之相似，诈骗者首先会注册大量与运营商或银行等的官网类似的域名，然后将事先注册好的钓鱼域名与钓鱼系统（网站、手机应用）通过伪基站发送。短信的内容一般为"尊敬的用户，因您的话费积分没有兑换即将清零，请登录××网站，下载客户端兑换 287.80 元现金礼包"。然后选择银行卡类型并填写相关信息（姓名、手机、账号、身份证、密码、有效期、CVV2 等），最终这些敏感的信息被入库记录进

行洗钱。手机木马负责拦截用户短信，并将如银行交易验证码等关键信息发给远程的黑客。

3）不断变化位置，进行反侦察

伪基站具有很强的流动性，通常将"伪基站"设备放置在汽车内，驾车缓慢行驶或将车停在特定区域，进行短信诈骗或广告推销。例如，有一个团伙就经常在银行附近发送诈骗短信，他们还使用游击战，一般一个地方只待一天，有的团伙甚至转战 20 多个省市。

4）其他

伪基站还会导致手机用户频繁地更新位置，使得该区域的无线网络资源紧张并出现网络拥塞现象，影响用户的正常通信。

3.4 数据驱动型攻击

数据驱动型攻击是通过向某个程序发送数据，以产生非预期结果的攻击，通常为攻击者给出访问目标系统的权限。它分为缓冲区溢出攻击、格式化字符串攻击、整数溢出攻击、悬浮指针攻击、同步漏洞攻击和信任漏洞攻击等。本节介绍出现较多的前面两种。

3.4.1 缓冲区溢出攻击

1988 年，臭名昭著的 Robert Morris 蠕虫事件曾造成全世界 6000 多台网络服务器瘫痪，给这些用户总共带来约 200 万～6000 万美元的损失。从此，Hacker 一词开始被赋予了特定的含义，罗伯特·莫里斯的名字也广为人知。他使用的就是缓冲区溢出攻击（buffer overflow attack）。

1. 缓冲区溢出

缓冲区是程序运行时在内存中为保存给定类型的数据而开辟的一个连续空间。这个空间是有限的。当程序运行过程中要放入缓冲区的数据太多时，就会产生缓冲区溢出。请看下面的例子。

例 3.1 一个 C 函数。

```
void function(char *str) {
   char buffer[16];
   strcpy(buffer,str);
}
```

为了测试这个函数，可以使用等价分类法，设计两种字符串。

（1）str 的长度小于 16。

（2）str 的长度大于 16。

显然，使用测试数据（1），应该没有什么问题；而使用测试数据（2），就会造成 buffer 的溢出，出现 Segmentation fault（分段错误）。因为函数 strcpy()没有进行变量边界的检查，导致缓冲区溢出了。除了 strcpy()外，存在类似问题的标准函数还有 strcat()、sprintf()、vsprintf()、gets()和 scanf()等。

但是，这时并没有形成攻击，只能算作程序设计不严谨，形成了应用程序的漏洞。

2. 缓冲区溢出攻击

利用缓冲区溢出漏洞，黑客可以精心策划两种攻击。

（1）利用缓冲区溢出，关闭某程序或使其无法执行。图 3.10 表明了函数栈帧的结构和在栈中的位置。其中，栈顶指针（Stack Pointer，SP）用于指示栈顶的偏移地址，基数指针（Base Pointer，BP）用于确定在堆栈中的操作数地址。函数调用发生时，新的堆栈帧被压入堆栈；当函数返回时，相应的堆栈帧从堆栈中弹出。对于一个输入来说，如果发生了缓冲区溢出，有可能使过多的输入数据进入内存的其他区域，而这个区域内存放着另外一个程序的代码，这些数据会覆盖这个程序的部分代码，使该程序不能正常运行、错误地关闭或无法执行。这种情形可能发生在本地（称为本地溢出），也可能发生在远程（称为远程溢出）。例如，一个用户要登录远程的某服务器，首先要进行登录，输入密码。如果该服务器的登录程序有缓冲器溢出漏洞，则可能会导致服务器的某些程序关闭。特别是扰乱具有某些特权运行的程序的功能，就可以使攻击者取得程序的控制权。

（2）启动一个恶意代码。如图 3.11 所示，利用缓冲区溢出有可能使得一个函数返回一个恶意代码的地址。

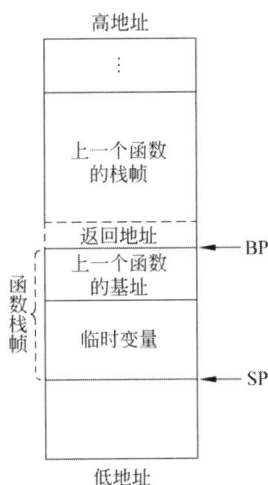

图 3.10　函数栈帧的结构

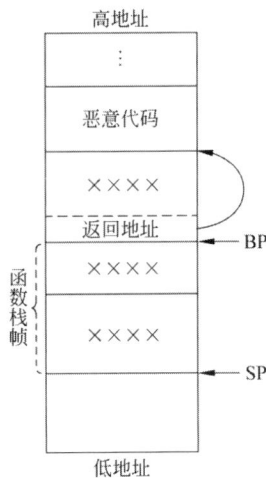

图 3.11　缓冲区溢出攻击

3. 缓冲区溢出防御措施

（1）编写安全的代码。尽可能设计和编写没有安全漏洞的程序，避免程序中有不检查变量、缓冲区大小及边界等情况存在。例如，使用 grep 工具搜索源代码中容易产生漏洞的库调用，检测变量的大小和数组的边界，对指针变量进行保护，以及使用具有边界和大小检测功能的程序设计语言编译器等。

（2）基于一定的安全策略设置系统，安装安全补丁。如攻击者攻击某个 Linux 系统，必须事先通过某些途径对要攻击的系统做必要的了解，如版本信息等，然后再利用系统的某些设置直接或间接地获取控制权。因此，防范缓冲区溢出攻击就要对系统设置实施有效的安全策略。

减少以 root 权限运行的代码。减少使用 SUID 的 root 程序。这样即使攻击者成功地执行了缓冲区溢出攻击，他们还得继续把自己的特权升级到 root。

（3）保护堆栈。主要有以下两种措施。

① 加入函数建立和销毁代码。前者在函数返回地址后增加一些附加字节，返回时要检查这些字节有无被改动。

② 使堆栈不可执行——非执行缓冲区技术，使入侵者无法利用缓冲区溢出漏洞。

（4）测试并审核每个程序。

（5）安装由厂家提供的所有相关的安全补丁。

3.4.2 格式化字符串攻击

格式化字符串攻击与普通缓冲区溢出攻击有一些相似之处，但又有不同。普通缓冲区溢出攻击利用的是堆栈生长方向与数据存储方向相反，用后存入的数据来覆盖先前压栈的返回地址，从而改变程序预定的流程。而格式化字符串攻击是利用程序中的一些本应指定用户输入格式，却不严格指定用户输入格式的函数，通过提交特殊的格式字符串进行攻击。

1. 格式化字符串函数族

ANSI C 定义了一系列的格式化字符串函数。

printf：输出到一个 stdout 流。

fprintf：输出到一个文件流。

sprintf：输出到一个字符串。

snprintf：输出到一个字符串并检查长度。

vprintf：从 va_arg 结构体输出到一个 stdout 流。

vfprintf：从 va_arg 结构体输出到一个文件流。

vsprintf：从 va_arg 结构体输出到一个字符串。

vsnprintf：从 va_arg 结构体输出到一个字符串并检查长度。

另外，还有基于这些函数的复杂函数和非标准函数，包括 setproctitle、syslog、err*、verr*、warm 和*vwarm 等。

这些函数有一个共同的特点，即都要求使用一个格式化字符串。例如，对于 printf 函数，它的第一个参数就是格式化字符串。

2. 格式化字符串漏洞

为了说明对格式化字符串使用不当而产生的格式化字符串漏洞，请先看下面的程序。

例 3.2

```
#include <stdio.h>
int main() {
    char *name;
    gets(s);
    printf(s);
```

```
}
```

下面是该函数的两次运行结果。

```
abcde
abcde%08x,%08x,%08x
000002e2,0000ffe4,0000011d
```

也就是说，当输入 abcde 时，输出仍然是 abcde。而当输入"%08x,%08x,%08x"时，输出的却是"000002e2,0000ffe4,0000011d"，这就是格式化字符串漏洞所造成的问题。因为，在 printf 函数中，s 被解释成了格式化字符串。当调用该函数时，首先会解析格式化字符串，一次取一个字符进行分析：如果字符不是%，就将其原样输出；若字符是%，则其后面的字符就要按照格式化参数进行解析。当输入 abcde 时，由于没有包含%，所以每个字符都被原样输出了。而当输入"%08x,%08x,%08x"时，就要将每个%后面的 x 都解释为一个十六进制的数据项，但函数没有这样 3 个数据项。于是，就将堆栈中从当前堆栈指针向堆栈底部方向的 3 个地址的内容按十六进制输出出来，这就是"000002e2,0000ffe4,0000011d"。

这给人们一个启发：当格式化字符串中包含有许多%时，就有机会访问到一个非法地址。

3．格式化字符串攻击的几种形式

（1）查看内存堆栈指针开始的一些地址的内容。使用类似于

```
printf("%08x,%08x,%08x");
```

的语句，可以输出当前堆栈指针向栈底方向的一些地址的内容，甚至可以是超过栈底之外的内存地址的内容。

（2）查看内存任何地址的内容。所查看的内存地址内容也可以是从任何一个地址开始的内存内容。例如，语句

```
printf("\x20\02\x85\x08_%08x,%08x,%08x");
```

将会从地址 0x08850220 开始，查看连续 3 个地址的内容。

（3）修改内存任何地址的内容。格式化字符串函数还可以使用一个格式字符%n。它的作用是将已经打印的字节数写入一个变量。请观察下面的程序。

例 3.3

```
#include <stdio.h>
int main() {
    int i;
    printf("china \\%n\\n",(int*)&i);
    printf("i = %d\\n",i);
}
```

程序运行的结果如下。

```
china
i = 5
```

信息系统安全教程（第4版）

即 i 的值为前面已经打印的字符串 china 的长度 5。利用这一点，很容易改变某个内存变量的值。

例 3.4

```
#include <stdio.h>
int main(){
   int i = 5;
   printf("%108u%n\\t",1,(int*)&i);printf("i=%d\\n",i);
   printf("%58s123%n\\t","",&i);print("i=%d\\n",i);
}
```

程序运行的结果如下。

```
        1    i=108
      123    i=26
```

语句

```
printf("%108u%n\t",1,(int*)&i);
```

用数据 1 的宽度 108 来修改变量 i 的值。而语句

```
printf("%58s123%n\\t"," ",&i);
```

是用字符串" "加上字符串 123 的存放宽度 23+3 来修改变量 i 的值。

使用同样的办法，可以向进程空间中的任意地方写一个字节，以达到下面的目的。

① 通过修改关键内存地址内容，实现对程序流程的控制。

② 覆盖一个程序储存的 UID 值，以降低和提升特权。

③ 覆盖一个执行命令。

④ 覆盖一个返回地址，将其重定向到包含 shell code 的缓冲区中。

3.5 拒绝服务攻击

3.5.1 拒绝服务攻击及其基本方法

拒绝服务（Denial of Service，DoS）攻击并不是某一种具体的攻击方式，而是攻击所表现出来的结果，其最终使得目标系统因遭受某种程度的破坏而不能继续提供正常的服务，甚至导致物理上的瘫痪或崩溃。具体的攻击方法可以是多种多样的，可以是单一的手段，也可以是多种方式的组合利用，最基本的 DoS 攻击就是利用合理的服务请求来占用过多的服务资源。下面介绍几种典型的拒绝服务攻击。

1．IP 碎片攻击

1）IP 碎片与 IP 碎片漏洞

数据链路层对于所传输的帧有一个长度限制，不允许超过最大传输单元（Maximum

Transmission Unit，MTU)。不同网络的 MTU 值不相同，以太网的 MTU 为 1500，IEEE 802.3/802.2 为 1492。这个值可以用 netstat -i 查看。

由于在 IP 层中，数据要由数据部分加上 IP 头（长度为 20）和传输层分组头（UDP 头长度为 8），所以当要传输 UDP 分组时，数据部分只能有 1500−20−8=1472。数据部分大于这个值，就要进行分片（fragmentation）以满足在以太网中的传输要求。但是，数据被分片后，组成一个 IP 包的各分片都到达目的主机时才进行重组。因此，分片会导致传输效率降低。

在 IP 协议规范中规定了一个 IP 包的最大尺寸，而大多数的包处理程序又假设包的长度超过最大尺寸的情况是不会出现的。因此，包的重组代码所分配的最大内存区域也不超过这个最大尺寸。这样，超大的包一旦出现，包中的额外数据就会被写入其他正常区域。这很容易导致系统进入非稳定状态，是典型的缓存溢出（buffer overflow）攻击。

2）死亡之 ping（ping of death）攻击

死亡之 ping 是早期使用的一种简单的 IP 分片攻击。ping 是网际控制消息协议（Internet Control Message Protocol，ICMP）中的一个应用程序。ICMP 是一种差错报告机制，可以让路由器或目标主机将遇到的差错报告给源主机，以弥补 IP 协议无连接、无差错报告和差错纠正机制的不足。如图 3.12 所示，ICMP 报文始终包含 IP 首部和产生 ICMP 差错报文的 IP 数据报的前 8 个字节（64KB）。

图 3.12　ICMP 分组的封装

由于这一特点，早期的许多操作系统在处理 ICMP（如接收 ICMP 数据报文）时，只开辟 64KB 的缓存区。在这种情况下，一旦处理的数据报的实际长度超过 64KB，操作系统将会产生一个缓冲溢出，引起内存分配错误，最终导致 TCP/IP 协议堆栈的崩溃，造成主机死机。

ping 通过发送 ICMP 测试包来测试一台主机的可达性。死亡之 ping 进行攻击时，可以执行以下命令。

```
ping -l 65535 目标 IP -t
```

其中：

参数 l（L）用于指定包的长度，这里是 65 535。因为 IP 包头中用于指定 IP 数据包长度的字段为 2B，所以一个 IP 数据包的最大长度为 2^{16}=65 536。取 65 535 已是相当大了。

参数 t（T）要求一直 ping。这时，对方的主机若存在这种漏洞，就会形成一次拒绝服务攻击。但是，现在的操作系统所附带的 ping 程序都限制了发送数据包的大小。因而这样的攻击已经不再可能。

2.“泪滴”（teardrop）

“泪滴”攻击就是入侵者伪造数据报文，向目标机发送含有重叠偏移的畸形数据分段：第一个包的偏移量为 0，长度为 N；第二个包的偏移量小于 N……如图 3.13 所示。这样的畸形分片传送到目的主机后，在堆栈中重组时，需要超乎寻常的巨大资源，从而造成系统资源的缺乏，协议栈崩溃。

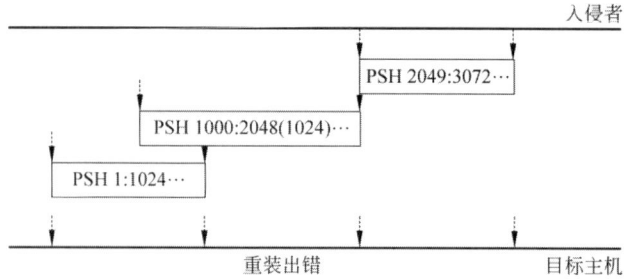

图 3.13　含有重叠偏移的畸形数据分片

3. UDP "洪水"（UDP flood）

UDP "洪水"，也称为 UDP 淹没，是基于主机的拒绝服务攻击的一种。其原理非常简单，因为 UDP 是一种无连接的协议，不需要用任何程序建立连接就可以传送数据。这样，攻击者只要开启一个端口提供相关的服务，就可以对攻击对象实施针对相关服务的攻击。常见的情况是利用大量 UDP 小包对 DNS 服务器、Radius 认证服务器、流媒体服务器以及防火墙等发起攻击，造成网络瘫痪。例如，攻击可以针对 Echo/Chargen 服务进行。Echo/Chargen 服务是 TCP/IP 为 UDP 提供的两种服务。Echo 的作用就是由接收端将接收到的数据内容返回到发送端，Chargen 则随机返回字符。这样简单的功能，为网络管理员提供了进行可达性测试、协议软件测试和选路识别的重要工具，也为黑客进行 "洪水" 攻击提供了方便。当入侵者假冒一台主机向另一台主机的服务端口发送数据时，Echo 服务或 Chargen 服务就会自动回复。两台主机之间的互相回送会形成大量数据包。当多台主机之间相互产生回送数据包时，最终会导致系统瘫痪。

4. SYN "洪水"（SYN flood）与 Land

SYN flood 是当前最流行的拒绝服务攻击方式之一。它是一种利用 TCP 协议缺陷，发送大量伪造的 TCP 连接请求，从而使得被攻击方资源耗尽（CPU 满负荷或内存不足）的攻击方式。

这种攻击的基本原理还是要从 TCP 连接建立的过程——三次握手说起。这个三次握手过程存在着漏洞：假设一个客户向服务器发送了 SYN 报文后突然死机或掉线，那么服务器在发出 SYN+ACK 应答报文后就无法收到客户端的 ACK 报文，使第三次握手无法完成。而服务器并不知道客户端发生了什么情况，于是就会重试，再次发送 SYN+ACK 给客户端，并等待一段时间——SYN Timeout（大约为 30 秒至 2 分钟）后丢弃这个半连接。这个情况似乎很正常，但只能说在正常情况下很正常。而在非正常情况下，就会出现问题，因为它使攻击者有机可乘：假如攻击者大量模拟这种情况，服务器端将要维护一个非常大的半连接列表，即便是简单的保存并遍历也会消耗非常多的 CPU 时间和内存，何况还要不断地对这个列表中的 IP 进行 SYN+ACK 的重试。这种情况下，若服务器的 TCP/IP 栈不够强大，最后就会导致堆栈溢出使系统崩溃；即使服务器端的系统足够强大，服务器端也会因忙于处理攻击者伪造的 TCP 连接请求而无暇理睬客户的正常请求，使服务器无法再服务。

Land 也是利用三次握手的缺陷进行攻击，但它不是依靠伪造的地址，而是先发出一个特殊的 SYN 数据包，包中的源地址和目标地址都是目标主机。这样，就会让目标主机向自己回以 SYN+ACK 包，导致自己又给自己回一个 ACK 并建立自己与自己的连接。大量这样的无效连接达到一定数量，将会拒绝新的连接请求。

5. MAC Flood 攻击

MAC Flood 攻击是针对交换机的攻击。在交换式局域网中，利用交换地址映射表，将从一个端口（MAC）接收到的数据转发到另外的端口（MAC）。交换机型号不同，MAC 地址表中可容纳的 MAC 地址数量也不同。在正常情况下，MAC 地址表的容量是足够使用的。另一方面，为了使交换机地址映射表不被过期的地址挤满，交换机常使用动态交换地址映射表，其特点是规定了一个 age time——MAC 地址老化时间，默认为 5 分钟。如果在 age time 没有收到过任何 MAC 地址表条目的数据帧，则将该 MAC 地址条目删除。

利用 MAC 地址映射表进行攻击时，攻击者可以使用一个程序，伪造大量包含随机源 MAC 地址的数据帧发往交换机。由于有些攻击程序 1 分钟就可以发出十几万个伪造的 MAC 地址，而一般交换机的 MAC 地址表只有几千条，所以瞬间就会把交换机的 MAC 地址表填满。于是，交换机再接到数据，不管是单播、广播还是组播，都找不到需要的地址表条目，无法找到对应的端口进行转发，只能向所有端口广播。

3.5.2　分布式拒绝服务攻击

分布式拒绝服务（Distributed Denial of Service，DDoS）攻击指借助于客户/服务器技术，将多个计算机联合起来作为攻击平台，对一个或多个目标发动 DoS 攻击，从而成倍地提高拒绝服务攻击的威力。通常，攻击者使用一个偷窃账号将 DDoS 主控程序安装在一个计算机上，在一个设定的时间主控程序将与大量代理程序通信，代理程序已经被安装在 Internet 上的许多计算机上。代理程序收到指令时就发动攻击。利用客户/服务器技术，主控程序能在几秒钟内激活成百上千次代理程序的运行。

1. DDoS 系统的一般结构

如图 3.14 所示，一个比较完善的 DDoS 攻击体系分成如下 4 个部分。

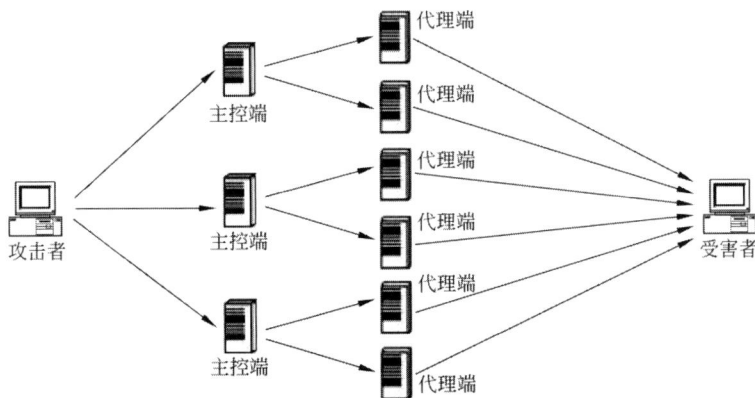

图 3.14　DDoS 攻击的原理

（1）攻击者：整个攻击过程的发起者，其所用主机称为攻击主控台，可以是网络上任何一台主机，用来向主控端发送命令。

（2）主控端：攻击者非法侵入并控制的一些主机，其上安装了特殊程序用来接收攻击者的命令，并向它们控制的各代理端发出这些命令。

（3）代理端：即傀儡机，也是攻击者控制的一些主机，其上运行攻击程序。

（4）受害者。

2. 组织一次 DDoS 攻击的过程

这里用"组织"这个词，是因为 DDoS 并不像入侵一台主机那样简单。一般来说，黑客进行 DDoS 攻击时会经过如下 3 个阶段。

1）搜集了解目标的情况

下列情况是黑客非常关心的情报。

（1）被攻击目标主机数目、地址情况。

（2）目标主机的配置、性能。

（3）目标的带宽。

对于 DDoS 攻击者来说，攻击互联网上的某个站点，有一个重点就是确定到底有多少台主机在支持这个站点，一个大的网站可能有很多台主机利用负载均衡技术提供同一个网站的 WWW 服务。以 Yahoo！为例，一般会有下列地址提供 WWW 服务：

66.218.71.87

66.218.71.88

66.218.71.89

66.218.71.80

66.218.71.81

66.218.71.83

66.218.71.84

66.218.71.86

对一个网站实施 DDoS 攻击，就要让这个网站中所有 IP 地址的机器都瘫痪。因此事先搜集情报对 DDoS 攻击者来说是非常重要的，这关系到使用多少台傀儡机才能达到效果的问题。

2）占领傀儡机

黑客最感兴趣的是有下列情况的主机。

- 链路状态好的主机。
- 性能好的主机。
- 安全管理水平差的主机。

首先，黑客做的工作一般是扫描，随机地或者是有针对性地利用扫描器去发现网络上那些有漏洞的主机，像程序的溢出漏洞、CGI、Unicode、FTP、数据库漏洞等，都是黑客希望看到的扫描结果。随后就是尝试入侵了。

黑客在占领了一台傀儡机后，除了要进行留后门、擦脚印这些基本工作之外，还要把 DDoS 攻击用的程序上传过去，一般是利用 FTP。在攻击机上，会有一个 DDoS 的发包程序，黑客就是利用它来向受害目标发送恶意攻击包的。

3）实际攻击

如果前面的准备做得好，实际攻击过程反而是比较简单的。这时候埋伏在攻击机中的 DDoS 攻击程序就会响应主控台的命令，一起向受害主机高速发送大量的数据包，导致它死机或无法响应正常的请求。黑客一般会以远远超出受害方处理能力的速度进行攻击。高明的攻击者还要一边攻击一边用各种手段来监视攻击的效果，以便需要的时候进行一些调整。较为简单的办法就是开一个窗口不断地 ping 目标主机，在能接到回应的时候就再加大一些流量或者命令更多的傀儡机加入攻击。

3．DDoS 的监测

现在网上 DDoS 攻击日益增多，只有及时检测，尽早发现自己受到攻击，才能避免遭受惨重的损失。检测 DDoS 攻击的主要方法有以下几种。

1）根据异常情况分析

异常情况包括：
- 网络的通信量突然急剧增长，超过平常的极限值时；
- 网站的某一特定服务总是失败；
- 发现有特大型的 ICP 和 UDP 数据包通过，或者数据包内容可疑。

2）使用 DDoS 检测工具

扫描系统漏洞是攻击者最常进行的攻击准备。目前市面上的一些网络入侵检测系统可以杜绝攻击者的扫描行为。另外，一些扫描器工具可以发现攻击者植入系统的代理程序，并可以把它从系统中删除。

4．DDoS 实例

1）Smurf 与 Fraggle

若将一个目的地址设置成广播地址（以太网地址为 FF:FF:FF:FF:FF:FF:FF）后，将会被网络中所有主机接收并处理。显然，如果攻击者假冒目标主机的地址发出广播信息，则所有主机都会向目标主机回复一个应答使目标主机淹没在大量信息中，无法提供新的服务。Smurf 和 Fraggle 攻击就是利用广播地址的这一特点将攻击放大而实施的拒绝服务攻击。其中，Smurf 是用广播地址发送 ICMP ECHO 包，而 Fraggle 是用广播地址发送 UDP 包。

因此 Smurf 为了能工作，必须要找到攻击平台，这个平台就是其路由器上启动了 IP 广播功能的系统，这样就能允许 Smurf 发送一个伪造的 ping 信息包，然后将它传播到整个计算机网络中。因而，为防止系统成为 Smurf 攻击的平台，要禁止所有路由器上 IP 的广播功能（一般来讲，IP 广播功能并不需要）。但是，攻击者若从 LAN 内部发动一个 Smurf 攻击，在这种情况下，禁止路由器上的 IP 广播功能就没有用了。为了避免这样一个攻击，许多操作系统都提供了相应设置，防止计算机对 IP 广播请求做出响应。

挫败一个 Smurf 攻击的最简单方法是对边界路由器的回音应答（echo reply）信息包进行过滤，然后丢弃它们，使网络避免被淹没。

2）trinoo

trinoo 是复杂的 DDoS 攻击程序，它使用了主控程序对实际实施攻击的任何数量的代理程序实现自动控制。图 3.15 形象地表明了其攻击原理。图中的"傀儡机"就是一些代理，"控制傀儡机"就是安装有主控程序的计算机。

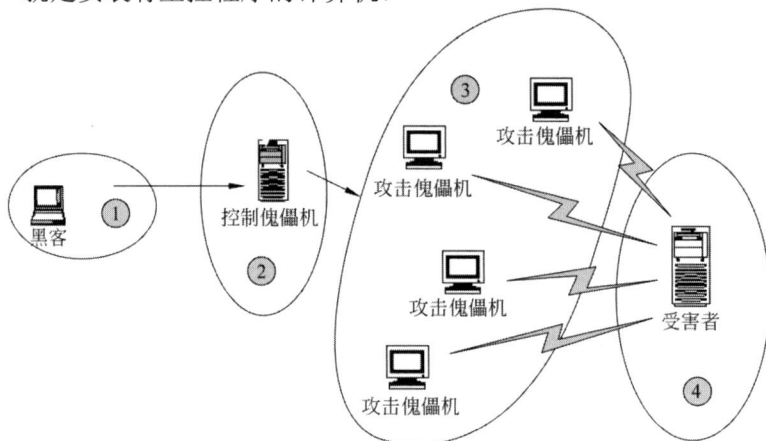

图 3.15　trinoo DDoS 攻击的原理

trinoo DDoS 攻击的基本过程是：攻击者连接到安装了主控程序的计算机，启动主控程序，然后根据一个 IP 地址的列表，由主控程序负责启动所有的代理程序。接着，代理程序用 UDP 信息包冲击网络，攻击目标。在攻击之前，侵入者为了安装软件，已经控制了装有主控程序的计算机和所有装有代理程序的计算机。

DDoS 就是利用更多的傀儡机来发起进攻，以更大的规模来进攻受害者的。

3）Tribe Flood Network 和 TFN2K

Tribe Flood Network 与 trinoo 一样，使用一个主控程序与位于多个网络上的攻击代理进行通信。TFN 可以并行发动数不胜数的 DoS 攻击，类型多种多样（如 UDP 攻击、TCP SYN 攻击、ICMP 回音请求攻击以及 ICMP 广播），而且还可建立带有伪装源 IP 地址的信息包。

TFN2K 是 TFN 的一个更高级的版本，它"修复"了 TFN 的某些缺点。

4）Stacheldraht

Stacheldraht 也是基于 TFN 的，它采用和 trinoo 一样的客户/服务器模式，其中主控程序与潜在的成千个代理程序进行通信。在发动攻击时，侵入者与主控程序进行连接。Stacheldraht 增加了以下新功能：攻击者与主控程序之间的通信是加密的，并使用 rcp（remote copy，远程复制）技术对代理程序进行更新。

5．DDoS 攻击的防御策略

DDoS 攻击仍然是我国互联网面临的严重安全威胁之一。其隐蔽性极强，并且攻击的方式和手段不断发生变化。自 2014 年起，利用互联网传输协议的缺陷发起的反射型 DDoS 攻击日趋频繁，增加了攻击防御和溯源的难度。几乎不需要技术基础即可使用的 DDoS 攻击服务平台在互联网上大量出现，DDoS 攻击以服务形式在互联网上公开叫卖，这些平台的出现极大地降低了 DDoS 攻击技术门槛，使攻击者可以轻易发起大流量攻击。2015 年前三季度，攻击流量在 1Gbps 以上的 DDoS 攻击次数近 38 万次，日均攻击次数达到 1491 次。所以加强安全防范意识、提高网络系统的安全性还是当前最为有效的办法。可采取的安全防御措施有以下几种。

（1）尽早发现系统存在的攻击漏洞，及时安装系统补丁程序。对一些重要的信息（例如系统配置信息）建立和完善备份机制。对一些特权账号（例如管理员账号）的密码设置要谨慎。通过这样一系列的举措可以把攻击者的可乘之机降低到最小。

（2）在网络管理方面，要经常检查系统的物理环境，禁止那些不必要的网络服务。建立边界安全界限，确保输出的包受到正确限制。经常检测系统配置信息，并注意查看每天的安全日志。

（3）利用网络安全设备（如防火墙）来加固网络的安全性，配置好它们的安全规则，过滤所有可能的伪造数据包。

（4）与网络服务提供商协调工作，请其帮助实现路由的访问控制和对带宽总量的限制。

（5）当发现自己正在遭受 DDoS 攻击时，应当立即启动应急策略，尽可能快地追踪攻击包，并且要及时联系 ISP 和有关应急组织，分析受影响的系统，确定涉及的其他节点，从而阻挡来自已知攻击节点的流量。

（6）发现自己的计算机被攻击者用作主控端和代理端时，不能因为自己的系统暂时没有受到损害而掉以轻心，因为攻击者已发现系统的漏洞，这是一个很大的潜在威胁。同时，一旦发现系统中存在 DDoS 攻击的工具软件要及时把它清除，以免留下后患。

3.5.3 僵尸网络

僵尸（zombie）指人死后的尸体在某种作用下重新起立行走，撕咬活人；被咬者遭受传染，不久也会变成僵尸。僵尸网络（botnet）是指采用一种或多种传播手段，使大量主机感染 bot 程序（僵尸程序），从而在控制者和被感染主机之间形成一个可一对多控制的网络。攻击者通过各种途径传播僵尸程序感染互联网上的大量主机，而被感染的主机将通过一个控制信道接收攻击者的指令，组成一个僵尸网络。

1. 僵尸网络的基本功能

1）作为黑客发动 DDoS 攻击的工具

僵尸网络主要被黑客作为发起 DDoS 攻击的傀儡。攻击的目标可以是 Internet 上任何可用的服务器，但以攻击 Web 服务器数量居多，通过功能滥用的攻击，例如针对电子公告栏运行能耗尽资源的查询或者在受害网站上运行递归 HTTP 洪水攻击。递归 HTTP 洪水指的是僵尸工具从一个给定的 HTTP 链接开始，以递归的方式顺着指定网站上所有的链接访问，这也称为蜘蛛爬行。

僵尸网络也可用于攻击互联网中继聊天（Internet Relay Chat，IRC）网络，流行的攻击方式是"克隆攻击"。在这种攻击中，控制者命令每个僵尸工具连接大量的 IRC 受害终端。被攻击的IRC服务器被来自数千个僵尸工具或者数千个频道的请求所淹没。通过这种方式，受到攻击的 IRC 网络可被类似于 DDoS 攻击击垮。

2）发送垃圾邮件

有些僵尸工具会在一台已感染的主机上打开 Socks 代理，然后让这台主机执行很多恶毒任务，例如发送垃圾邮件等。若一个僵尸网络中有上千个僵尸工具，攻击者就可以发送大量垃圾邮件。有些僵尸工具也执行特殊的功能，如收集电子邮件地址、发送钓鱼邮件等。

3）信息窃取

僵尸工具也可用数据包监听器来观察一台已被攻陷主机上的明文数据，从中提取敏感数据，例如用户名、密码以及其他一些令人感兴趣的数据。

如果被攻陷主机使用加密的通信通道，也可以安装键盘记录器来获取敏感信息。

如果一台主机不止一次被攻陷并属于多个僵尸网络，包监听就有可能偷窃、收集另一个僵尸网络的关键信息。

4）扩散、升级或下载恶意软件

由于所有的僵尸工具都可以通过 HTTP 或者 FTP 下载并执行，因此非常容易被用于扩散新的僵尸工具或电子邮件病毒。一个拥有一万台用于扩散电子邮件病毒的基础主机的僵尸网络可使扩散非常快并且造成极大的危害。

5）伪造点击量，骗取奖金，操控网上投票和游戏，被网络推手作为绑架舆论的工具

僵尸网络也可被用于获取金钱。这可以通过在主机上安装一个有广告的虚假网站，网站的操作员和一些主机公司协商给点击广告付费。在僵尸网络的帮助下，点击可以自动化，让数千僵尸工具点击弹出广告。如果僵尸工具劫持了攻陷主机的起始页面，当受害者使用浏览器的时候点击就被执行。例如，滥用 Google 的 AdSense 程序就是一个很典型的骗取奖金的实例。攻击者可以滥用 AdSense 程序，通过让僵尸网络以自动化的方式点击 Google 中的某些广告和人工提高点击数。

在线投票和游戏越来越引起人们的注意，用僵尸网络来操控它们比较简单。由于每个僵尸工具有不同的 IP 地址，每一票与真人投的票有着相同的可信性。

网络推手也可以利用僵尸网络的优势，滥发留言，绑架社会舆论。

6）下载文件

僵尸工具按照黑客的指示，从指定主机中下载各种文件。

7）启动或终止进程

僵尸工具按照黑客的指示，启动或终止指定进程。

2. 僵尸程序及其传播

第一个僵尸程序是 1993 年被开发出来的 EggDrop.bot，用于管理员不在时保护聊天频道。1999 年 11 月被木马 SubSeven 2.1 利用，成功地运用 IRC 协议控制感染了 SubSeven 的计算机。僵尸网络就是以此为开端，随着在木马中大量应用而形成的，并把其中被感染了僵尸的计算机称为 zombie。

僵尸程序本身并不具传播性，而要像木马一样被植入。一般说来，僵尸程序可以借助如下几种方式传播。

1）利用系统漏洞

利用系统漏洞是一种主动传播方式。采用这种方式传播时，首先要用某种扫描工具对一定范围内的计算机进行漏洞扫描，然后获得访问权，并在 Shellcode 执行僵尸程序注入代码。这些漏洞多数都是缓存区溢出漏洞。下面以 Slapper 为例，简单描述这种基于 P2P 协议的僵尸程序的传播过程。

（1）感染 Slapper 的主机，用非法的 GET 请求包扫描相邻网段的主机，希望获得主机的指纹（操作系统版本、Web 服务器版本）。

（2）一旦发现有 Apache SSL 缓存溢出漏洞的主机，就开始发动攻击。攻击者首先在建立 SSLv2 连接时，故意设置一个过大的参数，代码没有对参数做边界检查，并复制该参数到一个堆定位的 SSL_SESSION 数据结构中的固定长度缓冲区，造成缓冲区溢出。手工制作的字段是缓存溢出的关键。漏洞探测者小心翼翼地覆盖这些数据域，不会严重影响 SSL 握手。

2）利用邮件、即时消息通信携带

这与传播木马、蠕虫的方法相同。例如，2005 年"性感鸡"（Worm.MSNLoveme）爆发就是通过 MSN 消息传播的。

3）伪装软件

很多僵尸程序被夹杂在 P2P 共享文件、局域网内共享文件、免费软件、共享软件和恶意网站脚本中，通过伪装，引诱用户下载、打开或点击，进行僵尸程序传播。

4）利用蠕虫携带

将僵尸程序隐藏在蠕虫代码中进行传播。

3. Bot 的感染过程

（1）攻击程序在攻陷主机后有两种做法，一个是随即将 Bot 程序植入被攻陷的主机，另一个是让被攻陷的主机自己去指定的地方下载。这种从指定地方下载的过程称为二次注入。二次注入是为了方便攻击者随时更新 Bot 程序，不断增加新功能。同时不断改变的代码特征也增加了跟踪的难度。

（2）Bot 程序植入被攻陷的主机，会自动脱壳。

（3）在被感染主机上执行 IRC 客户端程序。

（4）Bot 主机从指定的服务器上读取配置文件并导入恶意代码。

（5）Bot 程序隐藏 IRC 界面，修改 Windows 注册表的自启动部分。

4. 僵尸程序与黑客之间的通信

僵尸程序与黑客之间的通信通常采用两种方法。

（1）利用已有的通信协议，例如 IRC 协议、P2P 协议、AOL（American Online，美国在线）等，直接加以利用或简单改造。

（2）定制一个私有协议，利用公共端口进行掩护，例如，利用最常用的 80 端口传递私有协议。

5. 僵尸网络的形成

bot 是英文单词 robot（机器人）的缩写，指这类程序可以自动执行预定义的功能，甚至有一定的智能交互能力，可以在特定情况下完成操纵者赋予的特定任务。

僵尸程序一旦被植入，就会自动执行，主动连接到黑客在僵尸代码中指定的计算机。这台计算机可以是黑客自己的计算机，也可以是黑客作为跳板的计算机——这样黑客更为安全。这样，僵尸程序就可以与黑客依靠一定的协议进行通信了。如图 3.16 所示，当黑客用此方法控制了多台计算机时，就形成了一个僵尸网络。

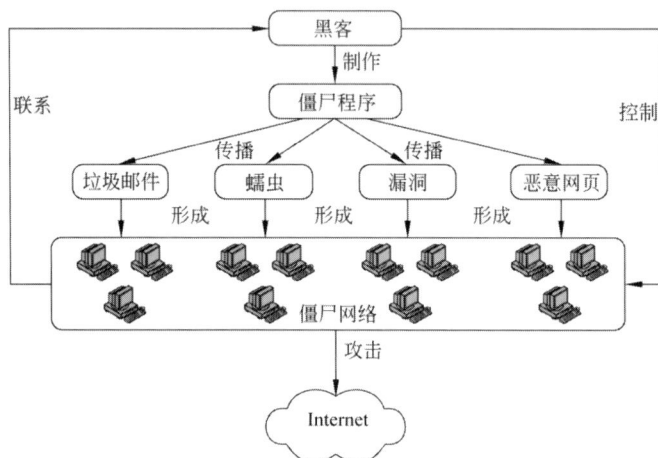

图 3.16　僵尸网络的形成

6. 僵尸网络的加入

不同类型的僵尸主机，加入僵尸网络的方式也不同，下面以基于 IRC 协议的僵尸为例，介绍僵尸主机加入僵尸网络的过程。

（1）如果僵尸中有域名，先解析域名，通常采用动态域名。

（2）僵尸主机与 IRC 服务器建立 TCP 连接。为增强安全性，有的 IRC 服务器设置了连接密码。连接密码在 TCP 三次握手后，通过 PASS 命令发送。

（3）僵尸主机与 IRC 服务器发送 NICK 和 USER 命令，NICK 通常有一个固定的前缀，如 CHN!2345、[Nt]-15120、ph2-1234，前缀通常为国家简称、操作系统版本等。

（4）加入预定义的频道。频道名一般硬编码在僵尸程序体内，为增强安全性，有的控制者为频道设定了密码。中国国家互联网应急中心（CNCERT/CC）的监测数据表明，规模较大（控制 1 万台以上计算机）的僵尸网络通常设置了频道密码，但设置服务器连接密码的僵尸网络还是少数。

7. 黑客对于僵尸主机的控制

僵尸网络的主人必须保持对僵尸主机的控制，才能利用它们完成预定的任务目标。下面依然以 IRC 僵尸为例，简单描述一下控制主机对僵尸主机的控制过程。

（1）攻击者或者僵尸网络的主人建立控制主机。大多数控制主机建立在公共的 IRC 服务上，这样做是为了将控制频道做得隐蔽一些；也有少数控制主机是攻击者自己单独建立的。

（2）僵尸主机主动连接 IRC 服务器，加入到某个特定频道。此过程在上面已经介绍了。

（3）控制者（黑客）主机也连接到 IRC 服务器的这个频道上。

（4）控制者（黑客）使用 login、!logon、!auth 等命令认证自己，服务器将该信息转发给频道内所有的僵尸主机，僵尸程序将该密码与硬编码在文件体内的密码比较，相同则将该用户的 nick 名称记录下来，以后可以执行该用户发送的命令。控制者具有 channel op 权限，只有他能发出命令。

8. 主控者向僵尸主机发布命令的方法

1）命令类型

在 IRC 僵尸网络中，主控者向僵尸主机发送的命令按照要求僵尸程序实现的功能可以分为以下几类。

- 僵尸网络控制命令。
- 扩散传播命令。
- 信息窃取命令。
- 下载与更新命令。
- 主机控制命令。可细分为发动 DDoS 攻击、架设服务、发送垃圾邮件和点击欺诈等。

2）发布方法

基于 IRC 协议，主控者向受控僵尸程序发布命令的方法有如下 3 种。

（1）设置频道主题（topic）命令。当僵尸程序登录到频道后，立即接收并执行这条频道主题命令。

（2）使用频道或单个僵尸程序发送 PRIVMSG 消息。这种方法最为常用，即通过 IRC 协议的群聊和私聊方式向频道内所有僵尸程序或指定僵尸程序发布命令。

（3）通过 NOTICE 消息发送命令。这种方法在效果上等同于发送 PRIVMSG 消息，但在实际情况中并不常见。

习　题　3

一、判断题

1. 使用 ID 登录 SQL Server 后，即可获得了访问数据库的权限。（　　　）

2. SQL Server 中，权限可以直接授予用户 ID。（　　　）

3. SQL 注入攻击不会威胁到操作系统的安全。（　　　）

4. 完全备份就是对全部数据进行备份。（　　　）

5. 防火墙是设置在内部网络与外部网络（如互联网）之间，实施访问控制策略的一个或一个系统。（　　　）

6. 软件防火墙就是指个人防火墙。（　　　）

二、选择题

1. 攻击者过多地占用系统资源直到系统繁忙、超载而无法处理正常工作，甚至导致被攻击的主机系统崩溃。这种攻击属于（　　　）。

    A．网络监听　　　　　　B．拒绝服务攻击　　　　C．网络钓鱼　　　　　　D．木马入侵

2．以下（　　　）是 DOS 攻击的一个实例。

    A．SQL 注入　　　　　　B．IP 地址欺骗　　　　　C．Smurf 攻击　　　　　D．字典破解

3．以下（　　　）是在兼顾可用性的基础上，防范 SQL 注入攻击最有效的手段。

    A．删除存在注入点的网页

    B．对数据库系统的管理

    C．对权限进行严格的控制，对 Web 用户输入的数据进行严格的过滤

    D．通过网络防火墙严格限制 Internet 用户对 Web 服务器的访问

4．下面哪个口令的安全性最高？（　　　）

    A．integrity1234567890　　　　　　　　　　B．!@7es6RFE,,,d195ds@@SDa

    C．passW@odassW@odassW@od　　　　　　D．ichunqiuadmin123456

5．从安全属性对各种网络攻击进行分类，截获攻击是针对（　　　）的攻击。

    A．机密性　　　　　　B．可用性　　　　　　C．完整性　　　　　　D．真实性

6．"会话侦听和劫持技术"是属于（　　　）的技术。

    A．密码分析还原　　　　　　　　　　B．协议漏洞渗透

    C．应用漏洞分析与渗透　　　　　　　D．DoS 攻击

7．攻击者用传输数据来冲击网络接口，使服务器过于繁忙以至于不能应答请求的攻击方式是（　　　）。

    A．拒绝服务攻击　　　　　　　　　　B．地址欺骗攻击

    C．会话劫持　　　　　　　　　　　　D．信号包探测程序攻击

8．攻击者截获并记录了从 A 到 B 的数据，然后从所截获的数据中提取出信息重新发往 B，这种攻击称为（　　　）。

    A．中间人攻击　　　　　　　　　　　B．口令猜测器和字典攻击

    C．强力攻击　　　　　　　　　　　　D．回放攻击

9．拒绝服务攻击的后果是（　　　）。

    A．信息不可用　　　　B．应用程序不可用　　　C．系统死机　　　　　　D．阻止通信

    E．上面几项都是

10．DDoS 攻击破坏了信息的（　　　）。

    A．可用性　　　　　　B．保密性　　　　　　C．完整性　　　　　　D．真实性

11．某用户收到一封可疑的电子邮件，要求他提供银行账户及密码。这是一种（　　　）攻击手段。

    A．缓存区溢出　　　　B．钓鱼　　　　　　　C．后门　　　　　　　　D．DDoS

12．在网络攻击中，攻击者窃取到系统的访问权并盗用资源进行的攻击属于（　　　）。

    A．拒绝服务　　　　　B．侵入攻击　　　　　C．信息盗窃　　　　　　D．信息篡改

三、简答题

1．简述常见的黑客攻击过程。

2．请解释以下 5 种"非法访问"攻击方式的含义。

（1）口令破解。

（2）IP 欺骗。

（3）DNS 欺骗。

（4）重放（Replay）攻击。

（5）特洛伊木马（Trojan Horse）。

3. 分析路由欺骗的原理，并与 ARP 欺骗和 DNS 欺骗进行比较。

4. IP 欺骗有哪些方法？

5. 请描述局域网间通信时一次完整的 ARP 欺骗过程。

6. 请描述一次完整的 DNS 欺骗过程。

7. 简述电子邮件欺骗可能造成的危害有哪些？

8. 试用工具生成一个口令字典。

9. 口令破解有哪些方式？口令破解器通常有哪几部分组成？

10. 两人试在 UNIX 系统上进行一次口令攻击对抗。

11. 举例说明黑客是如何进行 Web 欺骗的？

12. 尽可能多地收集 Sniffer 产品的数据，进行比较分析，分别指出它们的使用方法和防范措施。

13. 嗅探软件是如何捕捉到数据包并实现数据包过滤功能的？

14. 请解释全扫描和半扫描的不同。

15. 秘密扫描是如何实现的？

16. 主动协议栈指纹识别 OS 有哪些方法？

17. 常用的扫描工具有哪些？

18. 如何对扫描进行防御？

19. 下载一个进行缓冲区溢出攻击的程序，进行分析。

20. 举出几个利用缓冲区溢出进行攻击的计算机病毒名。简述缓冲区溢出攻击的过程。

21. 简述缓冲区溢出攻击的防御方法。

22. 什么是拒绝服务攻击？

23. 简要回答拒绝服务攻击有哪些常用技术？各种技术的特点是什么？

24. 如何防御拒绝服务攻击对系统的危害？

25. 在 DDoS 攻击中，为什么黑客不直接去控制攻击傀儡机，而要通过控制傀儡机发动进攻呢？

26. 在网络上下载 2～3 个 DDoS 监测软件，安装到自己的计算机上，记录其工作过程。

27. 总结 DDoS 攻击的防御方法。

28. 收集 5 个钓鱼网站，并说明其特点。

四、课外阅读

著名黑客人物　　重大黑客事件

第2篇　信息系统信任认证

从根本上说，信息系统的安全威胁主要来自不可信任的访问。为了保障信息系统的安全，首先要保障信息系统以及信息的访问都是可信任的。在多群体相互联系的环境中，为了确保信息系统以及信息的安全，就要有一定的措施保证，以做到：

（1）确保消息不会被不应该得到者看见，即使看见了也不明白这个消息的内容。前者称为消息的可见性，后者称为消息的可读性。它们都属于信息的机密性（confidentiality）。

（2）确保收到的消息是合法用户发布的，也确保系统的访问者是可以信赖的。这称为消息或访问者的真实性（authenticity）。

（3）确保消息没有被偶然或蓄意地删除、修改、伪造、乱序、重放、插入过的。这称为消息的完整性（integrity）。

（4）确保消息的接收者和传输参与者不可否认或抵赖曾经完成的操作和承诺。这称为抗否认性或抗抵赖性（non-repudiation）。

这些保障信息系统安全的基本措施是建立一套相应的信任认证体系。

第4章 数据保密

数据保密是在数据保存或发送方进行的。当数据接收方获得了数据的解密方法时，就与数据发送或保存方建立了数据可见/可读的信任关系。

数据保密用于数据的机密性保护，包括了数据的可见性保护和数据的可读性保护。前者可借助于数据隐藏技术，可读性数据保护可借助于密码技术。其中，密码技术作为实现信息安全的核心技术和基础支撑，是这一章的核心内容。

4.1 数据加密基础

4.1.1 加密、解密与密钥

数据加密的实质是隐蔽数据的可读性：将可读的数据——明文（plaintext，也称为明码）转换为不可读数据——密文（ciphertext，也称为密码），使非法者不能直接了解数据的内容。加密的逆过程称为解密。

1. 加密算法与密钥

一个密码系统由加密解密算法和加密解密密钥构成。如果用 P 表示明文，用 C 表示密文，则可以将加密写成如下函数形式

$$C = E_{E_K}(P)$$

对应地，可以把解密写成

$$P = D_{D_K}(C)$$

这里，E 为加密函数，E_K 称为加密密钥；D 称为解密函数，D_K 为解密密钥。

2. 对称密钥加密与非对称密钥加密

若一种加密方法有 $D_K = E_K$，则称其为对称密密钥加密，或称单钥加密，即在这种加密方式中，加密与解密使用同一个密钥。

若一种加密方法有 $D_K \neq E_K$，则称其为非对称密钥加密，或称双钥密码加密，即在这种方法中，加密与解密使用的密钥不相同。也就是说，加密和解密分别用不同的密钥进行，即 $D_{Ke}(E_{Ke}(P)) \neq P$，$D_{Kd}(E_{Ke}(P)) = P$。

在实际应用中，要求非对称加密的加密密钥与解密密钥应能在计算机上容易地成对生成，但不能由已知的 K_d 导出未知 K_e，也不能由已知的 K_e 导出未知 K_d。但是，加密密钥和解密密钥可以对调，即

$D_{Ke}(E_{Kd}(P)) = P$。

4.1.2　基本加密算法

基本的加密算法包括替代加密、换位加密、简单异或加密和分组加密。

1. 替代密码

替代密码就是将明文中的每个位置的字符都用其他字符代替。比较简单的置换方法是恺撒算法，它将明文中的每个字符都用相隔一定距离的另一个字符代替。例如，将明文 CHINA 中的每个字符都用字符表中后面的距离为 5 的字符代替，就会变成密文 HMNSF。这里"在字符表上移动一个距离"就称为加密算法，距离 5 就称为加密密钥。这种加密的强度非常低，破译者最多只要按字符表试 25 次，就能根据组词规则破译密文。

这种密码是将明文中的一个字符用一个相应的密文字符替换，称为简单替换密码（simple substitution cipher）或单字符密码（mono alphabetic cipher）。它应用简单，但系统太脆弱，极容易被攻破。于是又设计出多种形式的替换法，例如以下两种替换法。

（1）多名替换密码（homophonic substitution cipher），一个字符映射为多个密文字符。例如：

A→5，12，25，56
B→7，17，31，57
⋮

（2）字符块密码（poly alphabetic cipher），字符块被成组替代。例如：

ABA→RTQ
ABB→SLL

2. 换位密码

换位就是将明文中字符的位置重新排列。最简单的换位就是逆序法，即将明文中的字符倒过来输出。例如：

明文：computer system
密文：metsys retupmoc

这种方法太简单，非常容易破解。下面介绍一种稍复杂的换位方法——列换位法。

使用列换位法，首先要将明文排成一个矩阵，然后按列进行输出。为此要解决两个问题。

（1）排成的矩阵的宽度，即矩阵有多少列。

（2）排成矩阵后，各列按什么样的顺序输出。

为此，要引入一个密钥 K，它既可定义矩阵的宽度，又可以定义各列的输出顺序。例如 K=computer，则这个单词的长度（8）就是明文矩阵的宽度，而该密钥中各字符按在字符序中出现的次序，就是输出的列的顺序。表 4.1 为按密钥对明文"WHAT CAN YOU LEARN FROM THIS BOOK"的排列。于是，输出的密文为

WORO NNSX ALMK HUOO TETX YFBX ARIX CAHX

表 4.1　按密钥排列的明文举例

密钥	C	O	M	P	U	T	E	R
顺序号	1	4	3	5	8	7	2	6
明文	W	H	A	T	C	A	N	Y
	O	U	L	E	A	R	N	F
	R	O	M	T	H	I	S	B
	O	O	K	X	X	X	X	X

3. 简单异或

异或运算具有如下特点：
$$0 \oplus 0 = 0, 0 \oplus 1 = 1, 1 \oplus 0 = 1, 1 \oplus 1 = 0, a \oplus a = 0, a \oplus b \oplus b = a$$
即两个运算数相同，结果为 0；不同，结果为 1。

使用简单异或进行加密，就是将明文与密钥进行异或运算，解密则是对密文用同一密钥进行异或运算，即

$$P \oplus K = C$$
$$C \oplus K = P$$

4. 分组密码

分组密码是一种加密管理方法。它的基本思想是将明文报文编码（例如，用 0 和 1 码进行编码），并按照一定的长度（m）进行分组，再将各组明文的码分别在密钥的控制下进行加密。例如，将明文编码按照 64 位为一组进行分组加密。

采用分组密码的好处是便于标准化，便于在分组（如 x.25 和 IP）网络中被打包传输。其次，由于一个密文组的传输错误不会影响其他密文组，所以容易实现同步。但是，由于相同的密文一定对应相同的明文，所以分组密码不能隐蔽数据模式，同时也不能抵抗组重放、嵌入和删除等攻击。

4.2　密　钥　管　理

4.2.1　基于密钥安全的加密体制

密码的安全决定于算法的安全和密钥的安全两个方面。为此在实际中可以采用两种不同的策略：一种称为基于受限算法的安全策略；另一种称为基于密钥保护的安全策略。受限制的算法即基于算法保密的安全策略曾经被使用，但已不再使用。原因如下。

（1）算法是要人掌握的。一旦人员变动，就要更换算法。

（2）算法的开发是非常复杂的。一旦算法泄密，重新开发需要一定的时间。

（3）不便于标准化。由于每个用户单位必须有自己唯一的加密算法，不可能采用统一的硬件和软件产品；否则偷窃者就可以在这些硬件和软件的基础上进行猜测式开发。

（4）不便于质量控制。用户自己开发算法，需要好的密码专家，否则难以保障安全性。

因此，现代密码学认为，所有加密机制的安全性都应当基于密钥的安全性，而不是基于算法实现的安全保密。这就意味着加密算法可以公开，也可以被分析，可以大量生产使

用算法的产品，即使攻击者知道了算法也没有关系，只要不知道解密具体使用的密钥，就不能破译密文。因此，保密的关键是保护解密密钥的安全。

4.2.2　密钥管理的一般内容

密钥管理主要包括密钥的生成、分发、使用等一系列过程。

1．密钥的生成

密钥生成的目的是生成好的密钥。对于对称加密来说，密钥的长度越长，对应的密钥空间就越大，密钥的强度就越高。此外，由自动密钥设备生成的随机比特串要比按照某种规则生成的密钥好。但是，在选择随机生成的密钥时，要避免选择弱密钥。对于公钥密码体制来说，密钥还必须满足特定的数学特征。

2．密钥的分发

在密钥管理中，最核心、最关键的问题是密钥分发——主要涉及密钥的发送和认证。前者要求通过非常安全的通路进行传送，后者要求有一套机制用于检验分发和传送的正确性。

密钥的分发方法可以分为两种：网外分发和网内分发。网外分发即人工分发：派非常可靠的信使（邮寄、信鸽等）携带密钥分发给各用户。但是，随着用户的增加、通信量的增大以及黑客技术的发展，密钥的使用量增大，且要求频繁更换，信使分发就不再适用，而多采用网内密钥分发，即自动密钥分发。具体办法后面介绍。

3．密钥的控制使用

控制密钥使用，是为了保证按照预定的方式有限制地使用，内容有以下几项。
（1）密钥主权人。
（2）密钥合法使用期限。
（3）密钥标识符。
（4）密钥预定用途。
（5）密钥预定算法。
（6）密钥预定使用系统。
（7）密钥授权用户。
（8）在密钥生成、注册、证书等有关实体中的名字等。

4．密钥的保护与存储

密钥从产生到终结，在整个的生存期中都需要保护。一些基本的措施如下。
（1）密钥绝不能以明文形式存放。
（2）密钥首先选择物理上最安全的地方存放。
（3）在有些系统中可以使用密钥碾碎技术由一个短语生成单钥密钥。
（4）可以将密钥分开存放。例如，将密钥平分成两段，一段存入终端，一段存入 ROM；或者将密钥分成若干片，分发给不同的可信者保管。

5. 密钥的停用和更新

任何密钥都不可能无限期地使用。有许多因素使得密钥不能使用太长的时间,密钥使用得越久,攻击者对它的攻击方法越多,攻击的机会就越多。密钥一旦泄露,若不立即废除,时间越长,损失越大。因此,不同的密钥应当有不同的有效期,同时必须制定一个检测密钥有限期的策略。密钥的有限期依据数据的价值和给定时间里加密数据的数量确定。

当发生下列情况时,应当停止密钥的使用,更新密钥。

(1) 密钥的使用期到,应该更新密钥。

(2) 确信或怀疑密钥被泄露,密钥及其所有变形都要替换。

(3) 怀疑密钥是由一个加密密钥或其他密钥推导出来时,各层与之相关的密钥都应更换。

(4) 通过对加密数据的攻击可以确定密钥时,在这段时间内必须更换密钥。

(5) 确信或怀疑密钥被非法替换时,该密钥和相关密钥都要被更换。

6. 密钥的销毁

密钥被替换后,旧密钥必须销毁。旧密钥虽然不再使用,却可以给攻击者提供许多有重大参考价值的信息,为攻击者推测新的密钥提供许多有价值的信息。为此,必须保证被销毁的密钥不能给任何人提供丝毫有价值的信息。下面是在销毁密钥时使用的一些方法。

(1) 密钥写在纸上时,要把纸张切碎或烧毁。

(2) 密钥存在 E^2PROM 中时,要对 E^2PROM 进行多次重写。

(3) 密钥存在 EPROM 或 PROM 中时,应将 EPROM 或 PROM 打碎成小片。

(4) 密钥存在磁盘中时,应当多次重写覆盖密钥的存储位置,或将磁盘切碎。

(5) 要特别注意对存放在多个地方的密钥的同时销毁。

4.3　对称密钥加密体制

4.3.1　对称密钥加密常用算法概述

表 4.2 为几种常用对称加密算法比较。

表 4.2　几种常用对称加密算法比较

	SM4	AES	DES	3DES
算法结构	基本轮函数加迭代,含非线性变换	轮函数加迭代,含非线性变换	标准的算术和逻辑运算,不含非线性变换	标准的算术和逻辑运算,不含非线性变换
计算轮数	32	10/12/14	16	16×3
密钥长度	128	128/192/256	64	128
有效密钥长度	128	128/192/256	56	112
实现性能	软件、硬件快	软件、硬件快	软件较慢、硬件快	软件慢、硬件快
安全性	高于 3DES	高于 3DES	低	较高

4.3.2　AES 算法

1973 年 5 月 16 日，美国国家标准局（NBS），即现在的美国国家标准与技术研究院（National Institute of Standards and Technology，NIST），在咨询了 NSA（美国国家安全局）之后，发出通告，公开征求对计算机数据在传输和存储期间进行数据加密的算法。要求如下。

- 必须提供高度的安全性。
- 具有相当高的复杂性，使得破译的开销超过获得的利益，但同时又便于理解和掌握。
- 安全性应当不依赖于算法的保密，加密的安全性仅以加密密钥的保密为基础。
- 必须适合不同的用户和不同的应用场合。
- 实现算法的电子器件必须很经济，运行有效。
- 必须能够有出口。

此后数年内，美国的许多公司、研究机构和大学开发了许多算法。1975 年，IBM 公司提出的 DES（Data Encryption Algorithm，数据加密算法）被采纳，并向全国公布，征求意见。1976 年 11 月，这个算法作为数据加密标准，从此 DES 被广泛应用。但是，由于 DES 的密钥空间较小，只有 56b，所提供的密钥空间只有 2^{56}（约为 7.2×10^{16}）。这样的空间不能抵抗穷尽搜索攻击。

为此，1997 年 4 月 15 日，美国 NIST 发起征集新的用于保护敏感的非机密政府信息加密标准——高级加密标准（Advanced Encryption Standard，AES）。1997 年 9 月，NIST 给出选择 AES 的 3 条评估准则。

（1）安全性。最短密钥长度为 128b，并可抵御各种密钥分析的攻击。

（2）效率。可广泛使用，有很高的计算效率。

（3）灵活性。算法灵活、简洁，能适应各种计算机平台。

1998 年 6 月，NIST 共收到 21 个方案。经过几年的反复论证和评估，最后于 2000 年 10 月 2 日确定选择来自比利时 Katholieke Universiteit Leuven 电子工程系的 Vincent Rijmen 博士和 Proton World International 的 Joan Daemen 博士设计的加密算法 Rijndael（两人的姓氏组合）。在此期间，NIST 宣布 DES 不再作为标准。

Rijndael 算法设计基于非常巧妙的数学原理，经过 AES 标准化后，规定分组大小为 128b，密钥长度可以是 128b、192b 或 256b，分别称为 AES-128、AES-192 和 AES-256。下面介绍 Rijndael 算法。

1．状态矩阵

Rijndael 是分组算法，其运算的基本单位是字节，所给出的分组长度和密钥长度都有 128b（16B）、192b（24B）和 256b（32B）3 个等级。在加密过程中，将每个分组按字节分别组织成如图 4.2 所示的 3 个 4 行字节矩阵。

这些矩阵是 Rijndael 算法进行处理的基础，一个加密过程就是不断对这种矩阵进行迭代变换的过程，将之称为状态（state）矩阵。状态矩阵的列数记为 N_b。同样，也要把 3 个等级的密钥组织成 3 种字节矩阵。

(a) 16B矩阵

a_0	a_4	a_8	a_{12}
a_1	a_5	a_9	a_{13}
a_2	a_6	a_{10}	a_{14}
a_3	a_7	a_{11}	a_{15}

(b) 24B矩阵

a_0	a_4	a_8	a_{12}	a_{16}	a_{20}
a_1	a_5	a_9	a_{13}	a_{17}	a_{21}
a_2	a_6	a_{10}	a_{14}	a_{18}	a_{22}
a_3	a_7	a_{11}	a_{15}	a_{19}	a_{23}

(c) 32B矩阵

a_0	a_4	a_8	a_{12}	a_{16}	a_{20}	a_{24}	a_{28}
a_1	a_5	a_9	a_{13}	a_{17}	a_{21}	a_{25}	a_{29}
a_2	a_6	a_{10}	a_{14}	a_{18}	a_{22}	a_{26}	a_{30}
a_3	a_7	a_{11}	a_{15}	a_{19}	a_{23}	a_{27}	a_{31}

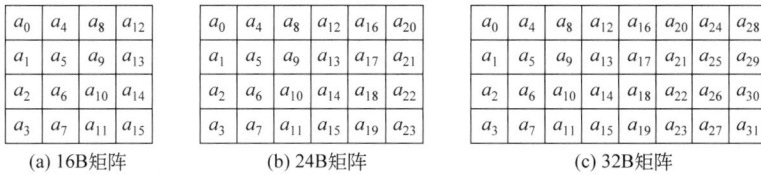

图 4.2　3 个状态矩阵

2．Rijndael 算法加密的迭代过程

Rijndael 算法是一种迭代算法，其过程如图 4.3 所示。首先将密钥 K_0 和待加密信息按位相与，然后所有要加密的分组都用一个轮函数 F 进行迭代计算。

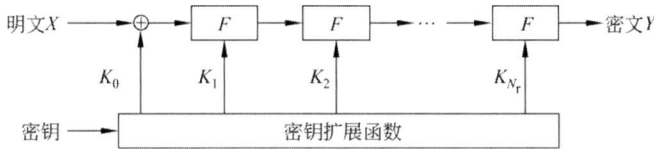

图 4.3　迭代过程

AES 的函数 F 要迭代 N_r 轮，N_r 的值由密钥长度和分组长度决定，具体如表 4.3 所示。

表 4.3　Rijndael 算法迭代轮数 N_r 的值

	分组长度 128b	分组长度 192b	分组长度 256b
密钥长度 128b（$N_b = 4$）	10	12	14
密钥长度 192b（$N_b = 6$）	12	12	14
密钥长度 256b（$N_b = 8$）	14	14	14

各轮中的动作如表 4.4 所示。

表 4.4　各轮中 F 包含的动作

轮　数	前 N_r –1 轮	最后一轮（第 N_r 轮）
F 包含的动作	● 字节代换 ● 行移位 ● 列混淆 ● 轮密钥加	● 字节代换 ● 行移位 ● 轮密钥加

$K_0, K_1, K_2, \cdots, K_{N_r}$ 为每一轮中使用的子密钥，它们由一个密钥扩展函数所产生。初始密钥 K_0 就是主密钥 K。

3．字节代换

在 Rijndael 算法中采用了替代技术，进行字节代换。字节代换是非线性的，它独立地将状态中的每个字节用代换表——S 盒中的值进行代换。如图 4.4 所示，S 盒用每个字节的高 4 位作为行值，低 4 位作为列值，按此找出对应的表值。表中的数值都是十六进制的。

4．行移位

在 Rijndael 算法中还采用了换位技术——行移位。移动方法是对状态阵列中的第 2、3、

列

	0	1	2	3	4	5	6	7	8	9	A	B	C	D	E	F
0	63	7C	77	7B	F2	6B	6F	C5	30	01	67	2B	FE	D7	AB	76
1	CA	82	C9	7D	FA	59	47	F0	AD	D4	A2	AF	9C	A4	72	C0
2	B7	FD	93	26	36	3F	F7	CC	34	A5	E5	F1	71	D8	31	15
3	04	C7	23	C3	18	96	05	9A	07	12	80	E2	EB	27	B2	75
4	09	83	2C	1A	1B	6E	5A	A0	52	3B	D6	B3	29	E3	2F	84
5	53	D1	00	ED	20	FC	B1	5B	6A	CB	BE	39	4A	4C	58	CF
6	D0	EF	AA	FB	43	4D	33	85	45	F9	02	7F	50	3C	9F	A8
7	51	A3	40	8F	92	9D	38	F5	BC	B6	DA	21	10	FF	F3	D2
8	CD	0C	13	EC	5F	97	44	17	C4	A7	7E	3D	64	5D	19	73
9	60	81	4F	DC	22	2A	90	88	46	EE	B8	14	DE	5E	0B	DB
A	E0	32	3A	0A	49	06	24	5C	C2	D3	AC	62	91	95	E4	79
B	E7	C8	37	6D	8D	D5	4E	A9	6C	56	F4	EA	65	7A	AE	08
C	BA	78	25	2E	1C	A6	B4	C6	E8	DD	74	1F	4B	BD	8D	8A
D	70	3E	B5	66	48	03	F6	0E	61	35	57	B9	86	C1	1D	9E
E	E1	F8	98	11	69	D9	8E	94	9B	1E	87	E9	CE	55	28	DF
F	8C	A1	89	0D	BF	E6	42	68	41	99	2D	0F	B0	54	BB	16

行

图 4.4　Rijndael 算法中使用的 S 盒

4 行分别循环左移 C_1、C_2、C_3 列。C_1、C_2、C_3 的值与分组大小有关，具体值见表 4.5。

表 4.5　状态矩阵中第 2、3、4 行的移位值

N_b	C_1	C_2	C_3
4	1	2	3
6	1	2	3
8	1	3	4

图 4.5 为对分组长度为 128b 的状态矩阵列行移位的情形。

图 4.5　分组长度为 128b 的状态矩阵列行移位

5. 列混淆

在行位移的基础上，Rijndael 算法还进行了列混淆，即对状态矩阵中的每一列（在 Rijndael 算法中称为一个字）进行一次如下的矩阵运算。其中 c 为列号（$0 \leqslant c < N_b$），如 $2c$ 为第 2 行第 c 列。

$$\begin{bmatrix} s'_{0c} \\ s'_{1c} \\ s'_{2c} \\ s'_{3c} \end{bmatrix} = \begin{bmatrix} 02 & 03 & 01 & 01 \\ 01 & 02 & 03 & 01 \\ 01 & 01 & 02 & 03 \\ 03 & 01 & 01 & 02 \end{bmatrix} \begin{bmatrix} s_{0c} \\ s_{1c} \\ s_{2c} \\ s_{3c} \end{bmatrix}$$

即有如下结果。

$$s'_{0c} = (\{02\} \cdot s_{0c}) \oplus (\{03\} \cdot s_{1c}) \oplus s_{2c} \oplus s_{3c}$$

$$s'_{1c} = s_{0c} \oplus (\{02\} \cdot s_{1c}) \oplus (\{03\} \cdot s_{2c}) \oplus s_{3c}$$

$$s'_{2c} = s_{0c} \oplus (s_{1c} \oplus (\{02\} \cdot s_{2c}) \oplus (\{03\} \cdot s_{3c})$$

$$s'_{3c} = (\{03\} \cdot s_{0c}) \oplus s_{1c} (\{03\} \cdot s_{1c}) \oplus s_{2c} \oplus (\{02\} \cdot s_{3c})$$

这里，符号 $\oplus$ 表示二进制异或。

例 4.1　若第 1 列分别为 $\{87\}$、$\{6E\}$、$\{46\}$、$\{A6\}$，请计算 s'_{01}。

由上述混淆算法可以得到

$$s'_{01} = (\{02\} \cdot \{87\}) \oplus (\{03\} \cdot \{6E\}) \oplus \{46\} \oplus \{47\}$$

用多项式表示为

$$\{02\} = x$$

$$\{87\} = x^7 + x^2 + x + 1$$

则

$$\{02\} \cdot \{87\} = x^8 + x^3 + x^2 + x$$

再对一个 8 次的不可约多项式求模，得

$$(x^8 + x^3 + x^2 + x) \bmod (x^8 + x^4 + x^3 + x^2 + x + 1) = x^4 + x^2 + 1$$

写成二进制形式为 00010101。

同理得到 $\{03\} \cdot \{6E\} = 10110010$，$\{46\} = 01000110$，$\{47\} = 10100110$。

故表达式 $(\{02\} \cdot \{87\}) \oplus (\{03\} \cdot \{6E\}) \oplus \{46\} \oplus \{47\}$ 可以用下面的方法计算得到。

$$
\begin{array}{r}
0001\ 0101 \\
1011\ 0010 \\
0100\ 0110 \\
\oplus \quad 1010\ 0110 \\
\hline
0100\ 0111 = \{47\}
\end{array}
$$

6. 轮密钥加

轮密钥加变换可以看成状态矩阵中的一个字与轮密钥的一个字进行异或运算。

7. 密钥扩展

由前面的讨论可知，这时要进行 10 轮迭代，总共需要 K_0, K_1, K_2, $\cdots$, K_{N_r} 共 11 个密钥。每个密钥矩阵有 4 个密钥字，共需要 44 个密钥字；而现在只有 4 个密钥字的原始密钥。Rijndael 算法中的密钥扩展就是要从这 4 个原始的密钥字再扩展出来 40 个密钥字。密钥扩展算法如下。

（1）首先建立一个大小为 44 个密钥字的密钥数组 w。

（2）接着将原始密钥复制到 w 的前 4 个字中，得到 $w[0]$、$w[1]$、$w[2]$、$w[3]$。

（3）然后用这 4 个密钥字扩展 w 中的余下部分，使 $w[i]$ 的值依赖于 $w[i-1]$ 和 $w[i-4]$，其中，$i \geqslant 4$。

（4）然后按照下列方法进行扩展：当 i 为非 4 的整数倍时，$w[i]$ 的值为 $w[i-1]$ 与 $w[i-4]$

的异或；当 i 为 4 的整数倍时，按下面的方法进行。

① 将 $w[i-1]$ 的 4 个字节 $[b_0, b_1, b_2, b_3]$ 循环左移 1 个字节，即变为 $[b_1, b_2, b_3, b_0]$。

② 用 S 盒对输入字的每个字节进行字节代换。

③ 将 $w[i-4]$ 与①的结果异或，与②的结果异或，再与轮常数 Rcon[i] 异或。轮常数在每一轮中为一个常数，具体见表 4.6 所示。

表 4.6　轮常数的值

轮数 i	Rcon[i]	轮数 i	Rcon[i]
1	010000000	6	200000000
2	020000000	7	400000000
3	040000000	8	800000000
4	080000000	9	1B0000000
5	100000000	10	360000000

192b 和 256b 中的密钥扩展算法如上类似，在此不再赘述。

8．Rijndael 解密算法

Rijndael 解密算法是 Rijndael 加密算法的逆变换，算法类似，只是顺序不同。

4.3.3　单钥分发

在加密通信过程中，大部分数据使用对称加密方式发送，因为与非对称加密相比，对称加密效率更高。这样共享密钥的传送就成了对称加密的重点，因为一旦密钥暴露，整个加密过程就毫无意义了。通常可以通过下面的渠道传送。

1．物理渠道分发

使用物理方式分发密钥，通信双方通过物理介质交换密钥，或者从第三方获得保存在物理介质上的共享密钥。这种方式非常安全，但是对于网络通信来说是不现实的，因为在网络上，通信双方相隔万里，甚至都不知道对方是谁，也无法完成物理密钥的交换。

2．无中心的单钥分发

图 4.6 是在无 KDC 或不依靠 KDC 时 A 和 B 两方建立会话密钥的过程。

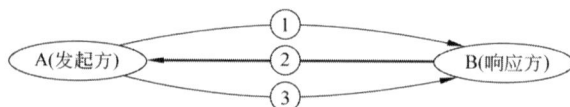

图 4.6　一个无中心的单密钥分配例子

① A 向 B 发出会话请求 N_A。N_A 标识本次会话（可能是时间戳或随机数等一个他人难于猜测的现时值）。

② B 对 A 的请求应答：$E_{K_M}[K_S \| ID_B \| f(N_A) \| N_B]$。全部报文用 A 和 B 共享的主密钥 K_M 加密，内容包括 4 部分。

- B 选取的会话密钥 K_S。

- A 的请求报文，包括 $f(N_A)$（供 A 检验）。
- B 的身份 ID_B。
- 标识本次会话的 N_B。

③ A 存储 K_S，并向 B 返回用 K_S 加密的 $f(N_2)$，供 B 检验。采用这种密钥分配方法，在每一对通信主体之间都需要一个共享主密钥。对于一个有 n 个通信主体的网络，主密钥的数量达到 $n(n-1)/2$ 个。当网络较大时，这种方法没有什么实用价值。而依靠 KDC 进行密钥分发仅需要 n 个（KDC 与每个通信实体之间共享的）主密钥。

3. 密钥分配中心分发单密钥

若 A 和 B 有共同可信任的第三方——通常是一个密钥分配中心（Key Distribution Center，KDC），则可由 KDC 通过其保密信道将密钥安全地分发给 A 和 B。图 4.7 为一个采用此方法进行单钥分配的例子。

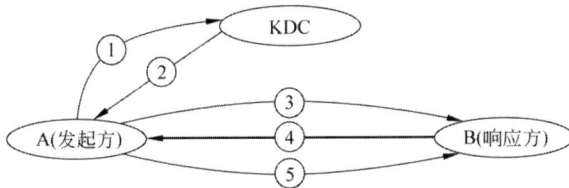

图 4.7　一个依靠 KDC 进行单钥分配的例子

这里，KDC 分别与 A 和 B 有一个保密的信道，即 KDC 与 A 和 B 已经分别有一个通信密钥 K_A 和 K_B；并且假定 A 与 B 的通信是 A 主动，目的是通过 KDC 分配的密钥与 B 建立一个秘密通信通道。过程如下。

① A 向 KDC 发出会话密钥请求：$ID_A \| ID_B \| N_A$。其中，ID_A 和 ID_B 标识会话双方 A 和 B，N_A 标识本次会话（可能是时间戳或随机数等一个他人难于猜测的现时值）。

② KDC 对 A 的请求应答：$E_{K_A}[K_S \| ID_B \| N_A \| E_{K_B}[\{K_S \| ID_A\}]]$。全部报文用 A 已经掌握的密钥 K_A 加密，内容包括 3 部分。

- 一次性会话密钥 K_S。
- A 的请求报文（供 A 检验）。
- 要求 A 中转，但 A 不能知道内容的、用 K_B 加密的一段报文：$K_S \| ID_A$。

③ A 存储 K_S，并向 B 转发 $E_{K_B}[K_S \| ID_A]$。B 得到 K_S，还知道 K_S 来自 KDC（因为用 K_B 可解密，而 A 不知道 K_B，只有 KDC 知道 K_B）。此外，由 ID_A 知道会话方是 A。

④ B 向 A 回送报文：$E_{K_S}[N_B]$。其中，K_S 表明自己的身份是 B（因为 K_S 要用 K_B 解密），用 N_B 防止回放攻击。

⑤ A 向 B 回送报文：$E_{K_S}[f(N_B)]$。确认 B 前次收到的报文不是回放。这样，A 与 B 就有了自己的秘密通道了。

4. 不对称加密分发单密钥

这种方法，将在介绍了非对称密钥加密体制后再介绍。

4.4 非对称密钥加密体制

4.4.1 非对称密钥加密概述

1．三种非对称密钥加密算法比较

对称密码体制运算效率高，使用方便，加密效率高，是最广泛使用的加密技术。但是，由于通信双方使用同样的密钥，因此无论哪一方生成密钥，都要通过一定渠道向对方传送密钥，但在传送过程中有可能使密钥泄露，而且通信双方无论任何一方泄密，都会给双方造成损失。由于在非对称密码体制中，加密与解密使用不同的密钥，所以情况大有不同。

表 4.7 为三种非对称加密算法的比较。

表 4.7　三种非对称加密算法的比较

	SM2	ECC	RSA
计算复杂度	指数级	指数级	亚指数组
相同性能下密钥长度	较少	较少	较多
密钥生成速度	较 RSA 快百倍	与 SM2 相近	慢
加密解密速度	快	快	一般

2．非对称加密的加密解密过程

在非对称密钥体制中，每端都拥有两个密钥：一个是只有自己知道，其他任何人都不知道的密钥，对于 A 方而言，称为 A 方的私钥，记为 SK_A；另一个是对方传来的，自己和对方都知道的密钥，对于 A 方而言，称为 A 方的公钥，记为 PK_A。于是非对称密码体制可以提供如图 4.8 所示的方法进行加密。

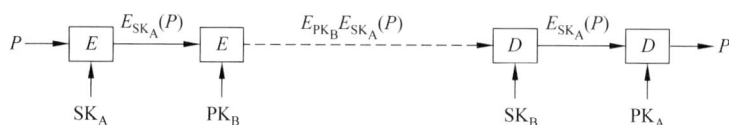

图 4.8　非对称加密的加密与解密

① A 方先用自己的私钥 SK_A 对数据加密，形成密文 $E_{SK_A}(P)$ 再用 B 方的公钥 PK_B 对密文加密，形成双重加密的密文 $E_{PK_B}\left(E_{SK_A}(P)\right)$。

② 双重加密的密文 $E_{PK_B}\left(E_{SK_A}(P)\right)$ 传送到 B 方后，B 方先用 B 方的私钥 SK_B 进行一次解密，得到 $E_{SK_A}(P)$；再用 A 方的公钥 PK_A 进行二次解密，才能将二重密文最终解密。

在这种情况下，为了保护数据的机密性，只要对每一方的私钥加以保护即可。而对公钥可以不进行保护，甚至可以公开。这样就不存在密钥传输中的失密问题了。因此，通常也将非对称密码体制称为公开密钥体制，因为要向对方传送的一个密钥可以被公开。这也就是通常把公开（非对称）密钥体系中的密钥记为 S_K 和 P_K，而不再使用记号 E_K 和 D_K 的原因。

公开密钥体制是斯坦福大学的两位科学家 Diffie 和 Hellman 在 1976 年提出来的，其不足是算法效率低。因此，一般都是用公开密钥系统传送对称密码体制中的密钥，再用对称密码体制传送密文。

4.4.2　RSA 算法

在非对称加密算法中，最有影响的是 1977 年由罗恩·李维斯特（Ron Rivest）、阿迪·萨莫尔（Adi Shamir）和伦纳德·阿德曼（Leonard Adleman）一起提出的 RSA 算法。RSA 就是他们三人姓氏开头字母拼在一起组成的。下面介绍这一算法。

1. RSA 的数学基础

1）费马（Fermat）定理

描述 1：若 p 是素数，a 是正整数且不能被 p 整除，则 $a^{p-1} \equiv 1 \bmod p$。

描述 2：对于素数 p，若 a 是任一正整数，则 $a^p \equiv a \pmod p$。

例 4.2　设 $p=3$，$a=2$，则 $2^{3-1}=4 \equiv 1 \pmod 3$ 或 $2^3=8 \equiv 2 \pmod 3$。

例 4.3　设 $p=5$，$a=3$，则 $3^{5-1}=81 \equiv 1 \pmod 5$ 或 $3^5=243 \equiv 3 \pmod 5$。

2）欧拉（Euler）函数

欧拉函数 $\varphi(n)$ 表示小于 n 并与 n 互素的正整数的个数。

例 4.4　$\varphi(6)=2$，$\{1,5\}$；$\varphi(7)=6$，$\{1, 2, 3, 4, 5, 6\}$；$\varphi(9)=6$，$\{1, 2, 4, 5, 7, 8\}$。

3）欧拉定理

若整数 a 和 m 互素，则

$$a^{\varphi(m)} \equiv 1 \pmod m$$

例 4.5　设 $a=3$，$m=7$，则有 $\varphi(7)=6$，$3^6=729$，$729 \equiv 1 \pmod 7$。

例 4.6　设 $a=4$，$m=5$，则有 $\varphi(5)=4$，$4^4=256$，$256 \equiv 1 \pmod 5$。

2. RSA 加密密钥的产生

RSA 依赖于一个基本假设：分解因子问题是计算上的困难问题，即很容易将两个素数乘起来，但分解该乘积是困难的。

1）基本过程

① 选取两个保密的大素数 p 和 q（保密）。

② 计算 $n = pq$（公开），$\varphi(n) = (p-1)(q-1)$（保密）。

③ 随机选取一个整数 e，满足 $1 < e < \varphi(n)$ 且 $\gcd(\varphi(n),e)=1$（公开）。

④ 计算 d，满足 $de \equiv 1 \bmod \varphi(n)$（保密）。其中，$d$ 是 e 在模 $\varphi(n)$ 下的乘法逆元。因为 e 与 $\varphi(n)$ 互素，所以其乘法逆元一定存在。

⑤ 得到一对密钥：公开密钥 $\{e, n\}$，秘密密钥 $\{d, n\}$。

2）应用举例

① 选择两个素数 $p = 7$，$q = 17$。

② 计算 $n = pq = 7 \times 17 = 119$。

计算 n 的欧拉函数 $\varphi(n) = (p-1)(q-1) = 6 \times 16 = 96$。

③ 从[0，95]中选一个与 96 互质的数 $e = 5$。

④ 根据式

$$5d = 1 \bmod 96$$

解出 $d = 77$，因为 $ed = 5 \times 77 = 385 = 4 \times 96 + 1 \equiv 1 \bmod 96$。

⑤ 得到公钥 PK= (e, n) ={5,119}，密钥 SK={77,119}。

3. RSA 加密/解密过程

1）基本过程

① 明文数字化，即将明文转换成数字串。

② 分组。将二进制的明文串分成长度小于 $\log_2 n$ 的数字分组。如果 p 和 q 都为 100 位素数，则 n 将有 200 位，所以每个明文分组应小于 200 位。

③ 加密算法

$$C_i = M_i^e \bmod n$$

最后得到的密文 C 由长度相同的分组 C_i 组成。

④ 解密算法

$$D(C_i) \equiv C_i^d \bmod n$$

2）综合应用举例

① 产生密钥

设 $p = 43$，$q = 59$，$n = 43 \times 59 = 2537$，$\varphi(n) = 42 \times 58 = 2436$。

取 e=13（与 $\varphi(n)$ 没有公因子）。

解方程 $de \equiv 1$（mod 2436），计算过程如下。

$$2436 = 13 \times 187 + 5, \quad 5 = 2436 - 13 \times 187$$
$$13 = 2 \times 5 + 3, \quad 3 = 13 - 2 \times 5$$
$$1 = 3 - 2 = 3 - (5-3) = 2 \times 3 - 5 = 2 \times (13 - 2 \times 5) - 5$$
$$= 2 \times 13 - 5 \times 5$$
$$= 2 \times 13 - 5 \times (2436 - 13 \times 187)$$
$$= (187 \times 5 + 2) \times 13 - 5 \times 2436$$
$$= 937 \times 13 - 5 \times 2436$$

即

$$937 \times 13 \equiv 1 \text{（mod 2436）}$$

故 e=13，d=937。

② 加密

明文：public key encryptions。

明文分组：pu bl ic ke ye nc ry pt io ns。

明文数字化（按字母序，令 $a = 00, b = 01, c = 02, \cdots, y = 24, z = 25$）：

1520 0111 0802 1004 2404 1302 1724 1519 0814 1418

加密：按照算法 M_i^e (mod n) = C_i，如 1520^{13} (mod 2537) = 0095，得到密文：

0095 1648 1410 1299 1365 1379 2333 2132 1751 1289

解密：按照算法 $C_i^d \pmod{n} = M_i$，如 $0095^{937} \pmod{2537} = 1520$。

4. RSA 安全性分析

RSA 体制的加密强度依赖于大数分解的困难程度。采用穷举法，对于两个 100 位的十进制大素数，破译它大约需要 10^{23} 步，若使用 100 万步/秒的计算机资源对其进行破密，约需要 1000 年。

但是，人类的计算能力也在不断提高，原来一些被认为不可能分解的大数，现在已经被成功分解。例如，RSA-129（即 n 为 129 位的十进制数，约 428b），历时 8 个月，已经于 1994 年 4 月被成功分解。而且有报道，国外科学家正在用量子方法对大数分解发起冲击。

不过，在目前的情况下，密钥长度在 1024～2048b 的 RSA 还是相对安全的。

为了保证 RSA 安全性，对 p 和 q 还有如下要求。

（1）p 和 q 的长度相差不要太大。

（2）$p-1$ 和 $q-1$ 都应当有大数因子。

（3）$\gcd(p-1, q-1)$ 应小。

4.4.3　公开密钥基础设施

非对称密钥加密的强度比对称密钥加密要高许多，但加密解密效率较低，因此一般用于关键性的重要数据的加密。随着计算机网络、特别是互联网的广泛应用，信息安全的问题越来越突出。人们对于非对称加密越来越重视。从 20 世纪 80 年代开始，人们开始考虑，公钥是不可随意找一个第三方发放的，必须是有一定资质者，要以数字证书（Digital Certificate）形式发放，并且要有一套严格的制度。为此就提出了公开密钥基础设施（Public Key Infrastructure，PKI）的设想。

1. PKI 的职能

PKI 系统的建立着眼于用户使用证书及相关服务的便利性以及用户身份认证的可靠性。具体职能如下。

（1）制定完整的证书管理政策。

（2）建立高可信度的证书管理认证机构——CA（Certificate Authority，证书认证中心）。

（3）负责用户属性管理、用户身份隐私的保护和证书作废列表的管理。

（4）为用户提供证书和 CRL 有关服务的管理。

（5）建立安全和相应的法规，建立责任划分并完善责任政策。

因此，PKI 是一个使用公钥和密码技术实施并提供安全服务的、具有普适性的安全基础设施的总称，并不特指某一密码设备及其管理设备。可以说，它是生成、管理、存储、颁发和撤销基于公开密码的公钥证书所需要的硬件、软件、人员、策略和规程的综合。

2. PKI 的架构

一个典型 PKI 体系结构如图 4.9 所示。

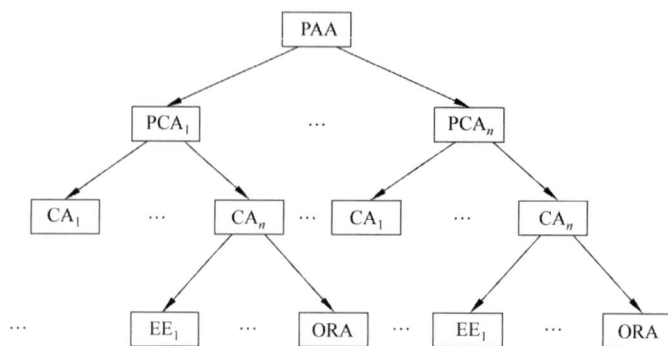

图 4.9　典型的 PKI 体系结构

其中包括如下几部分。

（1）政策批准机构 PAA。PAA 是 PKI 系统方针的制定者，它建立整个 PKI 体系的安全策略，批准本 PAA 下属的 PCA 的政策，为下属 PCA 签发证书，并负有监控各 PCA 行为的责任。

（2）政策认证机构 PCA。PCA 制定自身的具体政策。这些政策可以是其上级 PAA 政策的扩充或细化（包括本 PCA 范围内密钥的产生、密钥的长度、证书的有效期规定以及 CRL——被吊销的证书列表的管理），并为下属 CA 签发公钥证书。

（3）认证机构 CA。CA 提供有关数字证书的服务。

（4）在线注册机构 ORA。ORA 进行证书申请者的身份认证，向 CA 提交证书申请，认证接收 CA 签发的证书，并将证书发放给申请者。有时还协助进行证书的制作。

4.4.4　CA

CA 具有有限政策制定权限，可在 PCA 政策范围内，提供有关数字证书的下列服务。

（1）接收、认证用户（包括下级 CA 和最终用户）的数字证书的申请，将申请的内容进行备案，并根据申请的内容确定是否受理该数字证书申请。如果 CA 接受该数字证书申请，则进一步确定给用户颁发何种类型的证书。新证书用 CA 的私钥签名以后，发送到目录服务器供用户下载和查询。为了保证消息的完整性，返回给用户的所有应答信息都要使用 CA 的签名。

（2）证书的更新。CA 可以定期更新所有用户的证书，或者根据用户的请求来更新用户的证书。

（3）证书的查询。证书的查询可以分为两类，其一是证书申请的查询，CA 根据用户的查询请求返回当前用户证书申请的处理过程；其二是用户证书的查询，这类查询由目录服务器来完成，目录服务器根据用户的请求返回适当的证书。

（4）证书的作废。当用户的私钥由于泄密等原因造成用户证书需要申请作废时，用户需要向 CA 提出证书作废的请求，CA 根据用户的请求确定是否将该证书作废。另外一种证书作废的情况是证书已经过了有效期，CA 自动将该证书作废。CA 通过维护证书作废列表（Certificate Revocation List，CRL）来完成上述功能。

（5）证书的归档。签发、生成和发布以及 CRL 的生成和发布。

CA 的工作非常具体，并且直接贴近用户，所以设置点多，并且呈层次结构。

4.4.5　公钥数字证书与 X.509

1．公钥数字证书

公钥数字身份证简称为公钥证书或公钥数字 ID，是由 CA 为用户发布的一种电子证书。例如用户 A 的证书内容形式为

$$CA=E_{SK_{CA}}[T，ID_A，PK_A]$$

其中：

- ID_A 是用户 A 的标识。
- PK_A 是 A 的公钥。
- T 是当前时间戳，用于表明证书的新鲜性，防止发送方或攻击者重放一旧证书。
- SK_{CA} 是 CA 的私钥。证书是用 CA 的私钥加密的，以便让任何用户都可以解密，并确认证书的颁发者。

有了数字证书之后，在网上通信的双方进行联系的第一步便是利用预装在浏览器中的安全认证软件和认证中心的公钥对通信对象的数字证书进行认证；认证无误后，才可使用认证中心传递的加密公钥进行加密通信。

例 4.7　接收方使用公钥证书通过验签来认证公钥的合法性示例。

① 接收方 B 生成密钥对，私钥自己保存，将公钥注册到 CA。

② CA 通过一系列严格的检查确认公钥是 B 本人的。

③ CA 生成自己的密钥对，并用私钥对 B 的公钥进行数字签名，生成数字证书。证书中包含 B 的公钥和 CA 的签名。这里进行签名并不是要保证 B 的公钥的安全性，而是要确定公钥确实属于 B。

④ 发送方 A 从 CA 获取 B 的证书。

⑤ A 使用 CA 的公钥对从 CA 获取的证书进行验签，如果成功就可以确保证书中的公钥确实来自 B。

⑥ A 使用证书中 B 的公钥对消息进行加密，然后发送给 B。

⑦ B 接收到密文后，用自己的配对的私钥进行解密，获得消息明文。

在标准化方面，目前证书目录广泛使用 X.500 标准。X.500 标准目录不仅可以对证书进行集中管理，还可以管理用户的相关信息，从而构成一个用户信息源。

2．X.509 标准

为了保障数字证书合理获取、撤出和认证过程，1988 年 ITU-T 发表了 X.509 标准。这是一个基于公开密钥和数字签名的标准，它的核心是数字证书格式和认证协议。

X.509 标准的核心是与用户有关的公开密钥证书，目前已经到了第 3 版。其格式如图 4.10 所示。

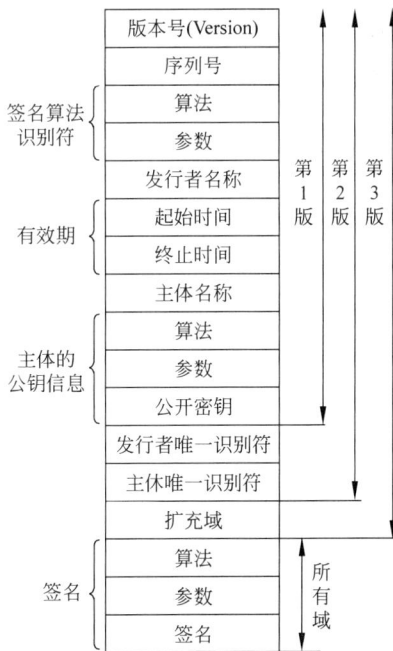

图 4.10　X.500 数字证书格式

4.4.6 公钥分发

由于在非对称密码系统中，加密与解密使用不同的密钥，因此即使用于加密的密钥泄露，别人也无法获得信息的内容。因此，用于加密的密钥是可以公开的。这样，就有了一个最简单的分发方法：公钥是可以公开发布的，所以最简单的公钥分发方法就是公开发布公钥——想要和 A 通信的节点都可以获得其公钥。但是用这种方法会给攻击者有机可乘：假如 A 要接收 B 发的用于今后加密数据单钥 K_{AB}，那么可能出现的第一个问题是，C 假冒 A 的名义发布了一个假的 A 方公钥，则 B 发的单钥 K_{AB} 就会落入 C 之手。如果这时 A 还不知道，B 就发出了用 K_{AB} 加密的信息给了 C。

当然，可以设置一个公开访问的公钥目录解决伪造的问题：管理员为每个通信方建立一个公钥目录，通信方将自己的公钥注册到公钥目录中，任何人都可以从公钥目录获得想要通信的节点的公钥。这种方案也有缺点，一旦公钥目录被攻击者攻破和掌握，攻击者就可以伪造任何人的公钥。

下面介绍两种比较安全的网络分发公钥方法。

1. 通过公钥授权机构分发

图 4.11 所示为通过公钥授权机构为用户 A 和 B 分发公钥的过程。这个过程分为 7 步。

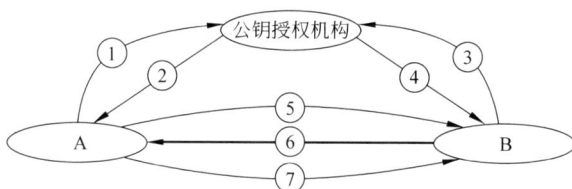

图 4.11　通过公钥授权机构进行密钥分配的例子

① 用户 A 向公钥授权机构发出请求报文，内容包括：
- 一个带时间戳的报文。
- 请求获取 B 的公钥的请求。

② 公钥授权机构对 A 应答（用 A 的公钥加密，A 用自己的私钥解密）。内容有：
- B 的公钥 PK_B（供 A 向 B 发加密报文）。
- A 的请求（供 A 认证本报文是对自己请求的应答）。
- 最初的时间戳（供 A 确认不是公钥管理机构发来的旧报文，以确定 PK_B 是 B 的）。

③、④中 B 用与①、②相同的方法，从公钥授权机构得到 A 的公钥 PK_A。

⑤ A 用 PK_B 向 B 发送一个报文，内容如下。
- A 的身份 ID_A。
- 一次性随机数 N_A。

⑥ B 用 PK_A 向 A 发送一个报文，内容如下。
- N_A（由于只有 B 才能解密用 PK_B 加密的报文，将 N_A 返回 A，让 A 确认是 B）。
- 一次性随机数 N_B。

⑦ A 用 PK_B 将 N_B 加密，返回 B，供 B 确认。

这种方法是基于公钥目录表的。公钥目录表是由某个可信的公钥授权机构管理并定期更新、定期公布的用户公钥目录表。目录表中的每个目录项由两个数据组成：用户名和该用户的公钥。但是，这种方法会使公钥授权机构称为通信的瓶颈。

2. 通过 CA 分发

通过 CA 为通信双方分别分发公钥的过程如图 4.12 所示。

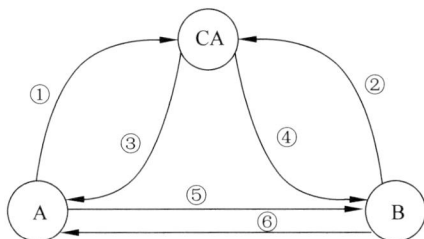

图 4.12　通过 CA 为通信双方分别分发公钥的过程

①、②中通信方 A 和 B 分别向 CA 提交自己的公钥 PK_A 和 PK_B，各请求一个证书。

③、④中 CA 分别向申请者 A 和 B 提供数字证书 $C_A=SK_{CA}[\,T_1\,\|\,ID_A\,\|\,PK_A\,]$ 和数字证书 $C_B=SK_{CA}[\,T_2\,\|\,ID_B\,\|\,PK_B\,]$，$SK_{CA}$ 是 CA 私钥，ID_A 是 A 的标识符，ID_B 是 B 的标识符，T 是时间戳。

⑤、⑥中 A 和 B 分互换证书，并用 CA 的公钥解密对端的证书，就获得了对方的公钥。

由上面的方法可以看出，在有同一个 CA 的是情况下，二者交换公钥实质上是交换数字证书。但是，若是双方不在同一个 CA，是否可以直接交换数字证书呢？答案是：否。因为数字证书中的那个 CA 的密钥是不相同的。或者说，A、B 双方没有互相信任的基础。在这种情况下就要通过下面的 PKI 信任模型先找到或者建立二者之间的信任基础。不过，那就不如另找一个公钥授权机构进行公钥交换了。

4.4.7　PKI 信任模型

信任模型是 PKI 原理中的一个重要概念，指建立信任关系和认证证书时寻找和遍历信任路径的模型。信任模型要解决的三个问题：

（1）一个实体能够信任的证书是怎样被确定的；

（2）这种信任是怎样被建立的；

（3）在一定的环境下，这种信任在什么情形下能够被限制和控制。

用户的数字证书都是由 CA 完成的。不同的用户会选择自己认为合适的 CA 来申请数字证书。这样，不同用户之间的信任关系就挂钩于 CA 之间的信任关系。基于 CA 的信任模型就是不同用户群体之间建立信任的机制，包括 CA 之间信任关系的建立和完成证书认证的路径。这实际上是信任传递。信任传递的路径与用户实体场景有关，一般可以分为以下几种类型：严格层次结构模型（SHCATM）、分布式信任结构模型（DTATM）、桥 CA 的结构模型（BCATM）。

1. 严格层次结构模型

严格层次结构模型可以简称为根信任模型，是最基本的 PKI 结构。如图 4.13 所示，在这种模型中，认证关系是单向的，下级 CA 不能认证上级 CA，而上级 CA 可以而且必须认证下级 CA，并且每一个下级 CA 都要由其直接的父 CA 认证。于是就形成了从根 CA 到每一个末端 CA 的多条信任链。这样，当一个用户收到对端用户发来的数字证书时，就需要一级一级地向上递交，直到在其与根 CA 的信任链上找到相同的 CA 签名为止，便可以确定其是可信任的；否则就是不可信任的。例如，当用户 B 收到用户 C 的证书时，上交到子 CA3 就找到了相同的签名；收到用户 D 的证书时，上交到子 CA2，才找到了相同的签名；收到用户 A 的证书时，上交到子根 CA，才能找到相同的签名。

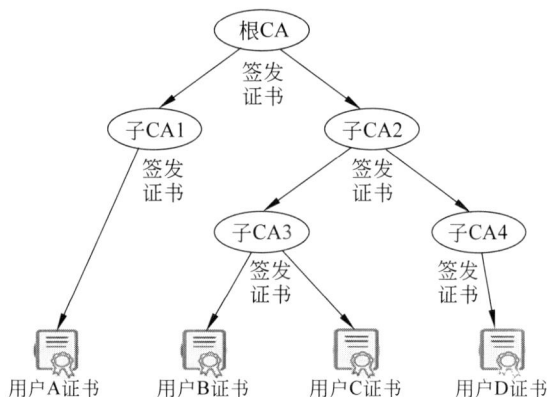

图 4.13　层次信任模型

2. 分布式信任结构模型和桥 CA 的结构模型

分布式信任模型也称交叉认证信任模型，可以看成是两个以上树结构的层次信任模型组成的信任模型。在这种模型中，如果两个通信的用户属于同根 CA，则就是一个层次结构中的信任关系；否则就可以采用如下两种方式进行认证：根 CA 之间的相互认证——形成通常所说分布式信任模型和建立根 CA 之间的桥 CA——形成桥信任模型。通常子 CA 之间不进行相互认证。图 4.14 和图 4.15 分别为两种认证模型的示意图。

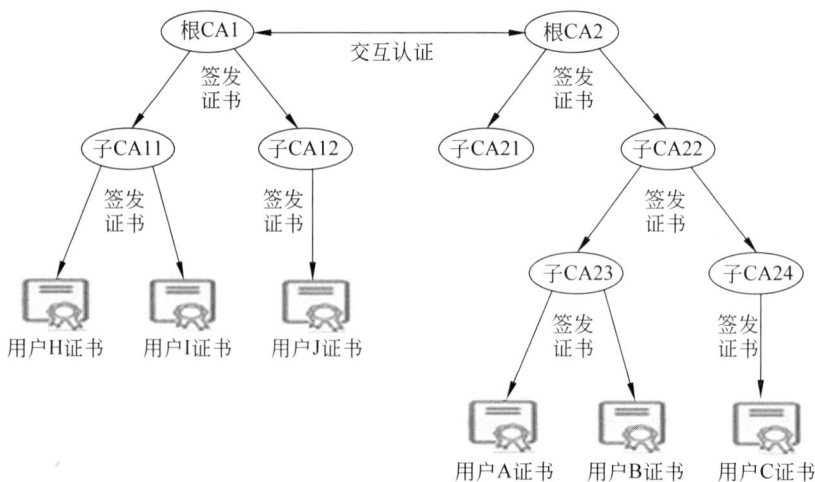

图 4.14　根 CA 相互认证的分布 CA 模型

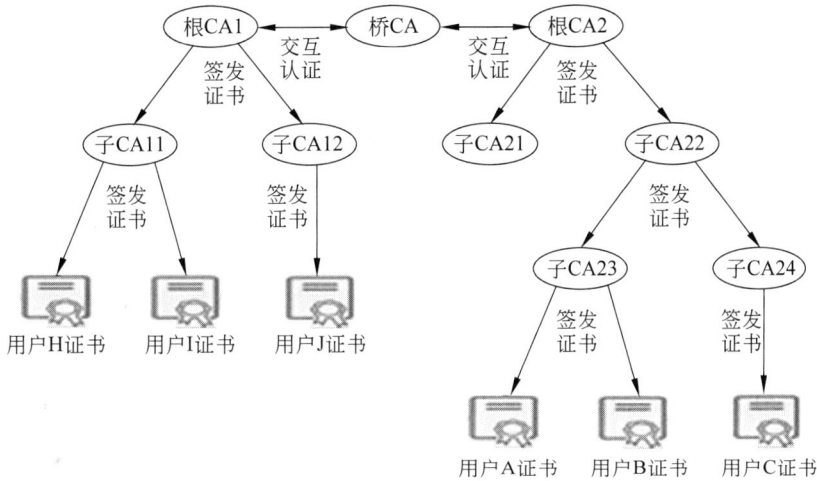

图 4.15　有桥 CA 的相互认证的分布 CA 模型

4.4.8　非对称密钥加密的用途

1．加密重要数据

非对称密钥加密体制的算法复杂，计算过程速度较慢，一般用于重要或关键性数据的加密。例如，AB 双方要加密进行大数据量的通信时，就可以用公钥进行单钥的发送。最简单的方法是一方先向对方发出请求单钥的请求，例如 A 方先向 B 请求双方通信的单钥。这时 A 应先把自己的公钥证书号 ID_A 和自己的公钥 PK_A 发给 B；B 收到后，经过向 CA 认证属实，即可用 A 的公钥 PK_A 将单钥 K 加密后回传给 A；A 用自己的私钥解密即可得到 AB 双发进行通信的密钥 K 了。

不过这个过程容易受到中间人攻击。例如

① 攻击者 C 截获了 A 发送的 PK_A 和 ID_A，然后将自己的 PK_C 和 ID_C 发送给 B；

② B 收到后将 $PK_C[K]$ 发送给 C；C 获得 K 后将 $PK_A[K]$ 发送给 A。

由于 C 得到了密钥 K，当 AB 之间使用 K 进行加密通信的时候，C 可以解密任何密文。

为了防止中间人攻击，需要给这个简单的流程增加保密性和认证性，如图 4.16 所示。其中，N_1 和 N_2 是随机值，ID_A 是 A 的标识符，通过上述流程可以确保在使用公钥分发共享密钥的时候具有保密性和认证性，可以抵御中间人攻击。具体办法如下。

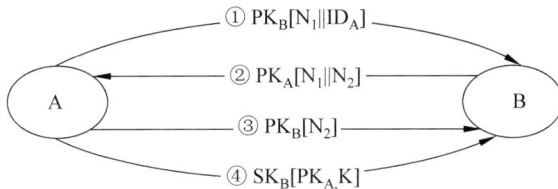

图 4.16　通过公钥分发共享密钥提供加密性和认证性

① A 向 B 发出请求消息。该消息用 B 的公钥 PK_B 加密，内容为一个随机数 N_1 和一个 A 的标识符 ID_A。

② B 收到请求消息，用自己的私钥解密，根据 A 的 ID_A 知道这是 A 发出的消息，于是

用 A 的公钥 PK$_A$ 加密了 A 发来的 N$_1$ 和自己的一个随机数 N$_2$ 发给 A。

③ A 收到 B 的消息，用自己的私钥解密，看到两个随机数 N$_1$ 和 N$_2$，根据 N$_1$ 知道了这是 B 发来的，而不是第三方，于是再用 B 的公钥 PK$_B$ 加密 B 发来的随机数 N$_2$ 发给 B。

④ B 收到 A 发来的自己发出的 N$_2$，知道没有收到第三方攻击，便用 A 的公钥将单钥 K 加密，再用自己私钥 PK$_B$ 加密发给 A。

这样，A 就可靠地拿到了 K。

2. 私钥作为用户身份证明

由于私钥是唯一的，而且仅拥有者自己保管，所以可以当作拥有者的身份证明。简单地说，当 A 方用其私钥 SK$_A$ 将明文加密，报文 SK$_A$[X]就被签名了。因为 B 只要用 A 的公钥能对其解密，就可以证明 SK$_A$(X)是由 A 发送的。发生纠纷时，只要 A 和 B 都将它们的 SK$_A$[X]和 X 出示给第三者，由第三者用 PK$_A$ 将两个 SK$_A$[X]都解密，与 X 加以对比，就可以看出 A 是否有抵赖行为，B 是否有伪造行为。

将数字签名和公开密钥相结合，可以提供安全的通信服务。其要点在于，发送方不是简单地将（M+X）发送出去，而是先用接收方的公开密钥 PK$_B$ 进行加密后再发送出去。接收方收到被加密的 PK$_B$[M,X]后，先用自己的私有密钥 SK$_B$ 进行解密后，再产生数字签名 Y 与 X 比较。

基于上述两点，不对称密钥加密广泛应用于可信性认证中。具体方法将在本章后面的几节中介绍。

4.5 几种数据加密新技术

4.5.1 流密码

1. 流密码概述

如前所述，一个加密体系的安全性主要系于密钥。为了提高安全性，人们曾经致力于选取尽可能长的密钥。但是，长密钥的存储和分配都很困难。于是转而提倡不断改变密钥。早在 1949 年，Shannon 就已经证明：“一次一密”的密码体制是绝对安全的。

流密码（stream cipher）也称为序列密码，是在“一次一密”的期望中发展起来的一种密码技术。而“一次一密”的实现来自从随机数序列的产生中得到的启发。人们知道，对于一个随机数发生器，当对其输入不同的随机数种子时，就会生成不同的随机数序列。按照这一原理，对一个密钥流发生器输入不同的种子密钥，也就会生成不同的密钥序列。

流密码以一位或一个字节为单位，使用密钥流中的随机密钥对明文进行加密。例如，密钥流中的一个字节 01001010 对明文流中的一个字节 10010011 进行异或，就可得到密文流中的一个字节 11011001。同样，将密文流与密钥流异或，就可以得到明文流。显然这是一种对称加密技术。

2. 同步流密码与自同步流密码

在流密码技术中，若密钥流完全独立于明文流或密文流，则称这种流密码为同步流密码（synchronous stream cipher）；若密钥流的产生与明文流或密文流有关，则称这种流密码为自同步流密码（self-synchronous stream cipher）。图 4.17 为同步流密码与自同步流密码示意图。

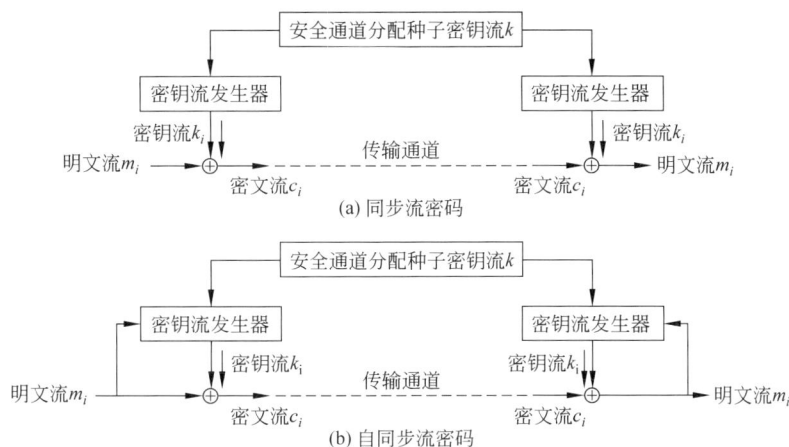

图 4.17　同步流密码与自同步流密码的比较

　　所谓"同步"，是指在保密通信过程中，通信的双方必须保持精确的同步，接收方才能正确解密。如果通信过程中丢失或增添了一个密文字符，接收方就不能正确解密，直到同步恢复。这种现象称为同步密钥流对于失步的敏感性。这种敏感性是一个缺点，但也带来一个优点：可以容易地检测到插入、删除、重播等攻击。另一方面，同步流密码的各加密单元（位或字节）之间相对独立，互不相关，不会形成错误传播。

　　自同步流密码技术是让每一个加密单元（位或字节）的密钥除了依赖于种子密钥，还依赖于前面 n 个明文（或密文）加密单元。采用这种密码技术，如果在传输中丢失或更改了一个加密单元，将会造成这一错误向后传播 n 个加密单元。不过，在收到 n 个正确的加密单元后，密钥流又会自动同步。

3. 密钥流发生器

　　流密码的安全性完全取决于它的密钥流发生器所产生的密钥流的特性。可以想象，如果一个密钥流是无限长并且是无周期性的真随机序列，则才是真正的"一次一密"的密码体制。但遗憾的是，任何人为产生的随机序列都不可能达到这样的条件要求。人工只能产生伪随机序列：长度有限。但是人工产生的伪随机序列接近真正随机序列的程度有所不同。这种不同性，决定了随机序列的特性。

　　为了便于把握，下面给出几条评价密钥流发生器的简单标准。

　　（1）所产生的密钥序列要足够长。

　　（2）在密钥流中，0 和 1 的出现频率应接近；如果密钥流是字节流，则 256 种可能字节的出现频率应接近。

　　（3）种子密钥也应有足够的长度，最少不能小于 128b。

　　现在人们已经开发出了多种性能良好的密钥流生成器，所采用的方法有以下几种。

　　● 线性反馈移位寄存器（Linear Feedback Shift Register，LFSR）。

- 非线性移位寄存器（NLFSR）。
- 有限自动机。
- 线性同余。
- 混沌密码序列等。

比较有名气的算法是 RSA 数据安全公司的 Ron Rivest 于 1987 年基于移位寄存器方法设计的 RC4。它是一种同步流密码。

4.5.2 同态加密

1. 同态加密的概念

同态加密（Homomorphic Encryption）是密码学界很久以前就提出来的一个问题。早在1978 年，Ron Rivest、Leonard Adleman 以及 Michael L. Dertouzos 就以银行为应用背景提出了这个概念。其中，Ron Rivest 和 Leonard Adleman 分别就是著名的 RSA 算法中的 R 和 A。

本质上，同态加密是指这样一种加密函数，对明文进行环上的加法或乘法运算再加密，与加密后对密文进行相应的运算，结果是等价的。即具有同态性质的加密函数是指两个明文 a、b 满足 Dec(En(a)⊙En(b))=a⊕b 的加密函数，其中 En 是加密运算，Dec 是解密运算，⊙、⊕ 分别对应明文和密文域上的运算。

2. 同态加密的类型

1）部分同态加密（partially homomorphic）

部分同态加密算法允许某一操作被执行无限次。当 ⊕ 代表加法时，称该加密为加同态加密，目前使用比较广泛的是 paillier 加法同态；当 ⊕ 代表乘法时，称该加密为乘同态加密，比如经典的 RSA 加密。

2）稍微（有点）同态加密（somewhat homomorphic）

稍微同态加密算法可以对密文进行有限次数的任意操作，例如，某种程度的同态加密算法可以支持最多 5 种加法或乘法的任意组合。但是，任何一种类型的第六次操作都将产生无效的结果。

3）全同态加密（fully homomorphic）

可以对密文进行无限次数的任意同态操作，也就是说它可以同态计算任意的函数。

3. 同态加密的特点

与一般加密算法相比，同态加密除了能实现基本的加密操作之外，还能实现密文间的多种计算功能，即先计算后解密可等价于先解密后计算。这对于保护信息的安全具有重要意义：

（1）利用同态加密技术可以对多个密文先进行计算之后再解密，不必对每一个密文单独解密而花费高昂的计算代价；

（2）利用同态加密技术可以实现无密钥方对密文的计算，密文计算无须经过密钥方，既可以减少通信代价，又可以转移计算任务，由此可平衡各方的计算代价；

（3）利用同态加密技术可以实现让解密方只能获知最后的结果，而无法获得每一个密文的消息，可以提高信息的安全性。

正是由于同态加密技术在计算复杂性、通信复杂性与安全性上的优势，越来越多的研究力量投入到其理论和应用的探索中。例如，同态加密非常适合在网上传递账目，它使一笔账目加密与多笔账目一起加密，得到了相同的结果。

近年来，云计算受到广泛关注，而它在实现中遇到的问题之一是如何保证数据的私密性，同态加密可以在一定程度上解决这个技术难题。

4.5.3　量子加密通信

经典数据加密主要有对称加密体系和非对称加密体系两种。在长期的不断发展中，这两个系列都在不断改进、推陈出新。在对称算法中，除了前面介绍的 AES 外，先后还出现过前面提及的美国的 DES 及其各种变种 Triple DES、GDES、New DES 和 DES 的前身 Lucifer，欧洲的 IDEA，日本的 FEALN、LOKI91、Skipjack、RC4、RC5 以及以代换密码和转轮密码为代表的古典密码等。在非对称密码算法中，除了前面介绍的 RSA 外，还出现了背包密码、McEliece 密码、Diffe Hellman、Rabin、OngFiatShamir、零知识证明的算法、椭圆曲线、EIGamal 算法等。在长期的应用中，由于这两种加密体系各有优缺点，被合起来形成混合加密体系使用。

但是，不管是对称加密算法，还是非对称加密算法，它们的共同特点都是依赖现有计算能力不足来保证安全的——实现破解的时间往往要远长于密码保护信息的有效期。这样的条件限制，使它们的安全性随着计算能力的飞速提高日益降低。例如，1975 年由 IBM 公司提出，1976 年被作为数据加密标准的 56 位 DES 加密算法，在当时的运算条件看来，破解是非常困难的，几乎是不可能的。可是以现有运算能力来看，只需要 2 天就能完全破解。再如，美国政府目前应用最广泛的、由美国专门制定密码算法的标准机构——美国国家标准技术研究院与美国国家安全局设计的 SHA-1 密码算法，已经在 2005 年初被中国山东大学王小云教授和她的研究小组宣布成功破解，为此，美国国家标准与技术研究院不得不宣布，美国政府 5 年内将不再使用 SHA-1 密码算法。还有，以现在计算能力认为需要数千年才能破解的 RSA 加密体系，早从 2000 年 8 月就开始走上被破解之路。因为，那时 IBM 完成了一台量子计算机的研发。而唯一能与量子计算机对抗的只有一种技术——量子加密技术。

1. 量子保密通信的种类

目前量子保密通信的具体应用大致有三种：

（1）量子谣传，即量子隐形传态；

（2）量子密钥分发；

（3）量子态直接加密信息的量子安全直接通信。

因量子隐形传态目前没有具体应用，只存在在实验室中，下面仅介绍量子密钥分发和量子安全直接通信。

1）量子密钥分发

1984 年，物理学家 Bennett 和密码学家 Brassard 提出 BB84 通信协议的概念，这是世界上第一个量子密钥分发协议，同时也是第一次对协议的原理进行详细的阐述。量子密钥分发并没有脱离传统通信模式，而是传统通信和量子通信信道并存。密钥通过量子信道传输，需加密的内容则是通过传统通信信道传输。

但是，BB84 通信协议提出得太早了，以至于得不到广泛的支持，更谈不上开花结果。2009 年，美国国防部高级计划署（DARPA）和 Los Alamos 国家实验室分别建成了 2 个多节点量子通信互联网络，并与空军合作进行了基于飞机平台的自由空间量子通信，计划到2014 年将量子通信应用拓展到卫星通信、城域以及远距离光纤网络。后来，欧洲的 41 个研究单位和企业共同建设和运行了 SECOQC 量子保密通信网络，日本的东京密钥分发量子网络、中国的京沪干线以及墨子号量子通信卫星都是采用量子密钥分发的机制实现。

基于密钥分发的原理，量子密钥分发通信由两种实现方法，一种是连续变量量子密钥分发，另一种是离散变量量子密钥分发。

（1）连续变量量子密钥分发。连续变量量子密钥分发方案比较多，分类也比较繁杂。分类的成因主要有信息编码方式、信息载体、探测方式、信息传输路径、协商方式等。根据编码方式可以分为高斯调制、离散调制；较为被大家认可的是根据探测方式分类，分为零差探测和外差探测。在方案实现方面，光纤信道连续变量量子密钥分发实验研究无论在数量和质量上都研究得比较充分，已从试验阶段转向应用阶段。而对于基于大气信道来说，目前最具体的应用就是我国发射的墨子号量子试验卫星。墨子号量子科学实验卫星在酒泉卫星发射中心用长征二号丁运载火箭于 2016 年 8 月 16 日 1 时 40 分发射升空，2022 年 5 月实现了 1200 公里地表量子态传输新纪录。

（2）离散变量量子密钥分发。这是最早出现的密钥分发技术。到目前为止，离散变量量子密钥分发技术无论是在理论还是实验上都取得了一定的进展和成果。到目前为止，BB84 协议是应用最广泛的离散变量量子密钥分发技术协议。该协议通过将信息调制到光子的偏振态上，随机选择发送四个确定的光子偏振态中的一个，实现安全的密钥分发。随后的 Ekert91 协议通过量子力学中的 EPR 纠缠现象与 BB84 协议被证明是等价的。区别于BB84 协议的四种量子态，B92 协议使用了两种量子态，被称为 BB84 的简化版本。除了以上的三种密钥分配协议，还存在各种改进性的协议，比如，六态协议、正交态协议等。

2）量子安全直接通信

量子安全直接通信的概念由清华大学的龙桂鲁和刘晓曙于 2000 年提出，其本意是较少量子密钥分发中密钥协商的过程，直接在量子通道中传输信息。2016 年，山西大学激光光谱研究所肖连团教授联合清华大学龙桂鲁教授组成团队并主导试验，最后成功演示了基于单光子的量子直接通信。随后，中国科学技术大学联合南京邮电大学进一步通过量子存储方式完成量子通信的纠缠方案。目前清华大学通过制备光纤纠缠源，最后实现五百米的量子通信记录。由此可见，量子安全直接通信已成为大多数科研人员的新研究方向，研究成果也是未来量子安全直接通信的发展基石。

量子安全直接通信方案大致分为单光子方案和两步纠缠方案。DL04 单光子量子安全直接通信方案的试验系统，采用周期性调制编码，基于单光子频谱多自由度的特性，还可实现多通道信息传输。这个试验系统成功证明了在有丢码和错码的情况下也能进行量子直接通信。两步量子安全直接通信利用 4 波混频作为纠缠源，基于 Bell 态测量的优势之一——

高保真度，读取量子安全直接通信的编码信息。

2. 量子保密通信的安全性

安全性是量子保密通信领域中的突出优势。德国物理学家沃纳海森堡是量子力学的创始人，他发现的测不准原理和量子力学中的量子不可克隆定理是量子力学原理中两个重要的里程碑，其在理论上证明了量子保密通信的安全性。

1）海森堡测不准原理

海森堡测不准原理指出粒子的动能和位置不可能同时被确定，它为判断通信过程是否存在窃听行为提供了理论基础。在量子保密通信过程中，如果存在窃听者对传输的量子态进行篡改和窃听，这样的非法操作都会影响到光量子的状态发生改变。因此，接收的一方只需在收到量子信息后，对量子态进行检测，通过与原来的量子状态作对比，很容易能检测到是否存在窃听。如果有则丢弃掉量子信息，重新发送。

2）量子不可克隆定理

1982 年，物理学家 Wootters、Dieks 和 Zurek 提出了著名的量子不可克隆定理。具体内容是在量子力学领域中，通过物理方法来复制粒子是不现实的。也可以说，产生一个与原来的粒子具有相同状态的新粒子，而不改变粒子原有的状态是无法实现的。

4.6　信 息 隐 藏

信息隐藏（information hiding）是指隐蔽数据的存在性，通常是把一个秘密信息（secret message）隐藏在另一个可以公开的信息载体（cover）之中，形成新的隐秘载体（stego cover）。目的是不让非法者知道隐秘载体中是否隐藏了秘密信息，并且即使知道也难以从中提取或去除秘密信息。

4.6.1　数据隐藏处理过程

图 4.19 表明了信息的隐藏过程和提取过程。

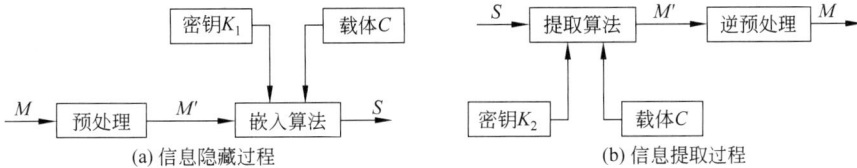

图 4.19　信息的隐藏过程和提取过程

1. 信息隐藏过程

（1）对原始报文 M 进行预处理（如加密、压缩等）形成隐藏报文 M'。

（2）在密钥 K_1 的控制下，通过嵌入算法（embedding algorithm）将隐藏报文 M' 隐藏于公开信息载体 C 中，形成隐秘载体 S。

2．信息提取过程

（1）在密钥 K_2 的控制下，使用提取算法从隐秘载体 S 中提取出隐藏报文 M'。

（2）对隐藏报文 M' 进行解密、解压等逆预处理，恢复出原来的报文 M。

4.6.2 信息隐藏技术分类

对信息隐藏技术可以进行如下分类。

1．按照载体类型分类

按照载体类型可将信息隐藏技术分为如下几类。

（1）文本载体信息隐藏。

（2）图像载体信息隐藏。

（3）声音载体信息隐藏。

（4）视频载体信息隐藏。

（5）二进制流载体隐藏等。

2．按照控制密钥分类

按照控制密钥可将信息隐藏技术分为如下几类。

（1）对称隐藏算法。

（2）公钥隐藏算法。

3．按照隐藏位置分类

按照隐藏位置可将信息隐藏技术分为如下几类。

（1）信道隐藏。利用信道固有的特性进行信息隐藏。目前主要有两类：基于网络模型的信息隐藏和基于扩频的信息隐藏。

（2）空域/时域信息隐藏。利用待隐藏信息位替换载体中的一些最不重要的位。例如，把一个表示像素点灰度的数值中的 180 替换为 181，不会产生太大影响。

（3）变换域信息隐藏。把待隐藏信息嵌入到载体的变换空间（如频域）中。这种方法具有分布性、可变换性和较高的鲁棒性。

习 题 4

一、选择题

1. 假设使用一种加密算法，它的加密方法很简单：将每一个字母加 5，即 a 加密成 f。这种算法的密钥就是 5，那么它属于（　　）。

    A. 对称加密　　　　　　B. 分组密码　　　　　　C. 公钥加密　　　　　　D. 单向函数密码

2. "公开密钥密码体制"的含义是（　　）。

    A. 将所有密钥公开　　　　　　　　　　B. 将私有密钥公开，公开密钥保密

    C. 将公开密钥公开，私有密钥保密　　　D. 两个密钥相同

3. 使用公钥加密时，密钥分发的两个不同方面是（　　　）。

    A．密钥交换和公钥更新　　　　　　　　B．公钥分发和私钥分发

    C．公钥分发和用公钥加密分发保密密钥　D．密钥登记和公钥分发

4. 密钥管理最大的难题是（　　　）。

    A．分配和保护　　　B．分配和存储　　　C．更新和控制　　　D．产生和存储

5. A 方有一对密钥$(K_{A_公}, K_{A_秘})$，B 方有一对密钥$(K_{B_公}, K_{B_秘})$，A 方向 B 方发送数字签名 M，对信息 M 加密为 $M' = K_{B_公}(K_{A_秘}(M))$。B 方收到密文的解密方案是（　　　）。

    A．$K_{A_公}(K_{A_秘}(M'))$　　　　　　　　B．$K_{A_公}(K_{A_公}(M'))$

    C．$K_{A_公}(K_{B_秘}(M'))$　　　　　　　　D．$K_{B_秘}(K_{A_公}(M'))$

6. 对称密钥加密方法很难在电子商务和电子政务中得到广泛应用，原因是（　　　）。

    A．算法复杂　　　B．密钥管理难　　　C．容易破解　　　D．难以分配

7. 信息隐藏是（　　　）。

    A．数据的可见性保护　B．数据的可读性保护　C．数据的完整性保护　D．数据的可用性保护

8. 将信息隐藏在载体时，需要（　　　）。

    A．加密信息　　　B．改变载体长度　　　C．加密载体　　　D．减少

9. PKI 支持的服务不包括（　　　）。

    A．非对称密钥技术及证书管理　　　　　B．目录服务

    C．对称密钥的产生和分发　　　　　　　D．访问控制服务

10. PKI 的主要组成不包括（　　　）。

    A．证书授权 CA　　B．SSL　　　　C．注册授权 RA　　　D．证书存储库 CR

11. PKI 管理对象不包括（　　　）。

    A．ID 和口令　　　B．证书　　　　C．密钥　　　　D．证书撤销

12. 下面不属于 PKI 组成部分的是（　　　）。

    A．证书主体　　　　　　　　　　　　　B．使用证书的应用和系统

    C．证书权威机构　　　　　　　　　　　D．AS

13. PKI 能够执行的功能是（　　　）和（　　　）。

    A．鉴别计算机消息的始发者　　　　　　B．确认计算机的物理位置

    C．保守消息的机密　　　　　　　　　　D．确认用户具有的安全性特权

14. PKI 的主要理论基础是（　　　）。

    A．对称密码算法　　B．公钥密码算法　　C．量子密码　　　D．摘要算法

二、填空题

1. 密码系统包括以下 4 个方面：_____、_____、_____和_____。

2. _____是加密算法 E 的逆运算。

3. 如果加密密钥和解密密钥相同，这种密码体制称为_____体制。

4. _____算法的安全是基于分解两个大素数的积的困难。

5. 公开密钥加密算法的用途主要包括两个方面：_____和_____。

6. 密钥管理的主要内容包括密钥的_____、_____、_____、_____、_____、_____和_____。

7. 密钥生成形式有两种：一种是由_____，另一种是由_____。

8. 密钥的分配是指产生并使_____获得密钥的过程。

9. 密钥分配中心的英文缩写是_____。

10. _____是 PKI 的核心元素，_____是 PKI 的核心执行者。

三、简答题

1. 有明文 can you understand。

（1）假定有一个密钥，其顺序为 2，4，3，1 的列换位密码，其换位密文是什么？

（2）设密钥是 $i = 1, 2, 3, 4$ 的一个置换 $f(i) = 1, 3, 4, 2$，则周期为 4 的换位密文是什么？

2. 设 P = blue sky and green tree，密钥 K=data，则采用维吉利亚密码的加密字母是什么？ASCII 编码输出为什么？

3. 比较对称和不对称两种密钥体制的优缺点。

4. 编写程序，实现 AES 加密算法。

5. 具有 N 个节点的网络如果使用公开密钥密码算法，每个节点的密钥有多少？网络中的密钥共有多少？

6. 在非对称密码体制中，第三方如何断定通信者有无抵赖或伪造行为？

7. 设通信双方使用 RSA 加密体制，接收方的公开密钥是 (e, n)=(5, 35)，求明文 M = 30 对应的密文。

8. 在使用 RSA 公钥的通信中，若截取了发送给其他用户的密文 C =10，并且用户的公钥为 (e, n)=(5, 35)，求对应的明文。

9. 什么是序列密码和分组密码？

10. 简述通信双方如何使用密钥体制建立通信中的信任关系。

11. 如何利用公开密钥加密进行单钥加密密钥的分配？

12. 假定两个用户 A 和 B 分别与密钥分配中心 KDC（Key Distribution Center）有一个共享的主密钥 K_A 和 K_B，A 希望与 B 建立一个共享的一次性会话密钥，需要完成哪些步骤？

13. 无中心的密钥分配时，两个用户 A 和 B 建立会话密钥需经过哪几步？

14. 公钥管理机构向用户 A 和 B 分配公钥共有哪几步？

15. 请自己设计一个密钥生成算法，并认证其密钥空间的安全性。

16. 在密钥的生存期间内，如何对密钥进行有效的管理？

17. 销毁被撤销的密钥时应注意些什么？

18. 简述 X.509 证书包含的内容。

19. 查阅资料，简述有关 PKI 的标准及其相关产品。

20. PKI 可以提供哪些安全服务？PKI 体系中包含了哪些与信任有关的概念？

21. 简述信息隐藏的基本嵌入和检测过程。

22. 简述数字水印的定义和内容。

23. 简述数字隐藏技术中隐含的信任关系。

24. 收集国内外有关加密或信息隐藏技术的最新动态。

四、课外阅读

维吉利亚密码

数据加密算法 DES

国密算法 SM9

第5章 信任认证

在网络中，为了安全，发送和接收两方要互相信任才可以进行通信，交换信息。通信双方的信任是通过认证建立的。消息认证（message authentication）和身份认证（identity authentication）是建立信息系统安全信任体的两个核心环节，也是本章的核心内容。

消息认证也称为报文鉴别，是在数据机密性保护的基础上，对接受到的消息可信任度进行评估的机制。所评定的内容包括消息的完整性、真实性和不可抵赖性三个方面。

确保所接收到的报文具有完整性信息安全措施，是报文接收方检验报文是否可信的手段，涉及消息摘要（Message-Digest，DM）、消息认证码（Message Authentication Code，MAC）、数字签名（digital signature）三种技术。

身份认证是信息系统的第一道屏障，用于检验行为主体身份的可信任性。这种信任关系通常是通过单向——被访问者（系统）向访问者的授权建立的。认证的目的是检测访问者是否已经被授权，以控制哪些用户能够登录到系统（服务器）并获取系统资源。在介绍了信息系统安全的两个核心认证之后，本章还要介绍在去中心化环境和互联网中的信任认证机制。两个实体交互时往往需要进行双向认证，以确定双方的互相信任关系。

5.1 消息摘要

5.1.1 数据的完整性保护与消息摘要

1. 数据的完整性

数据的完整性保护包括了对内容完整性、序列完整性和时间完整性的保护，是针对如下 3 种攻击采取的对策。

（1）内容篡改（content modification），包括对报文内容的插入、删除、改变等。

（2）序列篡改（sequence modification），包括对报文序列的插入、删除、错序等。

（3）时间篡改（timing modification），对报文进行延迟或回放。

2. 消息摘要

如图 5.1 所示，消息摘要是通过某种散列（hash）算法将任意长度的二进制数据映射为固定长度的、较小的二进制，这个小的二进制值称为哈希值（hash code）。

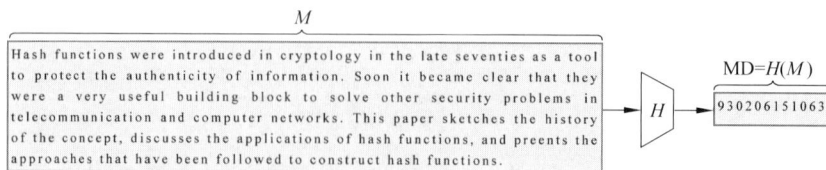

图 5.1　报文摘要的生成

哈希值的特点是唯一、定长、不可逆，即不管原始消息（报文）是什么样，所得到的摘要一定是唯一的、定长的，只要对原始消息进行一点修改，不管是内容的、序列的，还是时间的修改，用同样的算法，所得到的摘要一定不再相同，并且无法用摘要获得原消息。

这样，如图 5.2 所示，若消息发送者在发送消息 M 时，连同摘要 $H(M)$ 一起发送，则接收方就可以用同样的算法对原始消息再映射出一个摘要来，将两个摘要进行比对，就可以知道收到的消息是否经过了篡改。图 5.2 中，H 为散列函数，K 为对称密钥，E 为用 K 加密后的密文，D 为用 K 解密后的明文。

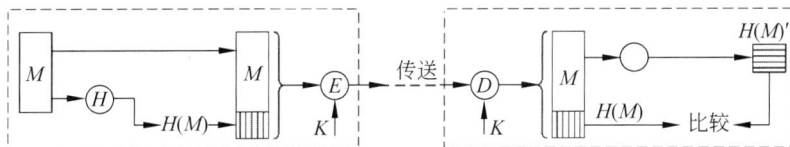

图 5.2　用消息摘要对消息的完整性进行认证

3. 哈希函数的特征

消息摘要的关键是使用了什么样的散列算法（函数）。作为哈希函数应具备以下性质。

（1）$H()$ 可应用于任意长度的输入数据块，产生固定长度的哈希值。

（2）对于每一个给定的输入数据 M，计算出它的哈希值 $h = H(M)$ 很容易。

（3）给定哈希值 h，倒推出输入数据 M 在计算上不可行，即单向性。

（4）对于给定的报文 M 和其哈希值 h，要找到另一个 $M' \neq M$，使 $H(M')=H(M)$ 极其困难，即弱抗碰撞（collision）性。

（5）找到任何满足 $H(M)=H(M')$ 且 $M \neq M'$ 的报文对 (M, M') 在计算上是不可行的，即强抗碰撞性。碰撞性是指对于两个不同的报文，如果它们的摘要值相同，则发生了碰撞。

（6）哈希函数并不提供机密性，并且它们不使用密钥生成摘要。

表 5.1 为目前常用无碰撞散列算法一览表。

表 5.1　目前常用无碰撞散列（Hash）算法

算法名称	输出大小（bit）	内部大小	区块大小	长度大小	字符尺寸	碰撞情形
HAVAL	256/224/192/160/128	256	1024	64	32	是
MD2	128	384	128	No	8	大多数
MD4	128	128	512	64	32	是
MD5	128	128	512	64	32	是
PANAMA	256	8736	256	否	32	是
RadioGatún	任意长度	58 字	3 字	否	1-64	否
RIPEMD	128	128	512	64	32	是
RIPEMD-128/256	128/256	128/256	512	64	32	否
RIPEMD-160/320	160/320	160/320	512	64	32	否
SHA-0	160	160	512	64	32	是
SHA-1	160	160	512	64	32	有缺陷
SHA-256/224	256/224	256	512	64	32	否
SHA-512/384	512/384	512	1024	128	64	否
Tiger（2）-192/160/128	192/160/128	192	512	64	64	否

5.1.2 报文摘要算法

1. 报文摘要算法及其应用

报文摘要算法（Message-Digest algorithm 5，MD5）是沿着 MD2、MD4 的轨迹进化形成的报文摘要算法的新版本。它的开发者是作为 RSA 算法设计者之一的 Ronald L.Riverst。MD5 不以任何假设和密码体制为基础，是一个直接构造出来的算法。它的主要特点如下。

（1）单向性。可以由报文生成报文摘要，但不能由报文摘要还原为报文。

（2）无碰撞性。不同的报文不会产生两个相同的报文摘要。

（3）运算速度快。应用比较普遍。

（4）MD5 主要应用在两个方面：防篡改鉴别和加密。

MD5 的典型应用是对一段报文产生一个 128b 的报文摘要。例如，在 UNIX 下有很多软件在下载的时候都有一个扩展名为 md5 的文件，在这个文件中通常只有一行文本，大致结构如下。

```
MD5 (tanajiya.tar.gz) = 0ca175b9c0f726a831d895e269332461
```

这就是 tanajiya.tar.gz 文件的数字签名。如果在以后传播这个文件的过程中，无论文件的内容发生了任何形式的改变（包括人为修改或者下载过程中线路不稳定引起的传输错误等），只要对这个文件重新计算 MD5 值就会发现报文摘要不相同，由此可以确定得到的只是一个不正确的文件。如果再有一个第三方的鉴别机构，用 MD5 还可以防止文件作者的"抵赖"，这就是数字签名的应用。

在加密系统中，密码的保管非常重要。由于具有系统管理员权限的用户可以读密码文件，所以常规保存的密码文件对具有系统管理员权限的用户就无秘密可言。而 MD5 的单向性和无碰撞性使得用户密码可以用 MD5（或其他类似的算法）加密后存储。当用户登录的时候，系统把用户输入的密码计算成 MD5 值，然后再去和保存在文件系统中的 MD5 值进行比较，进而确定输入的密码是否正确。这样，系统就可以在不知道用户密码的明码的情况下确定用户登录系统的合法性，不但可以避免用户的密码被知道，而且还在一定程度上增加了密码被破解的难度。

2. MD5 算法的基本轮廓

（1）以 512b 分组来处理输入的报文。

（2）每一分组又被划分为 16 个 32b 子分组。

（3）经过了一系列的处理后，输出 4 个 32b 分组放在 4 个链接变量（chaining variable）或寄存器 A、B、C、D 中。

（4）将 4 个链接变量进行级联，生成一个 128b 的哈希值。

3. MD5 算法的完成步骤

（1）数据扩展。将报文按照图 5.3 的格式用 100…0 进行填充，并附加一个 64b 的原始报文长度字段，使得总长度为 512b 的整数倍。应当注意，填充是必需的，若报文长度为（512b 的整数倍−64b），则还需填充一个 512b 长度的填充字段。

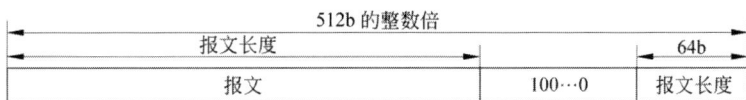

图 5.3　数据准备格式

（2）初始化 MD 缓冲区。使它们的十六进制初始值分别为

$$A = 0\text{x}01234567,\ B = 0\text{x}89\text{abcdef},\ C = 0\text{xfedcba98},\ D = 0\text{x}76543210$$

（3）报文切块。按照 512b 的长度，将报文分割成 $N + 1$ 个分组：Y_0、Y_1、…、Y_N。每一分组又可以表示为 16 个 32b 的字。

（4）依次对各分组进行 H_{MD5} 压缩生成 MD5 值。如图 5.4 所示，从分组 Y_0 开始到最后一个分组 Y_N，依次进行 H_{MD5} 压缩运算。每个 H_{MD5} 有两个输入（一个 128b 的 CV_q 和一个 512b 的分组 Y_q）和一个 128b 输出；最开始的 128b 输入为 4 个 32b 的链接变量；以后每个 H_{MD5} 的输出作为下一个 128b 输入。最后一个 128b 输出即所求的 MD5 值。显然，这个过程可以用循环或递归实现。

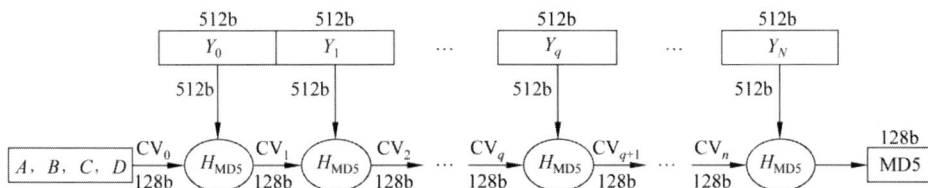

图 5.4　依次对各分组进行 H_{MD5} 压缩生成 MD5 值

H_{MD5} 算法是 MD5 的关键函数。它的计算由 4 轮处理组成，每一轮又包括了 16 个操作，总共 64 次操作，每一次操作要使用一个常数。关于它的细节这里不再介绍。需要说明的是，MD5 曾经被人们认为是无碰撞的。但是，在 2004 年 8 月 17 日在美国加州圣巴巴拉召开的国际密码学会议（Crypto' 2004）上，我国山东大学教授王小云宣布她已经找到了使 MD5 产生碰撞的方法。但是，目前人们还没有找到 MD5 的合适的代替方案。

5.1.3　安全哈希算法

安全哈希算法（Secure Hash Algorithm，SHA）是由 NIST 和 NSA 开发的，于 1993 年作为美国联邦信息处理标准（FIPS PUB 180）公布，1995 年修订为 FIPS PUB 181，1995 年修订为 SHA-1。另外还有 4 种变体曾经发布，以提升输出的范围和变更一些细微设计，分别是 SHA-224、SHA-256、SHA-384 和 SHA-512（名称中的数字代表摘要长度）。

SHA 基于 MD4 算法，SHA 的设计很近似于 MD4 模型。SHA 在用于数字签名的标准算法（DSS）中也是安全性很高的一个哈希算法。该算法的输入为小于 264b 长的任意消息，分为 512b 长的分组，输出为 160b 长的消息摘要。因为它能产生 160b 的哈希值，所以，抗穷举攻击能力更强。

SHA 与 MD5 都是来自 MD4，所以它们有许多相似之处。这里对 SHA 的细节不进行介绍，仅在表 5.2 中对这两种报文摘要算法进行比较。

总之，SHA-1 比 MD5 抗击穷举搜索的强度高，但执行速度较慢。

表 5.2　MD5 与 SHA-1 的比较

算　法	摘要长度/b	最大报文长度	分组处理长度/b	运算次数	常数个数
MD5	128	无限制	512	64（4轮16次）	64
SHA-1	160	$2^{64}-1$	512	80（4轮20次）	4

5.2　消息认证码

如前所述，采用消息摘要好像是为了进行完整性认证。但是，由于哈希函数都是没有加密功能的，所以在消息传送时，用了对称密钥加密。这样，加密级别低就避免不了中间侵入者将原消息进行篡改，重新生成一个摘要后再发给接收者，使接收者无法进行真实性认证，完整性认证也难于保证。

5.2.1　MAC 函数

针对消息摘要的不足，一个基本的改良想法是发送者采用不对称密钥对摘要加密。这样，不仅使得完整性认证得以保证，也因为采用了含有身份信息的不对称密钥进行了加密，使得真实性认证也得以进行。这样，附加在原消息上用以及进行消息认证的哈希码就称为消息认证码，具备这样功能的散列函数称为 MAC 函数。

MAC 函数是消息 M 和不对称密钥 K 的函数，即 MAC = $C(M, K)$ 或 MAC = $C_K(M)$。

如果要画出带有 MAC 的消息传输与认证示意图，只需要将图 5.2 中的 H 改为 MAC 即可。这一改，不仅意味着生成了一个消息认证码 MAC，而且意味着这个 MAC 是用了发送方的私钥加密的。需要注意，从形式上看，MAC 函数与对称加密函数极为类似，都需要一个信源端和信宿端共享的密钥。但是，它们又有本质上的区别。

（1）加密算法要求可逆性，而 MAC 算法不要求可逆性。

（2）加密函数明文长度与密文长度一般相同，是一对一的函数，而 MAC 函数则是多对一的函数，其定义域由任意长的消息组成，而值域则由 MAC 比特的比特位构成。若报文长度为 m 位，MAC 长度为 n 位，则有 2^m 种报文对应 2^n 种 MAC。由于 $m \gg n$，所以一定存在不同的报文产生相同的 MAC。例如，使用 100b 的报文和 10b 的 MAC，则有 2^{100} 种报文对应 2^{10} 种 MAC，平均而言，$2^{100}/2^{10} = 2^{90}$ 个报文具有相同的 MAC。

（3）MAC 函数比加密函数更不容易被攻破，因为即便被攻破，也无法认证其正确性。

5.2.2　安全 MAC 函数的性质

一个安全的 MAC 函数应具备下列性质。

（1）对于已知的 M 和 MAC，无法找到满足 MAC′ = MAC 的另一个 M'。

（2）$C_K(M)$ 应当是均匀分布的，则对于任何随机选择的报文 M 和 M'，找到 $C_K(M') = C_K(M)$ 的概率是 2^{-n}，n 为 MAC 的位数。

（3）若 M'是 M 的一个已知变换，则找到 $C_K(M') = C_K(M)$ 的概率是 2^{-n}。

因此，若只有收发双方才知道密钥 K，并且接收到的 MAC 与计算出的 MAC 相等，则接收方可以相信：

（1）接收到的消息未被修改。

（2）接收到的消息来自真正的发送方。

（3）如果消息中含有序列号，则消息的顺序也是正确的。

5.2.3　CBC-MAC

CBC-MAC 也称为数据认证算法，是建立在 DES 基础上，基于分组密码，并按照密文块链接（Cipher Block Chaining，CBC）模式操作的 MAC 构造方法之一，也是 ANSI 的一个标准，如图 5.5 所示。CBC 模式的基本特点如下。

（1）将要认证的数据分成连续的 64b 的分组 D_1、D_2、…、D_N，若最后的分组不足 64b，在其后加 0，补足 64b。

（2）每个分组在用密钥加密之前要先与前一组的密文组进行异或运算生成其加密过程的种子向量。初始向量 O_0 取零。

（3）最后的 MAC 用 O_N 最左边 M 位表示，并且 $16 \leqslant M \leqslant 64$。

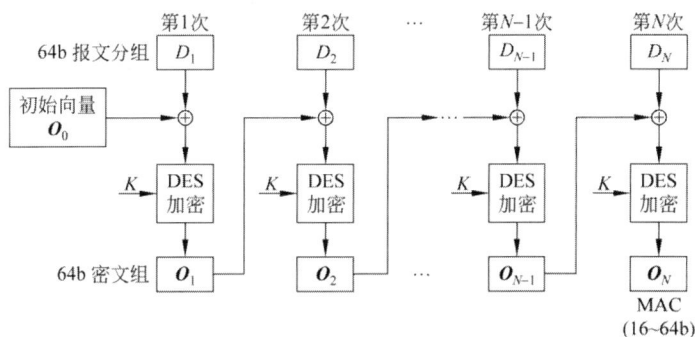

图 5.5　数据认证算法

5.3　数　字　签　名

5.3.1　数字签名及其特征

1. 数字签名的概念

在日常生活中，为了确认一件作品及其源出处，常需要采取签名、落款、骑缝章等手段，以便于鉴别。在数据通信过程中，有时会发生一方对另一方的消息的假冒、伪造、篡改和对于发送消息行为的抵赖等欺骗行为。

在前两节中已经解决了对是否有冒充和伪造的真实性认证以及对于篡改的完整性认证问题。但对于否认（抵赖）的认证问题还没有解决。于是人们从现实世界中的签名盖章想到了数字签名（digital signature）。

在 ISO 7498-2 标准中，数字签名定义为："附加在数据单元上的一些数据，或是对数据单元所做的密码变换，这种数据和变换允许数据单元的接收者用于确认数据单元来源和数据单元的完整性，并保护数据，防止被人（例如接收者）进行伪造。"

显然，这个定义不仅单一地去解决抵赖性认证问题，把完整性和真实性也囊括了进来。

如表 5.3 所示，数字签名是完整性和真实性认证的补充。

表 5.3　报文摘要、消息认证码和数字签名对消息保护目标的差异

	完整性	真实性	不可抵赖性	对摘要加密	加密强度
报文摘要（MD）	是	否	否	否	无
消息认证码（MAC）	是	是	否	是	对称
数字签名	是	是	是	是	非对称

2．数字签名与手工签名的特点

（1）签名是可信的。
（2）签名是无法被伪造的。
（3）签名不可以重复使用。
（4）签名以后不可以被篡改。
（5）签名具有不可否认性。

3．对数字签名的要求

从有效性和可行性出发，对数字签名技术有以下要求。
（1）签名的结果必须是与签名的报文相关的二进制位串。
（2）签名要能够认证签名者的身份以及签名的日期和时间。
（3）签名能够用于证实被签报文的内容的真实性。
（4）签名的产生、识别和认证应比较容易。
（5）数字签名应当可以备份。
（6）用已知的签名构造一个新的报文或由已知的报文产生一个假冒的签名，在计算上都是不可行的。
（7）签名可以由第三方认证，以解决双方在通信中的争议。

5.3.2　直接数字签名

直接数字签名就是签名过程只有发送方和接收方参与。实施这种方法的前提是接收方可以通过某种方式认证发送方提交的凭证，也可以在发生争议时将该凭证交第三方仲裁。那么，用什么作为直接数字签名的凭证呢？

不对称密钥就可以作为数字签名中的凭证。例如，发送方 A 和接收方 B 使用只有双方才使用的不对称密钥。那么，A 私钥对消息进行签名发送；B 收到消息后，使用配对的公钥对签名进行认证。如果认证通过，说明消息就是 A 发送的，因为只有 A 采用配对的私钥。这个过程中，A 不可能冒充第三方，也无法否认自己的发送；B 也无法篡改和伪造。但是，非对称密钥算法的效率是很低的，不宜用于长报文的加密。为此可以采用鉴别码，将报文 M 通过一个单向哈希函数生成短的定长鉴别码，将认证与签名结合起来进行。

直接签名后的报文还有可能被接收方滥用。例如，A 发送给 B 一张电子支票，有可能被 B 多次复制兑换现金。如果 A 在报文中再增加一种特有凭证，如时间戳（timestamp），就可以避免这种情况发生。

此外，直接签名方法将一种算法既用于认证又用于签名，使签名的有效性完全依赖于

密钥体制的安全性，也会形成一些漏洞。例如，发送方会声称自己的密钥被窃或被盗用，来否认已经发送报文。为避免这样的威胁，可以将每一个被签名的报文中再包含一个时间戳，标明报文发送的日期和时间，同时要求一旦密钥丢失或被盗用，要立即向管理机构报告并更换密钥。但是，若密钥真正被盗，盗窃者可以伪造一个报文，并加上一个他盗窃密钥之前的时间戳，也还是不容易被发现。

5.3.3　有仲裁的数字签名

有仲裁的数字签名的基本思想是：发送方完成签字后，不是直接发送给接收方，而是将报文和签字先发送给双方共同信任的第三方进行认证，第三方认证无误后，再附加一个"已经通过认证"的说明并注上日期，一同发送给接收方。由于第三方的介入，发送方和接收方都无法抵赖。

有仲裁的数字签名方法也有很多，下面仅举几例。假定报文由 X 向 Y 传送，A 为仲裁者，M 为传输报文，$H(M)$ 为哈希函数值，‖为链接，ID_X 为 X 的身份码，T 是时间戳，则可以有如下 3 种方案。

1. 方案 1

1）认证步骤

① X→A：$M \parallel E_{K_{XA}}[\text{ID}_X \parallel H(M)]$。X 将签名 $E_{K_{XA}}[\text{ID}_X \parallel H(M)]$ 和报文 M 发给 A。K_{XA} 为 X 和 A 的共享密钥。

② A→Y：$E_{K_{AY}}[\text{ID}_X \parallel M \parallel E_{K_{XA}}[\text{ID}_X \parallel H(M)] \parallel T]$。A 对签字认证后，再附加上时间戳 T，并用 A 和 Y 共享的密钥 K_{AY} 加密后转发给 Y。

③ Y 收到 A 发来的报文，解密后，将结果保存起来。由于 Y 不知道 K_{XA}，所以不能直接检查 X 的签字，只能相信 A。

当出现争议时，Y 可以声称自己收到的 M 来自 X，并将

$$E_{K_{AY}}[\text{ID}_X \parallel M \parallel E_{K_{XA}}[\text{ID}_X \parallel H(M)] \parallel T]$$

发送给 A，让 A 仲裁。

2）特点

这个方案是建立在 X 和 Y 都对 A 高度信任的基础上的，即：

（1）X 相信 A 不会泄露 K_{XA}，也不会伪造自己的签名。

（2）Y 相信 A 所认证 X 的签字是可靠的。

（3）X 和 Y 都相信出现争议时 A 能公正地处理。

3）结论

（1）X 相信 Y 无法对收到的报文予以否认。

（2）Y 相信 X 不会对他所发送的报文予以否认。

但是，这个方案未提供保密性，X 传送给 A 的 M 是明文形式。此外，方案本身没有对仲裁者的限制机制，一旦仲裁者不公正，如与发送方共谋否认发送过的报文，或与接收方连手伪造发送方的签字，都会形成签字的漏洞。

2. 方案 2

认证步骤:

① X→A: $\mathrm{ID_X} \parallel E_{K_{XY}}[M] \parallel E_{K_{XA}}[\mathrm{ID_X} \parallel H(E_{K_{XY}}[M])]$。

② A→Y: $E_{K_{AY}}[\mathrm{ID_X} \parallel E_{K_{XY}}[M] \parallel E_{K_{XA}}[\mathrm{ID_X} \parallel H(E_{K_{XY}}[M])] \parallel T]$。

这个方案用 X 和 Y 的共享密钥 K_{XY} 加密所传送的 M，从而提供了保密性。但还没有解决对仲裁者的约束。

3. 方案 3

认证步骤:

① X→A: $\mathrm{ID_X} \parallel E_{SK_X}[\mathrm{ID_X} \parallel E_{PK_Y}[E_{SK_X}[M]]]$。

② A→Y: $E_{SK_A}[\mathrm{ID_X} \parallel E_{PK_Y}[E_{SK_X}[M]] \parallel T]$。

在这个方案中，仲裁者只能用 X 的公钥对 $E_{SK_X}[\mathrm{ID_X} \parallel E_{PK_Y}[E_{SK_X}[M]]$ 解密，得到 $\mathrm{ID_X}'$ 与以明文形式传送来的 $\mathrm{ID_X}$ 进行比较,确认这个报文确实来自 X,却不能解密 $E_{PK_Y}[E_{SK_X}[M]]$。$E_{PK_Y}[E_{SK_X}[M]]$ 要由 Y 才能解密。因为 Y 可以使用 PK_A 解密 $E_{SK_A}[\mathrm{ID_X} \parallel E_{PK_Y}[E_{SK_X}[M]] \parallel T]$，进一步用 SK_Y 解密 $E_{PK_Y}[E_{SK_X}[M]] \parallel T$，再用 PK_X 解密 $E_{SK_X}[M]$。这样就使仲裁方无法与任何一方共谋。

5.3.4 数字签名算法

数字签名算法（Digital Signature Algorithm，DSA）是美国国家标准委员会（NIST）公布的数字签名标准（Digital Signature Standard，DSS）。DSA 最早公布于 1991 年，在征求公众意见后进行了两次修改，又分别于 1993 年和 1996 年发表。图 5.6 描述了 DSA 签名的基本过程。

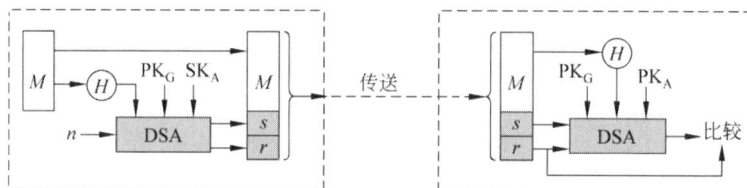

图 5.6　DSA 签名的基本过程

DSA 算法的签名函数以下参数作为输入。

（1）用 SHA 方法生成的报文摘要。

（2）一个随机数。

（3）发送方的私有密钥 SK_A。

（4）全局公钥 PK_G——供所有用户使用的一族参数。

DSA 算法输出两个数据: s 和 r。这两个输出就构成了对报文 M 的数字签名。

接收方收到报文后,先产出报文的摘要,再将这个摘要和收到的签名以及全局公钥 PK_G、发送方的公开密钥 PK_A 一起送到 DSA 的认证函数中,生成一个新的 r'。若 r' 与 r 相等,就说明签字有效。

DSA 算法的安全性不再依赖于加密密钥的安全性。同时，其计算基于求离散对数的困难性，使攻击者从 r 恢复 n，或从 s 恢复 SK_A 都是在计算上不可行的。所以，DSA 比采用 RSA 的签名方法要可靠得多。

除了基于离散对数的签名算法外，人们还开发了其他一些签名算法。这里不再介绍。

5.4　基于凭证比对的身份认证

5.4.1　生物特征身份认证

生物特征身份凭证一般采用用户固有的生物特征和行为特征，要求这些具有唯一性和永久性。下面介绍几种主要的生物身份凭证及其认证方法。

1. 指纹

指纹是历史最为悠久的生物身份凭证。据著名指纹专家刘持平先生论证，早在 7000 年前我们的祖先就开始进行指纹识别的研究。到了春秋战国时代，手印检验不仅广泛应用于政府和民间的书信与邮件往来之中，并已经开始用于侦讯破案之中。

指纹是一种十分精细的拓扑图形。如图 5.7 所示，一枚指纹不足方寸，上面密布着 100～120 个特征细节，这么多的特征参数组合的数量达到 640 亿种（英国学者高尔顿提出的数字）。并且由于它从胎儿 4 个月时生成后保持终生不变，因此，用它作为人的唯一标识，是非常可靠的。

图 5.7　指纹的细节特征

指纹识别主要涉及 4 个过程：读取指纹图像、提取指纹特征、保存数据和比对。目前已经开发出计算机指纹识别系统，可以比较精确地进行指纹的自动识别。

2. 虹膜

虹膜是位于眼睛黑色瞳孔与白色巩膜之间的环形部分（图 5.8（a））。从外观上看，它由许多相互交错的类似斑点、细丝、冠状、条纹、隐窝、皱褶、色素斑等构成（图 5.8（b）），是人体中最独特的结构之一。这些细微特征信息也被称为虹膜的纹理信息，主要由胚胎发

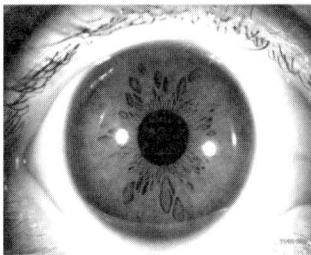

(a) 虹膜位置

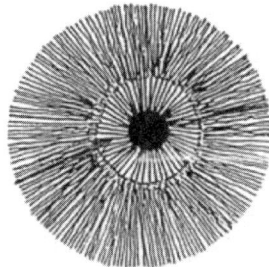

(b) 虹膜结构

图 5.8　眼睛与虹膜

育环境的差异决定，因此对每个人都具有唯一性和稳定性。另一方面，虹膜特征同时又属于内部组织，位于角膜后面。要改变虹膜外观，需要非常精细的外科手术，而且要冒着视力损伤的危险。虹膜的这些高度独特性、稳定性及不可更改的特点，是虹膜可用作身份鉴别的物质基础。

3．人脸

1）人脸识别及其特征

人脸与人体其他生物特征（指纹、虹膜等）一样与生俱来，它的唯一性和不易被复制的良好特性为身份鉴别提供了必要的前提。人脸检测主要是在图像中准确标定出人脸的位置和大小，找出人脸图像中包含的模式特征，如直方图特征、颜色特征、模板特征、结构特征及 Haar 特征等，与其他类型的生物识别相比它具有如下特点。

（1）非接触性：用户不需要和设备直接接触就能获取人脸图像；

（2）非强制性：被识别者无须强制性地与采集设备配合，经常在无意识状态下即可获取；

（3）并发性：在实际应用场景下可以进行多个人脸的分拣、判断及识别。

2）人脸识别系统的组成

通常，人脸识别系统主要由如下四个组成部分。

（1）人脸图像采集及检测。当用户在采集设备的拍摄范围内时，采集设备会自动搜索并将人脸的不同图像都通过摄像镜头采集下来，如静态图像、动态图像、不同的位置、不同表情等。

（2）人脸图像预处理。系统获取的原始图像由于受到各种条件的限制和随机干扰，往往不能直接使用，必须在图像处理的早期阶段对它进行光线补偿、灰度变换、直方图均衡化、归一化、几何校正、滤波以及锐化等处理。

（3）人脸图像特征提取。人脸特征提取是对人脸进行特征建模的过程，即针对人脸的视觉特征、像素统计特征、人脸图像变换系数特征、人脸图像代数特征等进行的特征提取，也称人脸表征。

（4）匹配与识别。提取的人脸图像的特征数据与数据库中存储的特征模板进行搜索匹配，通过设定一个阈值，当相似度超过这一阈值，则把匹配得到的结果输出。人脸识别就是将待识别的人脸特征与已得到的人脸特征模板进行比较，根据相似程度对人脸的身份信息进行判断。这一过程又分为两类：一类是确认，即一对一进行图像比较的过程；另一类是辨认，是一对多进行图像匹配对比的过程。

4．声纹

声纹鉴定是以人耳听辨的声纹为基础，不仅关注发音人的语音频谱等因素，还充分挖掘说话人语音流中的各种特色性事件和表征性特点，如由方言背景确定的地域性，发音部位变化、内容以及发音速度和强度确定的发音人的年龄、性格和心态等。

1）声纹特征

在计算机处理时，常常将人类声纹特征分为 3 个层次。

（1）声道声学层次：在分析短时信号基础上，抽取对通道、时间等因素不敏感特征。

（2）韵律特征层次：抽取独立于声学、声道等因素的超音段特征，如方言、韵律和语速等。

（3）语言结构层次：通过对语音信号的识别，获取更加全面和结构化的语义信息。

2）声纹识别系统

声纹识别系统主要包括两部分。

（1）特征提取：选取唯一表现说话人身份的有效且可靠的特征。

（2）模式匹配：对训练和识别时的特征模式进行相似性匹配。

但是，目前还没有证实它的唯一性。

5. 其他

其他可用于身份识别的生物特征还有步态、笔迹、签名、颅骨外形、视网膜、唇纹、DNA、按键特征、耳朵轮廓、体温图谱、掌形和足迹等。

5.4.2　静态口令

口令通常是作为用户账号补充部分向系统提交的身份凭证。一般说来，用户账号是公开的。当用户向系统提交了账号以后，还需要提交保密形式的凭证——口令，供系统鉴别用户的真实性，以防止非法使用用户账号登录。所以，用户只有向系统输入口令，通过了系统的认证后，才能获得相应的权限。

口令是使用度最高的一类身份认证，它简单、易用，效率很高，但它也是极为脆弱、容易攻击的认证方式。

1. 口令失密及其对策

口令是较弱的安全机制。从责任的角度看，用户和系统管理员都对口令的失密负有责任，或者说用户和系统管理员两方都有可能造成口令失密。从失密的途径看，有众多的环节可以造成口令失密。攻击者可以从下面一些途径进行口令攻击。

1）猜测和发现口令

（1）常用数据猜测，如家庭成员或朋友的名字、生日、球队名称、城市名、身份证号码、电话号码和邮政编码等。

（2）字典攻击，即按照字典序进行穷举攻击。

（3）其他，如望远镜窥视等。

2）电子监控

在网络或电子系统中，被电子嗅探器和监控器窃取。

3）访问口令文件

（1）在口令文件没有强有力保护的情形下，下载口令文件。

（2）在口令文件有保护的情况下，进行蛮力攻击。

4）通过社交

如通过亲情、收买或引诱，获取别人的口令。

5）垃圾搜索

收集被攻击者的遗弃物，从中搜索被疏忽丢掉的写有口令的纸片或保存有口令的盘片。

6）用蠕虫记录用户输入的口令

蠕虫可以根据用户按键的位置记录用户输入的口令。

2. 口令的安全保护

口令一旦失密或被破解，该用户的账号就不再受到保护，攻击者就可以大摇大摆地进入系统。因此，口令的保护是用户和系统管理员都必须重视的工作。下面从几个方面考虑口令的安全。

1）正确选取口令

选取口令应遵循以下原则。

（1）扩大口令的字符空间。口令字符空间越大，穷举攻击的难度就越大。一般地，不要仅限于使用 26 个大写字母，可以扩大到小写字母、数字等计算机可以接受的字符空间。

（2）选择长口令。口令越长，破解需要的时间就越长，一般应使口令位数大于 6 位。

（3）使用随机产生的口令。避免使用弱口令（有规律的口令）和容易被猜测的口令，如家庭成员或朋友的名字、生日、球队名称和城市名等。

（4）使用多个口令。在不同的地方不要使用相同的口令。

2）正确地使用口令

（1）缩短口令的有效期。口令要经常更换，最好使用动态的一次性口令。

（2）限制口令的使用次数。

（3）限制登录时间。如属于工作关系的登录，把登录时间限制在上班时间内。

3）安全地保存指令

口令的存储不仅是为了备忘，更重要的是系统要在检测用户口令时进行比对。直接明文存储口令（写在纸上或直接明文存储在文件或数据库中）最容易泄密。较好的方法是将每一个用户的系统存储账号和哈希值存储在一个口令文件中。当用户登录时，输入口令后，系统计算口令的哈希码，并与口令文件中的哈希值比对，若相等，则允许登录，否则拒绝登录。

4）口令审计

系统管理员除对用户账户要按照权限等加以控制外，还要对口令的使用在以下几个方面进行审计。

- 最小口令长度。
- 强制修改口令的时间间隔。
- 口令的唯一性。
- 口令过期失效后允许入网的宽限次数。如果在规定的次数内输入不了正确口令，则认为是非法用户的入侵，应给出报警信息。

5）增加口令认证的信息量

例如，在认证过程中，随机地提问一些与该用户有关，并且只有该用户才能回答的问题。

6）使用软键盘输入口令

软键盘是一种显示在屏幕上的键盘，可供用户用鼠标选择单击进行输入。如图 5.8 所示，软键盘上的键的布局可以是随机的，这样就能有效地防止木马通过对按键位置的记录，窃取用户密码。

3. 批量登录攻击与认证码

认证码也称为全自动区分计算机和人类的图灵测试（Completely Automated Public Turing test to tell Computers and Humans Apart，CAPTCHA），是

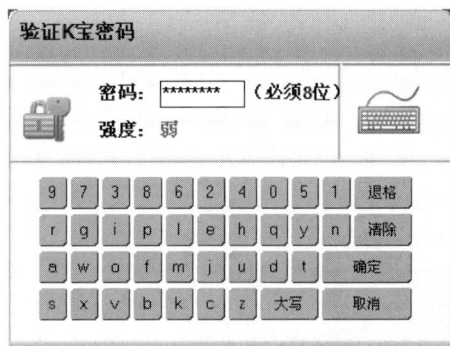

图 5.8　某银行的客户端登录软键盘

一种区分用户是计算机还是人的公共全自动技术，其目的是有效防止某一个特定注册用户用特定程序暴力破解方式进行不断的登录尝试。其具体方法则因目的要求而异。例如为了确认是否真实的指定的人在输入信息，则会要求以人像识别的方式，并要他眨眨眼、摇摇头等运作；如果不要求指定的人，则可让其做一个计算、识别一个图形、回答一个问题等操作；如果为了防止暴力破解方式登录，则可让其进行一个费时间的活动，强制人通过手机传回认证码等。

此外，两次登录之间有一个认证生存期（一般为 30s）。

5.4.3　动态口令

1. 动态口令的概念

动态口令也称为一次性口令（One-Time Password，OTP），是最安全的口令。它是根据专门的算法生成一个不可预测的随机数字组合，每个密码只能使用一次，目前被广泛运用在网银、网游、电信运营商、电子商务、企业等应用领域。动态口令有如下优势。

- 可以提供给最终用户安全访问企业核心信息的手段。
- 可以降低与密码相关的 IT 管理费用。
- 是一种无须记忆的复杂密码，降低了遗忘密码的概率。

2. 动态令牌的类型

为了安全，动态口令不是在网络上直接生成，也不是由系统直接从网络上发给用户，而是通过其他渠道或生成器提供给用户。这些用于生成动态口令终端通常称为"令牌"。 目

前主流令牌有短信密码、手机令牌、硬件令牌和软件令牌 4 种。

1）短信密码

短信密码以手机短信形式请求包含 6 位或更多随机数的动态口令，身份认证系统以短信形式发送随机的 6 或 8 位密码到客户的手机上，客户在登录或者交易认证的时候输入此动态口令，从而确保系统身份认证的安全性。

2）手机令牌

手机令牌是一种手机客户端软件，它每隔 30s 产生一个随机 6 位动态密码，口令生成过程不产生通信及费用，具有使用简单、安全性高、低成本、无须携带额外设备、容易获取、无物流等优势，手机令牌是 3G 时代动态密码身份认证发展的趋势。手机令牌有 J2ME、iPhone、Android 和 Windows Mobile 6 版本，可以广泛应用在网络游戏、互联网等用户基数大的领域，手机令牌的使用将大大减少动态密码服务管理及运营成本，方便用户。

图 5.9　一款硬件令牌

3）硬件令牌

硬件令牌往往是一个钥匙扣大小的轻巧器具，上有显示屏，可以显示随机密码。它每 60s 变换一次动态口令，动态口令一次有效，它产生 6 或 8 位动态数字。图 5.9 是一款硬件令牌。

4）软件令牌

软件令牌通过软件生成随机密码。

3. 动态口令技术分类

动态口令技术主要分两种：同步口令技术和异步口令技术（挑战-应答方式）。其中的同步口令技术又分为时间同步口令和事件同步口令两种。

1）同步口令

（1）时间同步口令。时间同步口令基于令牌和服务器的时间同步，并且采用国际标准时间，一般每 60s 产生一个新口令。为了保持服务器与令牌的同步，一方面，要求服务器能够十分精确地保持正确的时钟，因此对令牌的晶振频率也有严格的要求；另一方面，由于令牌的工作环境不同，在磁场、高温、高压、震荡、浸水等情况下易发生时钟脉冲的不确定偏移和损坏，因此在每次进行认证时，服务器端将会检测令牌的时钟偏移量，不断微调自己的时间记录。

（2）事件同步口令。基于事件同步的令牌是通过某一特定的事件次序及相同的种子值作为输入，通过哈希算法运算出一致的密码。其整个工作流程与时钟无关，不受时钟的影响，令牌中不存在时间脉冲晶振。但由于其算法的一致性，其口令是预先可知的，通过令牌，可以预先知道今后的多个密码，故当令牌遗失且没有使用 PIN 码对令牌进行保护时，存在非法登录的风险。因此对于 PIN 码的保护是十分必要的。

2）异步口令

异步口令不需要令牌和服务器之间同步，因而降低了对应用的影响，极大地提高了系统的可靠性。它的主要技术采用了挑战-应答（challenge-response）方式。

基于挑战-应答方式的身份认证系统在每次认证时，认证服务器端都给客户端发送一个不同的"挑战"字串，客户端程序收到这个"挑战"字串后，做出相应的"应答"，具体过程如下。

① 客户向认证服务器发出请求，要求进行身份认证。

② 认证服务器从用户数据库中查询用户是否合法用户，若不是，则不做进一步处理。

③ 认证服务器内部产生一个随机数，作为"提问"，发送给客户。

④ 客户将用户名字和随机数合并，使用单向哈希函数（例如 MD5 算法）生成一个 6 或 8 位的随机数字字节串作为应答，口令一次有效。

⑤ 认证服务器将应答串与自己的计算结果比较，若两者相同，则通过一次认证；否则，认证失败。

⑥ 认证服务器通知客户认证成功或失败。

以后的认证由客户不定时地发起，过程中没有了客户认证请求这一步。这个过程增加了用户操作的复杂度，因此两次认证的时间间隔不能太短，否则就给网络、客户和认证服务器带来太大的开销；也不能太长，否则不能保证用户不被他人盗用 IP 地址，一般定为 $1\sim2\text{min}$。

4. 智能卡

智能卡（Smart Card）是一种集成电路卡，它内置有处理器，可以存储用户的个性化秘密信息，并提供硬件保护措施和加密算法。进行认证时，用户输入自己的 PIN，先由智能卡进行认证。认证成功后，即可读出卡中的秘密信息，进而进行与主机间的认证。

5. 基于挑战-应答的双因子 USB Key

一种常用的智能卡是基于挑战-应答的双因子 USB Key（图 5.10）。双因子认证是指用户必须具备两个必要因素（如 PIN 和 USB Key），才可以登录系统。这样，即使 PIN 暴露，只要 USB Key 不同时被获得 PIN 的人掌握，用户的合法身份就不会被假冒；或者 USB Key 遗失，但没有掌握用户的 PIN，用户的合法身份也不会被假冒。

图 5.10　一款 USB Key

5.5　基于密钥分发的身份认证

密钥是加密的工具，但由于密钥的私密性，使它也具有凭证的某些特性。在网络环境下，密钥分发是通过握手过程进行的，这个过程要遵守某种规则，这些称为认证协议或算法。在这个过程中也有了身份认证的作用。需要注意的是，"身份"不仅包含真实性，还包含时效性，即此刻的 A 不是彼刻的 A，只有确认了这一点，才能有效地防止抵赖行为。

5.5.1　公钥加密认证协议

公钥加密认证协议在基于公钥加密体制分配会话密钥过程实现。下面是几种认证协议。

1．相互认证协议

相互认证有如下几种形式。

1）通过认证服务器 AS 的身份认证协议

① A→AS：$ID_A \parallel ID_B$。

② AS→A：$E_{SK_{AS}}[ID_A \parallel PK_A \parallel T] \parallel E_{SK_{AS}}[ID_B \parallel PK_B \parallel T]$。

③ A→B：$E_{SK_{AS}}[ID_A \parallel PK_A \parallel T] \parallel E_{SK_{AS}}[ID_B \parallel PK_B \parallel T] \parallel E_{PK_B}[E_{SK_A}[K_S \parallel T]]$。

其中，T 为时间戳，因此这个协议需要各方时钟同步。

2）通过 KDC 的身份认证协议

① A→KDC：$ID_A \parallel ID_B$。

② KDC→A：$E_{SK_{AU}}[ID_B \parallel PK_B]$（$SK_{AU}$ 是 KDC 的私钥）。

③ A→B：$E_{PK_B}[N_A \parallel ID_A]$（$N_A$ 是 A 选择的一次性随机数）。

④ B→KDC：$ID_B \parallel ID_A \parallel E_{PK_{AU}}[N_A]$（$PK_{AU}$ 是 KDC 的公钥）。

⑤ KDC→B：$E_{SK_{AU}}[ID_A \parallel PK_A] \parallel E_{PK_B}[E_{SK_{AU}}[N_A \parallel K_S \parallel ID_B]]$（$K_S$ 是 KDC 为 A、B 分配的一次性会话密钥）。

⑥ B→A：$E_{PK_A}[E_{SK_{AU}}[N_A \parallel K_S \parallel ID_B] \parallel N_B]$。

⑦ A→B：$E_{K_S}[N_B]$。

这个协议中使用了一次性随机数，所以不再要求各方时钟的同步。但是，这个协议不能抵御攻击者对 A 的假冒。请读者设法为此改进这个协议。

2．单向认证协议

简单来说，认证协议主要有两种作用：提供机密性和认证性。在公钥加密体制中，这些功能要取决于是否为对方提供公钥。

（1）发送方知道接收方的公钥，才有可能实现机密性保护。例如，下面的协议仅提供机密性：

A→B：$E_{PK_B}[K_S] \parallel E_{K_S}[M]$（$K_S$ 为 A 向 B 发送的一次通信密钥）

（2）接收方知道发送方的公钥，才有可能实现认证性保护。例如，下面的协议仅提供认证性：

A→B：$M \parallel E_{SK_A}[H(M)]$

这时，为了使 B 确信 A 的公钥的真实性，A 还要向 B 发送公钥证书：

A→B：$M \parallel E_{SK_A}[H(M)] \parallel E_{SK_{AS}}[T \parallel ID_A \parallel PK_A]$（$SK_{AS}$ 为认证服务器的公钥，$E_{SK_{AS}}[T \parallel ID_A \parallel PK_A]$ 是 AS 给 A 签署的公钥证书）。

（3）发送方和接收方互相知道对方的公钥，则既可提供机密性又可提供认证性，例如：

A→B：$E_{PK_B}[M \parallel E_{SK_A}[H(M)]]$

这时，为了使 B 确信 A 的公钥的真实性，A 还要向 B 发送公钥证书：

$$\text{A} \rightarrow \text{B：} \quad E_{\text{PK}_\text{B}} [M \| E_{\text{SK}_\text{A}} [H（M）]] \| E_{\text{SK}_{\text{AS}}} [T_\text{S} \| \text{ID}_\text{A} \| \text{PK}_\text{A}]$$

5.5.2　单钥加密认证协议

1. 相互认证协议 Needham-Schroeder

（1）Needham-Schroeder 协议由 5 步组成。

① A→KDC： $\text{ID}_\text{A} \| \text{ID}_\text{B} \| N_\text{A}$（A 和 KDC 请求与 B 加密通信）。

② KDC→A： $E_{K_\text{A}} [K_\text{S} \| \text{ID}_\text{B} \| N_\text{A} \| E_{K_\text{B}} [K_\text{S} \| \text{ID}_\text{A}]]$（A 获得 K_S）。

③ A→B： $E_{K_\text{B}} [K_\text{S} \| \text{ID}_\text{A}]$（B 安全地获得 K_S）。

④ B→A： $E_{K_\text{S}} [N_\text{B}]$（B 知道 A 已掌握 K_S，用加密 N_B 向 A 示意自己也获得 K_S）。

⑤ A→B： $E_{K_\text{S}} [f(N_\text{B})]$。

在这个协议中，前 3 步是 KDC 分发密钥，第④、⑤两步是一次握手过程，即 B 认证 A 的过程：当在第⑤步中 B 能正确收到自己在第④步发出的 N_B 时，就可以证明 A 是当前的通话对象，因为自己在第③步获得的 K_S 是"新鲜"的，而非攻击者截获的前一次执行通话时用过的 K_S 的重放。但是，若攻击者已经获得旧会话密钥 K_S，并冒充 A 向 B 重放第③步的消息，就可以欺骗 B 使用旧 K_S 会话，接着截获第④步 B 的询问，再冒充 A 对 B 应答。这样就能冒充 A 向 B 发送假消息，使抗抵赖保护失败。

（2）Needham-Schroeder 协议改进。改进办法是在第②步和第③步中加上一个时间戳，即：

② KDC→A： $E_{K_\text{A}} [K_\text{S} \| \text{ID}_\text{B} \| T \| E_{K_\text{B}} [K_\text{S} \| \text{ID}_\text{A} \| T]]$。

③ A→B： $E_{K_\text{B}} [K_\text{S} \| \text{ID}_\text{A} \| T]$。

这样，A 和 B 都可以利用当前时间对 T 进行检查，以确定 K_S 是否陈旧的。但是，使用这个协议的前提是 A 和 B 的时钟完全同步。如果系统故障或存在计时误差，就会被攻击者利用时间差进行重放攻击。

重放攻击（replay attacks）又称为重播攻击、回放攻击或新鲜性攻击（freshness attacks），是指攻击者发送一个目的主机已接收过的包，用欺骗手法破坏认证的正确性。

（3）Needham-Schroeder 协议再改进。

克服上述缺陷的方法是将 Needham-Schroeder 协议进一步改进为以下过程。

① A→B： $\text{ID}_\text{A} \| N_\text{A}$。

② B→KDC： $\text{ID}_\text{B} \| N_\text{B} \| E_{K_\text{B}} [\text{ID}_\text{A} \| N_\text{A} \| T_\text{B}]$。

③ KDC→A： $E_{K_\text{A}} [\text{ID}_\text{B} \| N_\text{A} \| K_\text{S} \| \text{ID}_\text{A} \| T_\text{B}] \| E_{K_\text{B}} [\text{ID}_\text{A} \| K_\text{S} \| T_\text{B}] \| N_\text{B}$。

④ A→B： $E_{K_\text{B}} [\text{ID}_\text{A} \| K_\text{S} \| T_\text{B}] \| E_{K_\text{S}} [N_\text{B}]$。

这个协议的执行过程如图 5.11 所示。

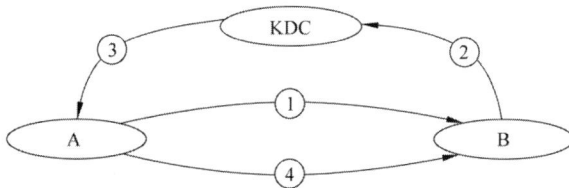

图 5.11　进一步改进的 Needham-Schroeder 协议

分析这个进一步改进的 Needham-Schroeder 协议可以看出以下几点。

在第①步中，A 将 ID_A 和 N_A 以明文传送给 B；在第②步中，B 用自己和 KDC 共享的主密钥对 ID_A 和 N_A 加密传送给 KDC；在第③步中，KDC 对从 B 传来的信息解密，再用 KDC 与 A 共享的主密钥，将 K_S 和 N_A 一同加密传回 A。A 认证了 N_A 就可以知道，B 已经收到了 A 在第①步中发送的消息，同时也确信 K_S 是新鲜的。

在第②步中，B 将 ID_B 和 N_B 以明文传送给 KDC，经第③步由 KDC 将 N_B 传送给 A，再由 A 用 K_S 加密 N_B 传回 B。同 N_A 的作用一样，N_B 用来保证 B 收到的 K_S 是新鲜的。

在第②步中，B 发出的 T_B 是 B 建议的证书截止时间，它是 B 根据自己的时钟确定的，不要求各方之间同步。

$E_{K_B}[ID_A \| N_A \| T_B]$ 经 KDC 传送给 A，由 A 留作以后认证的证据，并可以在有效时间范围内，不借助认证服务器（KDC）而是通过以下几步实现双方的新认证。

① A→B：$E_{K_B}[ID_A \| K_S \| T_B]$，$N_A'$。
② B→A：N_B'，$E_{K_S}[N_A']$。
③ A→B：$E_{K_S}[N_B']$。

这里，B 通过 T_B 检验证据是否过时，而新产生的随机数 N_A' 和 N_B' 可以用来保证没有重放攻击。

2．单向认证协议

对于单向保密通信的特点，在 Needham-Schroeder 协议中去掉第④步和第⑤步，就成为能满足单向通信两个基本要求的单向认证协议。

① A→KDC：$ID_A \| ID_B \| N_A$。
② KDC→A：$E_{K_A}[K_S \| ID_B \| N_A \| E_{K_B}[K_S \| ID_A]]$。
③ A→B：$E_{K_B}[K_S \| ID_A] \| E_{K_S}[M]$。

这个协议提供了对于发送方 A 的认证，保证只有 B 才能阅读报文。但是，它不能防止重放攻击。为此，可以使用时间戳。不过由于电子邮件处理的延迟性，时间戳的作用有限。

5.5.3　Kerberos 认证系统

Kerberos 是 MIT（麻省理工学院）的一种基于 Needham-Schroeder 算法的网络认证系统，其设计目标是通过对称密钥系统为客户/服务器应用程序提供强大的认证服务。Kerberos 的名称来自希腊神话中一种有 3 个脑袋的地狱守门狗。设计者采用这个名字是想给网络大门提供如下 3 种守护。

（1）认证（authentication）。
（2）清算（accounting）。
（3）审计（audit）。

1．Kerberos 的计算环境

Athena 认为，Kerberos 计算环境由大量的匿名工作站和相对较少的独立服务器组成。服务器提供文件存储、打印、邮件等服务，工作站主要用于交互和计算。在此环境中存在如下 3 种威胁。

（1）用户可以访问特定的工作站并伪装成该工作站用户。

（2）用户可以改动工作站的网络地址，伪装成其他工作站。

（3）用户可以根据交换窃取消息，并使用重放攻击来进入服务器。

在整个网络中，除了 Kerberos 服务器外，其他都是危险区域，任何人都可以在网络上读取、修改和插入数据。作为一种可信任的第三方认证服务，在这样的环境下，Kerberos 认证过程的实现不依赖于主机操作系统的认证，无须基于主机地址的信任，不要求网络上所有主机的物理安全，并假定网络上传送的数据包可以被任意地读取、修改和插入数据。

2. Kerberos 系统组成

一个完整的 Kerberos 主要由如下几个部分组成。

1）两个服务对象

（1）客户（client）——发起认证方。

（2）服务器（server）——接受客户端的请求，对数据库进行操作。

2）两类凭证

（1）票证（Ticket Granting Ticket，TGT），也称为入场券：用来安全地在认证服务器和用户请求的服务之间传递信息，内容包括：

- 用户的身份；
- 下一阶段通信双方使用的临时加密密钥——会话密钥；
- 时间戳，用于检测重放攻击。

入场券一旦生成，在其生存期内可以被用户多次使用来申请同一个服务器的服务。

（2）鉴别码（authenticator）：用来作为认证凭证的一段加密文字，用来提供信息与入场券中的信息进行比较，一起保证发出入场券的用户就是入场券中指定的用户，以防止攻击者再次使用同一凭证。其内容包括校验和、子密钥、序列号和身份认证数据。它们只能在一次服务请求中使用，每当用户向服务器申请服务时，必须重新生成鉴别码。

两种凭证均使用私有密钥加密，但加密的密钥不同。

3）两个库

（1）Kerberos 数据库（中心数据库）：记载了每个 Kerberos 用户的名字、用户口令、私有密钥和截止信息（记录的有效时间，通常为几年）等重要信息。

（2）Kerberos 应用程序库：应用程序接口，包括创建和读取认证请求，以及创建 safe message 和 private message 的子程序。

4）两个服务器

为了减轻每个服务器的负担，Kerberos 把身份认证的任务集中在身份认证服务器上。Kerberos 的认证服务任务被分配给两个相对独立的服务器。

（1）认证服务器（Authenticator Server，AS），存放一个 Kerberos 数据库的只读副本，生成会话密钥，认证用户身份。当一个用户登录到一个企业内部网请求访问内部服务器时，AS 将根据中心数据库存储的用户密码生成一个 DES 加密密钥，对一个入场券（TicketTGS）

进行加密。这个入场券是提供给 TGS 的。

（2）票据分配服务器（Ticket Granting Server，TGS），也称为入场券许可服务器，用于发放身份证明票据（凭证）。当用户要访问某个服务器 S 时，TGS 就会查找中心数据库中的存取控制表，以确认该用户是否已经授权使用该服务器。确认后，会生成一个新的凭证（TicketS，相当于手牌）。这个新的凭证包含有与服务器相关的密钥和加密后的入场券。

3. Kerberos 系统认证使用的信息

1）在认证过程中使用如下身份识别码

ID_C：客户（工作站）标识；
ID_T：TGS 标识；
ID_S：服务器标识。

2）在认证过程中使用的密钥

Kerberos 是采用对称密钥加密算法来通过第三方 KDC 实现身份认证。在认证过程中使用如下密钥。

K_C：C 的用户密钥，由 C 上的用户口令导出，可与 AS 共享；
K_S：S 的用户密钥，可与 TGS 共享；
K_T：TGS 的用户密钥，AS 与 TGS 共享；
K_{CT}：会话密钥，C 与 TGS 共享；
K_{CS}：会话密钥，C 与 S 共享。
用户密钥属于长效密钥（long-term key）；会话密钥属于短效密钥（short-term key），仅用于一次会话。

3）在认证过程中使用如下数据

AD_C：C 的网络地址。
TS_i：第 i 个时间戳。
$Lifetime_i$：第 i 个有效期间。

4）在认证过程中获取如下凭证

$Ticket_S$：服务器入场券。
$Ticket_{TGS}$：TGS 的入场券。
$Authenticator_C$：用户生成的最终认证信息。

4. Kerberos 同域认证过程

Kerberos 的同域认证过程如图 5.12 所示，分为 3 个阶段 6 个步骤。

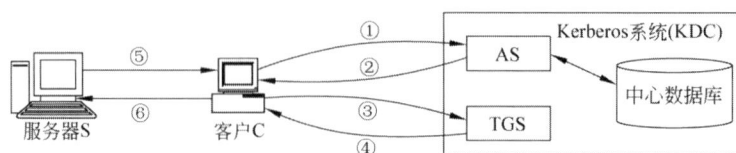

图 5.12　Kerberos 同域认证

1）认证服务交换——客户从 AS 取得入场券

① 客户向 AS 发出访问 TGS 请求（用 TS_1 防止回放攻击）。

C→AS：$E_{K_C}[ID_C \| ID_T \| TS_1]$。

② AS 向 C 发放入场券——TGS 许可票证 $Ticket_{TGS}$。

AS→C：$E_{K_C}[K_{CT} \| ID_T \| TS_2 \| Lifetime_2 \| Ticket_{TGS}]$。

其中：K_{CT} 为供 C 与 TGS 共享的会话密钥。

$Ticket_{TGS} = E_{K_T}[K_{CT} \| ID_C \| AD_C \| ID_T \| TS_2 \| Lifetime_2]$。

2）入场券许可服务交换，C 用入场券换取 TGS 服务许可凭证

③ C 向 TGS 发出请求，内容包括服务器识别码、入场券和一个认证符。

C→TGS：$E_{K_{CT}}[ID_S \| Ticket_{TGS} \| Authenticator_C]$。

其中：

$Ticket_{TGS} = E_{K_T}[K_{CT} \| ID_C \| AD_C \| ID_T \| TS_2 \| Lifetime_2]$（提交入场券供 TGS 认证）。

$Authenticator_C = E_{K_{CT}}[ID_C \| AD_C \| TS_3]$（向 TGS 提供自己的鉴别码）。

④ TGS 认证，向 C 发出服务许可凭证。

TGS→C：$E_{K_{CT}}[K_{CS} \| ID_S \| TS_4 \| Ticket_S]$。

其中：K_{CS} 为 C 与 S 的会话密钥；

$Ticket_S = E_{K_{TS}}[K_{CS} \| ID_C \| AD_C \| ID_S \| TS_4 \| Lifetime_4]$（C 无法解密，只转交 S 认证）。

3）客户和服务器相互认证，用户从服务器获取服务

⑤ C 向服务器证明自己的身份（用 $Ticket_S$ 和 $Authenticator_S$）。

C→S：$E_{K_{CS}}[Ticket_S \| Authenticator_C]$。

其中：

$Ticket_S = E_{K_{TS}}[K_{CS} \| ID_C \| AD_C \| ID_S \| TS_4 \| Lifetime_4]$；

$Authenticator_S = E_{K_{CS}}[ID_C \| AD_C \| TS_5]$。

S 用 $Ticket_S$ 与 $Authenticator_S$ 对比，进行认证。

⑥ 服务器向客户证明自己的身份。

S→C：$E_{K_{CS}}[TS_5+1]$。

这个过程结束，客户 C 与服务器 S 之间就建立起了共享会话密钥，以便以后进行加密通信或交换新密钥。

5. Kerberos 异域认证

由于管理控制、政治经济和其他因素，不太可能在世界范围内实现统一的 Kerberos 的认证中心，而每一个 Kerberos 的认证中心都具有或大或小的监管区域（Kerberos 的认证域），客户向本 Kerberos 的认证域以外的服务器申请服务的过程如图 5.13 所示，分为 7 步。

① C→AS：$E_{K_C}[ID_C \| ID_T \| TS_1]$。

② AS→C：$E_{K_C}[K_{CT} \| ID_T \| TS_2 \| Lifetime_2 \| Ticket_{TGS}]$。

③ C→TGS：$E_{K_{CT}}[ID_{TB} \| Ticket_{TGS} \| Authenticator_C]$（$ID_{TB}$ 为领域 B 的 TRS_B 标识）。

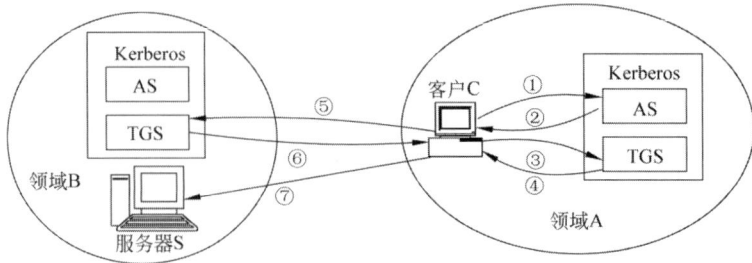

图 5.13　Kerberos 异域认证

④ TGS→C：$E_{K_{CT}}$ [$K_{CTB} \parallel ID_{TB} \parallel TS_4 \parallel Ticket_{TB}$]（$K_{CTB}$ 为 C 与 TRS_B 会话的密钥）。

⑤ C→TGS_B：$E_{K_{CTB}}$ [$ID_{TB} \parallel Ticket_{TB} \parallel Authenticator_C$]。

⑥ TGS_B→C：$E_{K_{CTB}}$ [$K_{CS} \parallel ID_{TB} \parallel \parallel TS_6 \parallel Ticket_{TB}$]。

⑦ C→S：$E_{K_{CS}}$ [$Ticket_{TB} \parallel Authenticator_C$]。

5.5.4　X.509 证书认证过程

图 5.14 为 X.509 建议的 3 种认证过程：一次认证、二次认证和三次认证。

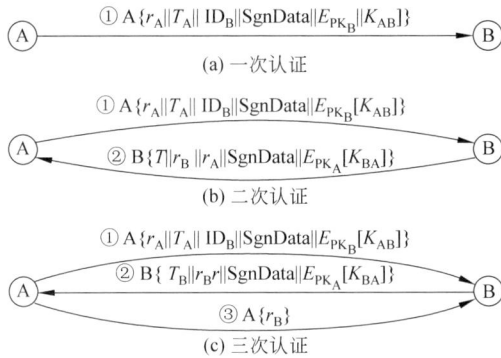

图 5.14　X.509 的 3 种认证过程

这 3 种认证过程都是使用公钥签名技术，并假定通信双方都认可目录服务器获得对方的公钥证书，或对方最初发来的报文中包括公钥证书（即双方都知道对方的公钥）。

1．一次认证

一次认证也称为单向认证。被认证者 A 产生报文供认证者 B 认证，包括如下内容。

（1）ID_B：B 的身份。

（2）T_A：时间戳，以保证报文的新鲜性。其中可以包括报文产生的时间（可选）和截止时间，以处理报文传送过程中可能出现的时延。

（3）r_A：一次性随机数，防止重放。在报文未到截止时间前是唯一的，以拒绝具有相同 r_A 的其他报文。

如果仅仅为了认证，可以上述报文作为凭证；否则，还应包括下列内容。

（1）A 用自己的公钥签署的数字签名 SgnData，以保证信息的真实性和完整性。

（2）由 B 的公钥加密的双方会话密钥 K_{AB}。

2．二次认证

二次认证也称为双方认证，即 A 不仅要向 B 发送认证凭证信息，B 也要通过应答以证明以下几点。

- ID_B 的身份。
- 应答是由 B 发出的。
- 应答的接收者是 A。
- 应答报文是完整的和新鲜的。

3．三次认证

三次认证是在二次认证完成之后，A 再将 B 发来的一次性随机数签名后发往 B。这样通过检查一次性随机数就可以得知是否有重放，而不需要检查时间戳。这种方法主要用在通信双方无法建立时钟同步的情形。

5.6　基于共识的信任机制——区块链安全技术

信息系统存在的价值在于信息交换。而信任体系是信息交换的基础，前面介绍了几种通过认证手段建立信任关系，来保障信息系统的信息交换安全进行的技术。然而，2008 年一位化名为"中本聪"（Satoshi Nakamoto）的学者在其论文《比特币：一种点对点电子现金系统》中，描述了一个点对点电子现金系统，称这个电子现金系统能在不具信任的基础之上，基于共识建立起一套去中心化的电子交易体系，并将其称为区块链（Block Chain）。

简单地说，区块链是将在不同时间区间（zone）内的交易按照时间顺序排列所形成的打包链条。区块链的提出不仅会引起人类社会组织和生活方式的变革，还在网络安全方面有了新的突破。为了容易理解，下面把区块链系统中的数据结构称为"账本"，把引起账本状态改变的指令（或活动）称为交易。

5.6.1　区块链与区块

1．区块的特征与区块链的形成

从数据存储的角度看，在区块链中每个节点上的账本都是一条区块组成的链条，即区块链就是一个区块链网络中，所有交易打包块按照时间顺序链接成的一条交易打包块链条。每个交易打包块都称为一个区块，它们分别是在不同时间区间内交易的打包。所以，区块具有 2 个重要特征：

（1）每个区块都与一个时间区间相关。也就是说，两次记账之间的时间间隔。不同的区块链规定有自己的记账时间间隔，例如，比特币为 10 分钟，以太坊为 15 秒。

（2）每一个区块要有两个索引（也称区块的 ID）：一个是其父（上一个）区块的索引，另一个是自己的索引。如图 5.15 所示，区块之间就是靠这两个索引，让一个区块连接到上一个时间的区块后面，形成一个链条。最开始的区块没有父区块索引，称为创世区块。

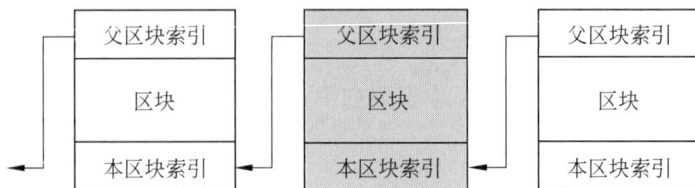

图 5.15　区块链的形成

2. 区块体与区块头

一般说来，区块是由区块头（header）和区块体（body）两部分组成的数据块（block）。也有的区块链不分头与体，而是直接打包在一起。

1）区块体

区块体中主要保存该时间区间内所发生的交易信息（交易数量、交易列表）以及所有交易信息的哈希码组成的 Merkle 树，以认证这个链条中数据的完整性。所以将它们的哈希码组织成树形结构，目的是提高进行完整性认证的效率。有关细节将在 5.6.3 节中详细讨论。

区块体中由于有可能是多个交易数据，若为保密，可进行同态加密。

2）区块头内容

在区块头中保存的都是事关全局的重要信息，一般来说需要有下列内容。

- 版本：相当于区块的编号，也称高度、顺序号。
- 时间戳：用来记录该区块生成的时间。
- 难度：是该算术题的难度系数打分。
- Nonce：一个用于证明工作量难度的随机数。
- Merkle 根区块的 256 位哈希值：用于认证区块体交易。
- 父区块块头的 256 位哈希码，即父区块索引，用于链接父区块之后的区块。

区块头组装后，要生成 256 位哈希码，并用非对称加密技术封装起来，作为当前区块的唯一标识（即索引、ID），供其后子区块链接使用。

5.6.2　区块链架构

从系统的角度看，区块链是一个具有多种技术构成的分层模型，不同的开发思路可能得到的分层模型有所不同，但通常在硬件的基础上搭建成图 5.16 所示的六层，自下而上分别是：数据层、网络层、共识层、激励层、合约层和应用层。

1. 数据层

数据层（data layer）封装了底层的"区块+链式"的数据结构，每个区块链有一个区块链头和一串按照发生的时间顺序链接而成的数据块，形成整个区块链技术中最底层的数据结构。

在一个区块链系统中，每一个时间区间的交易都会由一个站点先记账，并要把该交易广播给所有节点，让全网承认有效并在各自节点的区块链上加上一个区块。这样，随着时间的推移，就会形成一条顺序写、随机读、按交易发生的时间为顺序的、不断增长的区块

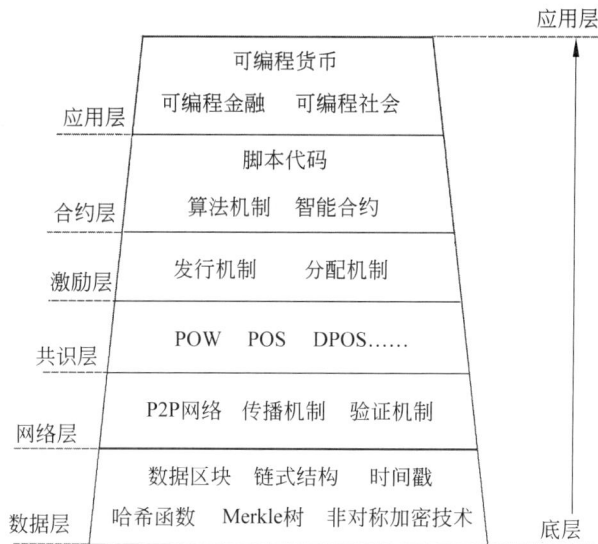

图 5.16　区块链的六层模型

链条。并且除首、尾两个节点各有一个向后、向前指针外，其他每一个区块都有前后两个指针对其进行了定位，要修改任何一个数据，都会牵一发而动全身，引起全链条的修改。这个工作量极大。何况还有不可逆的哈希码和不对称加密，使得修改数据几乎不可能。此外，每一笔都有时间戳和随机数签名，要抵赖也几乎不可能。

2．网络层

在区块链系统中，资源和服务都分散在网络中有关的各个节点上，信息的传输和服务的实现都直接在节点之间进行，而无需中间环节或中心化的服务器（第三方）介入。节点不仅接收信息，也产生信息，节点之间通过维护一个共同的区块链来同步信息，当一个节点创造出新的区块后便以广播的形式通知其他节点，其他节点收到信息后对该区块进行认证，并在该区块的基础上去创建新的区块，从而达到全网共同维护一个底层账本的作用。因此，区块链的网络层（network layer）本质上是一个 P2P（peer-to-peer，点对点）网络，包含了 P2P 组网机制、数据传播机制和数据认证机制等机制。

3．共识层

作为一个去中心化的分布式系统，区块链的多个节点之间的合作关系不是靠人际关系，也不靠信任认证，而是靠共识。因此，共识层（consensus layer）是区块链的核心，它封装了共识算法和共识机制，能让高度分散的节点在去中心化的区块链网络中高效地针对区块数据的有效性达成共识。这是区块链技术的最大创新，将在 5.6.4 节详细讨论。

4．激励层

诺贝尔奖得主 Myerson 认为，博弈论是一切社会科学的基础。而激励就是刺激人们在博弈中取胜的一种动力。在区块链网络中，激励机制是通过经济平衡的手段，用让参与的人获得直接好处等多种机制，鼓励节点以积极的态度参与到维护区块链系统安全运行中来，使网络保持良好的运行秩序，以重组生产关系，提升生产力。所以，判断一个项目是不是区块链项目的重要特征就是：里面有没有激励机制。在区块链的世界里，把记账权交给记账速度最快的节点就是一种激励。再如，比特币规定发行总量为 2100 万个，每过 10 分钟选出一个区块生产者。最开始的区块生产者奖励 50 个比特币；每过 21 万个区块后奖励会减半，变成 25 个；再过 21 万个区块，奖励变成 12.5 个。

区块链的激励层（actuator layer）就是人们常说的挖矿机制，它将经济因素集成到区块链技术体系中来并设计出一套经济激励模型，其中，激励机制分为发行机制和分配机制。

发行制度通常体现在优先处理支付高手续费的交易方。而交易者为了快速完成交易，就可能会支付高昂的交易手续费。

分配机制体现在节点们的算力高低考验上：假设有些节点的算力十分强大，而有些节点的算力十分弱小，那么就会导致收益不稳，贫富差距过大，形成两极分化。因此，弱小节点可以重组生产关系，组合自身算力来竞争，所获取的奖励也按一定的规则进行分配。

5. 合约层

合约层（contract layer）主要包括各种脚本、代码、算法机制及智能合约（smart contract），这些是区块链可编程的基础。智能合约这一层的核心，就是一份自定义的、可以自动执行的电子合同。关于其细节，将在 5.6.5 节进一步讨论。

6. 应用层

应用层（application layer）封装了区块链的各种应用场景和案例，未来的可编程金融和可编程社会也将搭建在应用层中。

5.6.3　Merkle 树

Merkle 树是为提高分布式、连续性数据传输环境中数据完整性认证的一种技术。

区块链是分布式、是连续性发生的记账活动。每次记账后都要把该时间段中产生的交易广播到其他所有站点，形成各站点的新的完整账本。为了保证新账本数据的完整性，需要进行新区块的完整性认证，还要进行整个新账本的完整性认证。为此，就需要此传输区块的哈希码，并对所有的区块再生成一个哈希码。第 2 个哈希码的生成是非常麻烦的，需要把所有的数据项的哈希码传输一次，一一进行认证。一般说来，一个区块链网络运行一段时间后，所形成的数据块是海量的，一一认证工作量很大。

为解决这个问题，人们想到了联合认证的方案，就像混管作核酸检测一样，将各个区块的哈希码拼在一起，作为数据，再生成一次哈希码。这样，认证就成为一次了。这种完整性认证，称为哈希列表认证。新的区块再加入，只需将前次的列表哈希码拿来用即可，不需重新从底层做起。

列表哈希认证大大降低了认证的工作量。但是，它无法适应只对某一个时间段的多个区块进行完整性认证。在这种情况下，人们又回到分块认证的思路上去了，但不是完全回去一个一个地认证，而是将每两个块的哈希码拼成一个字符串，产生第 2 层哈希码；如果第 1 层的哈希码数量是奇数，最后所剩一个哈希码就对其单独再生成一次哈希码。如此，层层向上，直到最后只生成一个哈希码为止。这样，就形成了一个哈希码组成的哈希树，即如图 5.17 所示的 Merkle 树。新的区块加入时，只需使用父区块的 Merkle 树根就可进行新账本的完整性认证。这时，往往需要知道父区块中的 Merkle 树层数——也称为 Merkle 树的高度。

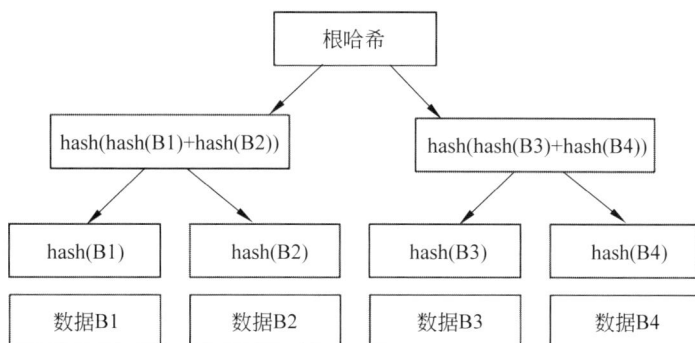

图 5.17　Merkle 树及其生成过程

采用 Merkle 树对区块链账本进行完整性认证，比采用哈希列表要复杂一些，但是它可以单独对任何一支进行校验、认证。因此，Merkle 树适合海量数据的情况。当数据量较少时，采用哈希列表比较合适。由于 Merkle 树根很重要，所以要保存在区块头中。

5.6.4　共识机制

1. 分布式系统及其安全威胁

区块链结构是一种是建立在网络上的分布式系统（distributed system）。作为分布式系统，其物理和逻辑资源是多样化的；其部署模式也是多样化的，有公有链、联盟链、私有链。在这样的条件下，就会带来许多问题，例如：

（1）节点处理事务的能力不同，节点数据的吞吐量有差异；

（2）节点间通讯的信道可能不安全；

（3）系统中可能会出现恶意节点；

（4）当异步处理能力高度一致时，系统的可扩展性就会变差（容不下新节点的加入）。

并且，这些问题往往难以克服。

2. 分布式系统中的有些问题是难以解决的

有两个定理表明在常规分布式系统中，有些问题是无法解决的。

1）FLP 定理

1985 年，Fischer、Lynch、Patterson 三位作者在论文中给出一个结论：在异步通信场景中，即使只有一个进程失败，也没有任何算法能保证非失败进程达到一致性。所以不要浪费时间去为异步分布式系统设计在任何场景下都能实现共识的算法。这个结论被称为 FLP 定理。

2）CAP 定理

CAP 定理又被称作布鲁尔定理（Brewer's theorem），指的是在一个分布式系统中，一致性（Consistency）、可用性（Availability）和分区容错性（Partition tolerance）三者不可得兼。

一致性（C）：在分布式系统中的所有数据备份，在同一时刻是同样的值（等同于所有节点访问同一份最新的数据副本）。

可用性（A）：保证每个请求不管成功或者失败都有响应。

分区容忍性（P）：系统中任意信息的丢失或失败不会影响系统的继续运作。

3. 区块链的自信任与共识算法

区块链的自信任主要体现在分布于区块链中的用户无须信任交易的另一方，也无须信任一个中心化的机构，只需要信任区块链协议下的软件系统即可实现交易。这种自信任的前提是区块链的共识机制（consensus）。

把数据分布式地存储在不同的站点是区块链最重要的特点。或者说，区块链是一种点对点的协作网络，每个节点均掌握一个独立的交易账本，通过保持账本同步来实现共同记账。由于每时每刻都有可能进行交易，就需要每时每刻都要记账。但是，不同节点间网络状态以及空间位置的差异，无法做到数据完全同步，并且各节点分别记账也难以保障账本的一致性。为此就要选择一个站点首先打包数据生成区块并记录到自身账本，然后由这个被选中的节点将新生产的区块数据通过互联网通知其他节点，其他节点在收到信息并认证区块无误后，同步记录在自己的账本上，以上就是一次完整的去中心化的分布式记账过程。这个被选中的站点，就称为有记账权的站点。显然，获得记账权的站点在这个系统中是具有优势的。

从公平的原则出发，这个具有记账权的站点不是固定的，所有的站点都应当有权来竞争这个记账权。区块链共识机制（consensus mechanism）就是通过执行一些竞争记账权的算法实现的。

4. 区块链共识算法分类

在区块链网络中，由于应用场景的不同，所设计的目标各异，不同的区块链系统采用了不同的共识算法，具有不同的特点。通常可以根据其容错类型、部署方式、一致性程度等多个维度对共识算法加以分类。例如，根据容错类型，可以将区块链共识算法分为拜占庭容错和非拜占庭容错两类；根据部署方式，可以将区块链共识算法分为公有链共识、联盟链共识和私有链共识三类；根据竞争性，可以将区块链共识算法分为博弈（有竞争）型和分布式一致性两种；根据一致性程度，可以将区块链共识算法分为强一致性共识和弱（最终）一致性共识等。现在，人们更倾向于采用共识过程的选主策略的新分类方法，其优点在于便于刻画共识算法的核心机理。具体来说，可根据选主策略（即函数的具体实现方式）将区块链共识算法分为选举类、证明类、随机类、联盟类和混合类共 5 种类型。

（1）选举类共识：即矿工节点在每一轮共识过程中通过"投票选举"的方式选出当前轮次的记账节点，首先获得半数以上选票的矿工节点将会获得记账权。多见于传统分布式一致性算法，例如 Paxos 和 Raft 等。

（2）证明类共识：也可称为"Proof of X"类共识，即矿工节点在每一轮共识过程中必须证明自己具有某种特定的能力，证明方式通常是竞争性地完成某项难以解决但易于认证的任务，在竞争中胜出的矿工节点将获得记账权。例如，PoW 和 PoS 等共识算法是基于矿工的算力或者权益来完成随机数搜索任务，以此竞争记账权。

（3）随机类共识：即矿工节点根据某种随机方式直接确定每一轮的记账节点，例如 Algorand 和 PoET 共识算法等。

（4）联盟类共识：即矿工节点基于某种特定方式首先选举出一组代表节点，而后由代表节点以轮流或者选举的方式依次取得记账权。这是一种以"代议制"为特点的共识算法，例如 DPoS 等。

（5）混合类共识：即矿工节点采取多种共识算法的混合体来选择记账节点，例如 "PoW+PoS"混合共识、"DPoS+BFT"共识等。

5. 典型共识算法举例

区块链共识机制从提出到现在，已经出现了数十种算法。下面介绍几种典型的共识算法。在介绍中，会使用比特币中的一些术语：把比特币抢打包权（这里指记账权）称为挖矿（mine），将抢打包权的节点称为矿工（miner），矿工使用的工具就是所谓的"矿机"。

1）工作量证明算法

工作量证明算法（Proof of Work，PoW）是首个共识算法。它是由中本聪将 Pow 与加密签名、Merkle 链和 P2P 网络等已有理念结合，形成一种可用的有竞争、证明型共识算法，以解决分布式无信任共识并识别"双重支付"（double spend）问题。其基本思想是，由节点通过"多的工作量"来证明自己是可以信任的。一般的做法是，让节点通过"与""或"运算，计算一个满足规则的随机数，即获得本次记账权，发出本轮需要记录的数据，全网其他节点认证后一起存储。因此，所谓的"工作量证明"实际上是记账节点的算力证明。因为保证某个节点优先完成工作量证明的概率只取决于它占有的计算资源（CPU、内存等）占全世界所有节点的计算资源总和的比例；当节点拥有占全网 n% 的算力时，该节点即有 n% 的概率找到区块哈希值。

PoW 依赖机器进行数学运算来获取记账权，完全去中心化，节点自由进出。但资源消耗大、速度慢、可监管性弱，同时每次达成共识需要全网共同参与运算，性能效率比较低，易受"规模经济"（economies of scale）的影响。

2）权益证明算法

权益证明算法（Proof of Stake，PoS）是一种证明型共识算法，它可以看作是 PoW 的一种升级，它也是基于哈希运算，通过竞争的方式获得记账权，但是是根据每个节点所占代币的比例和时间——通过节点持有代币的数量乘以持有时间分配记账权益，记账权益越高获得记账权概率越大。其在一定程度上减少了数学运算带来的资源消耗，性能也得到相应提升。所以，它实际上是记账节点占有系统虚拟资源权益的证明，即若用户拥有 n% 的权益，那么该用户挖掘下一个区块的可能性就是 n%。

在 PoS 中不支持一次用光所有算力，一美元就是一美元。因此 PoS 不易受"规模经济"的影响。此外，有利害关系的站点每次攻击 PoS 系统，攻击者都会失去自己的权益。因此，攻击 PoS 系统也要比攻击 PoW 系统的代价更大，因为在 PoW 中攻击者不会丢失挖矿设备。但是，PoS 会在"无利害关系"上出问题，因为在 PoS 中允许在区块链的双方押注资产，而在 PoW 中不能从链的两个方向同时挖矿。

3）股份授权证明算法

股份授权证明算法（Delegated Proof of Stake，DPoS）是一种联盟型共识算法，其基本思想是以民主集中制方式获得轮流记账权。在采用 DPoS 机制的区块链中，权益持有者可以选举领导者（或称为见证人，Witness，也可以认为是权益持有者的代表）。经权益持有者授权，这些领导者可进行投票。

DPoS 有 3 点很灵活：一是所有节点采用轮询方式，一次生成一个区块。该机制防止一个节点发布连续的块，进而执行"双重支付"攻击。二是如果一个见证人在分配给他的时间槽中未生成区块，那么该时间槽就被跳过，并由下一位见证人生成下一个区块。如果见证人持续丢失他的区块，或是发布了错误的交易，那么权益持有者将投票决定其退出，用更好的见证人替换他。三是矿工可以合作生成块，而不是像在 PoW 和 PoS 中那样竞争生成。

由于投票是领导者少于站点数，而且矿工可以合作，投票者的数量相对较少，从而获得了高速、节能的优势，但同时也带上了去中心化程度弱的色彩。

4）基于消息传递的一致性算法

基于消息传递的一致性算法（Paxos）算法可以说是一致性领域最著名的算法之一。它的算法基本框架是将系统中的角色分为 4 种：Proposer（提议者）、Acceptor（决策者）、Client（产生议题者）、Learner（最终决策学习者）。然后按照下面的步骤操作。

① Proposer 拿着 Client 的议题去向 Acceptor 提议，让 Acceptor 来决策。

② Acceptor 初步接受或者 Acceptor 初步不接受。

③ 如果 Acceptor 初步接受，则 Proposer 再次向 Acceptor 确认是否最终接受。Acceptor 最终接受或者 Acceptor 最终不接受。

④ Learner 最终学习的目标是看 Acceptor 们最终接受了什么议题。这里是向所有 Acceptor 学习，如果有多数派个 Acceptor 最终接受了某提议，那就得到了最终的结果，算法的目的就达到了。

Paxos 解决的问题是分布式一致性问题，即一个分布式系统中的各个进程如何就某个值（决议）达成一致。一个或多个提议者可以发起提案（Proposal），Paxos 算法使所有提案中的某一个提案，在所有进程中达成一致。系统中的多数派同时认可该提案，即达成了一致。最多只针对一个确定的提案达成一致。

Paxos 算法运行在允许宕机故障的异步系统中，不要求可靠的消息传递，可容忍消息丢失、延迟、乱序以及重复。它利用大多数（Majority）机制保证了"2F+1"的容错能力，即"2F+1"个节点的系统最多允许 F 个节点同时出现故障。

Paxos 非常复杂，比较难以理解，因此后来出现了各种不同的实现和变种。

5）基于复制状态机的共识算法

基于复制状态机的共识算法（Raft）协议用于解决分布式中的一致性问题。与传统的 Paxos 算法相比，Raft 有 3 个突出的特点。

（1）Raft 协议可以将一个集群的服务器组成复制状态机。这样，可以将一个分布式系统想象成是一组服务器，每个服务器是一个状态机，每一个状态机存储一个包含一系列指令的日志，严格按照顺序逐条执行日志中的指令，如果所有的状态机都能按照相同的日志执行指令，那么它们最终将达到相同的状态。因此，在复制状态机模型下，只要保证了操作日志的一致性，就能保证该分布式系统状态的一致性。

（2）基于复制状态机（replicated state machines）的 Raft 算法不同于 Paxos 算法。Paxos 直接从分布式一致性问题出发进行推导，Raft 算法是从多副本状态机的角度提出，用于管理多副本状态机的日志，复制它的状态保存在一组状态变量中，状态机的变量只能通过外部命令来改变。

（3）相比传统的 Paxos 算法，Raft 将大量的一致性计算问题分解成为了一些简单的相对独立的子问题：Leader 选举（leader election）、日志同步（log replication）、安全性（safety）、日志压缩（log compaction）、成员变更（membership change）等。同时，Raft 算法使用了更强的假设来减少了需要考虑的状态，使之变得易于理解和实现。

（4）Raft 将系统中的角色分为领导者（Leader）、跟从者（Follower）和候选人（Candidate）。

Leader：接受客户端请求，并向 Follower 同步请求日志，当日志同步到大多数节点上后告诉 Follower 提交日志。

Follower：接受并持久化 Leader 同步的日志，在 Leader 告之日志可以提交之后，提交日志。

Candidate：Leader 选举过程中的临时角色。

在 Raft 算法中，每个服务器是 Leader、Candidate 和 Follower 三种角色中的其中一种。正常操作情况下，仅有一个 Leader，其他服务器均为 Follower。Follower 是被动的，不会对自身发出请求，而是对 Leader 和 Candidate 的请求做出响应。Leader 处理所有的客户端请求，弱客户端将请求发送到 Follower，Follower 将请求转发给 Leader。Candidate 角色用来选举 Leader。

（5）Leader 选举。

当 Follower 在选举超时时间内未收到 Leader 的心跳消息，则转换为 Candidate 状态。为了避免选举冲突，这个超时时间是一个 150～300ms 的随机数。

选举中的规则：任何一个服务器都可以成为一个候选者 Candidate，它向其他服务器 Follower 发出要求选举自己的请求。其他服务器同意了，发出 OK。注意，如果在这个过程中，有一个 Follower 宕机，没有收到请求选举的要求，此时候选者可以自己选自己，只要达到 N/2 + 1 的大多数票，候选人还是可以成为 Leader 的。

这样这个候选者就成为了 Leader，它可以向选民也就是 Follower 发出指令，比如进行记账。一旦这个 Leader 崩溃了，那么 Follower 中有一个成为候选者，并发出邀票选举。Follower 同意后，其成为 Leader，继续承担记账等指导工作。以后通过心跳进行记账的通知。

（6）记账过程。

① 客户端发出增加一个日志的要求。

② Leader 要求 Follower 遵从它的指令，都将这个新的日志内容追加到它们各自的日志中。大多数 Follower 服务器将交易记录写入账本后，确认追加成功，发出确认成功信息。

③ 在下一个心跳中，Leader 会通知所有 Follower 更新确认的项目。

Raft 算法的优点是容易理解、速度快，可实现秒级共识认证，但去中心化程度较低。

6）授权拜占庭容错算法

拜占庭是古代东罗马帝国的首都，由于当时东罗马帝国的国土幅员辽阔，为了达到防御的目的，因此每个军队都分散驻守，将军与将军之间只能依靠邮差进行通信。当战争发生时，所有将军需要达成一致的共识共同出击才能取得成功，否则就会失败。但是军队内部可能存在叛徒或间谍，因此将军们需要一种机制保证所有的将军都对进攻的时间有一个相同的认识，也就是——即使信使中真的有奸细，而且他绞尽脑汁地影响别人，但其余忠诚的将军也可以在不受叛徒的影响下达成一致的协议。

在分布式计算中，不同的计算机通过通讯交换信息达成共识，按照同一套协作策略行动。但有时候，系统中的成员计算机可能出错而发送错误的信息，用于传递信息的通讯网络也可能导致信息损坏，使得网络中不同的成员关于全体协作的策略得出不同结论，从而破坏系统一致性。

早在1999年，卡斯特罗和利斯夫就提出了实用拜占庭算法，该算法认为只要系统中有2/3的节点是正常工作的，就可以保证一致性。其总体过程如下。

客户端向主节点发送请求调用服务操作，如 "<REQUEST,o,t,c>"——客户端c请求执行操作o，时间戳t用来保证客户端请求只会执行一次。每个由副本节点发给客户端的消息都包含了当前的视图编号，使得客户端能够追踪视图编号，从而进一步推算出当前主节点的编号。客户端通过点对点消息向它认为的主节点发送请求，然后主节点自动将该请求向所有备份节点进行广播。

授权拜占庭容错算法（Delegated Byzantine Fault Tolerance，DBFT）是一种基于分布式一致性原理的共识算法，它可以为具有共识节点的共识系统提供容错。这种容错也涵盖了安全性和可用性、不受将军和拜占庭错误影响，并且适合任何网络环境。DBFT 具有很好的最终性（finality），这意味着一旦最终确认，区块将不可分叉，交易将不可再撤销或是回滚。

DBFT 中加入了数字身份技术，这意味着记账者（bookkeeper）可以是真实的个人，也可以是某些机构。因此，DBFT 根据存在于其本身之中的司法判决，可以冻结、撤销、继承、检索和拥有代币兑换权。

DBFT 的优势在于：专业化的记账人；可容忍任何类型的错误；记账由多人协同完成；每一个区块都有最终性，不会分叉；算法的可靠性有严格的数学证明。但是，当1/3及以上的记账人停止工作后，系统将无法提供服务；当1/3及以上的记账人联合作恶，且其他所有的记账人被恰好分割为两个网络孤岛时，恶意记账人可以使系统出现分叉，但会留下密码学证据。

7）Pool 认证池

Pool 认证池基于传统的分布式一致性技术建立，并辅之以数据认证机制，是目前区块链中广泛使用的一种共识机制。

Pool 认证池不需要依赖代币就可以工作，在成熟的分布式一致性算法（Pasox、Raft）基础之上，可以实现秒级共识认证，更适合有多方参与的多中心商业模式。不过，Pool 认证池也存在一些不足，例如，该共识机制能够实现的分布式程度不如 PoW 机制等。

6. 区块链共识算法评价

区块链作为一种按时间顺序存储数据的数据结构,可支持不同的共识机制。共识机制是区块链技术的重要组件。区块链共识机制的目标是使所有的诚实节点保存一致的区块链视图,同时满足一致性和有效性两个性质。一致性指所有诚实节点保存的区块链的前缀部分完全相同;有效性指某诚实节点发布的信息终将被其他所有诚实节点记录在自己的区块链中。

区块链上采用的共识机制不同,在满足一致性和有效性的同时会对系统整体性能产生不同影响。综合考虑各个共识机制的特点,可以从以下 4 个维度评价各共识机制的技术水平。

(1)安全性。即是否可以防止二次支付、自私挖矿等攻击,是否有良好的容错能力。以金融交易为驱动的区块链系统在实现一致性的过程中,最主要的安全问题就是如何防止和检测二次支付行为。自私挖矿通过采用适当的策略发布自己产生的区块,获得更高的相对收益,是一种威胁比特币系统安全性和公平性的理论攻击方法。

(2)扩展性。即是否支持网络节点扩展。扩展性是区块链设计要考虑的关键因素之一。根据对象不同,扩展性又分为系统成员数量的增加和待确认交易数量的增加两部分。扩展性主要考虑当系统成员数量、待确认交易数量增加时,随之带来的系统负载和网络通信量的变化,通常以网络吞吐量来衡量。

(3)性能效率。即从交易达成共识被记录在区块链中至被最终确认的时间延迟,也可以理解为系统每秒可处理确认的交易数量。与传统第三方支持的交易平台不同,区块链技术通过共识机制达成一致,因此其性能效率问题一直是研究的关注点。比特币系统每秒最多处理 7 笔交易,远远无法支持现有的业务量。

(4)资源消耗。即在达成共识的过程中,系统所要耗费的计算资源大小,包括 CPU、内存等。区块链上的共识机制借助计算资源或者网络通信资源达成共识。以比特币系统为例,基于工作量证明机制的共识需要消耗大量计算资源进行挖矿提供信任证明完成共识。

表 5.4 对有代表性的 7 种共识算法进行了简单比较。

表 5.4　7 种共识算法的简单比较

共识算法	Pow	PoS	DPoS	RPCA	PBFT	RAFT	POOL
性能效率	低	较高	高	高	高	高	高
去中心化程度	完全	完全	完全	半中心化	半中心化	半中心化	半中心化
最大允许作恶节点数量	50%	50%	50%	20%	33%	50%	同选取的分布式一致性算法
是否需要代币	是	是	是	是	否	否	否
应用场景	公有链	公有链	公有链	私有链/联盟链	私有链/联盟链	私有链/联盟链	私有链/联盟链
安全威胁	算力集中化	候选人作弊	候选人作弊	网关节点作弊	主节点故障	Leader 节点故障	同选取的分布式一致性算法
一致性	有分叉	有分叉	无分叉	无分叉	无分叉	无分叉	无分叉
资源消耗	高	中	低	低	低	低	低
可监管性	弱	弱	弱	强	强	强	强

5.6.5 智能合约

智能合约（smart contract）是区块链中的关于合约的代码。这些代码规定了合约的条款和结果，能记录合约变更的时间和方式。与传统合同不同的是，智能合约的执行不需要第三方保驾护航，一旦某个或某组事件触发合约中的条款，代码将自动执行。这个理念最早由一位美国学者尼克萨博（Nicholas Szabo 或 Nick Szabo）于 1990 年代提出。只是由于当时互联网刚出现，还缺少可信的执行环境，智能合约并没有被应用到实际产业中。自比特币诞生后，人们认识到比特币的底层技术区块链天生可以为智能合约提供可信的执行环境，开始受到人们的重视，智能合约是区块链从 1.0 升级为 2.0 的重要标志。

1. 智能合约的工作原理

智能合约的工作分为三个阶段：构建→存储→执行。构建智能合约的第一步是编码，即当参与各方在权利、义务、争议处理和违约处罚等协商确定之后，便把有关条文表示成程序代码。程序代码包含会触发或者激活合约自动执行的条件，确定在什么时候以及什么情况下会激活合约，用 if-else 或 "is" "no" 的形式表示出来。当编码完成后，会被赋予一个区块，上传到区块链，成为链上的一部分。接下来，智能合约就会定期检查是否存在相关事件和触发条件。一旦满足了相应的条件，就会触发智能合约。当智能合约在公共区块链中执行时，任何一方都无法阻止交易的发生。这是因为区块链是一种分布式的数据库。这个数据库里的记录或者说区块的列表可以不断扩展。这些区块存储在分散于世界各地的不同硬盘上。

2. 智能合约的重要优势

（1）规范性。智能合约以计算机代码为基础，能够最大限度减少语言的模糊性，通过严密的逻辑结构来呈现。内容及其执行过程对所有节点均是透明可见的，后者能够通过用户界面去观察、记录、认证合约状态。

（2）明确性。智能合约也称 "代码化的合约"，代码没有歧义，规则明确。这是与对簿公堂最大的不同。因为在对簿公堂时，人们用的是自然语言，而自然语言往往带有一些二义性，除此之外还有人间关系的干扰。正如 Nick 所说，法律是潮湿的代码，代码是干燥的法律。而智能合约就部分避免了人间关系的干扰。

（3）不可逆性。一旦满足条件，合约便自动执行预期计划，在给定的事实输入下，智能合约必然输出正确的结果，并在显示视界中被具象化。

（4）不可违约性。区块链上的交易信息公开透明，每个节点都可以追溯记录在区块链上的交易过程，违约行为发生的几率极低。

（5）匿名性。根据非对称加密的密码学原理，零知识证明、环签名、盲签名等技术，虽然区块链上的交易过程是公开的，但交易双方却是匿名的。

（6）去除任何第三方干扰，进一步增强了网络的去中心化。智能合约是基于区块链的，即使程序内容不是个合约，只要是运行在区块链上的计算机程序，都叫做智能合约。

3. 智能合约可能存在的问题

（1）人类会犯错误，在创建智能合约时也一样，一些绑定协议可能包含错误，而它们是无法逆转的。

（2）智能合约只能使用数字资产，在连接现实资产和数字世界时会出现问题。

（3）智能合约只受制于代码约定的义务而缺乏法律监管，这可能会导致一些用户对网络上的交易持谨慎态度。

5.6.6　区块链特征小结

2009 年 1 月，第一个序号为 0 的比特币的区块——创世区块诞生。1 月 9 日出现序号为 1 的区块，并与序号为 0 的创世区块相连接形成了链，标志着比特币区块链诞生。

1. 分布式记账

分布式记账（Distributed Bookkeeping）意味着一个账本不是在一处记账，而是分别独立地、同步地在互联网的多个站点之中保存账本。这样一个好处是就大大增强了账本的健壮性，有效避免了单点故障带来的负面影响。一个或几个站点受到攻击，只要数量不超过一定数量（在比特币中为 50%），就不会影响账本的安全使用；另一方面是在圈子中，账本是透明的，任何人都可以查看交易记录，更加便于监管。

2. 去中心化记账

去中心化的记账（No Center Bookkeeping）即在一个区块链系统中，所有站点一律平等，站点之间的逻辑关系通过如图 5.18 所示点对点的方式建立，不需要通过如图 5.19 所示的作为中心节点的公共第三方。例如，加盟一个区块链，不是靠人际关系，而是靠共同的利益所求、共同的兴趣；站点之间的信任关系，不是通过第三方的证书等，而是靠自信任和自己认可的共识机制；违背有关合约的处理不是靠一个组织进行，而是由职能合约自动处理。换句话说，所有规则的执行，都是由算法决定，由软件执行。这样，就带来如下好处。

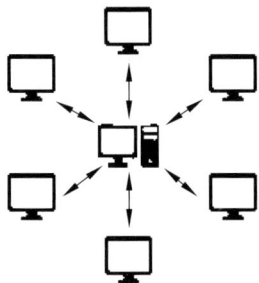

图 5.18　分布式系统　　　　　　　　　　图 5.19　集中式系统

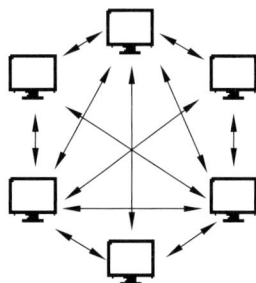

（1）隐私性保护。交易仅承认该区块链系统的共识机制和智能合约，以及交易内容和利益兴趣与该区块链一致的逻辑站点，并不关联用户真实身份，从而保护了用户隐私；

（2）容错性能力强。去中心化的系统不太可能因为某个局部出现问题而停止工作，因为它依赖很多独立的节点工作；

（3）不易被攻击。去中心化的系统更不容易被攻击，因为系统的某一个或几个节点被攻击，并不会影响整个系统的运行；

（4）数据无法篡改。在中心化的企业或组织中，管理者们为了自身利益，往往会相互勾结，私自更改数据，损坏客户利益。而去中心化系统中，每个节点都是独立平行运行的，且数据记录不可更改。这样各种数据就更公开透明，客户的利益得到很好的维护。

3. 系统化的安全机制

根据上述讨论，可以将区块链在信息安全方面的主要技术总结为如下几点。

（1）共识机制。应用共识机制解决互联网双方的信任问题，区块链内记录的信息与时间一致，一个区块会被永久性存储，所以信息与时间无法更改。

（2）分布式存储方式。区块链技术应用下，信息存储方式已经突破了原本的计算机集中存储方式，完整的信息被拆分，有效保证了数据安全性和完整性。

（3）p2p 网络协议。点对点技术应用推动了数据的高效传输，且各节点之间属于相互对等的关系，没有层次差异，数据传输效果更好。

（4）加密算法。采用非对称加密算法与哈希算法，保证数据使用的准确性；采用同态算法进行新数据发布，可以使多个数据同时传递，提高了传输效率。

（5）智能合约。在数据无法更改的情况下，利用预先设定的规则处理数据，提高数据应用质量，也自动终止了违约行为的继续，保护了系统安全和利益损失。

（6）区块链的共识机制具备"少数服从多数"以及"人人平等"的特点，其中"少数服从多数"并不完全指节点个数，也可以是计算力、股权数或者其他的计算机可以比较的特征量。"人人平等"是指当节点满足条件时，所有节点都有权优先提出共识结果、直接被其他节点认同并有可能成为最终共识结果。以比特币为例，采用的是工作量证明，只有在控制了全网超过 51%的记账节点的情况下，才有可能伪造出一条不存在的记录。当加入区块链的节点足够多的时候，这基本上不可能，从而杜绝了造假的可能。

4. 区块链技术在不断完善之中

区块链不仅展示了一种虚拟社会的新形态，对信息安全的发展做出了贡献，另一方面信息安全也成就了区块链。但同时，区块链在信息安全的方面仍然存在问题与挑战，依旧有很长的路要走。例如，若屈于某种压力，控制节点中绝大多数计算资源，就能重改公有账本，形成 51%攻击；非对称加密算法极有可能随着数学、密码学和计算技术的发展而变得脆弱等。不过，多数人对于区块链还是有信心的。

5.7 互联网中的认证——Internet 安全协议

当初，TCP/IP 开发的目标主要有两点：互连和高效，而没有考虑安全问题。随着 Internet 的广泛应用，安全问题逐步突显。为了解决 Internet 上的数据安全传输问题，人们采用了打"补丁"的办法：一块补丁打在 IP 层之上，称为 IPSec（IP Security）；另一块补丁打在 TCP 层与应用层之间，称为安全分层（Secure Socket Layer，SSL）。有了这两块补丁，就可以在不安全的计算机网络上建立数据安全可信的通道。

这两个安全协议是在 Internet 环境中实现机密性保护和认证性服务的范例。

5.7.1　IPSec

IP 是 TCP/IP 网络中最关键的一层，其安全性是整个 TCP/IP 安全的基础。为了弥补 IP 安全的缺陷，1994 年 IETF（Internet 安全任务组）成立了一个工作组来制定和推动关于 IP 安全的协议标准，并于 1995 年 5 月公布了一套 IETF 草案，形成一个 IP 安全体系。

1. IP 安全分析

IP 层是关系整个 TCP/IP 安全的核心和基础。但是，由于当初设计时的环境和所考虑的基本出发点，对 IP 没有过多地考虑防卫问题，只是设法使网络能够方便地互连。这种不设防政策，给 Internet 造成许多安全隐患和漏洞，并随着攻击技术的提高，问题的严重性日益加剧。下面举几个例子来说明 IP 遭受的安全威胁。

（1）IPv4 缺乏对通信双方真实身份的认证能力，仅仅采用基于源 IP 地址的可认证机制，并且由于 IP 地址可以进行软件配置，这样就给攻击者以有机可乘，可以在一台计算机上假冒另一台计算机向接收方发送数据包，而接收方又无法判断接收到的数据包的真实性。这种 IP 欺骗可以在多种场合制造灾难。

（2）IPv4 缺乏对网络上传输的数据包进行机密性和完整性保护的能力，一般情况下 IP 包是明文传输的，第三方很容易窃听到 IP 数据包并提取其中的数据，甚至篡改窃取到的数据包内容，而且不被发觉，因为只要相应地修改校验和即可。

（3）由于数据包中没有携带时间戳、一次性随机数等，很容易遭受重放攻击。攻击者搜集特定 IP 包，进行一定处理就可以一一重新发送，欺骗对方。

（4）路由器布局是 Internet 的骨架。路由器不设防，将会使路由信息暴露，为攻击者提供入侵途径。

2. IPSec 的工作模式

IPSec 是一套协议包，它提供了如图 5.20 所示的两种封装方式对 IP 数据包进行封装，形成了两种工作模式：传输模式（transport mode）和隧道模式（tunnel mode）。

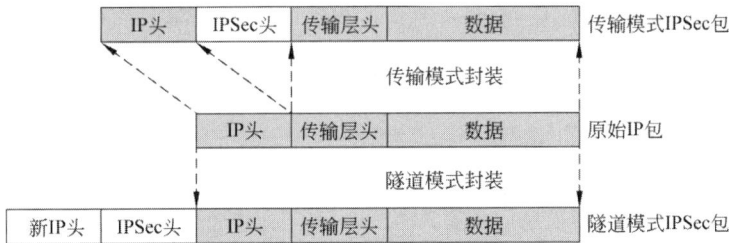

图 5.20　IPSec 两种封装的基本格式

1）IPSec 传输模式

在传输模式中，IPSec 只保护 IP 数据包中的有效数据——传输层数据包，或者说只保护上层协议的数据包，即只对传输层数据包进行加密或认证，原来的 IP 头不变。所以 IPSec 头添加在 IP 头与 IP 数据之间。这样，封装了的数据包还可以直接传送到目的主机。这样就可以形成两台主机之间的安全通信。

传输模式的特点如下。

（1）只保护数据，不保护 IP 头，即 IP 地址是暴露的。

（2）用于两个主机之间。

2）IPSec 隧道模式

隧道模式保护整个 IP 包，既保护 IP 包的内容，也保护 IP 包的头部，所以 IPSec 头添加在整个 IP 数据包之前。但这样，所有的路由器都不知道该数据包从哪里来，到哪里去了。为此还必须给新的受保护的数据包再加上一个新的 IP 头。在新的 IP 头中，不再使用原来的源地址和目的地址，只给出源端路由器地址和目的端路由器地址。也就是说，源 IP 数据包在源端路由器中被加密、包装成新的 IP 数据包发送，在目的路由器中进行解包、解密，再从原来的 IP 头取出真实目的地址，将数据传送给目的主机。这样，监听者只能监听到两端路由器的地址，无法监听到数据包真实的源主机和目的主机的地址。这样就形成两台路由器之间的安全通信模式，这种数据包在传输的过程中，路由器只检查新的 IP 头。新的 IP 头定义了从源路由器到目的路由器之间的一条虚拟路径，好像在两个路由器之间形成一个可以安全通信的隧道。

总之，隧道模式有如下特点。

（1）既保护数据，又保护 IP 头。

（2）用于两个安全网关之间。

（3）无法控制来自内部的攻击。

3. IPSec 安全协议：AH 协议和 ESP 协议

IPSec 的核心是两个安全协议：认证头（Authentication Header，AH）协议和安全负荷封装（Encapsulating Security Payload，ESP）协议，它们分别提供了两种安全机制：认证和加密，都用来封装 IP 数据包。

1）AH 协议

AH 为 IP 包提供数据的完整性和认证服务。

（1）对数据使用完整性检查，可以判定数据包在传输过程中是否被修改。

（2）通过认证机制，终端系统或设备可以对用户或应用进行认证，并过滤通信流；还可以防止地址欺骗和重放攻击。

AH 具有如图 5.21 所示的格式。

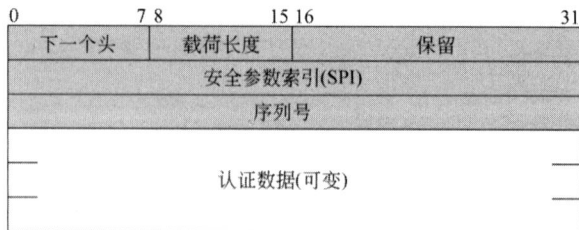

图 5.21　AH 格式

- 下一个头（8b）：标识紧跟认证头的下一个头的类型。
- 载荷长度（8b）：为以 32b 为单位的认证数据长度加 1。如默认的认证数据字段长度为 96b，为 3 个 32b；加上 1，得 4，即默认的认证数据的 AH 头的载荷长度为 4。
- 保留（16b）：备以后使用。
- 安全参数索引（32b）：用于标识一个安全协同（Security Association，SA）。
- 序列号（8b）：无符号单调递增计数值，用于 IP 数据包的重放检查。
- 认证数据（32b 的整数倍可变长数据）：含数据包的 ICV（完整性校验值）或 MAC。

图 5.22 为在传输模式和隧道模式下的 AH 包格式。

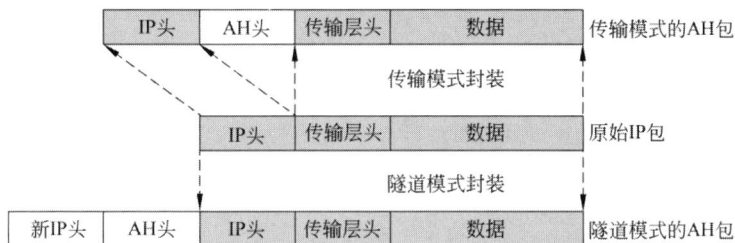

图 5.22　在传输模式和隧道模式下的 AH 包格式

2）ESP 协议

ESP 协议为 IP 数据包提供如下服务。

（1）IP 包的机密性保护。

（2）数据源认证。

（3）数据完整性保护。

（4）抗重放保护。

ESP 具有如图 5.23 所示的格式。其中：

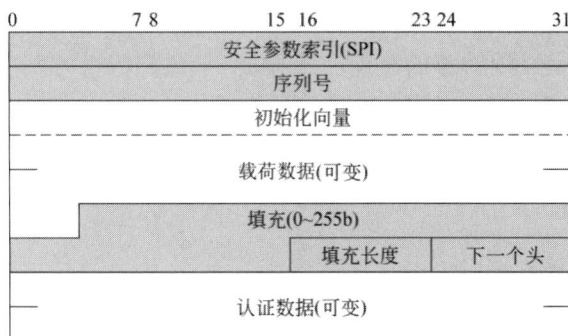

图 5.23　ESP 格式

- 下一个头（8b）：通过标识载荷中的第一个头（如 IPv6 中的扩展头，或 TCP 等上层头）决定载荷数据字段中数据的类型。
- 安全参数索引（32b）：标识一个安全协同（SA）。
- 序列号（8b）：无符号单调递增计数值，用于 IP 数据包的重放检查。
- 载荷数据（32b 的整数倍的可变长数据）：用于填入 ICV（完整性校验值）。ICV 的计算范围为 ESP 包中除掉认证数据字段部分。

- 填充项（0～255b）：额外字节。
- 填充长度（8b）：填充的字节数。
- 认证数据（可变）：在传输模式下为传输层数据段，在隧道模式下为 IP 包。

图 5.24 为在传输模式和隧道模式下的 ESP 包格式。

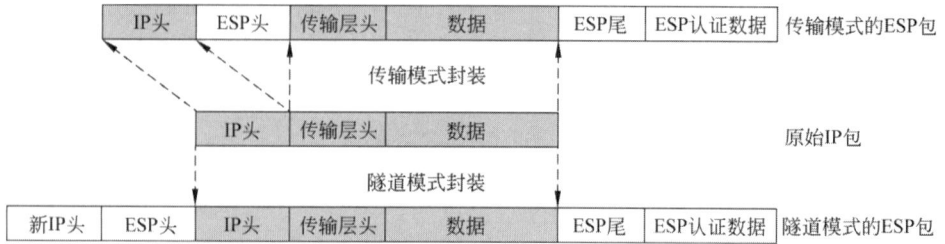

图 5.24　在传输模式和隧道模式下的 ESP 包格式

4. IKE

1）IKE 及其功能

IPSec 的密钥管理包括密钥确定和分配，可采用手工或自动方式进行。IPSec 默认的自动密钥管理协议是 Internet 密钥交换（Internet Key Exchange，IKE）。它主要起两个作用。

（1）安全关联（Security Associations，SA）的集中化管理，以减少连接时间。

（2）密钥的生成与管理。

IKE 规定了认证 IPSec 对等实体、协商安全服务和生成会话密钥的方法。IKE 将密钥协商结果保留在 SA 中，供 AH 和 ESP 以后通信时使用。

2）IKE 的 4 种身份认证方式

（1）基于数字签名的认证：利用数字证书表示身份，利用数字签名算法计算出一个签名来认证身份。

（2）基于公钥的认证：用对方的公钥加密身份，通过检查对方发来的哈希值进行认证。

（3）基于修正的公钥：对上一个方式的修正。

（4）基于预共享字符串：双方事先商定好一个共享的字符串。

5. IPSec 体系结构

IPSec 各部件之间的关系如图 5.25 所示。

对 IPSec 的体系结构有以下几点说明。

（1）IPSec 的加密只用于 ESP。目前的 IPSec 标准要求任何 IPSec 实现都必须支持 3DES 和 AES（高级加密标准）。

（2）IPSec 的认证算法可用于 AH 和 ESP，主要采用 HMAC。HMAC 将消息和密钥作为输入来计算 MAC。MAC 保存在 AH/ESP 头中的认证数据字段中。目的地址收到 IP 包后，使用相同的认证算法和密钥计算一个新的 MAC，并与数据包中的 MAC 比对。

（3）解释域（Domain of Interpretation，DOI）用来组合相关协议，包括定义负载格式和交换类型，以及对安全相关信息的命名约定，例如对安全策略或者加密算法和模式的命名等。

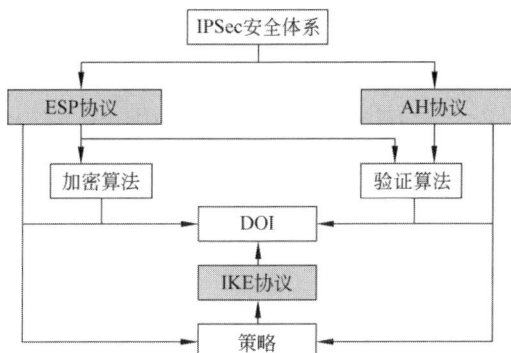

图 5.25　IPSec 各部件之间的关系

5.7.2　SSL

SSL 是 Netscape 公司提出的一种建构在 TCP 之上、为 Web 提供安全服务的安全标准。1999 年，SSL 被 IETF 接收后，经过改进以 TLS（Transport Layer Security）协议为名推出。于是，形成有专利保护的 SSL 和成为标准的 TLS 两种版本。不过，SSL 已经成为事实上的标准。虽然 SSL 的初衷是为 Web 提供安全服务，但是由于它与应用层协议无关性的开发思想，使其可以基于传输层为高层应用协议提供透明的安全服务。其中，在 Web 服务器和浏览器之间的安全通信是它最典型的应用，几乎所有 Web 服务器和浏览器都支持它，并且把基于 SSL 的 HTTP 协议称为 HTTPS 协议。

1. SSL 的工作过程

SSL 的设计目标是基于客户/服务器工作方式（点对点的信息传输），使高层协议在进行通信之前就能完成加密算法、密钥协商和服务器的认证，并在此基础上进行加密的安全通信（即对发送的消息数据进行分组、压缩、加密和生成认证码），为应用会话提供防窃听、防篡改和防消息伪造服务。所以它位于应用层和传输层之间。

实现上述目标的基本过程如下。

（1）安全协商：互相交换 SSL 版本号和所支持的加密算法等信息。

（2）彼此认证，细节如下。

① 服务器将自己由 CA 的私钥加密的证书告诉浏览器。服务器也可以向浏览器发出证书请求，对浏览器进行认证。

② 浏览器检查服务器的证书（是否由自己列表中的某个 CA 颁发）：不合法，则终止连接；合法，则进入生成会话密钥步骤。

③ 如果服务器有证书请求，浏览器也要发送自己的证书。

（3）生成会话密钥，细节如下。

① 浏览器用 CA 的公钥对服务器的证书解密，获得服务器的公钥。

② 浏览器生成一个随机会话密钥，用服务器的公钥加密后，发送给服务器。

（4）启动会话密钥，细节如下。

① 浏览器向服务器发送消息，告知以后自己发送的信息将用协商好的会话密钥加密。

② 浏览器再向服务器发送一个加密消息，告诉服务器会话协商过程完成。

③ 服务器向浏览器发送消息，告知以后自己发送的信息将用协商好的会话密钥加密。

④ 服务器再向浏览器发送一个加密消息，告诉浏览器会话协商过程完成。

（5）SSL 会话正式开始：双方用协商好的会话密钥加密发送的消息。

2. SSL 体系结构

为了实现上述过程，SSL 体系结构由两层组成。

1）握手层（管理层）

用于密钥的协商和管理，由握手协议、更改密码规范协议和警报协议组成。

（1）SSL 握手协议（handshake protocol）：准许服务器端与客户端在开始传输数据前可以通过特定的加密算法相互鉴别。

（2）SSL 更改密码规范协议（change cipher spec protocol）：保证可扩展性。

（3）SSL 警报协议（alert protocol）：产生必要的警报信息。

2）记录层

运行 SSL 记录协议（record protocol），为高层应用协议提供各种安全服务，对上层数据进行加密、产生 MAC 等并进行封装。图 5.26 表明 SSL 在 TCP/IP 协议栈中的位置。它位于传输层之上、应用层之下，并独立于应用层，使应用层可以直接建立在 SSL 上。

SSL { 握手层	SSL握手协议	SSL更改密码规范协议	SSL警报协议	HTTP等高层协议
记录层	SSL记录协议			
	TCP协议			
	IP协议			

图 5.26　SSL 体系结构

3. SSL 握手

连接（connection）和会话（session）是 SSL 中的两个重要概念：一个 SSL 会话是客户机与服务器之间的一个关联，一个 SSL 连接提供一种合适的服务类型传输。SSL 连接是点对点的关系，并且连接是暂时的，每一个连接只与一个会话关联。会话定义了一组可供多个连接共享的加密安全参数，以避免为每一个连接提供新的安全参数所需的昂贵谈判代价。

客户机与服务器要建立一个会话，就必须握手。SSL 会话由 SSL 握手协议创建或恢复。图 5.27（a）为创建一个会话的握手过程，图 5.27（b）为恢复一个会话的握手过程。

下面主要介绍创建会话时的握手过程。

1）Hello 阶段

握手协议从客户机发出的第一道信息 ClientHello 开始。

① ClientHello 和 ServerHello 用于协商安全参数，包括协议版本号、会话识别码（session_ID）、时间戳、密码算法协商（cipher suit）、压缩算法、两个 28B 的随机数（ClientHello.random 和 ServerHello.random）。

② Certificate，密钥交换信息，在要认证服务器时发出。

③ ServerKeyExchange，送出供客户机计算出共享密钥的参数，包含服务器临时公钥。

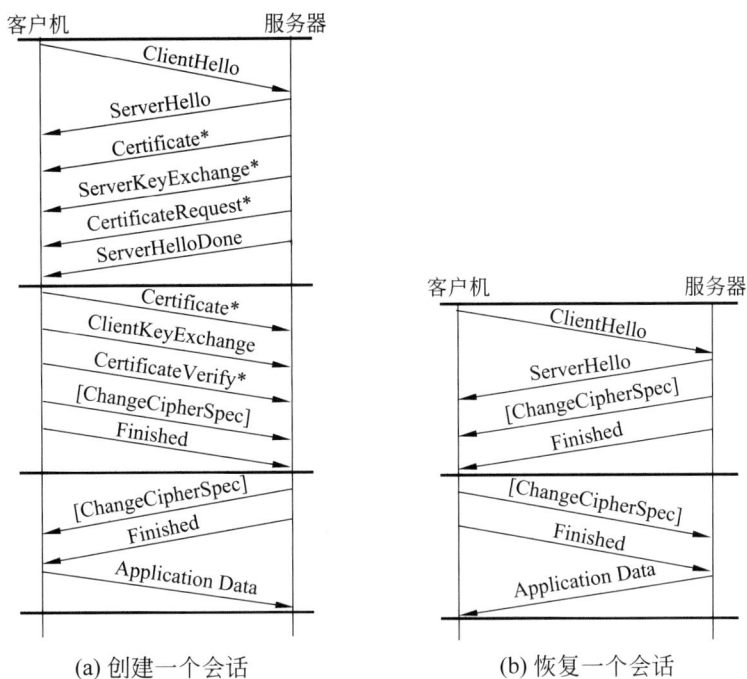

图 5.27　SSL 握手过程

注：* 表示依当时情形，可选择性发出

这些信息一般包含在 Certificate 中。只在下列情况下才由服务器发出。

- 不需要认证服务器。
- 要求认证服务器，但服务器无证书或服务器证书是用于签名。

④ CertificateRequest 是在服务器要求认证客户机时发出。

⑤ ServerHelloDone 表示双方握手过程的 Hello 阶段结束。

这时，服务器等待客户机回音。

2）加解密参数传输阶段

① Certificate，回答服务器 CertificateRequest 要求的信息。服务器无要求时不发。

② ClientKeyExchange，对 ClientHello 和 ServerHello 密钥交换算法的回复，以 ServerKeyExchange 所选的算法进行，让双方可以共享密钥。

③ CertificateVerify，对此前服务器送来的所有信息（ClientHello/ServerHello、Certificate 和 ServerKeyExchange）产生的签名，让服务器进一步确定客户机的正确性。

④ ChangeCipherSpec，SSL 更改密码规范协议消息。

⑤ Finished，用协商好的算法和密钥加密的握手完成消息。

3）服务器确认阶段

① ChangeCipherSpec，回复客户机的 ChangeCipherSpec 消息。

② Finished，用协商好的算法和密钥加密的握手完成消息。

4）开始传输应用数据

恢复一个已经存在的会话时，握手过程一般只需要 Hello 阶段。

4. SSL 记录协议的封装

记录协议的封装过程如图 5.28 所示。在 SSL 体系中，当上层（应用层或表示层）的应用要选用 SSL 协议时，上层（握手、警报、更改密码规范、HTTP 等）协议信息会通过 SSL 记录子协议使用一些必要的程序将加密码、压缩码和 MAC 等封装成若干数据包，再通过其下层（基本上都是从呼叫 socket 接口层）传送出去。

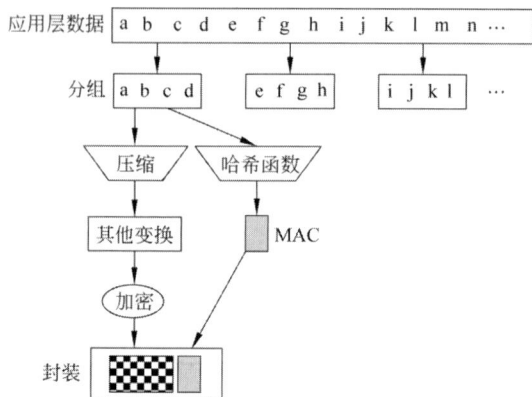

图 5.28　记录协议的封装过程

习　题　5

一、选择题

1. 设哈希函数 H 有 128 个可能的输出（即输出长度为 128b），如果 H 的 k 个随机输入中至少有两个产生相同输出的概率大于 0.5，则 k 约等于（　　　）。

　　A. 2^{128}　　　　　　　　B. 2^{64}　　　　　　　　C. 2^{32}　　　　　　　　D. 2^{256}

2．MAC 是指（　　　）。

　　A. 授权凭证　　　　　B. 密钥认证策略　　　　C. 数字证书　　　　　D. 消息认证码

3. MD-4 散列算法，输入消息可为任意长，按（　　　）比特分组。

　　A. 512　　　　　　　　B. 64　　　　　　　　C. 32　　　　　　　　D. 128

4. 完整的数字签名过程（包括从发送方发送消息到接收方安全地接收到消息）包括（　　　）和认证过程。

　　A. 加密　　　　　　　　B. 解密　　　　　　　　C. 签名　　　　　　　　D. 保密传输

5. Hash 函数的输入为可变长度串，输出为（　　　）。

　　A. 可变长度串　　　　B. 固定长度串　　　　　C. 4 字节整数　　　　D. 2 字节整数

6. 使用数字签名技术，在接收端采用（　　　）进行签名认证。

　　A. 发送者的公钥　　　B. 发送者的私钥　　　　C. 接收者的公钥　　　D. 接收者的私钥

7. 数字签名要预先使用单向哈希函数进行处理的原因是（　　　）。

　　A. 多一道加密工序使密文更难破译

　　B. 提高密文的计算速度

　　C. 缩小签名密文的长度，加快数字签名和认证签名的运算速度

　　D. 保证密文能正确还原成明文

8. 使用数字签名技术，在发送端是采用（　　　）对要发送的信息进行数字签名。

　　A. 发送者的公钥　　　　B. 发送者的私钥　　　　C. 接收者的公钥　　　　D. 接收者的私钥

9. 使用公钥算法进行数字签名的最大方便是（　　　）。

　　A. 鲁棒性强　　　　B. 抗抵赖　　　　C. 计算速度快　　　　D. 没有密钥分配问题

10. 获得系统服务所必需的第一道关卡是（　　　）。

　　A. 数字签名　　　　B. 申请服务　　　　C. 身份认证　　　　D. 权限认证

11. 身份鉴别是安全服务中的重要一环，以下关于身份鉴别的叙述中不正确的是（　　　）。

　　A. 身份鉴别是授权控制的基础

　　B. 身份鉴别一般不用提供双向的认证

　　C. 身份鉴别目前一般采用基于对称密钥加密或公开密钥加密的方法

　　D. 数字签名机制是实现身份鉴别的重要机制

12. 区块链的特点包括（　　　）。

　　A. 去中心化　　　　B. 不可篡改　　　　C. 共识认证　　　　D. 匿名性

13. （　　　）的目标是让区块链上各个节点记录的数据保持一致。

　　A. 去中心化　　　　B. 点对点传输　　　　C. 非对称加密　　　　D. 共识算法

14. （　　　）是区块链最核心的内容。

　　A. 合约层　　　　B. 应用层　　　　C. 共识层　　　　D. 网络层

15. （　　　）共识机制效率最低。

　　A. PoW　　　　B. PoS　　　　C. DPoS　　　　D. PBFT

16. 比特币网络中 51%攻击能（　　　）。

　　A. 修改交易记录，制造双花问题　　　　B. 凭空产生比特币

　　C. 改变每个区块产生的比特币数量　　　　D. 把不属于他的比特币发送给自己

17. （　　　）技术让区块链具备可追溯特征。

　　A. 时间戳　　　　B. 分布式数据库　　　　C. 非对称加密　　　　D. 共识算法

18. Kerberos 的设计目标不包括（　　　）。

　　A. 认证　　　　B. 授权　　　　C. 记账　　　　D. 审计

19. IPSec 协议工作在网络的（　　　）。

　　A. 数据链路层　　　　B. 网络层　　　　C. 应用层　　　　D. 传输层

20. IPSec 协议中涉及密钥管理的重要协议是（　　　）。

　　A. IKE　　　　B. AH　　　　C. ESP　　　　D. SSL

21. IP 安全协议标准 IPSec 的主要特征在于它可以对所有 IP 级的通信进行（　　　）。

　　A. 监控和过滤　　　　B. 加密和认证　　　　C. 加密和监控　　　　D. 过滤和认证

22. SSL 产生会话密钥的方式是（　　　）。

　　A. 从密钥管理数据库中请求获得　　　　B. 每一台客户机分配一个密钥的方式

　　C. 随机由客户机产生并加密后通知服务器　　　　D. 由服务器产生并分配给客户机

二、填空题

1. 消息认证是认证＿＿＿＿＿＿＿，即认证数据在传送和存储过程中是否被篡改、重放或延迟等。

2. ＿＿＿＿＿＿＿是笔迹签名的模拟，是一种包括防止源点或终点否认的认证技术。

3. MAC 函数类似于加密，它与加密的区别是其＿＿＿＿＿＿＿。

4. _____是可接受变长数据输入，并生成定长数据输出的函数。

5. _____是认证信息发送者是真的，而不是冒充的，包括_____、_____等的认证和识别。

6. _____的目的是为了限制访问主体对访问客体的_____。

三、判断题

1. 区块链上的数据是默认加密的。（　　　）

2. 区块链上的记录都是真实的。（　　　）

3. 区块链记录所有事件是不可篡改的。（　　　）

4. 区块链没有拒绝服务攻击（DDoS）的问题。（　　　）

5. 比特币的每个节点同步的账本都是全账本。（　　　）

6. 区块链的签名加密技术一般采用对称加密技术。（　　　）

7. 所有区块链技术的每一个节点都没有差别，都是平等的。（　　　）

8. 区块链等同于分布式账本。（　　　）

四、简答题

1. 什么是无碰撞单向哈希函数？

2. 分析消息认证码可能遭受的攻击。

3. 描述报文鉴别码和哈希码的区别。

4. 什么是数字签名？什么是消息认证？

5. 数字签名有什么作用？

6. 简述数字签名的用途和基本流程。

7. 要将明文 M 由 A_1 并附有 A_1、A_2、$\cdots$、A_i、$\cdots$、A_n 的依次签名发往 B。设 PK_{A_i} 和 SK_{A_i} 分别为 A_i 的公开密钥和私有密钥，在签名时要求每一位签名者只认证其前一位签名者的签名；如果认证通过，则在此基础上加上自己的签名，否则终止签名；最后一位签名者在签名完成后将最终信息和签名一起发送出去。每一位签名者都可以推算出前一位签名者和后一位签名者并且知道他们的公开密钥。试设计该多人签名算法。

8. 查阅相关资料，比较各种数字签名算法的优缺点。

9. 简述生物特征身份认证的发展趋势。

10. 简述口令可能会遭受哪些攻击。

11. 假定只允许使用 26 个字母构造口令，在下列情况下各可以构造出多少条口令？

（1）口令最多可以使用 n 个字符，$n = 4，6，8$，不区分大小写。

（2）口令最多可以使用 n 个字符，$n = 4，6，8$，区分大小写。

12. 编写一个口令生成程序。程序以长度 s（可以取 $s = 8，16，32，64$）的随机二进制种子作为输入。

（1）让多名用户使用该程序生成口令，记录有多少人选择了相同的事件。

（2）生成一个口令并加密。然后让人通过尝试随机数种子的所有值进行口令攻击。事先要给定一个猜测次数的期望值。

13. 简述口令可能会遭受哪些攻击。

14. 比较动态口令的 3 种实现方式。

15. 比较静态口令与动态口令。

16. 常用动态令牌有哪几种？

17. 在身份认证中，可能会遇到重放攻击。重放具有如下几种形式。

（1）简单的重放。攻击者简单地复制信息，经过一段时间后，再重放原来的信息。

（2）重放不能被检测到。这时，原始的信息不能到达，只有重放信息到达目的地。

（3）没有定义的重放返回。发送者这时很难确定是发送信息还是接收信息。

请考虑如何能确定信息是不是重放的信息。

18. 如何保护 IC 卡的安全？

19. 可信第三方有些什么作用？

20. 请画出带有时间戳的基于秘密密钥的身份认证过程。

21. 简述使用密钥的身份认证的分类方法。

22. 试述数字证书的原理。

23. 简述 Kerberos 身份认证的异域认证过程。

24. 简述 X.509 的双向认证过程。

25. 叙述基于 X.509 的数字证书在 PKI 中的作用。

26. 为什么区块链是一种值得信赖的方法？

27. 区块链中是否有可能从网络中删除一个或多个区块？

28. 区块链的共识机制有什么意义？

29. 加密在区块链中用在哪些地方？

30. 请简述权益证明的工作原理。

31. 区块链中最常用的两种共识协议是什么？

32. 区块链的智能合约有什么意义？

33. 描述 IPSec 的技术细节。

34. IPSec 的安全特性有哪些？

35. 简述 SSL 的体系结构和会话状态。

五、课外阅读

口令的历史
与现状

三十种共识
算法

安全电子交
易协议 SET

第3篇　信息系统安全防卫

　　信息系统安全防卫是用于防止系统损失的一些技术，即防止系统被非法访问以及被侵入而影响系统正常运行的技术。这些技术基本是防御式技术。由于防御不知道攻击在什么时间、哪个部分以及采用什么技术，所以防御必须不间断、全方位、考虑多种对策。这种攻防之间的不对称性，要求在系统的规划、设计、实现、集成、安装和调试等所有过程中，都应同步考虑安全策略和功能具备的程度，坚持预防为主，不要抱有侥幸心理，放掉任何一个已经发现的漏洞和可能的安全威胁。

　　下表为本篇将要讨论的七种信息系统防护措施。

措　施	主动性	攻防特点	对攻击者的威慑作用
访问控制	中，访问授权	防护	强
系统隔离	差，"守株待兔"式防御	只守无攻	弱
入侵检测	中，通过学习，可预测攻击行踪	为攻提供信息	中
取　证	中，仅取证据	为秋后算账提供证明	较强
审　计	中，记录一切事件	用于审计和证据	强
法　治	中	法律手段	强
网络陷阱	高，主动跟踪攻击者	诱骗式攻击	强

第6章　信息系统访问控制

对于一个信息系统的访问由三个要素组成，访问主体（用户、用户组、进程以及服务等）、访问客体（资源——文件、目录和计算机等）和访问方式（即访问操作，如读、写、添加、修改、执行、发起连接等）。访问控制就是在身份认证的基础上，根据主体对于客体的访问请求加以控制——允许、拒绝、限制、撤销该访问，防止非法用户访问或合法用户的越权访问，其核心工作就是建立一套访问授权（Authorization）机制。在信息系统安全发展的历程中，人们研究出多访问控制技术。这一章介绍其中典型的几种。

6.1　自主访问控制策略

6.1.1　自主访问控制及其特点

自主访问控制（Discretionary Access Control，DAC）又称任意访问控制，最早出现于20世纪70年代的分时系统中，是多用户环境下最常用的一种访问控制技术。它的基本特点是，客体（即资源）的拥有者全权管理与其客体有关的访问权限，有权泄露、修改该客体的有关信息，也有权收回自己所授予的权限。并且获得了某种访问权限的主体能够自己决定是否将访问权限转授其他主体，或从其他主体那里收回依据主体的判断力授予访问权限，即主体的访问权限具有传递性。在实现上，首先要对用户身份进行鉴别（认证）。所以，DAC主要是依据主体的判断力授予访问权限。

简单地说，DAC策略的特点就是：谁的资源谁负责。其优点是应用灵活、维护成本低和可扩展，可以附加上一些别的原则，例如角色、属性等。但是，由于这种访问控制主要依赖于对客体具有访问权限的主体，致使资源比较分散、不宜管理；此外，权限传递很容易造成漏洞，安全级别比较低；特别是它难以防范木马攻击，因为如果某个管理员登录后带进来一个木马程序，该木马程序将拥有该管理员的全部权限。

6.1.2　访问控制矩阵模型

访问控制矩阵也称为访问许可矩阵，是访问控制中常用的一种授权模型。它用行表示客体，列表示主体，在行和列的交叉点上设定访问权限。表6.1是一个访问控制矩阵示例。

表 6.1　一个访问控制矩阵示例

主体	客体			
	File1	File2	File3	File4
张三	Own,R,W		Own,R,W	
李四	R	Own,R,W	W	R
王五	R,W	R		Own,R,W

表中，Own 权限的含义是可以授予（authorize）或者撤销（revoke）其他用户对该文件的访问控制权限。例如，张三对 File1 具有 Own 权限，所以张三可以授予或撤销李四和王五对 File1 的读（R）和写（W）权限。

6.1.3 访问能力表模型

能力（capability）也称为权能，是受一定机制保护的客体标志，访问能力表标记了某一主体对客体的访问权限，即基于访问矩阵行，为每一个主体都附加上他有权访问的客体及访问属性，即他访问客体的能力大小。这也是一种基于行的自主访问控制策略。图 6.1 是表 6.1 所示的访问控制矩阵的访问能力表表示。

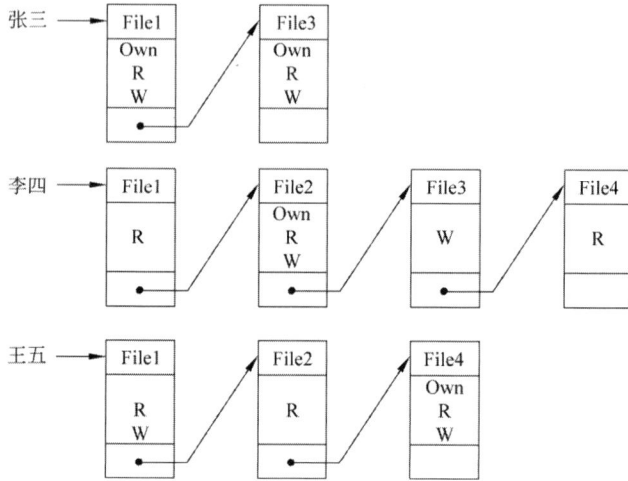

图 6.1 访问能力表的例子

访问能力表允许在进程运行期间动态地发放、回收、删除或增加某些权力，执行速度比较快，还可以定义一些系统事先不知道的访问类型。此外，访问能力表着眼于某一主体的访问权限，从主体出发描述控制信息，很容易获得一个主体所被授权可以访问的客体及其权限，但要从客体出发获得哪些主体可以访问它就困难了。目前已不多用。

6.1.4 访问控制表模型

访问控制表（Access Control List，ACL）是从客体出发描述控制信息，或者说是基于访问矩阵列的访问控制信息表示，从而可以用来对某一资源指定任意一个用户的访问权限。这种方式给每个客体建立一个 ACL（访问控制表），记录该客体可以被哪些主体访问以及访问的形式。它是一种基于列的自主访问控制策略。图 6.2 是表 6.1 的访问控制表表示。可以看出，每个 ACL 包括一个 ACL 头和零个或多个 ACE（访问控制项）。

ACL 的优点是可以很容易地查出对某一特定资源拥有访问权的所有用户，有效地实施授权管理，是目前采用得最多的一种实现形式，适合按照对象进行访问的操作系统。但是使用 ACL 进行访问权限的管理，仅依靠单个主体非常麻烦。为此，通常将用户按组进行组织，用户也可以从用户组取得访问权限。

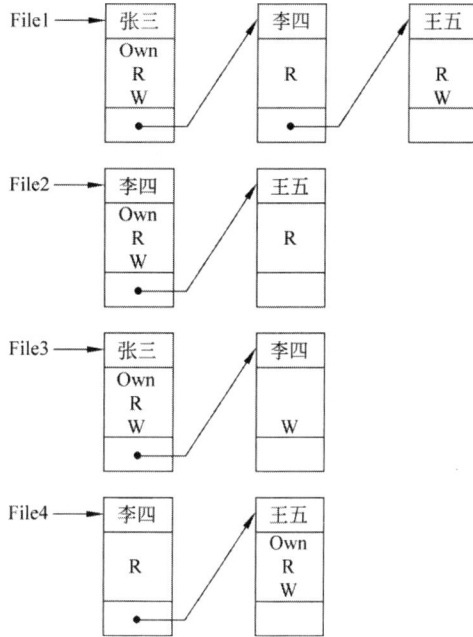

图 6.2　访问控制表的例子

6.2　强制访问控制策略

6.2.1　强制访问控制及其工作流程

1. 强制访问控制及其特点

强制访问控制（Mandatory Access Control，MAC）也称为系统访问控制，它的基本思想是将访问授权权收归系统，由系统（系统管理员）从全局出发，制定一个总的访问控制原则，不再是由资源拥有者来自主地进行访问授权，也不允许资源的拥有者改动系统的访问控制原则，"强制"主体服从系统总的访问控制政策。它克服了自主访问控制允许权限扩散给系统安全带来的威胁，适合于高安全等级的应用。

MAC 对每个主体及客体赋予一个访问级别，例如，最高秘密级（Top Secret）、秘密级（Secret）、机密级（Confidential）及无级别级（Unclassified）。其级别为 T>S>C>U，系统根据主体和客体的敏感标记来决定访问模式。

MAC 比 DAC 具有更强的访问控制能力，但是实现的工作量大，管理不便，不够灵活。强制访问控制和自主访问控制有时会结合使用。例如，系统可能首先执行强制访问控制来检查用户是否有权限访问一个文件组（这种保护是强制的，也就是说，这些策略不能被用户更改），然后再针对该组中的各个文件制定相关的访问控制表（自主访问控制策略）。

2. 强制访问控制系统的工作流程

强制访问控制系统的工作一般包括如下 5 个环节。

（1）初始化：管理员根据需求确定强制访问控制策略，对主体、客体进行安全标记。

（2）启动：系统启动时，加载主体、客体安全标记以及访问控制规则表，并对其进行初始化。

（3）访问控制：当执行程序主体发出访问客体的请求后，系统安全机制截获该请求，并从中取出访问控制相关的主体、客体、操作三要素信息，然后查询主体、客体安全标记，得到安全标记信息，并依据强制访问控制策略对该请求实施策略符合性检查。如果该请求符合系统强制访问控制策略，则系统将允许该主体执行资源访问。否则，该请求将被系统拒绝执行。

（4）级别调整：管理员可以根据需要进行级别调整，级别调整后，相关信息及时更新到访问控制内核。

（5）审计：所有安全配置的修改调整及主体对客体的访问信息都支持进行日志审计。

6.2.2 强制访问控制中的访问规则

1. 强制访问控制系统中的读写关系

由于主体有既定的许可级别，客体也有既定的安全级别，因此主体对客体能否执行特定的操作，取决于两者的安全属性关系。例如，对于信息（文件）的访问，可以定义如下4种关系。

（1）下读（read down）：用户级别高于信息级别的读操作。

（2）上读（read up）：用户级别低于信息级别的读操作。

（3）下写（write down）：用户级别高于信息级别的写操作。

（4）上写（write up）：用户级别低于信息级别的写操作。

2. 强制访问控制的访问控制规则

在典型的应用中，MAC使用保密性和完整性两种规则进行访问控制。

1）保密性规则

（1）仅当主体的许可证级别高于或者等于客体的密级时，该主体才能读取相应的客体（下读）。

（2）仅当主体的许可证级别低于或者等于客体的密级时，该主体才能写相应的客体（上写）。

2）完整性规则

（1）仅当主体的许可证级别低于或者等于客体的密级时，该主体才能读取相应的客体（上读）。

（2）仅当主体的许可证级别高于或者等于客体的密级时，该主体才能写相应的客体（下写）。

6.2.3 BLP模型

20世纪70年代，Bell和Lapadula为解决美国军方提出的解决分时系统信息安全和保密问题，将访问控制形式化为一套数学模型，以用于防止保密信息被未授权的主体访问，被称为 BLP 模型。

1．BLP 模型的安全级别与强制访问规则

使用 BLP 模型的系统会对系统的用户（主体）和数据（客体）做相应的安全标记，分分为 Top Secret、Secret 和 Sensitive 三个安全级别，并规定出三条强制的访问规则：

（1）简单安全规则（simple security rule）。简单安全规则表示低安全级别的主体不能从高安全级别客体中读取数据。

（2）星级安全规则（star property）。星级安全规则表示高安全级别的主体不能对低安全级别的客体写数据。

（3）强星级安全规则（strong star property）。强星级安全规则表示一个主体可以对相同安全级别的客体进行读和写操作。

这样，就形成了一个 BLP 模型。简单地说，该模型的核心规则是"不上读、不下写"，即低级别不能读取高级别的数据，高级别不能修改低级别的数据，保证数据只能从低级别往高级别流动。因此这种系统又被称为多级安全系统。

2．BLP 模型的工作情况

当这个模型工作时，就会出现三种情形：

（1）当安全级别为 Secret 的主体访问安全级别为 Top Secret 的客体时，简单安全规则生效，此时主体对客体可写不可读；

（2）当安全级别为 Secret 的主体访问安全级别为 Secret 的客体时，强星级安全规则生效，此时主体对客体可写可读；

（3）当安全级别为 Secret 的主体访问安全级别为 Confidential 的客体时，星级安全规则生效，此时主体对客体可读不可写；

BLP 模型的来源是军事安全策略，也受到美国国防部的特别推崇，是一种多级安全策略模型。但是，SLP 没有采取有效措施制约对信息的非授权修改，存在非法、越权篡改风险。

6.2.4　Biba 模型

BLP 模型推出以后，Ken Biba 对其安全特性进行了研究，发现了它在完整性保护方面的缺陷，着眼于完整性保护提出了 Biba 模型。

1．Biba 模型的安全级别与强制访问规则

Biba 模型的基础是基于信息完整性的三个安全级别：高度完整性（High Integrity）、中度完整性（Medium Integrity）和低度完整性（Low Integrity）三个级别。

基于三个信息完整性的级别，Biba 模型还定义了三条完整性规则：

（1）简单完整性规则（simple integrity axiom），规定完整性级别高的主体不能从完整性级别低的客体读取数据，强调主体如何从客体进行读操作，即没有下读。

（2）恳求属性规则（invocation property），规定一个完整性级别低的主体不能从级别高的客体调用程序或服务。

（3）星级完整性规则（*-integrity axiom），规定完整性级别低的主体不能对完整性级别高的客体写数据，即禁止上写。

2．Biba 模型的工作情况

具体执行时，分为如下三种情况。

（1）当中度完整性级别的主体访问高度完整性级别的客体时，星级完整性规则和恳求完整性规则生效，此时主体对客体可读不可写，也不能调用主体的任何程序和服务；

（2）当中度完整性级别的主体访问中度完整性级别的客体时，此时主体对客体可写可读；

（3）当中度完整性级别的主体访问低度完整性级别的客体时，简单完整性规则生效，此时主体对客体可写不可读。

简单地说，Biba 模型主要用于保证数据的完整性，该模型的核心规则是"不下读、不上写"，即低级别不能修改高级别的数据，高级别不能读取低级别的数据，保证数据只能从高级别往低级别流动。

Biba 模型的主要缺点是没有考虑机密性保护。因此，一个系统具体采用 Biba 还是 BLP，要看它的需求以什么为主。

6.2.5　DTE 模型

1977 年，Boebert 和 Kain 提出了一种基于访问控制矩阵的强制访问控制模型 DTE（Domain，Type，Entity）。DTE 把主体分到不同的域（Domain），将客体设定不同的类型（Type），主体和客体都被称为实体（Entity），根据域和类型综合判断进行访问控制。因此，在 DTE 模型里，所有的控制集合为<D,T,P>，D 代表域，T 代表类型，P 代表访问授权，L 代表安全级别。DTE 的保密性模型判断条件见表 6.2。

表 6.2　DTE 的保密性模型判断条件

<D,T,P>	满足条件	允许动作
D.T. Invoke	L(D)<=L(T)	程序执行（Invoke）
D.T. Read	L(D)>=L(T)	读（Read）
D,T. Write	L(D)<=L(T)	写（Write）

在 DTE 模型的访问矩阵里，每一个域是一行，每一个类型是一列，所有的主体都属于一个域，所有的客体都关联一种类型。当然，主体也往往是客体，所以也关联一种类型。表 6.3 是一个通过规则模型判断后生成的访问控制矩阵示例。

表 6.3　DTE 模型的访问控制矩阵示例

Domain	Type				
	T1	T2	T3	T4	T5
D1	Invoke	Invoke	Read	Write	
D2	Invoke	Invoke	Read, Write	Read	
D3	Invoke	Invoke	Invoke	Read, Write	Read
D4	Invoke	Read,Write			

可以看出，DTE 模型是一种更灵活的、并且兼容了 BLP 和 Biba 的 MAC 模型。

6.3　基于角色的访问控制策略

6.3.1　基于角色的访问控制及其特点

1. 基于角色的访问控制思想

角色（role）是指一个组织或任务中的岗位、职位或分工。角色需要人去扮演。一般来说，一个角色并非只有一人扮演，如会计这个角色往往需要多个人；并且一个人可能会从事不同的角色。基于角色的访问控制（Role-Base Access Control，RBAC）就是基于这样一种考虑而提出的访问控制策略。由于角色比个体用户具有更强的稳定性，这种授权管理比针对个体的授权管理在可操作性和可管理性方面都要强得多。

如图 6.3 所示，角色实际上是在主体（用户）与客体之间引入的中间控制机制层。

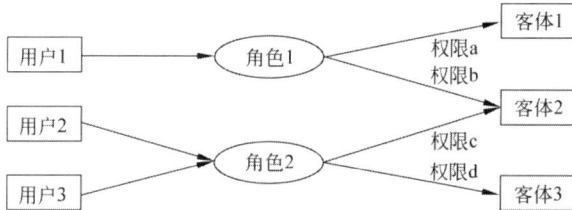

图 6.3　角色是在主体与客体之间引入的中间控制机制层

2. 基于角色的访问控制特点

基于上述思想，1992 年，David Ferraiolo 和 Rick Kuhn 合作提出了 RBAC（Role-Based Access Control）模型。在 RBAC 中，在用户和访问权限之间引入角色的概念，用户与特定的一个或多个角色相关联，角色与一个或多个访问许可权相关联，角色可以根据工作需要创建或删除。

RBAC 支持下列三个公认的原则。

（1）数据抽象（data abstraction）原则，是指对实际的人、物、事和概念，抽取所关心的共同特性，忽略非本质的细节，并把这些特性用各种概念精确地加以描述，这些概念组成了某种模型。在 RBAC 模型中，用角色代替具体的用户人，就是一种数据抽象。

（2）最小权限原则（Principle of Least Privilege，PoLP），也称最小特权原则，是指将超级用户的所有特权分解成一组细粒度的权限子集，定义成不同的“角色”，分别赋予不同的用户，每个用户仅拥有完成其工作所必需的最小权限，以避免超级用户的误操作或其身份被假冒后形成的安全隐患和损失。RBAC 支持最小特权原则，在模型中可以通过限制分配给角色的多少和大小来实现。

（3）职责分离原则指遵循不相容职责相分离的原则，实现合理的组织分工。例如，一个公司的授权、签发、核准、执行、记录工作，不应该由一个人担任。在 RBAC 系统中，要求明确地区分权限（authority）和职责（responsibility）或区分操作与管理，使两者互相制约。

例 6.1　对于一个具有高密级（0 级）许可级的用户来说，并不可以访问所有安全级别为 0 级的资源。因为有些资源不在他的职责范围内。

例 6.2 一个可以访问某个资源集合的用户，并不能进行该资源集合的访问授权。因为他没有这个权限。

例 6.3 一位安全主管有权进行授权分配，但不能同时具有访问数据资源的权力。

由于实现了权限与职责的逻辑分离，基于角色的策略极大地方便了权限管理。例如，如果一个用户的职位发生变化，只要将用户当前的角色去掉，加入代表新职务或新任务的角色即可。基于角色的访问控制方法还可以很好地描述角色层次关系，实现最少权限原则和职责分离的原则，非常适合在数据库应用层的访问控制。因为在应用层，角色的概念比较明显。

只有系统管理员才有权定义和分配角色，并且授权规则是强加给用户的，用户只能被动地接受，不能自主地决定。但是，角色的控制比较灵活，根据需要可以将某些角色配置得接近 DAC，而让某些角色接近 MAC。

RBAC 简化了用户与权限之间的关系，灵活、易扩展、易维护，在管理大型网络应用时表现出很强的灵活性和经济性，迅速成为影响比较大的一种高级访问控制模型。2004 年 2 月被美国国家标准委员会（ANSI）和 IT 国际标准委员会（INCITS）接纳为 ANSI INCITS 359-2004 标准。

6.3.2 基于角色的访问控制模型

RBAC 是一种分析模型。其基本模型是 RBAC0（Core RBAC），在此基础上先后扩展出了角色分层模型 RBAC1（Hierarchal RBAC）、角色限制模型 RBAC2（Constraint RBAC）和统一模型 RBAC3（Combines RBAC）。

1. RBAC0

RBAC0 定义了 RBAC 的最低要求，由四部分构成：用户（User）、角色（Role）、会话（Session）和许可（Permission）。它们之间的关系如图 6.4 所示。

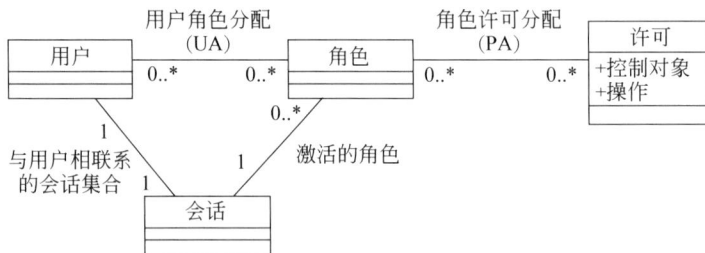

图 6.4 RBAC0 模型

说明：

（1）"用户"与"角色"是多对多的关系，即一个用户可以充当多个角色，一个角色可以由多个用户充当。

（2）会话是动态的概念，用户必须通过会话才可以设置角色，是用户与激活的角色之间的映射关系。"用户"与"会话"是一对一关系。

（3）"会话"与"角色"是一对多关系。

（4）"许可"包括"操作"和"控制对象"，被赋予角色，而不是用户。"角色"与"许可"是多对多的关系。当一个角色被指定给一个用户时，此用户就拥有了该角色所包含的许可。

2. RBAC1

如图 6.5 所示，RBAC1 是在 RBAC0 的基础之上添加了角色的层级关系，并在角色中引入了继承的概念，有了继承那么角色就有了上下级或者等级关系。

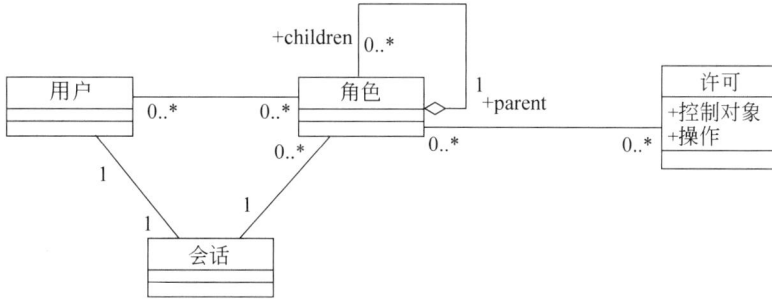

图 6.5　RBAC1 模型

3. RBAC2

如图 6.6 所示，RBAC2 是在 RBAC0 基础上对模型各个元素及它们之间的关系添加了一些约束，并引入了静态职责分离 SSD（Static Separation of Duty）和动态职责分离 DSD（Dynamic Separation of Duty）。

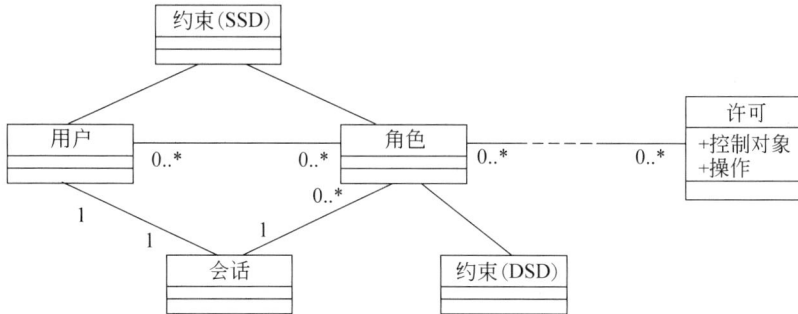

图 6.6　RBAC2 模型

静态职责分离 SSD 是用户和角色指派阶段加入的，用于对用户和角色有如下约束。

（1）互斥角色：同一个用户在两个互斥角色中只能选择一个；

（2）基数约束：一个用户拥有的角色是有限的，一个角色拥有的许可也是有限的；

（3）先决条件约束：用户想要获得高级角色，首先必须拥有低级角色。

动态职责分离 DSD 是会话和角色之间的约束，可以动态地约束用户拥有的角色，如一个用户可以拥有两个角色，但是运行时只能激活一个角色。

4. RBAC3

RBAC3 是 RBAC1 与 RBAC2 合集，所以 RBAC3 是既有角色分层又有约束的一种模型

（见图 6.7）。

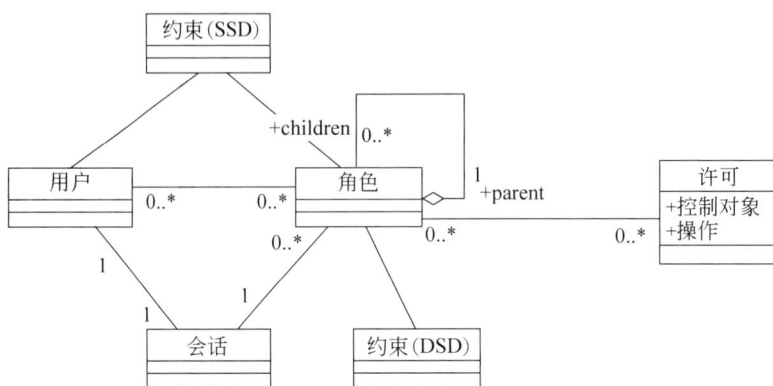

图 6.7　RBAC3 模型

6.4　基于属性的访问控制策略

前面介绍了 DAC、MAC 和 RBAC 三种传统的访问控制策略。这些策略各有千秋，其共同的不足是难于适应开放环境需要的动态、细粒度访问控制。针对这个问题，研究人员提出了基于属性的访问控制（Attribute-Based Access Control，ABAC）策略。

6.4.1　ABAC 中的访问实体、安全属性与策略

ABAC 认为，访问关系到四个实体：主体、客体、权限和环境。属性是主体、客体或环境条件的特征，以"名称-值"对的形式定义。

1. 主体

访问的主体是对客体施加访问行为的实体，可以是用户、服务、终端设备、进程等。其属性包括主体的身份、角色、职位、能力、位置、部门以及 CA 证书等。

2. 客体

访问的客体是 ABAC 系统管理及其主体访问的系统资源，可以是接收信息的设备、文件、记录、表、进程、程序、网络或域，也可以是任何可被主体操作的对象，包括数据、应用程序、服务、设备和网络。客体的属性包括客体的身份、角色、位置、部门、类型、数据结构、价值等。

3. 环境

访问的环境是访问请求所处的环境或态势。环境条件是可检测的环境特征，独立于主体或客体，其属性是当前动作参与方的一些动态属性，包括时间、日期、系统状态、安全级别、用户 IP 地址、服务器的当前访问量、CPU 利用率等，主要用于授权决策。

以上 3 种属性都以"名称-值"对的形式提供信息。

4. 权限（操作）

访问的权限属性主要用来描绘主体对于客体进行的操作，如读、写、新建、修改、复制、下载、上传、删除、执行等。这些操作都是权限的值。

ABAC 中的授权是先对主体、客体、环境的属性以及权限操作进行建模，然后依据策略（规则或关系）判决允许或拒绝用户对资源的访问控制请求。众多的属性提供了多种选择机会，从而可以进行动态的、细粒度、复杂的访问授权，特别适合开放、分布式环境，被称为下一代访问授权模型。

6.4.2 ABAC 授权过程

图 6.8 为 ABAC 授权过程示意图。

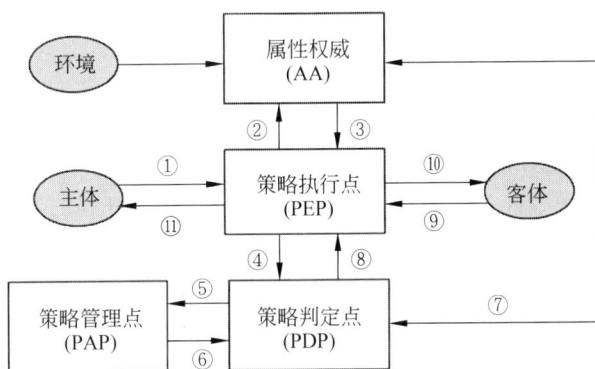

图 6.8 ABAC 授权过程

① 主体发出原始访问请求。

② 策略执行点（Policy Enforcement Point，PEP，担负系统启用、监视以及最后终止主体与资源之间的连接作用）接收到主体的原始请求后，向属性权威（Attribute Authority，AA，负责属性的创建、查询和管理）提出请求。

③ AA 向 PEP 返回属性信息 AAR，内容包括：主体属性集合、客体属性集合、环境属性集合以及权限（操作）集合。

④ PEP 将 AAR 转送策略判定点（Policy Decision Point，PDP，最终决定是否授权）。

⑤ PDP 根据 AAR 向策略管理点（Policy Administrator Point，PAP，存储与管理策略）发送连接请求。

⑥ PAP 从所存储的策略中查询适合该 AAR 的策略，并将此策略规则传回 PDP。

⑦ PDP 对 PAP 传回的策略进行核实：若策略所要求的属性没有被 AAR 所覆盖，则要求 AA 对于没有覆盖的属性再查询，以完成判定。

⑧ PDP 对 PAP 传回的策略进行裁定，并将裁定结果送 PEP。

⑨ PEP 执行 PDP 的裁定结果，向客体发出相应的命令。

⑩ 客体向主体发出响应信息。

⑪ 主体进行访问。

习　题　6

一、选择题

1. 主要用于数据库访问控制机制的是（　　）。

    A．安全审计机制　　　　　　　　　　B．基于角色的访问控制机制

    C．强制访问控制机制　　　　　　　　D．自主访问控制机制

2. 访问控制是指确定（　　）以及实施访问权限的过程。

    A．用户权限　　　　　　　　　　　　B．可赋予哪些主体访问权利

    C．可被用户访问的资源　　　　　　　D．系统是否遭受入侵

3. 下列关于访问控制模型的叙述中，不正确的是（　　）。

    A．基本访问控制策略有自主访问控制和强制访问控制两大类

    B．自主访问控制允许主体将授权转让

    C．强制访问控制允许主体将授权转让

    D．强制访问控制是强制主体服从系统的控制策略

4. 下列关于访问控制模型的叙述中，正确的是（　　）。

    A．ABAC 中的主体属性、客体属性、环境属性和操作属性都由一组属性名-属性值对表示

    B．在该模型中，角色表示组织内部的一项任务的功能或工作职务

    C．RBAC 可以构造出强制访问控制模型，也可以构造出自主访问控制模型

    D．ABAC 适用于开放环境

二、简答题

1. 查找资料，分别给出几个自主访问控制、强制访问控制和基于角色的访问控制的实例。

2. 比较自主访问控制、强制访问控制和基于角色的访问控制。

3. 查找资料，说明还有哪些新的访问控制策略。

4. 在一个具有读、写、准许和取消 4 种访问操作的系统中，准许操作可以授予其他主体读和写的访问权限，并且还可以授予其他主体发布对你拥有的资源的访问权限。如果你要使用准许和取消操作来控制对你所拥有的一个客体的所有访问，应当采用什么样的数据结构和算法来实现准许和取消操作？

5. NIST 建议的 RBAC 标准有哪几类？

6. 你能自己提出一种新的访问控制策略吗？

第7章 系统隔离

系统隔离有两种情形：一种是在信任未知的环境中，将可信部分隔离起来，形成一个安全的运行区域，网络防火墙、网闸和 VPN 就是这种情况；另一种是在可信度环境中，把信任未知的部分隔离起来，限制其不安全的操作，沙箱就是这种情况。

7.1 网络防火墙

在建筑群中，防火墙（firewall，见图 7.1（a））用来防止火灾蔓延。而在计算机网络中，防火墙犹如一个安全检查站，设在可信任的内部网络和非信任的外界网络之间的数据包必经路口（见图 7.1（b）），采用逻辑隔离技术，通过强化边界控制来保障内部信息系统的安全，阻滞不希望或者未授权的通信进出内部网络，但不妨碍内部对外部的正常访问，是实现网络安全比较有效的措施之一。

| (a) 居民建筑群中的防火墙 | (b) 计算机网络中的防火墙 |

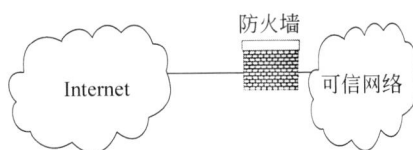

图 7.1 防火墙

在计算机网络中，所有的活动都表现为数据包的流动。在这些数据包中，有一些是信息系统正常传输或接收的数据包，有一些是夹杂在正常数据包中的病毒，还有一些是黑客用于攻击的数据包。如何控制有用数据包通过、阻止无用或有害数据包通过，就是网络防火墙的基本功能。下面介绍防火墙的几个关键技术。

7.1.1 静态包过滤技术

1. 基于路由器 ACL 的过滤规则

包过滤（packet filter）是路由器的一个重要功能。路由器的 ACL（Access Control List，访问控制列表）是将不同目的地址的数据包转发到不同的路径上。只要稍稍修改一下 ACL，对于某些不安全源地址来的数据包以及从内部发往外面的未经许可的数据包都不转发，就起到过滤作用了。具体来说，过滤规则包括如下内容。

（1）明确要禁止通过和允许通过的包地址。其中还要有禁入和禁出的区别。前者不允许指定的数据包由外部网络流入内部网络，后者不允许指定的数据包由内部网络流入外部网络。

（2）默认规则。即除了明确禁止和允许的规则外，还应考虑对明确的规则没有考虑到的其他情况的过滤规则。这些针对其他情况的规则称为默认规则。默认规则可以采用如下原则之一。

① 默认接受（转发）：凡未被禁止的，就是允许的，即除明确指定禁止的数据包，其他都是允许通过（转发）的。这也称为"黑名单"策略。

② 默认拒绝（丢弃）：凡未被允许的，就是禁止的，即除明确指定通过的数据包，其他都是被禁止（丢弃）的。这也称为"白名单"策略。

在制定默认规则时应当遵循"最小特权原则"。所以，从安全的角度，默认拒绝应该更可靠。

2. 针对攻击的过滤规则制定

按照地址进行过滤只对数据包的源地址、目的地址和地址偏移量进行判断，这在路由器上是非常容易配置的。对于信誉不好或内容不宜并且地址确定的主机，用这种策略通过简单配置就可以将之拒之门外。但是，对于攻击（尤其是地址欺骗攻击）的防御，过滤规则的配置就要复杂多了。下面分几种情形分别考虑。

1）针对 IP 源地址欺骗攻击的配置

对于攻击者伪装内部用户的 IP 地址攻击，过滤配置规则：如果发现具有内部地址的数据包到达路由器的外部接口，就将其丢弃。不过，这种规则对于外部主机冒充另外一台主机的攻击则无能为力。

2）针对源路由攻击的配置

攻击者有时为了躲过网络的安全设施，要为数据包指定一个路由，这条路由可以使数据包以不期望路径到达目标。对付这种攻击的过滤规则是丢弃所有含有源路由的数据包。

3）针对小分片攻击的配置

当一个 IP 包太长时，就要对其进行分片传输。分组后，传输层的首部只出现在 IP 层的第 1 片中。攻击者利用 IP 分片的这一特点，往往会建立极小的分片，希望过滤路由器只检查第 1 片，而忽略后面的分组。

对付小分段攻击的策略是丢弃 FO 为 1 的 TCP、UDP 数据包。

例 7.1 某公司有一个 B 类网（123.45）。该网的子网（123.45.6.0/24）有一个合作网络（135.79）。管理员希望：

（1）禁止一切来自 Internet 的对内网的访问。

（2）允许来自合作网络的所有子网（135.79.0.0/16）访问内网（123.45.6.0/24）。

（3）禁止对合作网络的子网（135.79.99.0/24）的访问权（对全网开放的特定子网除外）。

为简单起见，只考虑从合作网络流向公司的数据包，对称地处理逆向数据包只需互换规则行中源地址和目的地址即可。表 7.1 为某公司网络的 ACL。其中，规则 C 是默认规则。

表 7.2 是使用一些样本数据包对表 7.1 所示过滤规则的测试结果。需要注意的是，规则的执行顺序对于执行结果有很大的影响。

表 7.1　某公司网络的 ACL

规　　则	源　地　址	目　的　地　址	过滤操作
A	135.79.0.0/16	123.45.6.0/24	允许
B	135.79.99.0/24	123.45.0.0/16	拒绝
C	0.0.0.0/0	0.0.0.0/0	拒绝

表 7.2　使用样本数据包测试结果

数据包序号	源　地　址	目的地址	目标行为操作	ABC 行为操作	BAC 行为操作
1	135.79.99.1	123.45.1.1	拒绝	拒绝（B）	拒绝（B）
2	135.79.99.1	123.45.6.1	允许	允许（A）	拒绝（B）
3	135.78.1.1	123.45.6.1	允许	允许（A）	允许（A）
4	135.78.1.1	123.45.1.1	拒绝	拒绝（C）	拒绝（C）

可见，按 ABC 的规则顺序，能够得到想要的操作结果；而按 BAC 的规则顺序则得不到预期的操作结果，原本允许的数据包 2 被拒绝了。仔细分析可以发现，表 7.3 中用来禁止合作网的特定子网的访问规则 B 是不必要的。它正是在 BAC 规则集中造成数据包 2 被拒绝的原因。如果删除规则 B，得到表 7.3 所示的行为操作。

表 7.3　删除规则 B 后的行为操作

数据包	源　地　址	目的地址	目标行为操作	AC 行为操作
1	135.79.99.1	123.45.1.1	拒绝	拒绝（C）
2	135.79.99.1	123.45.6.1	允许	允许（A）
3	135.78.1.1	123.45.6.1	允许	允许（A）
4	135.78.1.1	123.45.1.1	拒绝	拒绝（C）

这才是想要的结果。由此得出两点结论。

（1）正确地制定过滤规则是困难的。

（2）过滤规则的重新排序使得正确地指定规则变得越发困难。

3. 过滤规则扩展

让路由器兼做防火墙进行数据包过滤，是根据 IP 分组头信息来设计 ACL 的。防火墙的进一步发展是利用 TCP/UDP/ICMP 层的分组头信息，以传输层协议、端口号（服务类型）为条件设计 ACL。

对于端口的过滤，还需要区分源端口和目标端口，特别要注意基于源端口号的过滤是会有风险的，因为攻击者能够使用伪装的源端口号进行攻击。下面进行一些分析。

（1）一般来说，可以允许内部主机接收外部服务器发来的邮件，就要将 TCP 的端口 25 设置为安全。但是，包过滤路由器是无法控制外部主机上的服务确实在常规的端口上，攻击者往往会通过伪造，利用端口 25 向内部主机发送其他应用程序（非常规邮件）的数据包，建立连接，进行非授权访问。因此，单纯依赖外部主机端口号是有漏洞的。

（2）从内部到外部的 TCP/UDP 连接中，内部主机的源端口一般采用大于 1024 的随机端口。为此，对端口号大于 1024 的所有返回到内部的数据包都要允许，不过，还需要辨认端口号大于 1024 的数据包中哪些是外部伪造的。

针对上述问题，在 TCP 数据包中，可以通过 flag 位辨认哪些是来自外部的连接请求。但是 UDP 是无连接的，没有这样的 flag 位可使用，只能辨认端口号。所以允许 UDP 协议对外访问会带来风险，因为返回的数据包上的端口号有可能是攻击者伪造的。当请求端口和目的端口都固定时，这个问题才能解决。

例 7.2 表 7.4 与表 7.5 就是否考虑数据包的源端口进行对照。表 7.4 所示的规则表由于未考虑到数据包的源端口，出现了两端所有端口号大于 1024 的端口上的非预期的作用。而表 7.5 所示的规则表考虑到数据包的源端口，所有规则限定在 25 号端口上，故不可能出现两端端口号均在 1024 以上的端口上连接的交互。

表 7.4　未考虑源端口时的包过滤规则

规则	方向	类型	源地址	目的地址	目的端口	行为操作
A	入	TCP	外	内	25	允许
B	出	TCP	内	外	≥1024	允许
C	出	TCP	内	外	25	允许
D	入	TCP	外	内	≥1024	允许
E	出/入	任何	任何	任何	任何	禁止

表 7.5　考虑了源端口时的包过滤规则

规则	方向	类型	源地址	目的地址	源端口	目的端口	行为操作
A	入	TCP	外	内	≥1024	25	允许
B	出	TCP	内	外	25	≥1024	允许
C	出	TCP	内	外	≥1024	25	允许
D	入	TCP	外	内	25	≥1024	允许
E	出/入	任何	任何	任何	任何	任何	禁止

4. 路由器进行包过滤的过程

① 包过滤规则必须被包过滤设备端口存储起来。应用于包的规则顺序与包过滤器规则的存储顺序必须相同。

② 当包到达端口时，对包头进行语法分析。大多数包过滤设备只检查 IP、TCP 或 UDP 报头中的字段。

③ 按照以下规则进行过滤操作。

- 若一条规则阻止包传输或接收，则此包便不被允许。
- 若一条规则允许包传输或接收，则此包便可以被继续处理。
- 若没有一条规则匹配，则执行默认操作。

显然，过滤效果与规则的排列顺序有关。

5. 静态数据包过滤的问题

相对于状态检测防火墙而言，前面介绍的数据包过滤也被称为无状态数据包过滤。因为它仅单独分析每一个数据包，不考虑包内高层的信息以及不同包之间的逻辑关系，也不关心数据传输的状态。这就会为攻击者提供机会。

例如，一个防火墙的过滤规则为将目标端口≤1203 的数据包丢弃。这样，一位攻击者可以连续地发一系列伪装的 TCP ACK 包，每个包的端口分别为 1200、1201、1202、1203、1204。尽管这一系列包都是违背 TCP 协议的，因为发起连接必须是 SYN 包，但防火墙并不检测 TCP 的标志位，仅检测端口号，阻挡了前 3 个数据包，放过了端口号为 1204 的包。这个包到达主机后，主机依据 TCP 协议发现了问题，会发一个 RST 包通知发送者终止本次连接。不过，这恰恰中了攻击者之计，使攻击者通过防火墙对内部某主机进行了一次半连接扫描攻击。

7.1.2　动态包过滤——状态检测技术

动态包过滤防火墙又称状态检测（stateful-inspection）防火墙，它通过安装在网关的软件——检查引擎，在不影响网络正常运行的前提下，截获数据包并抽取有关数据对网络的各层进行实时检测，跟踪每一个有效连接的状态，并根据这些信息决定对该连接是接受还是拒绝。这种技术提供了高度安全的解决方案，同时具有较好的适应性和扩展性。

1．状态检测防火墙的状态表

状态检测防火墙也称为动态包过滤防火墙，其检测引擎监视和跟踪每一个有效连接的状态，动态地维护一个状态信息表，通过规则表与状态表的共同配合，对表中的各个连接状态因素加以识别。下面分别介绍为 TCP 包和 UDP 包建立状态表的方法。

1）TCP 包

众所周知，一个 TCP 传输是在三次握手之后进行的。因此，可以把 TCP 包分为两类：握手包和传输数据包。它们的区别在包中的 6 个标志位上。当第一个带有 SYN 标志的数据包经过防火墙时，防火墙会根据报文的五元组信息（源 IP 地址、源端口、目的 IP 地址、目的端口、连接状态）检查自己的规则集，如果规则允许该报文通过，则把该报文的五元组信息写入状态表并根据路由表转发该报文。然后防火墙会设置一个超时时间，并等待服务器端 SYN/ACK 标志位为一的报文过来，如果在超时时间内防火墙收到了来自服务器的 SYN/ACK 标志位置一的数据报文，则状态表建立完成；如果在超时时间内未收到来自服务器的 SYN/ACK 报文，则状态表建立失败。

例 7.3　表 7.6 为状态检测防火墙状态表的一个实例。

表 7.6　状态检测防火墙状态表的一个实例

源 IP 地址	源端口号	目的 IP 地址	目的端口号	连接状态
192.169.1.100	1030	210.9.88.29	80	已建立
192.169.1.102	1031	216.32.42.123	80	已建立
192.169.1.101	1033	173.66.32.122	25	已建立
192.169.1.102	1035	177.231.32.12	79	已建立
223.43.21.231	1990	192.167.1.6	80	已建立

状态检测防火墙将属于同一连接的所有包作为一个整体的数据流看待，对于外部传来的 TCP 数据包，首先检查它是不是握手包，如果是握手包，就看其是否为内网主机期待的包，是则允许，否则拒绝。如果不是握手包，则检查状态表中所记录的连接状态，如果属于已经建立的连接，则允许其通行，否则将其清除。因此，与简单包过滤相比，状态检测

防火墙可以为包过滤提供更准确的信息，具有更高的安全性，但也消耗较多的计算资源。状态检测防火墙是一种基于状态检测的包处理器。

2）UDP 包

UDP 包比较简单，不携带任何连接或序列信息，只包含源 IP 地址、目的 IP 地址、源端口号、目的端口号、校验和以及所携带的数据。有些状态检测的设备也可以针对 UDP、ICMP 协议的交互过程建立状态表。但是这种状态表是以虚连接（virtual connection）为基础的，即将所有通过防火墙的 UDP 分组均视为一个虚连接，当反向应答分组送达时，就认为一个虚拟连接已经建立。如果在指定的一段时间内响应数据包没有到达，连接超时，则认为该连接被阻塞。所以状态检测技术最适合提供对 UDP 协议的有效支持。

2. 状态检测防火墙的优点

1）更高的安全性

状态检测防火墙并非仅仅抽取和检测传输层的有关数据。它工作在网关，在网络体系中处于数据链路层和网络层之间，从这里截取数据包，可以抽取和监测各层的有关数据。一般说来，状态检测防火墙首先在低协议层上检查数据包是否满足单位（部门）的安全策略；对于满足的数据包，再从更高协议层上分析；取到数据包后，首先根据安全策略从数据包中提取有用信息，保存在内存中；然后将相关信息组合起来，通过逻辑或数学运算来决定对数据包进行什么样的操作：允许通过、拒绝通过、认证连接、加密数据等。这样安全性得到很大提高。

2）更高的效率

由于状态检测防火墙工作在协议栈的较低层，因此提供了多个方面的优势。首先，通过防火墙的所有数据包都在低层处理，而不需要协议栈的上层处理任何数据包，这样减少了高层协议头的开销，执行效率提高很多。其次，状态检测防火墙不要求每个访问的应用都有代理。最后，在这种防火墙中，一旦一个连接建立起来，就不用再对这个连接做更多工作，系统可以去处理别的连接。这些都使状态检测防火墙执行效率明显提高。

3）更好的扩展性

状态检测防火墙不像应用网关式防火墙那样，每一个应用对应一个服务程序，这样所能提供的服务是有限的，而且当增加一个新的服务时，必须为新的服务开发相应的服务程序，系统的可扩展性降低。状态检测防火墙不区分每个具体的应用，只是根据从数据包中提取出的信息、对应的安全策略及过滤规则处理数据包，当有一个新的应用时，它能动态产生新的应用规则，而不用另外写代码，所以具有很好的伸缩性和扩展性。

4）配置方便，应用范围广

状态检测防火墙不仅支持基于 TCP 的应用，而且支持基于无连接协议的应用，如 RPC、基于 UDP 的应用（DNS、WAIS、Archie 等）等。对于无连接的协议，连接请求和应答没有区别，包过滤防火墙和应用网关对此类应用要么不支持，要么开放一个大范围的 UDP 端口，这样暴露了内部网，降低了安全性。而这样的攻击都可以被状态检测防火墙阻塞，它通过控制无效连接的连接时间，避免大量的无效连接占用过多的网络资源，可以很好地降低 DoS 和 DDoS 攻击的风险。

状态检测防火墙也支持 RPC。但由于对 RPC 服务来说，其端口号是不定的，因此简单地跟踪端口号不能实现该种服务的安全。状态检测防火墙通过动态端口映射图记录端口号；为验证该连接，还保存连接状态、程序号等，通过动态端口映射图实现此类应用的安全。

3. 状态检测防火墙的缺点

状态检测防火墙虽然继承了包过滤防火墙和应用网关防火墙的优点，克服了它们的缺点，但它仍然只是检测数据包的第三层信息，无法彻底识别数据包中大量的垃圾邮件、广告以及木马程序等。

7.1.3　网络地址转换技术

网络地址转换（Network Address Translation，NAT）就是使用两套 IP 地址——私网 IP 地址和公网 IP 地址，并实现两种地址的转换。私网 IP 地址是指内部网络或主机的 IP 地址，公网 IP 地址是指在 Internet 上全球共享的 IP 地址。通过这两种地址的转换，一方面可以对外隐藏内部主机的 IP 地址，另一方面也可以缓解 IP 地址较少与主机数量过多之间的矛盾。

虽然 NAT 可以借助于某些代理服务器来实现，但考虑到运算成本和网络性能，很多时候都是在路由器或防火墙上实现的。

1. 私网 IP 地址空间

RFC 1918 为私有网络预留了 3 个 IP 地址块，如下所示。

A 类：10.0.0.0～10.255.255.255。

B 类：172.16.0.0～172.31.255.255。

C 类：192.168.0.0～192.168.255.255。

上述 3 个范围内的地址不会在 Internet 上被分配，可以不必向因特网服务提供商（Internet Service Provider，ISP）或注册中心申请即可在公司或企业内部自由使用。

2. 基本 NAT 与 NAPT

1）基本 NAT

基本 NAT 常被简称为 NAT，其特点是仅仅进行内部 IP 与公共 IP 之间的映射，不进行端口的映射。其特点是内部 IP 与公共 IP 具有一对一的映射关系。

基本 NAT 的实现有两种方法：静态 NAT（Static NAT）和动态 NAT（Dynamic NAT），区别在于私有 IP 地址与公共 IP 地址是否具有固定的一对一映射关系。

例 7.4　假设内部局域网使用的 IP 地址段为 192.168.0.1～192.168.0.254，路由器局域网端（即默认网关）的 IP 地址为 192.168.0.1，子网掩码为 255.255.255.0。网络分配的公共 IP 地址范围为 61.159.62.128～61.159.62.135，路由器在广域网中的 IP 地址为 61.159.62.129，子网掩码为 255.255.255.248，可用于转换的 IP 地址范围为 61.159.62.130～61.159.62.134。

于是可以得到表 7.7 所示的静态 NAT 表。

表 7.7　例 7.4 的 NAT 表

内部本地 IP	内部全局 IP	外部 IP
192.168.0.2	200.168.12.9	61.159.62.130
192.168.0.3	200.168.12.3	61.159.62.131
192.168.0.4	200.168.12.5	61.159.62.132
192.168.0.5	200.168.12.1	61.159.62.133
192.168.0.6	200.168.12.6	61.159.62.134

实际上，NAT 就是内部本地地址与内部全局地址之间的转换。那么，只有内部本地 IP 地址，没有内部全局 IP 地址是否可以呢？答案是否定的，因为如果这样，所提供的 NAT 表只能用于内部主机对于外部的访问，外部主机无法访问内部主机。为了能让外部主机访问内部主机，就要向外公布内部主机的 IP 地址。但这样就失去设置内部 IP 地址的意义了。为每一台内部主机增加一个全局 IP 地址的目的是让外部主机只能知道这个外部地址，无法知道真实的内部地址。要访问内部主机必须经过防火墙检查，从而为内部主机提供了一层保护。当然，这时，必须申请与主机数同样多的内部全局 IP 地址。

动态 NAT 指私有 IP 地址与公共 IP 地址具有动态（临时）的一对一映射关系。基本方法是将可用的全局地址集定义成 NAT 池（NAT pool）。对于要与外界进行通信的内部节点，如果还没有建立转换映射，边缘路由器或者防火墙将会动态地从 NAT 池中选择全局地址对内部地址进行转换。每个转换条目在连接建立时动态建立，在连接终止时被回收。这样一来，网络的灵活性大大增强，所需要的全局地址也进一步减少，所以动态 NAT 适合于内部主机数大于全局 IP 地址数的情形。

动态转换提供了很强的灵活性，但增加了网络管理的复杂性。特别是当 NAT 池中的全局地址被全部占用以后，以后的地址转换的申请会被拒绝，所以内部主机同时访问外部主机的数目取决于申请到的内部全局 IP 地址的数目。这样会造成网络连通性的问题，一般只用于拨号连接或频繁的远程连接中。

2）NAPT

网络地址端口转换（Network Address Port Translation，NAPT）不仅进行 IP 地址映射，即将内部地址映射到外部网络的 IP 地址的不同端口上，从而可以实现多对一的映射；还进行 TCP/UDP 端口映射，即<内部地址+内部端口>与<外部地址+外部端口>之间的映射。

例 7.5　3 台内部主机共用了一个全局 IP 地址表，表 7.8 为其 NAPT 表。

表 7.8　NAPT 表的示例

协　　议	内部本地地址端口	内部全局地址端口	外部全局地址端口
TCP	9.1.1.3：1723	202.169.2.2：1492	212.21.7.3：23
TCP	9.1.1.2：1723	202.169.2.2：1723	212.21.7.3：23
TCP	9.1.1.1：1034	202.169.2.2：2034	212.21.7.3：23

3．NAT 的优缺点

NAT 使内部网络的计算机不可能直接访问外部网络：通过包过滤分析，若传入的包没有专门指定配置到 NAT，就将之丢弃。同时使所有内部的 IP 地址对外部是隐蔽的。因此，网络之外没有谁可以通过指定 IP 地址的方式直接对网络内的任何一台特定的计算机发起攻击。NAT 可以使多个内部主机共享数量有限的 IP 地址，还可以启用基本的包过滤安全机制。NAT 虽然可以保障内部网络的安全，但也有一些局限。例如，内部用户可以利用某些木马程序通过 NAT 做外部连接。

7.1.4　屏蔽路由器

路由器是内部网络与 Internet 连接的必要设备，是一种"天然"的防火墙，它除了具有路由功能之外，还安装了分组/包过滤（数据包过滤或应用网关）软件，可以决定对到来的数据包是否要进行转发。因此，安装了过滤规则的路由器就是最简单的防火墙。通常把这种具有数据包过滤功能的路由器称为屏蔽路由器（screening router）。图 7.2 为屏蔽路由防火墙的基本结构。

图 7.2　屏蔽路由防火墙

这种防火墙实现方式简捷，效率较高，在应用环境比较简单的情况下，能够以较小的代价在一定程度上保证系统的安全。但它也有许多不足。

（1）屏蔽路由器是在网关之上实施包过滤，因此它允许被保护网络的多台主机与 Internet 的多台主机直接通信。这样，其危险性便分布在被保护网络内的全部主机以及允许访问的各种服务器上；服务越多，网络的危险性也就越大。

（2）这种网络仅靠单一的部件来保护系统，一旦部件被攻破，就再也没有任何设防了，并且防火墙被攻破时几乎不留下任何痕迹，难以发现已发生的攻击。

（3）屏蔽路由器只能根据数据包的源/目的地址和端口等网络信息进行判断，无法识别基于应用层的恶意侵入，如恶意的 Java 小程序以及电子邮件中附带的病毒。有经验的黑客很容易伪造 IP 地址骗过屏蔽路由防火墙，直接对主机上的软件和配置漏洞进行攻击。

（4）由于数据包的源地址、目的地址以及 IP 的端口号都在数据包的头部，很有可能被窃听或假冒。

（5）数据包缺乏用户日志（log）和审计信息（audit），不具备登录和报告性能，不能进行审核管理，因而过滤规则的完整性难以验证，所以安全性较差。

7.1.5　双/多宿主主机网关防火墙

一台计算机装有两块或多块 NIC（Network Interface Card，网络接口卡，简称网卡，也称为网络适配器）的计算机称为双/多宿主主机（dual-homed/ multi- homed host，也称为双/多穴主机），如图 7.3 所示为双宿主主机网关防火墙，其每个接口可以各连接一个网络，各有一个 IP 地址。它具有如下功能。

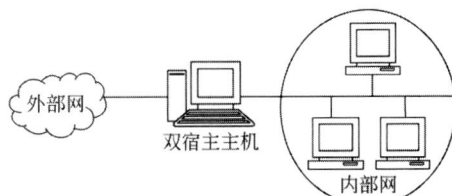

图 7.3　双宿主主机网关防火墙

（1）在所连接的多个网络之间建立一个阻塞点，从一个网络到另一个网络发送的 IP 数据包必须经过双宿主主机的检查。

（2）与它相连的内部和外部网络都可以执行由它所提供的网络应用，如果这个应用允许的话，它们就可以共享数据。

这样就保证内部网络和外部网络的某些节点之间可以通过双宿主主机上的共享数据传递信息，但内部网络与外部网络之间却不能直接传递信息，从而达到保护内部网络的作用。

在双宿主主机中可以采用 NAT 和代理两种安全机制。如果 Internet 上的一台计算机想与被保护网络（Intranet）上的一个工作站通信，必须先注册，与它能看到的 IP 地址联系；代理服务器软件通过另一块 NIC 启动到 Intranet 的连接。

双宿主主机使用代理服务器简化了用户的访问过程，它将被保护网络与外界完全隔离，由于域名系统的信息不会通过被保护系统传到外部，所以系统的名字和 IP 地址对 Internet 是隐蔽的，做到对用户全透明。由于该防火墙仍是由单机组成的，没有安全冗余机制，一旦该"单失效点"出问题，网络将无安全可言。

7.1.6 堡垒主机

1. 堡垒主机（bastion host）的特性

堡垒主机是一个被强化的、暴露在被保护网络外部的、可以预防进攻的计算机。它有如下特性。

（1）堡垒主机是专门暴露给外部网络上的一台计算机，是被保护的内部网络在外网上的代表，并作为进入内部网的一个检查点。

（2）堡垒主机需要面对大量恶意攻击的风险，并且它的安全对于建立一个安全周边具有重要作用，因此必须强化对它的保护，使风险降至最小。

（3）堡垒主机通常提供公共服务，如邮件服务、WWW 服务、FTP 服务和 DNS 服务等。

（4）堡垒主机与内部网络是隔离的。它不知道内部网络上的其他主机的任何系统细节，如内部主机的身份认证服务和正在运行的程序的细节。这样，对堡垒主机的攻击不会殃及内部网络。

2. 堡垒主机的单连点和双连点结构

1）单连点堡垒主机过滤式防火墙

单连点堡垒主机过滤式防火墙的结构如图 7.4 所示。它实现了网络层安全（包过滤）和应用层安全（代理），具有比单纯包过滤更高的安全等级。

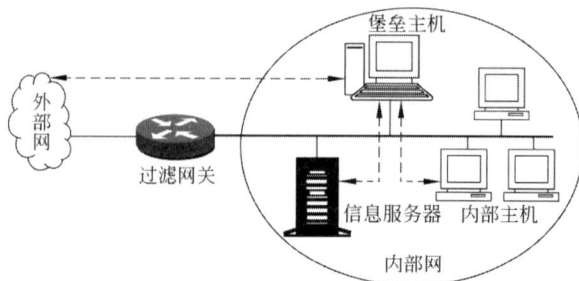

图 7.4　单连点堡垒主机过滤式防火墙

在该系统中，堡垒主机被配置在过滤网关的后方，并且过滤规则的配置使得外部主机只能访问堡垒主机，发往内部网的其他业务流则全部被阻塞。对于内部主机来说，由于内部主机和堡垒主机同在一个内部网络上，所以机构的安全策略需要做出决定：是内部系统允许直接访问外部网，还是要求使用配置在堡垒主机上的代理服务。当配置路由器的过滤规则使其仅仅接收来自堡垒主机的内部业务流时，内部用户就不得不使用代理服务。

主机过滤防火墙具有双重保护，从外网来的访问只能到达堡垒主机，而不允许访问被保护网络的其他资源，有较高的安全可靠性。并且主机过滤网关能有选择地允许那些可以信赖的应用程序通过路由器，是一种非常灵活的防火墙。但是它要求考虑到堡垒主机和路由器两个方面的安全性。如果路由器中的访问控制表允许某些访问通过路由器，则防火墙管理员不仅要管理堡垒主机中的访问控制表，而且要管理路由器中的访问控制表，并要求对这两个部件仔细配置以便它们能协调工作。此外，系统的灵活性也会导致走捷径（例如，用户可能试图避开代理服务器直接与路由器建立联系）而破坏安全性。

2）双连点堡垒主机过滤式防火墙

双连点堡垒主机过滤式防火墙的结构如图 7.5 所示。它比单连点堡垒主机过滤式防火墙有更高的安全等级。由于堡垒主机具有两个网络接口，除了外部用户可以直接访问信息服务器外，外部用户发往内部网络的业务流和内部系统对外部网络的访问都不得不经过堡垒主机，以提高附加的安全性。

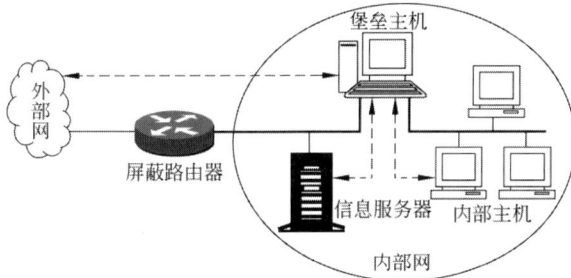

图 7.5　双连点堡垒主机过滤式防火墙

在这种系统中，堡垒主机成为外部网络访问内部网络的唯一入口，所以对内部网络的可能安全威胁都集中到了堡垒主机上。因而对堡垒主机的保护强度关系到整个内部网的安全。

7.1.7　屏蔽子网防火墙

屏蔽子网（screened subnet）防火墙是在被保护网络和 Internet 之间设置一个独立的子网作为防火墙。具体的配置方法是在过滤主机的配置上再加上一个路由器，形成具有外部路由器、内部路由器和信息服务器 3 道防线的过滤子网，如图 7.6 所示。

在屏蔽子网防火墙中，外部路由器用于防范通常的外部攻击（如源地址欺骗和源路由攻击），并管理外部网到过滤子网的访问。外部系统只能访问到堡垒主机，通过堡垒主机向内部网络传送数据包。内部过滤路由器管理过滤子网与内部网络之间的访问，内部系统也只能访问到堡垒主机，通过堡垒主机向外部网络发送数据包。简单地说，任何跨越子网的

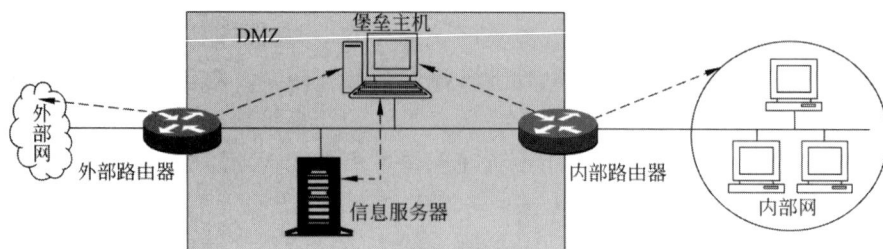

图 7.6　屏蔽子网防火墙配置

直接访问都是被严格禁止的，从而在两个路由器之间定义了一个"非军事区"（De-Militarized Zone，DMZ），表明内部网络距离外部网络更远，更安全。这种配置的防火墙具有最高的安全性，但是它要求的设备和软件模块较多，价格较贵，且相当复杂。

7.1.8　防火墙功能扩展与局限性

1. 防火墙功能扩展

防火墙最初是进行数据包的过滤。后来，性能不断增强，扩展出了如下一些功能。

1）强化网络安全策略

防火墙是位于所保护网络边界上的关口，可以过滤数据包，可以选择符合规则的服务，对于来往的访问进行双向检查：能将可疑访问拒之门外，也能防止未经允许的访问进入外部网络。当然，这就要求无论是从内部到外部的、还是从外部到内部的访问，都必须经过防火墙，并且只有被授权的通信才能通过防火墙，也可以防止内部信息外泄。

2）防止故障蔓延

防火墙具有双向检查功能，能够将网络中一个网块（也称为网段）与另一个网块隔开，从而限制了局部重点或敏感网络安全问题对全局网络造成的影响，防止攻击性故障蔓延。

3）对网络访问进行监控审计和报警

防火墙位于网络的边界上，能有效地监控内部网和外部网之间的一切活动。当所有的访问都经过防火墙，防火墙就能记录下这些访问并做出日志。根据这些记录，管理人员就可以知晓网络的运行状况，知道网络是否受到了攻击以及是什么样的攻击。当发生可疑动作时，防火墙能进行适当的报警，并提供网络是否受到监测和攻击的详细信息。

防火墙还可以具有分析功能，通过对有关记录的统计分析，知道网络有哪些威胁，有哪些安全需求，也能清楚防火墙是否能够抵挡攻击者的探测和攻击，并且清楚防火墙的控制是否充足。

4）提供流量控制（带宽管理）和计费

流量统计建立在流量控制基础之上。通过对基于 IP、服务、时间、协议等的流量进行统计，可以实现与管理界面挂接，并便于流量计费。

流量控制分为基于 IP 地址的控制和基于用户的控制。基于 IP 地址的控制是对通过防火墙各个网络接口的流量进行控制；基于用户的控制是通过用户登录来控制每个用户的流量，防止某些应用或用户占用过多的资源，保证重要用户和重要接口的连接。

5）实现 MAC 与 IP 地址的绑定

MAC 地址与 IP 地址绑定起来，主要用于防止受控（不允许访问外网）的内部用户通过更换 IP 地址访问外网。这其实是一个可有可无的功能。不过因为它实现起来太简单了，内部只需要两个命令就可以实现，所以绝大多数防火墙都提供了该功能。

2. 网络防火墙的局限

1）防火墙可能被绕过

防火墙可以确定哪些内部服务允许外部访问，哪些外部用户可以访问所允许的内部服务，哪些外部服务可以由内部用户访问。为了发挥防火墙的作用，出入的信息必须经过防火墙，被授权的信息才能通过。因而，防火墙应当是不可渗透或绕过的，但若防火墙一旦被攻击者击穿或绕过，防火墙将失去作用。

实际上，系统往往会有缺陷，也往往会由于后门攻击而留下一些漏洞。如图 7.7 所示，如果内部网络中有一个未加限制的拨出，内部网络用户就可以（用向 ISP 购买等方式）通过串行链路网际协议（Serial Line Internet Protocol，SLIP）或点到点协议（Pointer-to-Pointer Protocol，PPP）与 ISP 直接连接，从而绕过防火墙。

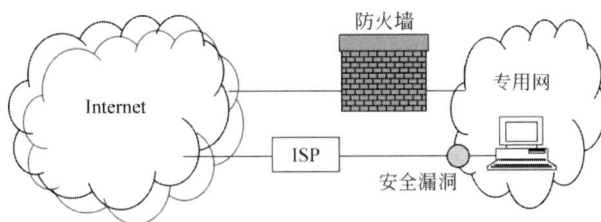

图 7.7　防火墙的漏洞

由于防火墙依赖于口令，所以防火墙不能防范黑客对口令的攻击。几年前，两个在校学生编了一个简单的程序，通过对波音公司的口令字符的排列组合试出了开启内部网的钥匙，从网中搞到了一张波音公司授权的口令表，将口令一一出卖。所以美国马里兰州的一家计算机安全咨询机构负责人诺尔·马切特说："防火墙不过是一道较矮的篱笆墙。"黑客像耗子一样，能从这道篱笆墙上的窟窿中出入。这些窟窿常常是人们无意中留下来的，甚至包括一些对安全性有清醒认识的公司。例如，由于 Web 服务器通常处于防火墙体系之外，而有些公司随意扩展浏览器的功能，使之含有 Applet 编写工具。黑客们便可以利用这些工具钻空子，接管 Web 服务器，接着便可以从 Web 服务器出发溜过防火墙，大摇大摆地"回到"内部网中，好像他们是内部用户，刚刚出来办完事又返回去一样。

2）防火墙不能防止内部出卖性攻击或内部误操作

显然，当内部人员将敏感数据或文件复制到 U 盘等移动存储设备上提供给外部攻击者时，防火墙是无能为力的。此外，防火墙也不能防范黑客，黑客有可能伪装成管理人员或新职工，以骗取没有防范心理的用户的口令，或借用他们的临时访问权限实施攻击。

3）防火墙不能防止对开放端口（服务）的攻击

防火墙要保证服务，必须开放相应的端口。防火墙要准许 HTTP 服务，就必须开放 80

端口；要提供 MAIL 服务，就必须开放 25 端口等。防火墙不能防止对开放的端口进行攻击，即不能防止利用开放服务流入的数据攻击、利用开放服务的数据隐蔽隧道的攻击和对于开放服务软件缺陷的攻击。

4）防火墙不能防止数据驱动式的攻击

有些数据表面上看起来无害，可是当它们被邮寄或复制到内部网的主机中后，就可能会发起攻击，或为其他入侵准备好条件。这种攻击就称为数据驱动式攻击。防火墙无法防御这类攻击。

5）防火墙可以阻断攻击，但不能消灭攻击源

防火墙是一种被动防卫机制，不是主动安全机制。Internet 上的各种攻击源源不断。设置得当的防火墙可以阻挡它们，但是无法清除这些攻击源。

6）防火墙有可能自身遭到攻击

防火墙不能干涉还没有到达防火墙的包，如果这个包是攻击防火墙的，只有已经发生了攻击，防火墙才可以对抗。并且防火墙也是一个系统，也有自己的缺陷，也会受到攻击。这时许多防御措施就会失灵。

7.2 访问代理技术

7.2.1 代理服务器

代理服务器（proxy server）是用户计算机与 Internet 之间的中间代理机制，它采用客户/服务器工作模式。代理服务器位于客户与 Internet 上的服务器之间。请求由客户端向服务器发起，但是这个请求要首先被送到代理服务器；代理服务器分析请求，确定其是合法的以后，首先查看自己的缓存中有无要请求的数据，有就直接传送给客户端，否则再以代理服务器作为客户端向远程的服务器发出请求；远程服务器的响应也要由代理服务器转交给客户端，同时代理服务器还将响应数据在自己的缓存中保留一份副本，以备客户端下次请求时使用。图 7.8 为代理服务的结构及其数据控制和传输过程示意图。

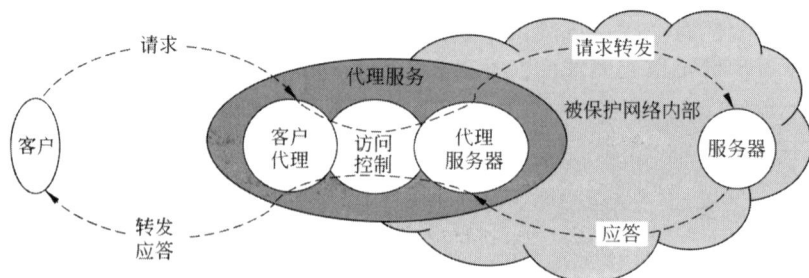

图 7.8　代理服务的结构及其数据控制和传输过程

应用于网络安全的代理技术，也是要建立一个数据包的中转机制，并在数据的中转过程中加入一些安全机制。

代理技术可以在不同的网络层次上进行。主要的实现层次在应用层和传输层，分别称

为应用级代理和电路级代理。它们的工作原理有所不同。

7.2.2　应用级代理

应用级代理像横在客户与服务器连通路径上的一个关口，所以也被称为应用层网关（application level gateway）。由于应用级代理还像横在客户与服务器连通路径上的一堵墙，所以也被称为应用级防火墙。如图 7.9 所示，应用级代理只有为特定的应用程序安装了代理程序代码，该服务才会被支持，并建立相应的连接。显然，这种方式可以拒绝任何没有明确配置的连接，从而提供了额外的安全性和控制性。但是，应用级代理没有通用的安全机制和安全规则描述，它们通用性差，对不同的应用具有很强的针对性和专用性。

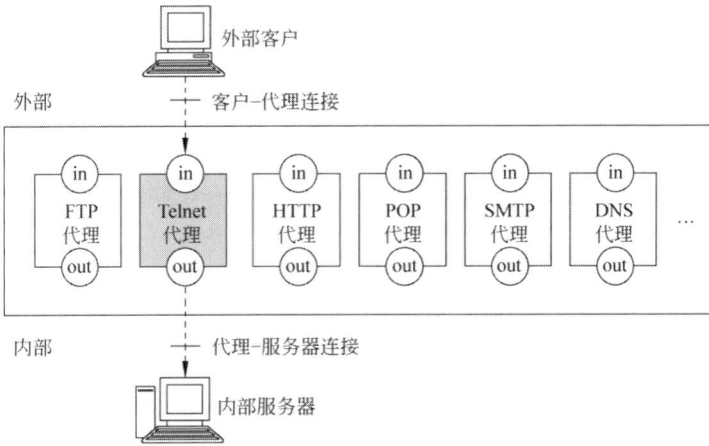

图 7.9　应用级代理工作原理

图 7.10 为应用级代理的基本工作过程。

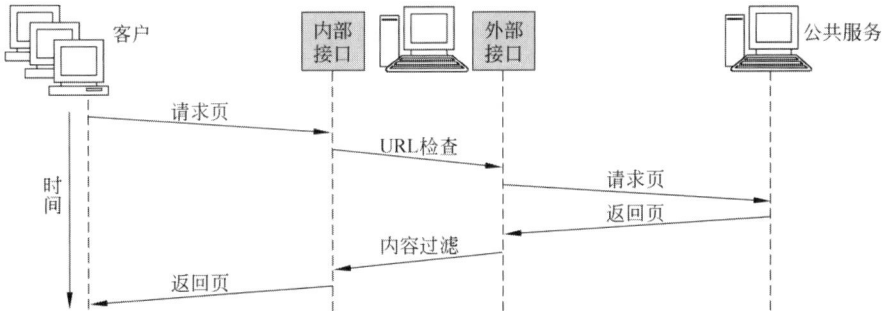

图 7.10　应用级代理的基本工作过程

应用级代理具体提供如下一些功能。

1）阻断路由与 URL

代理服务是一种服务程序，它位于客户机与服务器之间，完全阻挡了两者间的数据交流。从客户机来看，代理服务器相当于一台真正的服务器；而从服务器来看，代理服务器又是一台真正的客户机。当客户机需要使用服务器上的数据时，首先将数据请求发给代理服务器，代理服务器再根据这一请求向服务器索取数据，然后再由代理服务器将数据传输给客户机。由于外部系统与内部服务器之间没有直接的数据通道，外部的恶意侵害也就很难伤害到企业。

代理先侦听网络内部客户的服务请求，然后把这些请求发向外部网络。在这一过程中，代理要重新产生服务级请求。例如，一个 Web 客户向外部发出一个请求时，这个请求会被代理服务器"拦截"，再由代理服务器向目标服务器发出一个请求。因此，外部主机与内部主机之间并不存在直接连接，从而可以防止传输层因源路由、分段和不同的服务拒绝造成的攻击，确保没有建立代理服务的协议不会被发送到外部网络。

2）隐藏用户

应用级代理既可以隐藏内部 IP 地址，也可以给单个用户授权，即使攻击者盗用了一个合法的 IP 地址，也无法通过严格的身份认证。因此，应用级代理比数据包过滤具有更高的安全性。但是这种认证使得应用网关不透明，用户每次连接都要受到认证，这给用户带来许多不便。这种代理技术需要为每个应用写专门的程序。

代理保证所有内容都经过单一的一个点，该点成为网络数据的一个检查点。在应用级代理提供授权检查及代理服务。大多数代理软件可以对过往的数据包进行分析监控、注册登记、过滤、记录和报告等，当外部某台主机试图访问受保护网络时，必须先在代理上经过身份认证。通过身份认证后，再运行一个专门为该网络设计的程序，把外部主机与内部主机连接。在这个过程中，可以限制用户访问的主机、访问时间及访问方式进行记录、监控。同样，受保护网络内部用户访问外部网时也需要先登录到代理上，通过验证后，才可访问。当发现被攻击迹象时会向网络管理员发出警报，并能保留攻击痕迹。代理服务器的缺点是必须针对客户机可能产生的所有应用类型逐一进行设置，大大增加了系统管理的复杂性。此外，假如由于黑客攻击等原因使代理不工作时，对应的服务请求也就被切断了。这也是单点访问的不足之处。

3）提高用户访问效率

代理服务器起内容中转作用，能把服务器向用户提供的内容先保存起来，再提供给用户，下次用户有同样请求时，就会只从服务器传输改变的部分，从而提高了用户访问效率。

7.2.3 电路级代理

电路级代理也称为电路层网关（circuit level gateway）。如图 7.11 所示，在 OSI 模型中电路层网关工作在会话层，它维护一张合法的会话连接表，进行会话层的过滤。在 TCP/IP 协议栈中，电路层网关在 TCP 三次握手过程中检查双方的 SYN、ASK 和序列号是否合乎逻辑，依此判断请求的会话是否合法。一旦认为会话合法，就为双方建立连接。之后就只作为数据包的中转站，进行简单的字节复制式的数据包转接，不再进行任何审查、过滤和管理。因此，受保护网与外部网的信息交换是透明的。

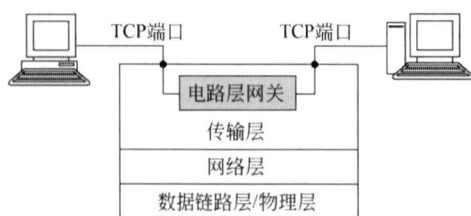

图 7.11　电路层网关工作原理

处于安全网络内的客户端可以事先通知电路层网关有哪些包要到来，这也就形成了一个隐患，即内部用户为外部主机设置了一条特殊通道。为此，电路层网关要与过滤型防火墙一起使用，并要做好日志。

7.2.4　自适应代理技术

1998 年，NAI 公司推出了一种自适应代理（adaptive proxy）技术。它可以结合代理类型防火墙的安全性和包过滤防火墙的高速度等优点，在毫不损失安全性的基础之上将代理型防火墙的性能提高 10 倍以上。组成这种类型防火墙的基本要素有两个：自适应代理服务器（adaptive proxy server）与动态包过滤器（dynamic packet filter）。

在自适应代理与动态包过滤器之间存在一个控制通道。在对防火墙进行配置时，用户仅仅将所需要的服务类型、安全级别等信息通过相应 Proxy 的管理界面进行设置就可以了。然后，自适应代理就可以根据用户的配置信息，决定是使用代理服务从应用层代理请求还是从网络层转发包。如果是后者，它将动态地通知包过滤器增减过滤规则，满足用户对速度和安全性的双重要求。

7.3　网络的物理隔离技术

7.3.1　物理隔离的概念

1. 问题的提出

学术界一般认为，最早提出物理隔离技术的是以色列和美国的军方，主要用于解决涉密网络与公共网络连接时的安全问题。我国也有庞大的政府涉密网络和军事涉密网络，但是我国的涉密网络与公共网络，特别是与 Internet 无任何关联的独立网络，不存在与 Internet 的信息交换，也用不着使用物理隔离网闸解决信息安全问题。所以，在电子政务、电子商务出现之前，物理隔离网闸在我国无市场需求，产品和技术发展较慢。

随着我国信息化建设步伐的加快以及电子政务的急速展开，物理隔离的问题才突出地提到议事日程上来，成为我国信息安全产业发展的一个新增长点。2002 年 8 月 15 日，《国家信息化领导小组关于我国电子政务建设的指导意见》（中办 17 号文件）提出了"十五"期间我国电子政务建设的主要任务之一是："建设和整合统一的电子政务网络。为适应业务发展和安全保密的要求，有效遏制重复建设，要加快建设和整合统一的网络平台。电子政务网络由政务内网和政务外网构成，两网之间物理隔离，政务外网与 Internet 之间逻辑隔离。政务内网主要是副省级以上政务部门的办公网，与副省级以下政务部门的办公网物理隔离。政务外网是政府的业务专网，主要运行政务部门面向社会的专业性服务业务和不需在内网上运行的业务。要统一标准，利用统一平台，促进各个业务系统的互联互通、资源共享。要用一年左右的时间，基本形成统一的电子政务内外网络平台，在运行中逐步完善。"

简单地说，如图 7.12 所示，政务网应当跨越公网、外网和内网。其安全要求如下。

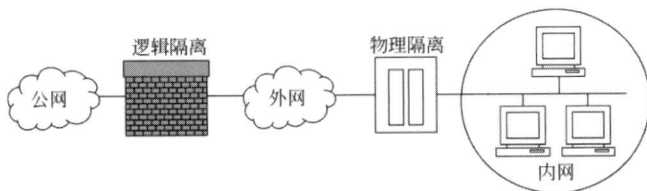

图 7.12　电子政务的三网

（1）在公网和外网之间实行逻辑隔离。

（2）在内网和外网之间实行物理隔离。

2. 物理隔离的术语及其理解

到目前为止，并没有完整的关于物理隔离技术的定义和标准。从不同时期的用词也可以看出，物理隔离技术一直在演变和发展。

较早的用词为 Physical Disconnection。Disconnection 有断开、切断、不连接的意思，直译为物理断开。这是在还没有解决涉密网与 Internet 连接后出现的很多安全问题的技术手段之前的说法，在无可奈何的情况下，只有先断开再说。

后来使用了词汇 Physical Separation。Separation 有分开、分离间隔和距离的意思，直译为物理分开。

但是光分开不是办法，理智的策略应当是为该连即连，不该连则不连。为此要把该连的部分与不该连的部分分开。于是有了 Physical Isolation。Isolation 有孤立、隔离、封闭、绝缘的意思，直译为物理封闭。

事实上，没有与 Internet 相连的系统不多，因此，希望能将一部分高安全性的网络隔离封闭起来。于是开始使用词汇 Physical Gap。Gap 有豁口、裂口、缺口和差异的意思，直译为物理隔离，意为通过制造物理的豁口来达到隔离的目的。

由于 Physical 这个词显得非常僵硬，于是有人用 Air Gap 来代替 Physical Gap。Air Gap 意为空气豁口，很明显在物理上是隔开的。但有人不同意，理由是空气豁口不一定达成"物理隔离"，例如，电磁辐射、无线网络、卫星等都是空气豁口，却没有物理隔离，甚至连逻辑上都没有隔离。于是，E-Gap、Netgap、I-Gap 等名词都出来了。现在，一般称为 Gap Technology，意为物理隔离，成为 Internet 上的一个专用名词。

3. 对物理隔离的要求及其理解

计算机网络是基于网络协议实现连接的。几乎所有的攻击都是在网络协议的一层或多层上进行的。理论上讲，如果断开 OSI 数据模型的所有层，就可以消除来自网络的潜在攻击。网闸正是依照此原理实现了信息安全传递。物理隔离要求内部网络与外部网络在物理上没有相互连接的通道，两个系统在物理上完全独立。要实现公众信息网（外部网）与内部网络物理隔离的目的，必须保证做到以下几点。

（1）在物理传导上使内外网络隔断，确保外部网不能通过网络连接而侵入内部网；同时防止内部网信息通过网络连接泄露到外部网。

（2）在物理辐射上隔断内部网与外部网，确保内部网信息不会通过电磁辐射或耦合方式泄露到外部网。

（3）在物理存储上隔断两个网络环境，对于断电后会易失信息的部件，如内存、处理器等暂存部件，要在网络转换时进行清除处理，防止残留信息串网；对于断电非易失性设备，如磁带机、硬盘等存储设备，内部网与外部网信息要分开存储。

具体地说，对物理隔离的理解表现为以下几个方面。

（1）阻断网络的直接连接，即没有两个网络同时连在隔离设备上。

（2）阻断网络的 Internet 逻辑连接，即 TCP/IP 的协议必须被剥离，将原始数据通过 P2P

的非 TCP/IP 连接协议透过隔离设备传递。

（3）隔离设备的传输机制具有不可编程的特性，因此不具有感染的特性。

（4）任何数据都通过两级移动代理的方式来完成，两级移动代理之间是物理隔离的。

（5）隔离设备具有审查的功能。

（6）隔离设备传输的原始数据不具有攻击或对网络安全有害的特性。就像 txt 文本文件不会有病毒也不会执行命令等一样。

（7）强大的管理和控制功能。

4. 数据隔离与网络隔离

从隔离的内容看，隔离分为数据隔离和网络隔离。

（1）数据隔离主要是指存储设备的隔离——一个存储设备不能被几个网络共享。

（2）网络隔离就是把被保护的网络从公开的、无边界的、自由的环境中独立出来。

只有实现了上述两种隔离，才是真正意义上的物理隔离。

5. 逻辑隔离部件与物理隔离部件

物理隔离与逻辑隔离有很大的不同。物理隔离的哲学是不安全就不联网，要绝对保证安全；逻辑隔离的哲学是在保证网络正常使用的情况下尽可能安全。在技术上，实现逻辑隔离的方式有很多，但主要是防火墙。中华人民共和国公安部 2001 年 12 月 24 日发布（2002年 5 月 1 日实施）的《端设备部件安全技术要求》（GA 370—2001）指出：

（1）物理隔离部件的安全功能应保证被隔离的计算机资源不能被访问（至少应包括硬盘、软盘和光盘），计算机数据不能被重用（至少应包括内存）。

（2）逻辑隔离部件的安全功能应保证被隔离的计算机资源不能被访问，只能进行隔离器内外的原始应用数据交换。

（3）单向隔离部件的安全功能应保证被隔离的计算机资源不能被访问（至少应包括硬盘/硬盘分区、软盘和光盘），计算机数据不能被重用（至少应包括内存）。

（4）逻辑隔离部件应保证其存在泄露网络资源的风险不得多于开发商的评估文档中所提及的内容。

（5）逻辑隔离部件的安全功能应保证在进行数据交换时数据的完整性。

（6）逻辑隔离部件的安全功能应保证隔离措施的可控性，隔离的安全策略应由用户进行控制，开发者必须提供可控方法。

（7）单向隔离部件使数据流无法从专网流向外网，数据流能在指定存储区域从公网流向专网；对专网而言，还能使用外网的某些指定的导入数据。

图 7.13 为使用物理隔离部件和单向隔离部件的连接示意图。

目前物理隔离技术主要包括网络安全隔离卡、隔离集线器和网闸 3 种。

7.3.2　网络安全隔离卡与隔离集线器

1. 设置两个物理区：安全区和公共区

网络安全隔离卡是一种用户级物理隔离技术，其基本原理是在计算机中使用两个独立

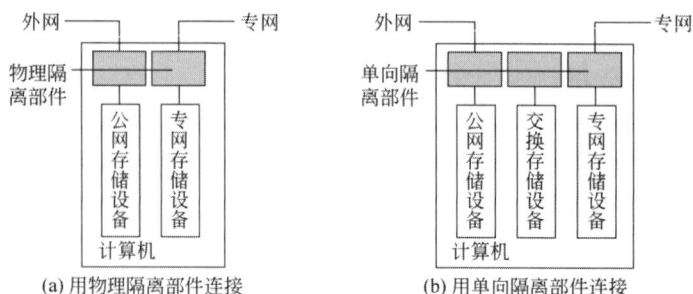

(a) 用物理隔离部件连接　　　　(b) 用单向隔离部件连接

图 7.13　物理隔离部件和单向隔离部件的连接示意图

的硬盘或将一个硬盘分割成两个独立的物理区：安全区（只与内部网络连接）和公共区（只与外部网络连接）。对这两个区有如下要求。

（1）两个分区各有自己独立的操作系统并分别导入，以保证两个硬盘不会同时激活。

（2）两个分区不可以直接交换数据，但可以通过专门设置的中间功能区进行，或通过设置的安全通道使数据由公共区向安全区转移（不可逆向）。

（3）两个状态转换时，所有的临时数据都会被彻底删除。

（4）在安全区与内网连接状态下禁用 U 盘、光驱等移动存储设备，防止内部数据泄密。

2. 用安全隔离卡进行两个物理区的切换

如图 7.14 所示，网络安全隔离卡就像一个分接开关，在 IDE 硬件层上，由固件控制磁盘通道，任何时刻计算机只能与一个数据分区以及相应的网络连通。于是计算机也因此被分为安全状态和公共状态，并且某一时刻只可以在一个状态下工作。

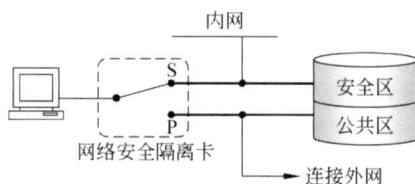

图 7.14　网络安全隔离卡的工作方式

（1）在安全状态时，主机只能使用硬盘的安全区与内网连接，此时外网是断开的，硬盘的公共区也是封闭的。

（2）在公共状态时，主机只能使用硬盘的公共区与外网连接，此时与内网是断开的，且硬盘的安全区是封闭的。

（3）要转换到公共环境时，须进行如下操作。

① 按正常方式退出操作系统。

② 关闭计算机。

③ 将安全硬盘转换为公共硬盘。

④ 将 S/P 开关转换到公共网络。

当然,这些操作是由网络安全隔离卡自动完成的。为了便于用户从Internet上下载数据,特设硬盘数据交换区,通过读写控制只允许数据从外网分区向内网分区单向流动。

图 7.15 为一种客户端物理隔离系统的解决方案。

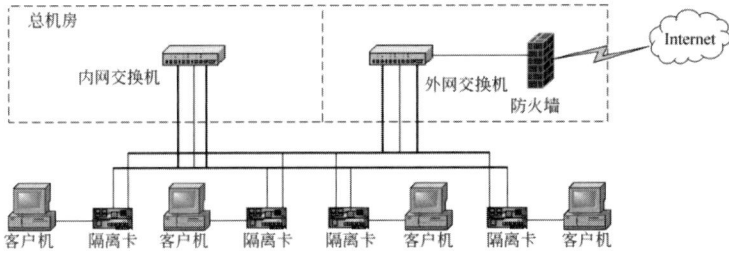

图 7.15　一种客户端物理隔离系统的解决方案

3. 用隔离集线器进行两个区的切换

如图 7.16 所示，网络安全集线器是一种多路开关切换设备。它与网络安全隔离卡配合使用，并通过对网络安全隔离卡上发出的特殊信号的检测，识别出所连接的计算机，自动将其网线切换到相应网络的 Hub 上，从而实现多台独立的安全计算机与内、外两个网络的安全连接与自动切换。

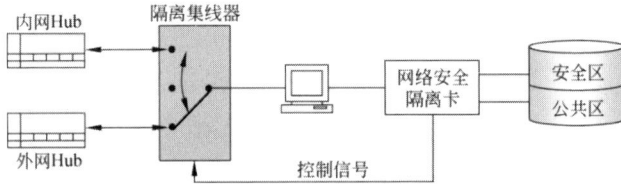

图 7.16　网络安全隔离集线器的工作原理

如果没有检测到来自网络安全隔离卡的信号，两个网络都会被切断。这样减少了安全区的工作站被错误地连入未分类网络的风险。

注意：隔离集线器只有与其他隔离措施，如物理隔离卡等相配合，才能实现真正的物理隔离。如果只切换内外网且变更 IP 地址，而不重新启动系统，则不是真正的物理隔离。

图 7.17 为一种采用隔离集线器和物理隔离卡的解决方案。

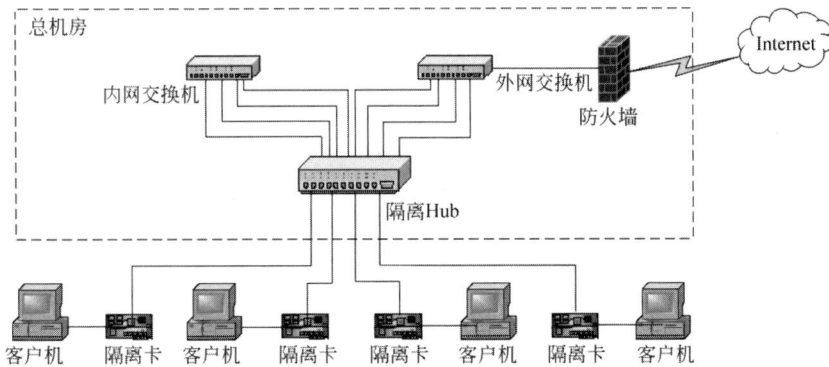

图 7.17　一种采用隔离集线器和物理隔离卡的解决方案

7.3.3　网闸

1. 网闸的基本原理

网闸的全称是安全隔离网闸，也称为信息交换与安全隔离系统（官方称呼），其设计理念基于如下两点。

1）摆渡

过河可以用船摆渡，也可以用桥通过。差别在于摆渡不连接两岸，桥连接两岸。网闸采用摆渡方式，如图 7.18 所示，用这种方式进行网络隔离，即当设备连接一端时，另一端一定是断开的，这就断开了物理层和数据链路层，消除了物理层和数据链路层的漏洞。

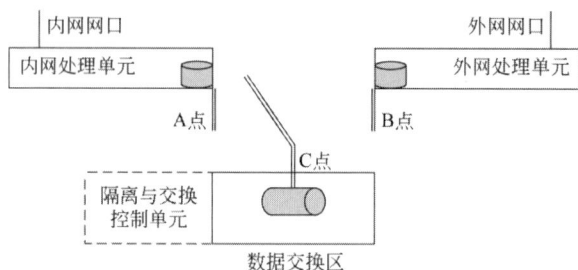

图 7.18　网络"摆渡"示意图

2）透明检查

传统网络传输是经过一层一层地封装，在每一层中按照协议进行转发。这些转发可以称为逻辑连接。摆渡消除了物理层和数据链路层的漏洞，但无法消除这两层之上各层的漏洞。要想通过摆渡网闸消除 TCP/IP（OSI 的 3 到 4 层）漏洞，必须剥离 TCP/IP；要想消除应用协议（OSI 的 5 到 7 层）漏洞，必须剥离应用协议。这是一种"透明"思想。在网闸工作时，经过了一个剥离—检测—重封装的过程，即首先将数据包进行包头的剥离、分解或重组，然后对静态的裸数据进行安全审查（包括网络协议检查和代码扫描等），之后用特殊的内部协议封装后转发，到达对端网络后再重新按照 TCP/IP 进行封装，实现了"协议落地，内容检测"。

图 7.19 是一个采用网闸的政府网络安全解决方案。

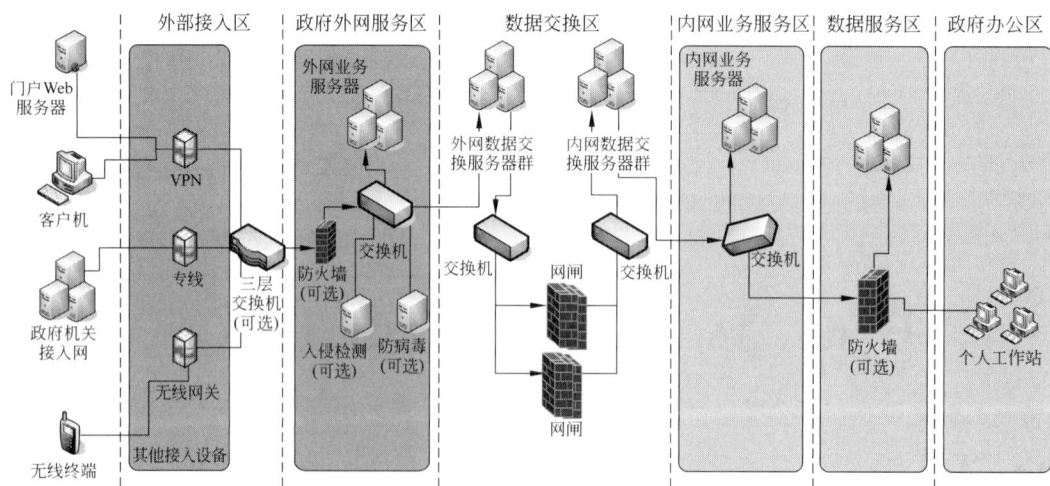

图 7.19　一个采用网闸的政府网络安全解决方案

2. 网闸的基本结构

如图 7.20 所示，网闸系统主要由内网处理模块、外网处理模块和数据交换模块 3 个模块组成。其中，内、外网处理模块负责内、外网信息获取和协议分析；而安全检测与控制处理模块则根据安全策略完成信息的安全检测、内外网络隔离和安全交换，有的还具有更完善的功能，如内核防护、协议转换、病毒查杀、访问控制、安全审计、身份认证等。

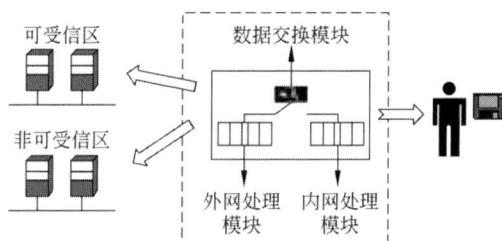

图 7.20　网闸的基本结构

网闸的主要性能指标有系统数据交换速率（一般要求大于 120Mbps）和硬件切换时间（一般要求小于 5ms）。

3. 网闸的实现技术

下面介绍目前的网闸三大实现技术。

1）基于存储总线的网闸技术

基于存储总线的网闸技术是目前最主流的网闸技术。图 7.21 为一种基于存储总线的网闸结构示意图，它用可读写本地存储介质作为交换区，利用电子开关控制内外网的主机单元以摆渡方式进行数据交换区内存储空间的读写。主机单元通过扩展卡扩展存储总线，并把由控制信号组成的专用扩展总线连接到隔离交换控制主机上。对交换区的读写采取块方式，不能采用文件方式，数据的校验和文件的还原都在主机单元中进行；需要读出写入的数据，通过比较来确认写入的数据是否正确。

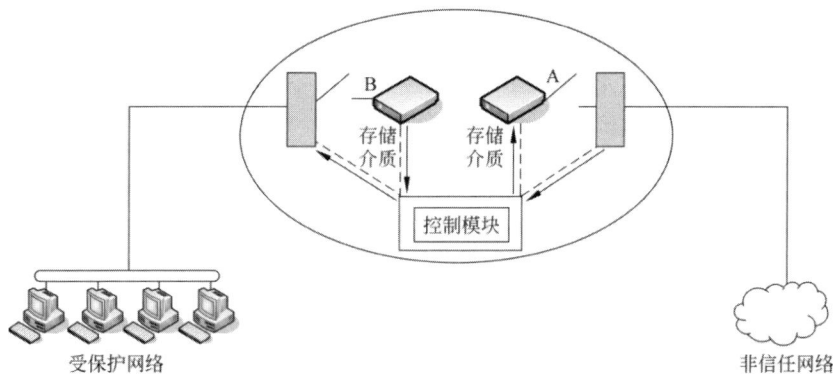

图 7.21　一种基于存储总线的网闸结构示意图

具体的存储技术可以采用 SCSI 方式，也可以采用 IDE 方式。从设计的方便上还可以选择串行的存储方式，如 SATA.SAS 或 USB 盘方式。

2）基于通信总线的网闸技术

基于通信总线的网闸技术也是目前成熟的技术之一。如图 7.22 所示，这种技术采用双端口的静态存储器（Dual Port SRAM），配合基于独立的 CPLD 的控制电路，以实现在两个端口上的开关，双端口各自通过开关连接到独立的计算机主机上。复杂可编程逻辑器件（Complex Programmable Logic Device，CPLD）或高级精简指令集机器（Advanced RISC Machines，ARM）作为独立的控制电路，确保双端口静态存储器的每一个端口上存在一个开关，两个开关不能同时闭合。当交换的内容是文件数据时，它确实给出了一种隔离断开的实现方式；当交换的内容是 IP 包时，则不是该方式。因为双端口 RAM 可以进行 IP 包的存储和转发，这是一种结构缺陷。

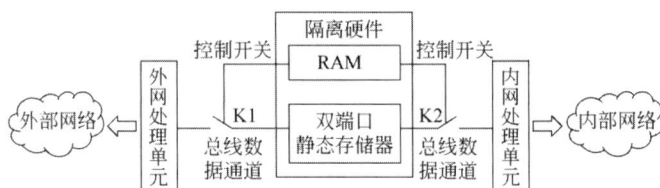

图 7.22　一种基于通信总线的网闸结构

采用这种技术的产品，应该严格检查是否实现了 TCP/IP 的剥离，是否实现了应用协议的剥离，确保是应用输出或输入的文件数据被转发，而不是 IP 包。除此之外，还必须有机制来保证双端口 RAM 不会被黑客用来转发 IP 包。如果设计不当，TCP/IP 没有剥离，IP 包会直接被写入内存存储介质，并且被转发。在这种情况下，尽管物理层是断开的，链路层也是断开的，由于 TCP/IP 的 3 层和 4 层没有断开，也不能算作网络隔离。

3）基于单向通道的网闸技术

由于双向通道可能会为攻击提供通道，近年兴起了单向通道技术。为了说明这个问题，先分析一下下面的常见攻击过程。

① 攻击者伪装攻击信息。

② 伪装信息搭载正常数据通过网闸。

③ 伪装的攻击信息将自己还原，收集信息并采用与 2）同样的手段向攻击者报告。

④ 攻击者根据已经取得的权限进行下一步动作。

双向的"摆渡"是无法切断这样的攻击通道的，即使采用了协议落地的手段也无济于事，因为某些攻击的行为还可能掩藏于"纯数据"之中，就像罪犯将毒品藏到体内一样。

如图 7.23 所示，单向通道就是把通信的收、发两个链路完全分开，由于在一个通道中

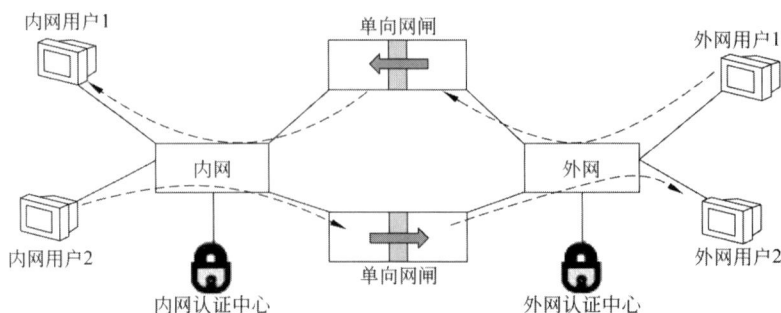

图 7.23　一种基于单向通道的网闸结构

不能完成通信的反馈，因此，攻击行为就成了半开的连接，不能发挥效果：发送方只管发送数据，数据方只管接收数据。但是，单向通道技术没有差错重传机制，发送方并不知道接收方是否可靠地接收到数据，必须通过其他机制来提供可靠保障。例如，加上简单的控制信号，实现数据的差错重发等。

7.4　VPN

VPN（Virtual Private Network，虚拟专用网）是指将物理上分布在不同地点的专用网络通过不可信任的公共网络构造成逻辑上可信任的虚拟子网，进行安全的通信。

7.4.1　VPN 的基本原理

图 7.24 为 VPN 的结构示意图。图中有 3 个专网，它们都位于 VPN 设备的后面，同时由路由器连接到公共网。VPN 技术采用了安全封装、加密、认证、存取控制、数据完整性保护等措施，使得敏感信息只有预定的接收者才能读懂，实现信息的安全传输，使信息不被泄露、篡改和复制，相当于在各 VPN 设备间形成一些跨越 Internet 的虚拟通道——"隧道"。

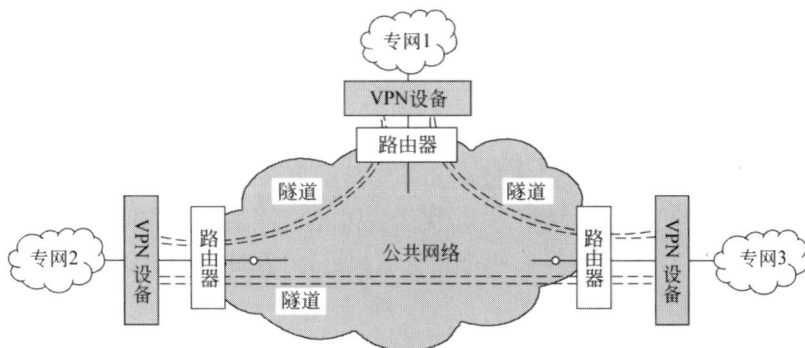

图 7.24　VPN 的结构与基本原理

隧道的建立主要有两种方式：客户启动（client-initiated）和客户透明（client-transparent）。客户启动也称为自愿型隧道，要求客户和服务器（或网关）都安装特殊的隧道软件，以便在 Internet 中可以任意使用隧道技术，完全由自己控制数据的安全。客户透明也称为强制型隧道，只需要服务器端安装特殊的隧道软件，客户软件只用来初始化隧道，并使用用户 ID、口令或数字证书进行权限鉴别，使用起来比较方便，主要供 ISP 将用户连接到 Internet 时使用。

VPN 的基本处理过程如下。

① 要保护的主机发送明文信息到其 VPN 设备。

② VPN 设备根据网络管理员设置的规则，确定是对数据进行加密还是直接传送。

③ 对需要加密的数据，VPN 设备将其整个数据包（包括要传送的数据、源 IP 地址和目的 IP 地址）进行加密并附上数字签名，加上新的数据报头（包括目的 VPN 设备需要的安全信息和一些初始化参数），重新封装。

④ 将封装后的数据包通过隧道在公共网上传送。

⑤ 数据包到达目的 VPN 设备，将数据包解封，核对数字签名无误后，对数据包解密。

7.4.2　隧道结构与实现技术

1. 隧道结构

隧道技术是 VPN 技术的核心，它涉及数据的封装，可以利用 TCP/IP 协议作为主要传送协议，以一种安全的方式在公用网络（如 Internet）上传送。

在 VPN 中，双方的通信量很大，并且往往很熟悉，这样就可以使用复杂的专用加密和认证技术对通信双方的 VPN 进行加密和认证。为了实现这些功能，隧道被构造为一种 3 层结构。

（1）最底层是传输。传输协议用来传输上层的封装协议，IP、ATM、PVC 和 SVC 都是非常合适的传输技术。其中，因为 IP 具有强大的路由选择能力，可以运行于不同的介质上，因而应用最为广泛。

（2）第二层是封装。封装协议用来建立、保持和拆卸隧道，或者称为数据的封装、打包与拆包。

（3）第三层是认证。

2. VPN 实现技术

目前，实现 VPN 的主要技术有两种：一种是基于 IPSec 协议的 VPN 模式；另一种是基于 SSL 协议的 VPN 模式。关于它们的具体实现方法，这里不再赘述。

7.4.3　VPN 的服务类型

从应用的角度看，VPN 的服务大致有如下 3 种类型。

（1）远程访问 VPN（access VPN）：适用于在外地有流动办公的情况。这时的驻外工作人员只能通过宾馆或其他的设施以拨号方式与本部进行 VPN 连接，利用 HTTP、FTP 其他网络服务与本部交换信息。

（2）内联 VPN（intranet VPN）：适用于在外地有固定分支机构的情形。这时，驻外分支机构通过 ISP 与本部进行 VPN 安全连接。

（3）外联 VPN（extranet VPN）：适用于与业务伙伴之间通信的连接。这时，往往需要通过专线连接公共基础设施，并借助电子商务软件等与本部进行 VPN 连接。

7.5　沙　　箱

7.5.1　沙箱概述

1. 沙箱及其特点

沙箱（Sandbox，又叫沙盘）是一种计算机安全机制，它可以为运行中的程序提供一种隔离环境和独立的资源，特别适合运行一些来源不可信、可能具有破坏力或无法判定其意图的程序，对其进行资源隔离、故障隔离、性能隔离、多用户间负载隔离等，在提升安全性的同时，对性能影响非常小。图 7.25 为沙箱原理示意图。

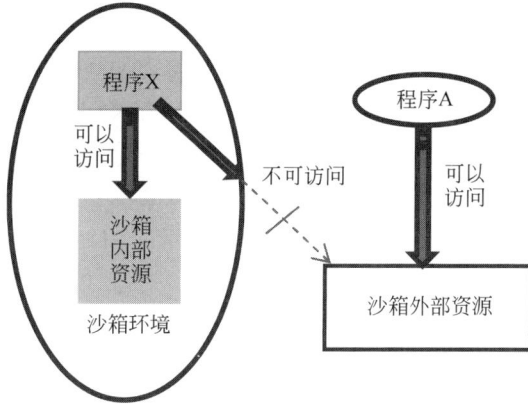

图 7.25　沙箱原理示意图

2. 沙箱的主要技术路线

（1）全系统仿真：模拟主机物理硬件的沙箱，包括内存和 CPU。

（2）操作系统仿真：模拟最终用户操作系统的沙箱。它不模拟机器硬件。

（3）虚拟化：基于虚拟机（Virtual Machine，VM）的沙箱，包含并检查可疑程序。

（4）重定向（redirect）技术，就是通过各种方法将程序的各种请求重新定个方向转到其他位置。

7.5.2　典型沙箱——Java 沙箱

Java 沙箱是典型的沙箱，Java 安全模型的核心就是 Java 沙箱。

1. Java 沙箱技术的发展

在 Java 中将执行程序分成本地代码和远程代码两种，本地代码被看作是可信任的，而远程代码则被看作是不可信的。可信任的本地代码可以访问一切本地资源。在早期的 Java 实现中，不可信远程代码的安全依赖于沙箱机制。图 7.26 为 JDK1.0 安全模型——沙箱模型示意图。JDK1.0 的沙箱是一种严格的沙箱，但是严格的安全限制却给程序的功能扩展带来障碍，比如当用户希望远程代码访问本地系统的文件时，就无法实现。因此在后续的 Java1.1 版本中，针对安全机制做了改进，增加了安全策略，允许用户通过信任认证，指定某些代码获得对本地资源的访问权限。图 7.27 为 JDK1.1 的沙箱模型示意图。

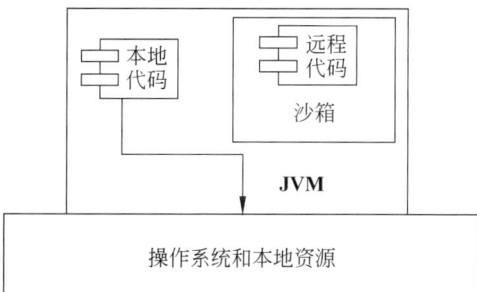

图 7.26　JDK1.0 的沙箱模型

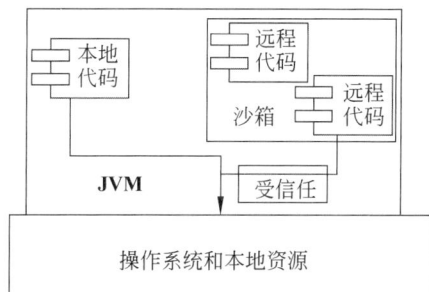

图 7.27　JDK1.1 的沙箱模型

到了 JDK1.2，Java 设置了类加载器，并划分出多个权限不同的运行空间，不论本地代码还是远程代码，都会按照用户的安全策略设定，由类加载器加载到虚拟机中不同的运行空间，来实现差异化的代码执行权限控制。图 7.28 为 JDK1.2 的安全模型示意。

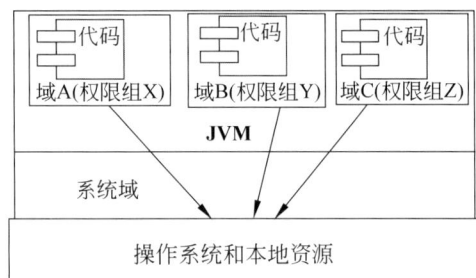

当前 Java 又引入了域的概念，并将域划分为系统域和应用域，系统域部分专门负责与关键资源进行交互，而各个应用域部分则通过系统域的部分代理来对各种需要的资源进行访问。虚拟机会把所有代码加载到不同的系统域和应用域，虚拟机中不同的受保护域（protected domain）对应不一样的权限（permission）。存在于不同域中的类文件就具有了当前域的全部权限。图 7.29 为 JDK1.6 的安全模型示意。

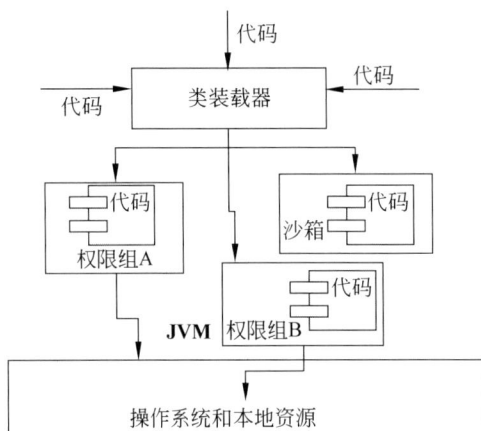

图 7.28　JDK1.2 的安全模型　　　　　图 7.29　JDK1.6 的安全模型

2. Java 沙箱的基本组件

现在，Java 沙箱一般应具有下列基本组件。

1）字节码校验器（bytecode verifier）

字节码校验器可以确保 Java 类文件遵循 Java 语言规范。这样可以帮助 Java 程序实现内存保护。但并不是所有的类文件都会经过字节码校验，比如核心类。

2）类装载器（class loader）

类装载器在 3 个方面对 Java 沙箱起作用：

（1）防止恶意代码干涉善意的代码；

（2）双亲委派机制守护了新人的类库边界；

（3）将代码归入保护域，确定了代码可以进行哪些操作。

3）存取控制器（access controller）

存取控制器可以控制核心 API 堆操作系统的存取权限，而这个控制的策略设定，可以由用户指定。

4）安全管理器（security manager）

安全管理器是核心 API 和操作系统之间的主要接口。实现权限控制，比存取控制器优先级高。

5）安全软件包（security package）

java.security 下的类和扩展包下的类。允许用户为自己的应用增加新的安全特性，包括：安全提供者、消息摘要、数字签名、加密、消息摘要、数字签名等。

7.6　基于零信任的体系架构

7.6.1　零信任的概念

1. 零信任概念的提出

本书在前言中已经指出关于信息系统保护的意义：

（1）信息系统是重要的，重要的系统需要保护；

（2）计算机信息系统是复杂的系统，复杂的系统是脆弱的，需要特别保护；

（3）计算机信息系统是虚拟的，虚拟的系统给安全保护带来很大困难；

（4）现代信息系统是开放的，开放的系统会带来更多的风险。

同时还指出了，攻防的不对称性带来的困难：

（1）攻击可以择机发起，防御必须随时警惕；

（2）攻击可以选择一个薄弱点实施，防御必须全线设防；

（3）攻击一般使用一种或几种技术，防御则需要考虑已知的所有技术；

（4）攻击可以肆意进行，防御必须遵循一定的规则；

（5）社会总在发展，技术总在进步，道高一尺，会有魔高一丈，这种攻防博弈永远不会终结。

针对这种现实，2010 年当时的 Forrester 分析师 John Kindervag 提出了零信任（Zero Trust）概念，其核心思想是"从不信任，始终验证"——默认情况下，企业内外部的任何人、事、物均不可信，应在授权前对任何试图接入网络和访问网络资源的人、事、物进行验证。

2. 基于零信任理念的五个假设

在不安全的环境中，对于信任的原则就是"宁可信其无，不可信其有"。人们总结出关于零信任的 5 个假设：

1）关于自有网络的 3 个假设

（1）整个自有网络不可以被视为默认信任区域。

（2）整个自有网络上的设备可能不可由企业拥有或配置。

（3）任何资源本质上都不受信任。

2）在非企业自有的网络上的 2 个假设

（1）并非所有企业资源都在企业拥有的基础结构上。

（2）远程企业用户无法完全信任本地网络连接。

7.6.2　零信任架构的 SIM 技术

零信任架构（Zero Trust Architecture，ZTA）就是基于零信任假设，来构建比传统框架更为可靠的信息系统架构。"SIM"是 SDP（Software Defined Perimeter，软件定义边界）、IAM（Identity Access Management，身份权限管理）和 MSG（Micro-Segmentation，微隔离）三个技术的统称。它们是 2019 年 10 月 24 日美国国防创新委员会（DIB）发布的《零信任架构（ZTA）建议》（Zero Trust Architecture Recommendations，ZTAR）报告中提出的实现零信任架构的三大技术。ZTAR 认为零信任架构在应用和服务级别的三个重点领域是：用户身份认证、设备身份认证和"最低权限访问"授权，同时介绍了"SIM"。

1．软件定义边界

软件定义边界也被称为"黑云（Black Cloud）"，是国际云安全联盟 CSA 于 2013 年提出的基于零信任理念的新一代网络安全模型。众所周知，传统的网络安全是基于防火墙的物理边界防御，也就是我们所熟知的"内网"。随着云计算、移动互联网、AI 大数据、IoT 物联网等新兴技术的不断兴起，传统安全边界在瓦解，企业 IT 架构正在从"有边界"向"无边界"转变。过去服务器资源和办公设备都在内网，现在随着迁移上云、移动办公、物联网等应用，网络边界越来越模糊，业务应用场景越来越复杂，传统物理边界安全无法满足企业数字化转型的需求，因此，更加灵活、更加安全的软件定义边界 SDP 技术架构顺势而生。

SDP 技术的基本思想是：端点要访问受保护服务器的网络访问，先要进行身份验证和授权，然后在请求系统和应用程序基础设施之间实时创建加密连接。这样，对外一直呈现零可见性和零连接状态，从而将用户的数据和基础设施等关键 IT 资产隐藏在用户自己的黑云里，无论这些资产位于公有云还是私有云，这些关键 IT 资产对外都是不可见的。换句话说，SDP 旨在使应用程序所有者能够在需要时部署安全边界，以便将服务与不安全的网络隔离开来。SDP 将物理设备替换为在应用程序所有者控制下运行的逻辑组件。SDP 仅在设备验证和身份验证后才允许访问企业应用基础架构。在使用中，每个服务器都隐藏在远程访问网关设备后面，在授权服务可见且允许访问之前用户必须对其进行身份验证。这个过程是通过软件实现的。相对于防火墙等硬件的网络隔离，将其称为软件定义边界。

2．身份权限管理

身份认证是资产安全的基础，也是零信任架构的基础。在传统的中心化信息系统中，往往采用用户名来标识用户，在零信任理念下需采用基于密码学的方式进行身份认证，例如基于数字证书的用户标识体系、基于公钥的用户标识体系等，并进行持续的信任评估。

零信任架构要求动态的访问控制。常用的访问控制模型有基于角色的访问控制和基于属性的访问控制。

3．微隔离

微隔离的具体含义是指把一个无结构无边界的网络分成好多逻辑上的微小网段，以确保每一个网段上只有一个计算资源，而所有需要进出这个微网段的流量都需要经过访问控制设备。换句话说，微隔离是细粒度更小的网络隔离技术，能够应对传统环境、虚拟化环境、混合云环境、容器环境下对于东西向流量隔离的需求，重点用于阻止攻击者进入企业数据中心网络内部后的横向平移（或者叫东西向移动）。

微隔离使 IT 人员可以使用网络虚拟化技术在数据中心内部部署灵活的安全策略，而不必安装多个物理防火墙。此外，微隔离可用于保护每个虚拟机（VM）在具有策略驱动的应用程序级安全控制的企业网络中。微隔离技术可以大大增强企业的抵御能力。

对其核心的能力要求聚焦在对流量的隔离上（当然对南北向隔离也能发挥左右），一是有别于传统防火墙单点边界上的隔离（控制平台和隔离策略执行单元都是耦合在一台设备系统中），二是在云计算环境中的真实需求。

微隔离系统的关键部件是分离的策略控制中心和策略执行单元。

1）策略控制中心

策略控制中心是微隔离系统的中心大脑，需要具备以下几个重点能力。

（1）能够可视化展现内部系统之间和业务应用之间的访问关系，让平台使用者能快速理清内部访问关系；

（2）能按角色、业务功能等多维度标签对需要隔离的工作负载进行快速分组；

（3）能够灵活地配置工作负载、业务应用之间的隔离策略，策略能够根据工作组和工作负载进行自适应配置和迁移。

2）策略执行单元

策略执行单元执行流量数据监测和隔离策略的工作单元，可以是虚拟化设备也可以是主机代理 Agent。

7.6.3　零信任的逻辑架构

2020 年 8 月 12 日，美国国家标准与技术研究院（简称 NIST）发布《零信任架构》正式版，其中对零信任安全原则、架构模型、应用场景做了详细的描述。图 7.30 为 NIST 倡导的零信任架构。

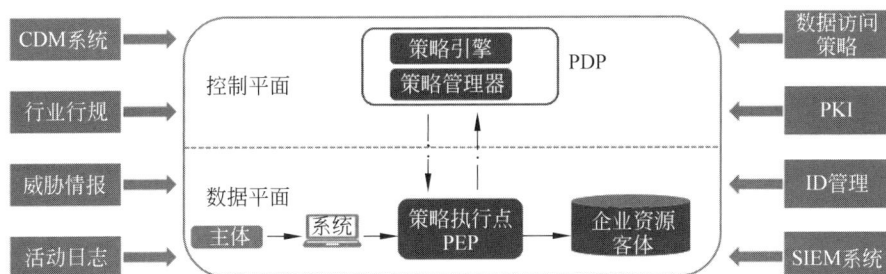

图 7.30　NIST 零信任架构

如图 7.30 所示，NIST 倡导的零信任架构有两个核心组件：PDP（策略决策点）和 PEP（策略执行点）。周边的内容，表示了这个模型的运行环境。

习　题　7

一、选择题

1. 防火墙用于将 Internet 和内部网络隔离，是（　　）。

    A. 防止 Internet 火灾的硬件设施　　　　　　B. 网络安全和信息安全的软件和硬件设施

    C. 保护线路不受破坏的软件和硬件设施　　　D. 起抗电磁干扰作用的硬件设施

2. 防火墙最主要被部署在（　　）位置。

    A. 网络边界　　　　　　　　　　　　　　　B. 骨干线路

    C. 重要服务器旁　　　　　　　　　　　　　D. 桌面终端

3. 下列关于防火墙的说法中错误的是（　　）。

    A. 防火墙工作在网络层　　　　　　　　　　B. 防火墙对 IP 数据包进行分析和过滤

    C. 防火墙是重要的边界保护机制　　　　　　D. 部署防火墙，就解决了网络安全问题

4. 在一个企业网中，防火墙应该是（　　）的一部分，构建防火墙时首先要考虑其保护的范围。

    A. 安全技术　　　　　B. 安全设置　　　　　C. 局部安全策略　　　　　D. 全局安全策略

5. 一般而言，Internet 防火墙建立在一个网络的（　　）。

    A. 内部子网之间传送信息的中枢　　　　　　B. 每个子网的内部

    C. 内部网络与外部网络的交叉点　　　　　　D. 部分内部网络与外部网络的结合处

6. 包过滤型防火墙从原理上看是基于（　　）进行数据包分析的技术。

    A. 物理层　　　　　　B. 数据链路层　　　　　C. 网络层　　　　　　D. 应用层

7. 对非军事 DMZ 而言，正确的解释是（　　）。

    A. DMZ 是一个真正可信的网络部分

    B. DMZ 网络访问控制策略决定允许或禁止进入 DMZ 通信

    C. 允许外部用户访问 DMZ 系统上合适的服务

    D. 以上 3 项都对

8. 对动态网络地址交换（NAT），不正确的说法是（　　）。

    A. 将很多内部地址映射到单个真实地址　　　B. 外部网络地址和内部地址一对一地映射

    C. 每个连接使用一个端口　　　　　　　　　D. 最多可有 64 000 个同时的动态 NAT 连接

9. 以下（　　）不是包过滤防火墙主要过滤的内容。

    A. 源 IP 地址　　　　　　　　　　　　　　B. 目的 IP 地址

    C. TCP 源端口和目的端口　　　　　　　　D. 时间

10. 在被屏蔽的主机体系中，堡垒主机位于（　　）中，所有的外部连接都经过滤路由器到它上面去。

    A. 内部网络　　　　　B. 周边网络　　　　　　C. 外部网络　　　　　D. 自由连接

11. 外部数据包经过过滤路由只能阻止（　　）的唯一 IP 欺骗。

    A. 内部主机伪装成外部主机 IP　　　　　　B. 内部主机伪装成内部主机 IP

    C. 外部主机伪装成外部主机 IP　　　　　　D. 外部主机伪装成内部主机 IP

12. 通常所说的移动 VPN 是指（　　）。

    A. Access VPN　　　　B. Intranet VPN　　　　C. Extranet VPN　　　　D. 以上均不是

13. 将公司与外部供应商、客户及其他利益相关群体相连接的是（　　）。

    A. 内联网 VPN　　　　B. 外联网 VPN　　　　C. 远程接入 VPN　　　　D. 无线 VPN

14. （　　）通过一个拥有与专用网络相同策略的共享基础设施，提供对企业内部网或外部网的远程访问。

　　A. Access VPN　　　　B. Intranet VPN　　　　C. Extranet VPN　　　　D. Internet VPN

15. 以下属于第二层的 VPN 隧道协议有（　　）。

　　A. IPSec　　　　　　B. PPTP　　　　　　　C. GRE　　　　　　　D. 以上均不是

16. 以下不属于隧道协议的是（　　）。

　　A. PPTP　　　　　　B. L2TP　　　　　　　C. TCP/IP　　　　　　D. IPSec

17. 以下不属于 VPN 核心技术的是（　　）。

　　A. 隧道技术　　　　B. 身份认证　　　　　C. 日志记录　　　　　D. 访问控制

18. L2TP 隧道在两端的 VPN 服务器之间采用（　　）来验证对方的身份。

　　A. SSL　　　　　　　B. 数字证书　　　　　C. Kerberos　　　　　D. 口令握手协议 CHAP

二、判断题

1. 自适应代理网关防火墙的基本要素有两个：自适应代理服务器与动态包过滤器。（　　）

2. 网络地址端口转换（NAPT）把内部地址映射到外部网络的一个 IP 地址的不同端口上。（　　）

3. 防火墙提供的透明工作模式，是指防火墙工作在数据链路层，类似于一个网桥。因此，不需要用户对网络的拓扑做出任何调整就可以把防火墙接入网络。（　　）

4. 防火墙安全策略一旦设定，就不能再做任何改变。（　　）

5. 对于防火墙的管理可直接通过 Telnet 进行。（　　）

6. 防火墙规则集的内容决定了防火墙的真正功能。（　　）

7. 防火墙必须要提供 VPN、NAT 等功能。（　　）

8. 防火墙对用户只能通过用户和口令进行认证。（　　）

9. 即使在企业环境中，个人防火墙作为企业纵深防御的一部分也是十分必要的。（　　）

10. 只要使用了防火墙，企业的网络安全就有了绝对保障。（　　）

11. 防火墙规则集应该尽可能的简单，规则集越简单，错误配置的可能性就越小，系统就越安全。（　　）

12. 在一个有多个防火墙存在的环境中，每个连接两个防火墙的计算机或网络都是 DMZ。（　　）

三、填空题

1. 防火墙位于_____之间，一端是_____，另一端是_____。

2. 防火墙系统的主要体系结构有_____体系结构、_____体系结构和_____体系结构。

3. 主要用于防火墙的 VPN 系统，与互联网密钥交换 IKE 有关的框架协议是_____。

4. _____被定义为通过公用网络建立的一个临时的、安全的连接，是一条穿过公用网络的安全、稳定的通道。

四、简答题

1. 在组建 Intranet 时，防火墙是必需的吗？为什么？

2. 试述一个防火墙产品应具备的基本功能。

3. 下面是选择防火墙时应考虑的一些因素，请按你的理解，将它们按重要性排序。

① 被保护网络受威胁的程度。

② 受到入侵，网络的损失程度。

③ 网络管理员的经验。

④ 被保护网络的已有安全措施。

⑤ 网络需求的发展。

⑥ 防火墙自身管理的难易度。

⑦ 防火墙自身的安全性。

4. 列举更多的防火墙系统结构，最好有自己的创意。

5. 查找资料，叙述防火墙测试的内容和方法。

6. 查找资料，叙述防火墙选型的基本原则和具体标准。

7. 简述攻击防火墙的主要手段。

8. 查找资料，简述目前国内外防火墙技术发展的现状和自己对防火墙的未来的设想。

9. 查找资料，对当前常用的防火墙产品进行分析比较，详细描述其中的 3 种防火墙产品的用法以及升级方法。

10. 浏览最热门的 3 个防火墙技术网站，综述目前关于防火墙讨论的热点问题。

11. 有一个内部网（192.168.20.0）只与某一台外部主机（172.165.2.55）交换数据。写出位于它们之间的数据包过滤规则。

12. 比较包过滤、网络地址转换和代理技术的特点以及适用的环境。

13. 简述国内外物理隔离技术的现状和发展趋势。

14. 浏览网站，列举国内有关物理隔离设备的厂家及其产品的特点。

15. 收集国内外有关网络隔离技术的网站信息，简要说明各网站的特点。

16. 收集国内外有关网络隔离技术的最新动态。

17. 简述 VPN 使用了哪些关键技术。

18. 如何理解零信任的理念？

19. 软件定义边界有什么意义？

20. 什么是微隔离？

五、课外阅读

网络防火墙发展历史　TCP/IP 数据包及其格式　MAC 地址与 IP 地址　防火墙的种类

第8章 入侵威慑

防火墙是一种被动式的防御，网络陷阱则是主动式防御，安全卫士、入侵检测、取证、审计和法治介于中间。

8.1 信息系统安全卫士

8.1.1 信息系统安全卫士概述

"道高一尺，魔高一丈"。随着计算机技术和网络技术的飞速发展与广泛应用，恶意代码和黑客技术也在不断地花样翻新、升级。这使得计算机用户不得不安装大量防范软件，搞得手忙脚乱，应接不暇。不过，这种局面也促成信息安全业的发展，也使得信息系统安全卫士应运而生。表8.1列举了国内开发的一些信息系统安全卫士产品。

表8.1　国内开发的信息系统安全卫士产品举例

名　　称	存储空间 /MB	适用系统				更新情况	
		微软	安卓	iOS	MAC	新版本号	发布时间
百度安全卫士	10.5	√	√	√		8.2.0.7227	2016-09-05
360 安全卫士	60.2	√	√	√	√	v11.4	2017-03-06
QQ 电脑管家	52.5	√	√	√	√	v12.3	2017-03-19
金山卫士	29.0	√	√			4.7.0.4215 官方版	2016-03-15
火绒互联网安全软件	9.7	√				v4.0.15.2 官方版	2017-03-16
360 Total Security 中文	41.8	√				8.8.0.1077 中文版	2016-09-22
2345 安全卫士	10.5	√				v2.9 官方版	2017-01-08
QQ 电脑管家 Win 10 专版	50.9	√				11.8.17899.205	2016-08-08
360 安全卫士 Win 10 专版	60.2	√				v11.4 官方版	2017-03-06
瑞星全功能安全软件 2016	44.7	√				v23.01.77.85 官方版	2016-12-02
瑞星安全云终端	20.6	√				v3.0.0.71 官方版	2017-03-02
瑞星安全助手	9.7	√				01.00.02.78	2016-08-19
火绒剑独立版	2.0	√				0.1.0.36	2016-09-19
阿里钱盾电脑版	19.8	√	√	√		v1.0.5.92 官方版	2016-12-29
网站安全狗	36.8	√				v4.0.16786 官方版	2017-01-18
反黑安全卫士	34.5	√				v1.0.185 官方版	2016-08-22
QQ 安全管家	32.1	√				v6.8 及 v6.9	2012-04-19
360 文档卫士	3.3	√				v1.0.0.1001 官方版	2017-03-17
网站安全狗 Apache 版	25.9	√				v4.0.16776 官方版	2017-01-18
悬镜管家	7.0	√				v3.2.1.3482 官方版	2017-01
铠甲安全卫士	35.7	√				v2.0.16.1111 官方版	2016-11-27
联想杀毒软件	25.8	√				v1.0.8 官方版	2016-10-19

安全卫士其实就是一种信息安全软件包，它集成了多种安全保护软件，并不断升级，为用户提供一个界面、多种功能的信息安全保护。图 8.1 和图 8.2 是其中两款的用户界面。

图 8.1　360 安全卫士用户界面

图 8.2　2345 安全卫士用户界面

8.1.2　信息系统安全卫士的功能

目前国内开发出的安全卫士产品很多，各有特色，但一般来说都有如下功能或类似功能。

（1）电脑体检：对计算机进行详细的检查。

（2）木马查杀：确保计算机不受木马的危害。

（3）漏洞修复：为系统修复高危漏洞和功能性更新。

（4）系统修复：修复常见的上网设置和系统设置。

（5）电脑清理：清理插件、垃圾、痕迹和注册表。

（6）优化加速：加快开机速度。

（7）电脑救援：自助方案、专家人工在线解决计算机故障问题。

（8）软件管家：安全下载软件和小工具。

（9）功能大全：提供其他各式各样的功能，如开机时间、流量显示、性能体检等。

8.1.3 信息系统安全卫士的选用

目前绝大多数安全卫士都是免费提供的。选择一个合适的安全卫士产品，一般应当从可见与不可见两个方面进行比较。

1．可见方面

（1）功能。目前各种安全卫士的功能略有差异。

（2）适用系统。如表 8.1 所示，有的产品适用于 Windows 系统，有的适用于 Android 系统，有的适用于苹果 iOS 系统，还有的适用于 macOS 系统。有的覆盖多种适用场景。

（3）占用的存储空间。

（4）版本情况，是不是比较新的版本。

（5）界面情况，使用起来是否方便。

2．不可见方面

不可见方面主要要考虑：开发（运行）该软件的商家实力。一般说来，实力强的公司，样本库丰富、更新快，服务准确、及时。

8.2 入侵检测系统

入侵检测系统（Intrusion Detection System，IDS）最早于 1980 年 4 月由 James P. Anderson 在为美国空军起草的技术报告 *Computer Security Threat Monitoring and Surveillance*（《计算机安全威胁监控与监视》）中提出。报告中提出了一种对计算机系统风险和威胁的分类方法，将威胁分为外部渗透、内部渗透和不法行为；提出了利用审计跟踪数据监视入侵活动的思想。这份报告被认为是入侵检测的开山之作。

这里，"入侵"（intrusion）是一个广义的概念，不仅包括发起攻击的人（包括黑客）取得超出合法权限的行为，也包括收集漏洞信息和造成拒绝访问（DoS）等对系统造成危害的行为。而入侵检测（intrusion detection）就是对入侵行为的监察，提供了对内部攻击、外部攻击和误操作的实时保护，被认为是防火墙后面的第二道安全防线。

入侵检测系统则是对计算机和网络系统资源上的恶意行为进行识别和响应的处理系统；它像雷达警戒一样，在不影响网络性能的前提下，对网络进行警戒、监控，从计算机网络的若干关键点收集信息，通过分析这些信息，观察网络中是否有违反安全策略的行为和遭到攻击的迹象，从而扩展了系统管理员的安全管理能力，提高了信息安全基础结构的完整性。

8.2.1 入侵检测模型

1．入侵检测系统的功能

具体说来，入侵检测系统的主要功能如下。

（1）监视并分析用户和系统的行为。

（2）审计系统配置和漏洞。

（3）评估敏感系统和数据的完整性。

（4）识别攻击行为，对异常行为进行统计。

（5）自动收集与系统相关的补丁。

（6）审计、识别并跟踪违反安全法规的行为。

（7）使用诱骗服务器记录黑客行为。

2. 实时入侵检测和事后入侵检测

实时入侵检测在网络的连接过程中进行，通过攻击识别模块对用户当前的操作进行分析，一旦发现攻击迹象就转入攻击处理模块，例如立即断开攻击者与主机的连接、收集证据或实施数据恢复等。如图 8.3 所示，这个检测过程是反复循环进行的。

事后入侵检测是根据计算机系统对用户操作所做的历史审计记录，判断是否发生了攻击行为，如果有，则转入攻击处理模块处理。事后入侵检测通常由网络管理人员定期或不定期地进行。图 8.4 为事后入侵检测的过程。

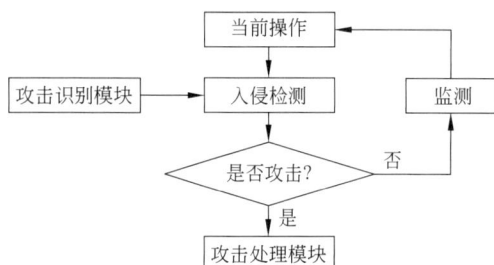

图 8.3 实时入侵检测过程　　　　图 8.4 事后入侵检测的过程

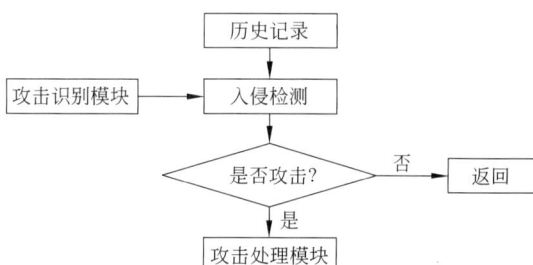

3. 入侵检测系统的基本结构

入侵检测是防火墙的合理补充，帮助系统对付来自外部或内部的攻击，扩展了系统管理员的安全管理能力（如安全审计、监视、攻击识别及其响应），提高了信息安全基础结构的完整性。如图 8.5 所示，入侵检测系统的主要工作就是从信息系统的若干关键点上收集信息，然后分析这些信息，用来判断网络中有无违反安全策略的行为和遭到袭击的迹象。

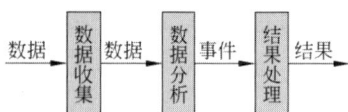

图 8.5 入侵检测系统的通用模型

入侵检测系统的通用模型比较粗略，但是它表明数据收集、数据分析和处理响应是一个入侵检测系统的最基本部件。

8.2.2 信息收集与数据分析

入侵检测的第一步是在信息系统的一些关键点上收集信息。这些信息就是入侵检测系统的输入数据。

1. 数据收集的内容

入侵检测系统收集的数据一般有如下 4 个方面。

1）主机和网络日志文件

主机和网络日志文件中记录了各种行为类型，每种行为类型又包含不同的信息。例如，记录"用户活动"类型的日志，就包含登录、用户 ID 改变、用户对文件的访问、授权和认证信息等内容。这些信息包含了发生在主机和网络上的不寻常和不期望活动的证据，留下黑客的踪迹。通过查看日志文件，能够发现成功的入侵或入侵企图，并很快地启动应急响应程序。因此，充分利用主机和网络日志文件信息是检测入侵的必要条件。

2）目录和文件中不期望的改变

网络环境中的文件系统包含很多软件和数据文件。包含重要信息的文件和私密数据文件经常是黑客修改或破坏的目标。黑客经常替换、修改和破坏他们获得访问权的系统上的文件，同时为了隐蔽他们在系统中的活动痕迹，还会尽力替换系统程序或修改系统日志文件。因此，目录和文件中的不期望的改变（包括修改、创建和删除），特别是那些正常情况下限制访问的对象，往往就是入侵发生的指示和信号。

3）程序执行中的不期望行为

每个在系统上执行的程序由一到多个进程来实现。每个进程都运行在特定权限的环境中，进程的行为由它运行时执行的操作来表现，这种环境控制着进程可访问的系统资源、程序和数据文件等；操作执行的方式不同，利用的系统资源也就不同。

操作包括计算、文件传输、设备与网络间其他进程的通信。黑客可能会将程序或服务的运行分解，从而导致它的失败，或者是以非用户或管理员意图的方式操作。因此，一个进程出现了不期望的行为可能表明黑客正在入侵本系统。

4）物理形式的入侵信息

黑客总是想方设法，去突破网络的周边防卫，例如，通过网络上由用户私自加上去的不安全（即未授权的）设备进行突破，以便能够在物理上访问内部网，在内部网上安装他们自己的设备和软件。例如，用户在家里可能安装调制解调器以访问远程办公室，那么这一拨号访问就变成了威胁网络安全的后门。黑客就会利用这个后门来访问内部网，从而越过了内部网络原有的防护措施，然后捕获网络流量，进而攻击其他系统，并偷取敏感的私有信息等。

2. 入侵检测系统的数据收集机制

准确性、可靠性和效率是入侵检测系统数据收集机制的基本指标，在 IDS 中占据着举足轻重的位置。如果收集的数据时延较大，检测就会失去作用；如果数据不完整，系统的检测能力就会下降；如果由于错误或入侵者的行为致使收集的数据不正确，IDS 就会无法检测到某些入侵，给用户以安全的假象。

1）基于主机的数据收集和基于网络的数据收集

基于主机的 IDS 是在每台要保护的主机后台运行一个代理程序，检测主机运行日志中记录的、未经授权的可疑行径，检测正在运行的进程是否合法并及时做出响应。

基于网络的入侵检测系统是在连接过程中监视特定网段的数据流，查找每一数据包内隐藏的恶意入侵，对发现的入侵做出及时的响应。在这种系统中，使用网络引擎执行监控任务。图 8.6 中给出了网络引擎所处的几个可能位置。

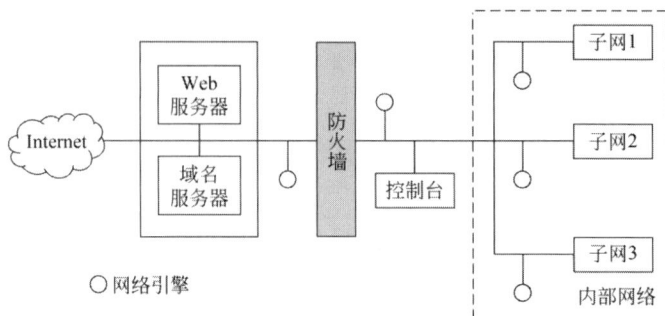

图 8.6 基于网络的 IDS 中网络引擎的配置

网络引擎所处的位置不同，所起的作用也不同。

（1）网络引擎配置在防火墙内，可以监测渗透过防火墙的攻击。

（2）网络引擎配置在防火墙外的非军事区，可以监测对防火墙的攻击。

（3）网络引擎配置在内部网络的各临界网段，可以监测内部的攻击。

控制台用于监控全网络的网络引擎。为了防止黑客假扮控制台入侵或拦截数据，在控制台与网络引擎之间应创建安全通道。

基于网络的入侵检测系统主要用于实时监控网络关键路径。它的隐蔽性好、视野宽、侦测速度快、占用资源少、实施简便，并且还可以用单独的计算机实现，不增加主机负担。但难以发现所有数据包，对于加密环境无能为力，用在交换式以太网上比较困难。

基于主机的 IDS 提供了基于网络的 IDS 不能提供的一些功能，如二进制完整性检查、记录分析和非法进程关闭等。同时由于不受交换机隔离的影响，在交换网络中非常有用。但是它对网络流量不敏感，并且由于运行在后台，不能访问被保护系统的核心功能（不能将攻击阻挡在协议层之外）。它的内在结构没有任何束缚，并可以利用操作系统提供的功能，结合异常分析，较准确地报告攻击行为，而不是根据网上收集到的数据包去猜测发生的事件。但是它们往往要求为不同的平台开发不同的程序，从而增加了主机的负担。

总的看来，单纯地使用基于主机的入侵检测或基于网络的入侵检测，都会造成主动防御体系的不全面。但是，由于它们具有互补性，所以将两种产品结合起来，无缝地部署在网络内，就会构成综合了两者优势的主动防御体系，既可以发现网段中的攻击信息，又可以从系统日志中发现异常情况。这种系统一般为分布式，由多个部件组成。

2）分布式与集中式数据收集机制

分布式 IDS 收集的数据来自一些固定位置，与受监视的网元数量无关。集中式 IDS 收集的数据来自一些与受监视的网元数量有一定比例关系的位置。

3）直接监控和间接监控

IDS 从它所监控的对象处直接获得数据，称为直接监控；反之，如果 IDS 依赖一个单独的进程或工具获得数据，则称为间接监控。

就检测入侵行为而言，直接监控要优于间接监控，这是因为：

（1）从非直接数据源获取的数据在被 IDS 使用之前，入侵者还有修改的潜在机会。

（2）非直接数据源可能无法记录某些事件，例如，它无法访问监视对象的内部信息。

（3）在间接监控中，数据一般都是通过某种机制（如编写审计代码）生成的，但这些机制并不满足 IDS 的具体要求，因而从间接数据源获得的数据量要比从直接数据源所获得的大得多。并且间接监控机制的可伸缩性小，一旦主机及其内部被监控的要素增加，过滤数据的开销就会降低监控主机的性能。

（4）间接数据源的数据从产生到 IDS 访问之间有一个时延。但是由于直接监控操作的复杂性，目前的 IDS 产品中只有不足 20%使用了直接监控机制。

4）外部探测器和内部探测器

外部探测器的监控组件（程序）独立于被监测组件（硬件或软件）。内部探测器的监控组件（程序）附加于被监测组件（硬件或软件）。表 8.2 给出了它们的优缺点比较。

表 8.2　外部探测器和内部探测器的优缺点

比较内容	外部探测器	内部探测器
错误引入安全性	• 代理消耗了过量资源 • 库调用错误地修改了某些参数 • 有被入侵者修改的潜在可能	• 要嵌入被监控程序中，修改被监控程序时容易引进错误对策：探测器代码尽量短 • 不是分离进程，不易被禁止或修改
可实现性、可使用性、可维护性	好：• 探测器程序与被监控程序分离 • 从主机上进行修改、添加或删除等较易 • 可以利用任何合适的编程语言	差：• 需要集成到被监控程序中，难度较大 • 需要使用与被监控程序相同的编程语言 • 设计要求高，修改和升级难度大
开销	大：数据生成和使用之间存在时延	小：• 数据的产生和使用之间的时延小 • 不是分离进程，避免了创建进程的主机开销
完备性	差：• 仅可从"外面"监控程序 • 仅可访问外部获得数据，获取能力有限	好：• 可以放置在被监控程序的任何地方 • 可以访问被监控程序中的任何信息
正确性	只能根据可获得的数据作出基于经验的猜测	较好

3. 数据分析

数据分析是 IDS 的核心，其功能就是对从数据源提供的系统运行状态和活动记录进行同步、整理、组织、分类以及各种类型的细致分析，提取其中包含的系统活动特征或模式，用于对正常和异常行为的判断。

入侵检测系统的数据分析技术根据检测目标和数据属性，分为异常发现技术和模式发现技术两大类。最近几年还出现了一些通用的技术。下面分别进行介绍。

1）异常发现技术

异常发现技术不是用于检测已知的入侵行为，而是监视通信系统中的异常现象。如表 8.3 所示，这类系统中需要使用机器学习算法。自学习型系统通过学习事例构建正常行为模型，又可分为时序和非时序两种；可编程型系统需要通过程序测定异常事件，让用户知道哪些是足以破坏系统安全的异常行为，可编程系统又可分为描述统计和缺省否定两类。

图 8.7 为基于异常检测的 IDS 的基本模型。在这类系统中，如果建立了系统的正常行为轨迹，则在理论上就可以把所有与正常轨迹不同的系统状态视为可疑企图。由于正常情况具有一定的范围，因此正确地选择异常阈值和特征，决定何种程度才是异常，是异常发现

技术的关键。

表 8.3　异常发现技术

类　　型		方　　法	系　统　名　称
自学习型	非时序	规则建模	Wisdom & Sense
		描述统计	IDES、NIDES、EMERRALD、JiNao、Haystack
	时序	人工神经网络	Hyperview
可编程型	描述统计	简单统计	MIDAS、NADIR、Haystack
		基于简单规则	NSM
		门限	Computer-watch
	缺省否认	状态序列建模	DPEM、Janus、Bro

异常检测只能检测出那些与正常过程具有较大偏差的行为。由于对各种网络环境的适应性较弱，且缺乏精确的判定准则，异常检测有可能出现虚报现象。

2）模式发现技术

模式发现又称为特征检测或滥用检测。如图 8.8 所示，该技术基于已知系统缺陷和入侵模式，即事先定义了一些非法行为，然后将观察现象与之比较并做出判断。这种技术可以准确地检测具有某些特征的攻击，但是由于过度依赖事先定义好的安全策略，而无法检测系统未知的攻击行为，因而可能产生漏报。

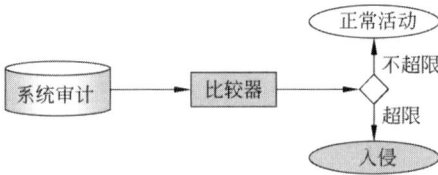

图 8.7　基于异常检测的 IDS 的模型　　　　图 8.8　模式发现模型

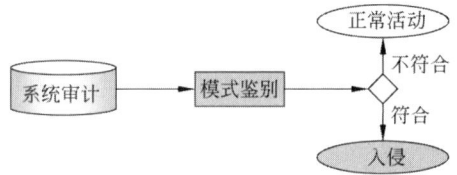

模式发现技术对已知的决策规则通过编程实现，常用的技术有如下 4 种。

（1）状态建模：将入侵行为表示成许多个不同的状态。如果在观察某个可疑行为期间，所有状态都存在，则判定为恶意入侵。状态建模从本质上来讲是时间序列模型，可以再细分为状态转换和 Petri 网，前者将入侵行为的所有状态形成一个简单的遍历链，后者将所有的状态构成一个更广义的树形结构的 Petri 网。

（2）串匹配：通过对系统之间传输的或系统自身产生的文本进行子串匹配实现。该方法灵活性差，但易于理解，目前有很多高效的算法，其执行速度很快。

（3）专家系统：可以在给定入侵行为描述规则的情况下，对系统的安全状态进行推理。一般情况下，专家系统的检测能力强大，灵活性也很高，但计算成本较高，通常以降低执行速度为代价。

（4）基于简单规则：类似于专家系统，但相对简单一些，执行速度快。

3）混合检测

近几年来，混合检测日益受到人们的重视。这类检测在做出决策之前，既分析系统的正常行为，又观察可疑的入侵行为，所以判断更全面、准确、可靠。它通常根据系统的正常数据流背景来检测入侵行为，故也有人称其为"启发式特征检测"。属于这类检测的技术有以下一些。

（1）人工免疫方法。

（2）遗传算法。

（3）数据挖掘。

（4）人工智能。

4．入侵检测系统的特征库

IDS 要有效地捕捉入侵行为，必须拥有一个强大的入侵特征（signature）数据库，这就如同公安部门必须拥有健全的罪犯信息库一样。

IDS 中的特征是指用于判别通信信息种类的样板数据，通常分为多种，以下是一些典型情况及其识别方法。

（1）来自保留 IP 地址的连接企图：可通过检查 IP 报头（IP header）的来源地址识别。

（2）带有非法 TCP 标志联合物的数据包：可通过 TCP 报头中的标志集与已知正确和错误标记联合物的不同点来识别。

（3）含有特殊病毒信息的 E-mail：可通过对比每封 E-mail 的主题信息和病态 E-mail 的主题信息来识别，或者通过搜索特定名字的外延来识别。

（4）查询负载中 DNS 缓冲区溢出企图：可通过解析 DNS 域及检查每个域长度来识别。另外一个方法是在负载中搜索"壳代码利用"（exploit shellcode）的序列代码组合。

（5）对 POP3 服务器大量发出同一命令而导致 DoS 攻击：通过跟踪记录某个命令连续发出的次数，观察是否超过了预设上限，从而发出报警信息。

（6）未登录情况下使用文件和目录命令对 FTP 服务器的文件访问攻击：通过创建具备状态跟踪的特征样板以监视成功登录的 FTP 对话，发现未经验证却发出命令的入侵企图。

显然，特征的涵盖范围很广，有简单的报头域数值，有高度复杂的连接状态跟踪，有扩展的协议分析。

此外，不同的 IDS 产品具有的特征功能也有所差异。例如，有些网络 IDS 系统只允许很少地定制存在的特征数据或者编写需要的特征数据，另外一些则允许在很宽的范围内定制或编写特征数据，甚至可以是任意一个特征；一些 IDS 系统只能检查确定的报头或负载数值，另外一些则可以获取任何信息包的任何位置的数据。

8.2.3　响应与报警策略

1．响应

早期的入侵检测系统的研究和设计把主要精力放在对系统的监控和分析上，而把响应的工作交给用户完成。现在的入侵检测系统都提供响应模块并提供主动响应和被动响应两种响应方式。一个好的入侵检测系统应该让用户能够定制其响应机制，以符合特定的需求环境。

1）主动响应

在主动响应系统中，系统将自动或以用户设置的方式阻断攻击过程或以其他方式影响攻击过程，通常可以选择的措施如下。

（1）针对入侵者采取的措施。

（2）修正系统。

（3）收集更详细的信息。

2）被动响应

在被动响应系统中，系统只报告和记录发生的事件。

2. 报警

检测到入侵行为需要报警。具体报警的内容和方式需要根据整个网络的环境和安全需求确定。例如：

（1）对一般性服务，报警集中在已知的、有威胁的攻击行为上。

（2）对关键性服务，将尽可能多的报警记录下来并对部分认定的报警进行实时反馈。

8.2.4 入侵检测器的部署与设置

入侵检测器部署的位置直接影响入侵检测系统的工作性能。因此，在规划一个入侵检测系统时，首先要考虑入侵检测器的部署位置。显然，在基于网络的入侵检测系统中和在基于主机的入侵检测系统中，部署的策略不同。

1. 在基于网络的入侵检测系统中部署入侵检测器

基于网络的入侵检测系统主要检测网络数据报文，因此一般将检测器部署在靠近防火墙的地方。具体部署位置如图 8.9 所示。

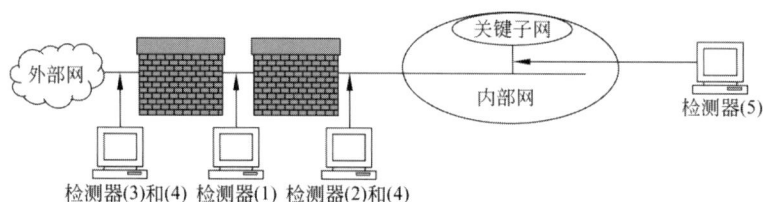

图 8.9 基于网络的入侵检测器的部署

1）DMZ 区

在 DMZ 区，可以检测到的攻击行为是所有针对向外提供服务的服务器的攻击。由于 DMZ 中的服务器是外部可见的，因此在这里的检测最为重要。同时，由于 DMZ 中的服务器有限，所以针对这些服务器的检测可以使入侵检测器发挥最大优势。但是，在 DMZ 中，检测器会暴露在外部而失去保护，容易遭受攻击，导致无法工作。

2）内网主干（防火墙内侧）

将检测器放到防火墙的内侧，有如下几点好处。

（1）检测器放到防火墙内侧比放在 DMZ 中安全。

（2）检测器所检测到的都是已经渗透过防火墙的攻击行为，从中可以有效地发现防火墙配置的失误。

（3）可以检测到内部可信用户的越权行为。

（4）由于受干扰的机会少，报警概率也小。

3）外网入口（防火墙外侧）

这种部署的优势如下。

（1）可以对针对目标网络的攻击进行计数，并记录最为原始的数据包。

（2）可以记录针对目标网络的攻击类型。

但是，检测器部署在外网入口不能定位攻击的源地址和目的地址，系统管理员在处理攻击行为上也有难度。

4）在防火墙的内外都放置

这种位置既可以检测到内部攻击，又可以检测到外部攻击，并且无须猜测攻击是否穿越防火墙。但是，这种部署的开销较大，在经费充足的情况下是最理想的选择。

5）关键子网

这个位置可以检测到对系统关键部位的攻击，将有限的资源用在最值得保护的地方，获得最大效益/投资比。

2. 在基于主机的入侵检测系统中部署入侵检测器

基于主机的入侵检测系统通常是一个程序。在基于网络的入侵检测器的部署和配置完成后，基于主机的入侵检测将部署在最重要、最需要保护的主机上。

3. 入侵检测系统的设置

网络安全需要各个安全设备的协同工作和正确设置。由于入侵检测系统位于网络体系中的高层，高层应用的多样性导致了入侵检测系统分析的复杂性和对计算资源的高需求。在这种情形下，对入侵检测设备进行合理的优化设置，可以使入侵检测系统更有效地运行。

图 8.10 是入侵检测系统设置的基本过程。可以看出，入侵检测系统的设置需要经过多次回溯，反复调整。

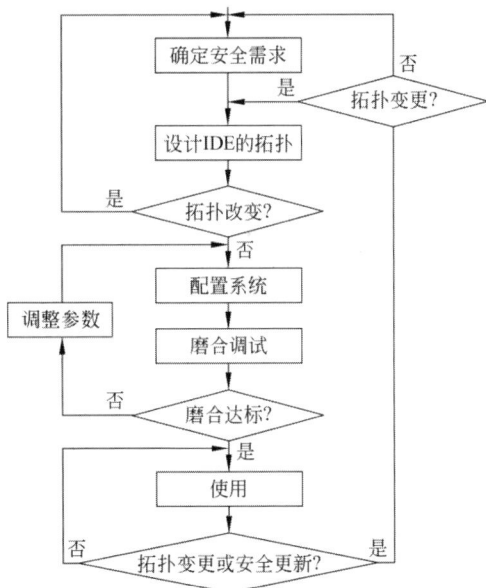

图 8.10 入侵检测系统设置的基本过程

4. 报警策略

检测到入侵行为时需要报警。具体报警的内容和方式需要根据整个网络的环境和安全需要确定。例如：

（1）对一般性服务企业，报警集中在已知的有威胁的攻击行为上。

（2）对关键性服务企业，需要将尽可能多的报警记录下来并对部分认定的报警进行实时反馈。

8.3 网 络 陷 阱

网络陷阱也称网络诱骗，是一种主动防御技术。

8.3.1 蜜罐主机技术

网络陷阱技术的核心是蜜罐（honey pot）。它是运行在 Internet 上的充满诱惑力的计算机系统。这种计算机系统有如下一些特点。

（1）蜜罐是一个包含漏洞的诱骗系统，它通过模拟一个或多个易受攻击的主机，给攻击者提供一个容易攻击的目标。

（2）蜜罐不向外界提供真正有价值的服务。

（3）所有与蜜罐的连接尝试都被视为可疑的连接。

这样，蜜罐就可以实现如下目的。

（1）引诱攻击，拖延对真正有价值目标的攻击。

（2）消耗攻击者的时间，以便收集信息，获取证据。

下面介绍蜜罐的 3 种主要形式。

1. 空系统

空系统是一种没有任何虚假和模拟环境的完全真实的计算机系统，有真实的操作系统和应用程序，也有真实的漏洞。这是一种简单的蜜罐主机。

但是，空系统（以及模拟系统）很快会被攻击者发现，因为这不是其期待的目标。

2. 镜像系统

建立一些提供 Internet 服务的服务器镜像系统，会使攻击者感到真实，也就更具有欺骗性。另一方面，由于是镜像系统，所以比较安全。

3. 虚拟系统

虚拟系统是在一台真实的物理机器上运行一些仿真软件，模拟出多台虚拟机，构建多个蜜罐主机。

这种虚拟系统不但逼真，而且成本较低，资源利用率较高。此外，即使攻击成功，也不会威胁宿主操作系统的安全。

8.3.2 蜜网技术

蜜网（honeynet）技术也称为网络陷阱技术，它由多个蜜罐主机、路由器、防火墙、IDS、审计系统等组成，为攻击者制造一个攻击环境，供防御者研究攻击者的攻击行为。

1. 第一代蜜网

图 8.11 为第一代蜜网的结构。

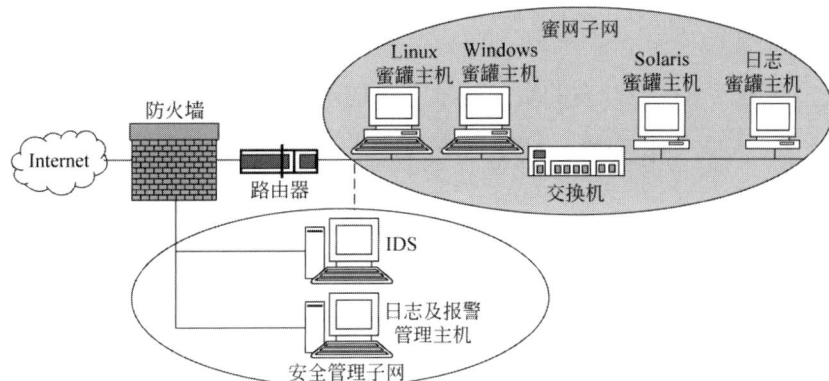

图 8.11　第一代蜜网的结构

下面对其中各部件的作用加以介绍。

（1）防火墙：用于隔离内网和外网，防止入侵者以蜜网作为跳板攻击其他系统。其配置规则不限制外网对蜜网的访问，但需要对蜜罐主机对外的连接予以控制，包括以下 3 条。

- 限制对外连接的目的地。
- 限制蜜罐主机主动对外连接。
- 限制对外连接的协议。

（2）路由器：放在防火墙与蜜网之间，利用路由器具有的控制功能来弥补防火墙的不足，例如，防止地址欺骗攻击和 DoS 攻击等。

（3）IDS：是蜜网中的数据捕获设备，用于检测和记录网络中可疑的通信连接，在发现可疑的网络活动时报警。

2. 第二代蜜网

图 8.12 为第二代蜜网的结构图。

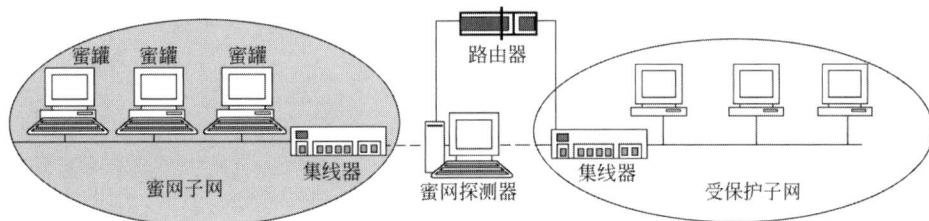

图 8.12　第二代蜜网的结构

第二代蜜网技术将数据控制和数据捕获集中到蜜网探测器中进行。这样带来的好处有如下 4 点。

- 便于安装和管理。
- 隐蔽性更强。
- 可以监控非授权活动。
- 可以采取积极的响应方法限制非法活动的效果，如修改攻击代码字节，使攻击失效等。

3．第三代蜜网

第三代蜜网是目前正在开发的蜜网技术。它是建立在物理设备上的分布式虚拟系统，如图 8.13 所示，这样就把蜜罐、数据控制、数据捕获和数据记录等都集中到一台物理设备上。

图 8.13　第三代蜜网的结构

8.3.3　常见网络陷阱工具及产品

1．蜜罐实现工具

1）WinEtd

WinEtd 是一个在 Windows 上实现蜜罐的简单工具。它安装简单，界面友好，适合初学者使用；缺点是过于简单，并不能真正诱骗攻击者进入。

2）DTK

DTK（Deception Tool Kit）是用 C 语言和 Perl 脚本语言写成的一种蜜罐工具软件，能在支持 C 语言和 Perl 的系统（UNIX）上运行。它能够监听 HTTP、FTP 和 Telnet 等常用服务器所使用的端口，模拟标准服务器对接收到的请求所做出的响应，还可以模拟多种常见的系统漏洞。其不足之处是：模拟不太逼真，构建过程麻烦。

3）Honeyd

Honeyd 是一个专用的蜜罐构建软件，可以虚拟多种主机，配置运行不同的服务和操作系统。

2．蜜网实现工具

（1）数据控制工具：Jptable、snort_inline。
（2）数据捕获工具：Termlog、Sebek2、Snort、Comlog。
（3）数据收集工具：Obfugator。
（4）数据分析工具：Privmsg、TASK、WinInterrogate。

8.4　数字证据获取

现在，信息系统的攻击和对抗已经不仅仅是技术领域和管理领域的问题了。许多问题已经涉讼，成为法学案件。随着数字犯罪案件的增多，数字证据的获取已经成为信息技术界和法学界共同关注的热点。

数字证据也称为计算机证据。对于它的研究最早是从应急响应的角度开始的，目的是搜集攻击者的有关信息。直到 2001 年人们才开始从司法的角度来看待它，关于它的研究，才从纯技术领域转向技术与法学的结合上。

8.4.1　数字证据及其原则

1. 数字取证及其特点

数字证据就是在计算机或计算机系统运行过程中产生的、以其记录的内容来证明案件事实的电磁记录。与其他证据相比，它有如下一些特点。

1）依附性和多样性

电磁证据依附在不同介质上。这就带来两个方面的特点：一是数字证据不会像传统的证据那样可以独立存在；二是不同的介质使同样的信息表现出不同的形态，例如，在导体中是以电流或电压表现的数字脉冲，在显示器上是文字或图形，在磁盘中是磁核的排列形式，在光缆中是光波等。

2）可伪性和弱证明性

数字证据的非实物性，使得其窃取、修改甚至销毁都比较容易。例如，黑客在入侵之后，可以对现场进行一些灭迹、制造假象等工作，给证据的认定带来困难，直接降低了证明力度，增加了跟踪和侦查的难度。

3）数据的挥发性

计算机系统中所处理的数据有一些是动态的，这些动态数据对于发现犯罪的蛛丝马迹非常有用。但是它们却有一定的时间效应，即有些数据会因失效或消失而挥发。在收集数字证据时必须充分考虑数据的挥发性。表 8.4 描述了数字证据数据的挥发性。

表 8.4　数字证据数据的挥发性

数　　据	硬件或位置	存 活 时 间
CPU	高速缓冲器，管道	几个时钟周期
系统	RAM	关机前
内核表	进程中	关机前
固定介质	Swap/tmp	直至被覆盖或被抹掉
可移动介质	CD-ROM，Floppy，HDO	直至被覆盖或被抹掉
打印输出	被打印输出	直至被毁坏

2. 数字取证的基本原则

实施数字取证应当遵循如下原则：符合程序，共同监督，保护隐私，影响最小，连续完全，原汁原味。下面分别予以说明。

1）符合程序

取证应当首先启动法律程序，要在法律规定的范围内展开工作，否则会陷入被动。

2）共同监督

由原告委派的专家所进行的整个检查、取证过程必须受到由其他方委派的专家的监督。

3）保护隐私

在取证过程中，要尊重任何关于客户代理人的隐私。一旦获取了一些关于公司或个人的隐私，绝不能泄露。

4）影响最小

（1）如果取证要求必须运行某些业务程序，应当使运行时间尽量短。
（2）必须保证取证不给系统带来副作用，例如引进病毒等。

5）连续完全

必须保证证据的连续性（chain of custody），即在将证据提交法庭前要一直跟踪证据，要向法庭说明在这段时间内证据有无变化。此外，要向法庭说明该证据的完全性。

6）原汁原味

（1）必须保证提取出来的证据不受电磁或机械的损害。
（2）必须保证收集的证据不被取证程序破坏。

8.4.2　数字取证的一般步骤

数字取证过程一般可以按如下步骤进行。

1. 保护现场

（1）在取证过程中，保护目标系统，避免发生任何改变、损害。
（2）保护证据的完整性，防止证据信息的丢失和破坏。
（3）防止病毒感染。

2. 证据发现

证据发现首先要识别可获取证据的信息类型。按照证据信息变化的特点，可以将取证分为两大类。

1）来源取证

即确定犯罪嫌疑人或者证据的来源。例如，在网络犯罪侦查中，为了确定犯罪嫌疑人，可能需要找到犯罪嫌疑人犯罪时使用机器的 IP 地址，则寻找 IP 地址便是来源取证。这类取证中，主要有 IP 地址取证、MAC 地址取证、电子邮件取证、软件账号取证等。

2）事实取证

即不是为了查明犯罪嫌疑人，而是取得与证明案件相关事实的证据，例如犯罪嫌疑人的犯罪事实证据。在事实取证中常见的取证方法有文件内容调查、使用痕迹调查、软件功能分析、软件相似性分析、日志文件分析、网络状态分析、网络数据包分析等。

下面是可以作为证据或可以提供相关信息的信息源。
（1）日志，如操作系统日志等。
（2）文件。可以进行的文件搜索有以下几种。
① 搜索目标系统中的所有文件（包括现存的正常文件、已经被删除但仍存在于磁盘上还没有被覆盖的文件、隐藏文件、受密码保护的加密文件）。
② 尽量恢复所发现的文件。

③ 在法律允许的情况下，访问被保护或加密的文件。

④ 分析磁盘特殊区域（未分配区域、文件栈区等）。

（3）系统进程，如进程名、进程访问文件等。

（4）用户，特别是在线用户的服务时间、使用方式等。

（5）系统状态，如系统开放的服务、网络运行的状态等。

（6）通信连接记录，如网络路由器的运行日志等。

（7）存储介质，如磁盘、光盘、闪存等。

在证据发现阶段可以使用的技术有 IDS、蜜罐技术、网络线索自动识别技术和溯源技术等。同时还可以使用一些相关的工具。表 8.5 为一些常用实时取证类工具。

表 8.5　一些常用实时取证类工具

工 具 名 称	用 途 描 述
EnCase	一个集成的、基于 Windows 的取证应用程序，功能包括数据浏览、搜索、磁盘浏览、数据预览、建立案例、建立证据文件、保存案例等
X-Ways Capture	一套专业的计算机取证工具，用于在证据采集阶段获取正在运行的 Windows 和 Linux 系统下的硬盘、文件和 RAM 数据
FTK	美国警方标准配备，全球警方使用量较多的电子证据分析软件
DataCompass	第四代专业数据恢复工具，用于硬盘数据和 U 盘数据恢复
CRCMD5	一个可以验证一个或多个文件内容的 CRC 工具
DiskSig	一个 CRC 程序，用于验证映像备份的精确性
Filter_we	一种用于周围环境数据的智能模糊逻辑过滤器
GetSlack	一种周围环境数据收集工具，用于捕获未分配的数据
GetTime	一种周围环境数据收集工具，用于捕获分散的文件
Net Threat Analyzer	网络取证分析软件，用于识别公司互联网络账号滥用
Seized	一种用于对证据计算机上锁及保护的程序
ShowFL	用于分析文件输出清单的程序
TextSearch Plus	用来定位文本或图形文件中的字符串的工具

3. 证据固定

针对数字证据的挥发性，数字证据的固定非常重要。

4. 证据提取

证据提取主要是提取特征。提取方法如下。

（1）过滤和挖掘。

（2）解码：对软件或数据碎片进行残缺分析、上下文分析，恢复原来的面貌。

5. 证据分析

证据分析的目的大致有以下几个方面。

（1）犯罪行为重构。

（2）嫌疑人画像。

（3）确定犯罪动机。

（4）受害程度行为分析等。

6. 提交证据

向律师、管理者或法庭提交证据。这时要注意使用规定的法律文书格式和术语。

8.4.3 数字取证的基本技术和工具

在数字取证过程中，可以使用相关的技术和工具。现在已经开发出了类似的工具，读者可以自行查询使用。

下面重点介绍利用 IDS 和蜜罐取证的方法。

1. 利用 IDS 取证

把 IDS 与取证工具结合，往往能对网络攻击进行取证并得到响应。

1）确认攻击

确认攻击是响应的第一步，其主要方法是查找攻击留下的痕迹。检查的主要内容如下。

- 寻找嗅探器（如 Sniffer）。
- 寻找远程控制程序（如 Netbus、Back Orifice）。
- 寻找黑客可能利用的文件共享或通信程序（如 Eggdrop、IRC）。
- 寻找特权程序（如 find/-perm-4000-print）。
- 寻找未授权的服务（如 netstat -A.check inetd.conf）。
- 寻找异常文件（考虑系统磁盘大小）。
- 检查文件系统的变动。
- 检查口令文件的变动并寻找新用户。
- 检测 cron。
- 核对系统和网络配置（特别要注意过滤规则）。
- 检查所有主机（特别是服务器）。

2）取证过程

① 决定取证的目的。
- 观察研究攻击者。
- 跟踪并驱赶攻击者。
- 捕俘攻击者。
- 准备起诉攻击者。
② 启动必要的法律程序。
③ 对系统进行完全备份，包括：
- 用 tcpdump 作完全的分组日志。
- 有关协议分组的来龙去脉。
- 一些会话（如 Telnet、rlogin、IRC、FTP 等）的可能内容。
④ 根据情况有选择地关闭计算机系统。
- 不彻底关闭系统（否则造成信息改变，证据破坏）。

- 不断开网络。
- 将系统备份转移到单用户模式下制作和验证备份。
- 考虑制作磁盘镜像。
- 同步磁盘，暂停系统。

⑤ 调查攻击者来源。

- 利用 tcpdump/who/syslog。
- 运行 Finger 对抗远程系统。
- 寻找攻击者可能利用的账号。

2. 利用蜜罐取证

利用蜜罐进行取证分析的一些原则和步骤如下。

① 获取入侵者信息。

② 获取关于攻击的信息。

- 攻击的手段、日期和时间。
- 入侵者添加了一些什么文件？
- 是否安装了嗅探器或密码？若有，在何处？
- 是否安装有 Rootkit 或木马程序？若有，传播途径是什么？

③ 建立事件的时间序列。

④ 事故费用分析。

⑤ 向管理层、媒体以及法庭提交相应的报告。

8.4.4　数字证据的法律问题

数字证据学是涉及信息技术和法学两个领域的交叉学科。下面讨论它在法学方面的一些问题。

1. 法律对证据的基本要求

法律对作为定案依据的证据，有关联性、合法性和真实性三方面的要求。一般而言，关联性主要指证据与案件争议和理由的联系程度，这属于法官裁判的范围。合法性主要包括证据的形式、收集手段、是否侵犯他人权益、取证工具是否合法等。这在后面要进行有关的讨论。

关于证据的真实性，民事诉讼法和相关司法解释都要求提供"原件"（书面文件）。因为这种看得见、摸得着的东西才能给人充分的真实感和唯一性，才能防止被篡改和冒认。而数字证据真实性的确认一直是人们最关注的问题。目前，人们想用数字签名的方法来解决这一法律难题。通过数字签名，可以证明签发数字证据的人是谁，也可以证明数字证据是否被篡改过。

2. 关于数字证据的证明力

证据的证明力是指证据对证明案件事实所具有的效力，即该证据是否能够直接证明案件事实还需要其他证据配合综合认定。《中华人民共和国刑事诉讼法》（2013 版）第五章第四十八条规定，可以用于证明案件事实的材料都是证据，包括：

（1）物证。

（2）书证。

（3）证人证言。

（4）被害人陈述。

（5）犯罪嫌疑人、被告人供述和辩解。

（6）鉴定意见。

（7）勘验、检查、辨认、侦查实验等笔录。

（8）视听资料、电子数据。

3．关于数字取证工具的法律效力

数字证据的合法性涉及数字取证工具的法律效力，即法庭是否认可。每种工具都是一个程序。按照 Daubert 测试，可以从以下 4 个方面进行讨论。

1）可测试性

测试的目的是确定一个程序是否可以被测试并确定它所提供的结果的准确性。对一个工具必须执行两类测试。

- 漏判测试：确认取证工具是否可以在输入输出端提取所有可以得到的数据。
- 误判测试：确认取证工具在输入输出端没有引入新的数据。

2）错误率

在数字取证工具中，可能存在两类错误。

- 工具执行错误：源于代码中漏洞的错误。
- 提取错误：源自算法的错误。

3）公开性

公开性指工具在公开地方有证明并经过对等部门复查。这是证据得以承认的主要条件。

4）可接受性

可接受性指工具能够被广泛接受。

8.5 日　　志

8.5.1　日志及其用途

1．日志及其内容

日志（Log）是系统所指定对象的某些操作和其操作结果按时间的有序集合，是记录信息系统安全状态和问题的原始数据。通常情况下，系统日志是用户可以直接阅读的文本文件。每个日志文件由日志记录组成，每条日志记录描述了一次单独的系统事件。典型的日志内容有以下几种。

（1）事件的性质：数据的输入和输出，文件的更新（改变或修改），系统的用途或期望。

（2）全部相关标识：人、设备和程序。

（3）有关事件的信息：日期和时间，成功或失败，涉及因素的授权状态，转换次数，系统响应，项目更新地址，建立、更新或删除信息的内容，使用的程序，兼容结果和参数检测，侵权步骤等。对大量生成的日志要适当考虑数据的保存期限。

2．日志的用途

日志文件中的记录可提供以下用途。

（1）监控系统资源，审计用户行为，对可疑行为进行告警。

（2）确定入侵行为的范围，为恢复系统提供帮助，生成调查报告。

（3）为打击计算机犯罪提供证据来源。

3．日志的特点

1）数据量大

通常对外服务产生的日志文件，例如 Web 服务日志、防火墙、入侵检测系统日志和数据库日志以及各类服务器日志等的数据量都很大，一个日志文件一天产生的容量少则几十 MB、几百 MB，多则有几 GB、几十 GB。

2）日志仅反映本系统的某些特定事件的操作情况

一个系统的日志是对本系统涉及的运行状况的信息按时间顺序作一简单的记录，仅反映本系统的某些特定事件的操作情况，并不完全反映某一用户的整个活动情况。一个用户在网络活动的过程中会在很多的系统日志中留下痕迹，例如防火墙 IDS 日志、操作系统日志等，这些不同的日志之间存在某种必然的联系来反映用户的活动情况。只有将多个系统的日志结合起来分析，才能准确反映用户的活动情况。

3）产生系统日志的软件通常为应用系统

产生系统日志的软件通常为应用系统而不是作为操作系统的子系统运行，所产生的日志记录容易遭到恶意的破坏或修改。系统日志通常存储在系统未经保护的目录中，并以文本方式存储，未经加密和校验处理，没有提供防止恶意篡改的有效保护机制。因此，日志文件并不一定是可靠的，入侵者可能会篡改日志文件，从而不能被视为有效的证据。由于日志是直接反映入侵者痕迹的，在计算机取证中扮演着重要的角色，入侵者获取系统权限窃取机密信息或破坏重要数据后往往会修改或删除与其相关的日志信息，甚至根据系统的漏洞伪造日志以迷惑系统管理员和审计。

4）日志记录不会长期保存

系统日志会根据日志文件占用磁盘空间的大小来自动删除旧的日志记录，例如，如果设置日志文件占用磁盘空间为 2MB，那么，当日志文件达到 2MB 大小时，新的日志记录会自动替换最旧的日志记录。

8.5.2　Windows 日志

1. 日志类型及其组成

以 Windows 2000/XP 为例，日志文件通常有应用程序日志、系统日志、安全日志、DNS 服务器日志、FTP 日志和 WWW 日志等。默认文件大小为 512KB，但管理员可以改变这个默认值。

（1）应用程序日志：记录由应用程序产生的事件。例如，某个数据库程序可能设定为每次成功完成备份操作后都向应用程序日志发送事件记录信息。应用程序日志中记录的时间类型由应用程序的开发者决定，并提供相应的系统工具帮助用户使用应用程序日志。

（2）系统日志：记录由 Windows NT/2000 操作系统组件产生的事件，主要包括驱动程序、系统组件和应用软件的崩溃以及数据丢失错误等。系统日志中记录的时间类型由 Windows NT/2000 操作系统预先定义。

（3）安全日志：记录与安全相关事件，包括成功和不成功的登录或退出、系统资源使用事件等。与系统日志和应用程序日志不同，安全日志只有系统管理员才可以访问。

Windows NT/2000 的系统日志由事件记录组成。每个事件记录为 3 个功能区：记录头区、事件描述区和附加数据区。

2. 日志文件默认位置

应用程序日志：%systemroot%\\system32\\config\\AppEvent.EVT。

系统日志：%systemroot%\\system32\\config\\SysEvent.EVT。

安全日志：%systemroot%\\system32\\config\\SecEvent.EVT。

FTP 日志：%systemroot%\\system32\\logfiles\\msftpsvc1\\。

WWW 日志：%systemroot%\\system32\\logfiles\\w3svc1\\。

Scheduler 服务日志：%systemroot%\\schedlgu.txt。

3. 查看日志

查看日志有两种方法。

（1）选择"开始"→"设置"→"控制面板"→"管理工具"，在其中找到"事件查看器"。

（2）选择"开始"→"运行"，输入 eventvwr.msc，可以直接进入"事件查看器"。

4. 设置日志保留方式

在 Windows 的"属性"对话框中，选中"定义这个策略设置"复选框，进行如下选择。

（1）"按需要改写事件"，选择将系统日志存档。

（2）"按天数改写事件"，设置合适的保存天数，但要确保系统日志足够大。

（3）"不要改写事件（手动清除日志）"，这种情况下，如果达到最大的日志大小，将丢弃新事件。

8.5.3　UNIX 日志

1．日志函数 syslog

UNIX 系统采用 syslog 函数记录日志。任何程序都可以通过 syslog 记录事件。syslog 可以记录系统事件，可以写到一个文件或设备中，或给用户发送一个信息。它能记录本地事件或通过网络记录另一台主机上的事件。

syslog 依据两个重要的文件——/sbin/syslogd（守护进程）和/etc/syslog.conf 配置文件。

2．日志子系统

在 Linux 系统中，有 3 个主要的日志子系统。

（1）连接时间日志：由多个程序执行，把记录写入到/var/log/wtmp 和/var/run/utmp，login 等程序更新 wtmp 和 utmp 文件，使系统管理员能够跟踪谁在何时登录到系统。

（2）进程统计日志：由系统内核执行。当一个进程终止时，为每个进程往进程统计文件（pacct 或 acct）中写一个记录。进程统计的目的是为系统中的基本服务提供命令使用统计。

（3）错误日志：由 syslogd 执行。各种系统守护进程、用户程序和内核通过 syslog 向文件/var/log/messages 报告值得注意的事件。另外有许多 UNIX 程序创建日志。像 HTTP 和 FTP 这样提供网络服务的服务器也保持详细的日志。

3．UNIX 常用日志文件

lastlog：记录用户最后一次成功登录的时间。

loginlog：不良的登录尝试记录。

messages：记录输出到系统主控台以及由 syslog 系统服务程序产生的消息。

utmp：记录当前登录的每个用户。

utmpx：扩展的 utmp。

wtmp：记录每一次用户登录和注销的历史信息。

wtmpx：扩展的 wtmp。

vold.log：记录使用外部介质出现的错误。

xferkig：记录 FTP 的存取情况。

sulog：记录 su 命令的使用情况。

acct：记录每个用户使用过的命令。

aculog：发出自动呼叫记录。

boot.log：记录开机启动信息。

secure：登录到系统存取资料的记录，如 FTP、SSH、Telnet 等。

4．日志文件的位置

在 UNIX 下，存放日志文件的常用目录如下。

（1）/usr/adm（早期版本的）。

（2）unix/var/adm（较新版本的）。

（3）unix/var/log（用于 Solaris、Linux 和 BSD 等）。

5. 日志管理命令

UNIX 下日志查看和保留设置用命令方式进行，有兴趣者请查阅有关资料，这里不再介绍。

8.6 信息系统安全审计

8.6.1 信息系统安全审计及其功能

审计（audit）是按照一定的标准对于一个过程所进行的监督和评价机制。审计的执行以确定有效性和可靠性的信息为依据，以检查、验证目标的准确性和完整性为目的。信息系统审计是一个通过收集和评价审计证据，对信息系统是否能够保护资产的安全、维护数据的完整、使被审计单位的目标得以有效地实现、使组织的资源得到高效地使用等方面做出判断的过程，其目标是协助组织的信息技术管理人员有效地履行其责任，以达成组织的信息技术管理目标。组织的信息技术管理目标是保证组织的信息技术战略，充分反映组织的业务战略目标，提高组织所依赖的信息系统的可靠性、稳定性、安全性及数据处理的完整性和准确性，提高信息系统运行的效果与效率，保证信息系统的运行符合法律、法规及监管的相关要求。

国际通用的 CC 准则（即 ISO/IEC 15408-2:1999《信息技术安全性评估准则》）中对信息系统安全审计（Information System Security Audit，ISSA）给出了明确定义：信息系统安全审计主要指对与安全有关的活动的相关信息进行识别、记录、存储和分析；审计记录的结果用于检查网络上发生了哪些与安全有关的活动，谁（哪个用户）对这个活动负责；主要功能包括安全审计自动响应、安全审计数据生成、安全审计分析、安全审计浏览、安全审计事件选择和安全审计事件存储等。

简单地说，安全审计应当具有下面的功能。

（1）记录关键事件。关于关键事件的界定由安全官员决定。

（2）对潜在的攻击者进行威慑或警告。

（3）为系统安全管理员提供有价值的系统使用日志，帮助系统管理员及时发现入侵行为和系统漏洞，使安全管理人员可以知道如何对系统安全进行加强和改进。

（4）为安全官员提供一组可供分析的管理数据，用于发现何处有违反安全方案的事件，并可以根据实际情形调整安全政策。

8.6.2 信息系统安全审计的基本内容

1. 组织控制审计

组织控制审计包括如下内容。

（1）了解被审计单位的组织结构、人员分工、业务授权和职责分离等情况。

（2）审查组织控制措施是否健全，是否制定了完善的工作制度和岗位职责，是否落实了岗位责任制和风险防范责任，是否建立了内部监督机制和考核机制等。

2. 安全控制审计

安全控制审计包括如下内容。

（1）环境控制审计，包括是否为信息系统的硬件设备提供适合的工作环境，保证设备正常运转。

（2）技术安全控制审计，包括是否通过加密技术限制未经授权的人员接触机密数据和文件，是否有系统软硬件和数据文件的灾难补救计划，是否定期或在重要操作前对数据进行备份，以减少意外导致损失的可能性。

3. 部位安全审计

部位安全审计包括以下几种审计。

（1）系统设备的安全审计。

（2）操作系统的安全审计。

（3）网络及其应用的安全审计。

（4）数据库系统的安全审计。

（5）应用系统的安全审计。

（6）环境的安全审计。

4. 信息系统威胁审计

信息系统威胁审计包括以下几种审计。

（1）对来自外部攻击的审计。

（2）对来自内部攻击的审计。

（3）对电子数据安全的审计。

8.6.3 信息系统安全审计实施

1. 信息系统安全审计的步骤

（1）编制组织使用的信息系统清单并对其进行分类。

（2）决定哪些系统影响关键功能和资产。

（3）评估哪些风险影响这些系统及对商业运作的冲击。

（4）在上述评估的基础上对系统分级，决定审计优先值、资源、进度和频率。审计者可以制订年度审计计划，开列出一年之中要进行的审计项目。

2. 信息系统安全审计工具

审计可以采用如下一些工具。

1）检验表

检验表是为审计工作标准化提供的一种简捷的工具。主要分为 3 类。

（1）审计检验表。可以分为被审部门校验（检查）表（分为审计项目、审计方法和审计结论列表）和审计条款校验（检查）表（分为责任部门、审计内容、检查方式和审计结论列表）等。

（2）设置检验表。

（3）漏洞检验表。

2）扫描工具

进行 IP、端口号和漏洞扫描。

3）完整性检验工具

进行完整性保护检验，如 Triwire 等。

4）渗透测试工具

8.7 信息安全的法律与法规

8.7.1 信息立法概述

1. 信息立法及其基本内容

随着信息时代的到来，人类社会的劳动生产率大大提高，也使人类的工作方式、学习方式、思维方式和生活方式发生了巨大变化。这些变化，也引发了一系列新的社会问题，要求社会建立或调整相应的行为道德规范和法律制度，从伦理和法制两个方面约束人们的行为，协调人们在新时期的利益和关系。为此，各国政府和有关组织都在积极进行这方面的研究，也已经采取了相应的对策。

美国参议院 1995 年 6 月通过《计算机庄严法》（CDA）。

欧盟委员会 1996 年 10 月 16 日通过了《Internet 有害与违法信息通信》和《在新的电子信息环境中保护未成年人和人的尊严》绿皮书。

德国已经起草了《信息和通信服务联邦法案》。

日本的 ISP 自发地制定了《Internet 事业伦理准则》。

20 世纪 90 年代起，我国先后颁布了《中国公众多媒体通信管理办法》（1997 年 12 月 1 日）、《中华人民共和国计算机信息网络国际联网管理暂行规定》（1996 年 2 月 1 日）、《中国互联网络域名注册暂行管理办法》、《中国互联网络域名注册实施细则》等。进入 21 世纪，我国的信息立法进一步加强：2000 年 9 月 25 日，《中华人民共和国电信条例》《互联网信息服务管理办法》出台；2000 年 11 月 1 日，中国互联网络信息中心（CNNIC）发布《中文域名注册管理办法》；2000 年 11 月 6 日，信息产业部颁布了《互联网电子公告服务管理规定》，同时国务院新闻办公室和信息产业部联合颁布了《互联网站从事登载新闻业务管理暂行规定》。2016 年 11 月 7 日通过并发布《中华人民共和国网络安全法》，于 2017 年 6 月 1 日起施行。《中华人民共和国密码法》于 2019 年 10 月 26 日通过，并公布自 2020 年 1 月 1 日起施行。

信息立法与政策法规应该考虑一个国家的特殊背景与需要。在法制体系已经比较健全的国家，可以只对原来的法律做一些补充性规定即可；在法律机制比较薄弱的国家，则需要对法律基础设施做大量的工作。信息立法涉及的范围较广，但一般应当包括：

- 信息表达的权利和义务；

- 信息获取的权利和义务；
- 信息保存的权利和义务；
- 信息传递的权利和义务；
- 信息资源分配的权利和义务；
- 信息搜集和处理的权利和义务；
- 利用信息和信息基础设施的权利和义务。

2. 我国信息立法中重点打击的犯罪行为

作为以国家强制力保证实施，反映由特定物质生活条件所决定的统治阶级意志的规范体系。国家在信息立法中要重点打击如下方面的行为。

（1）为了保障互联网的运行安全，对有下列行为之一，构成犯罪的，依照刑法有关规定追究刑事责任：

- 侵入国家事务、国防建设、尖端科学技术领域的计算机信息系统；
- 故意制作、传播计算机病毒等破坏性程序，攻击计算机系统及通信网络，致使计算机系统及通信网络遭受损害；
- 违反国家规定，擅自中断计算机网络或者通信服务，造成计算机网络或者通信系统不能正常运行。

（2）为了维护国家安全和社会稳定，对有下列行为之一，构成犯罪的，依照刑法有关规定追究刑事责任：

- 利用互联网造谣、诽谤或者发表、传播其他有害信息，煽动颠覆国家政权、推翻社会主义制度，或者煽动分裂国家、破坏国家统一；
- 通过互联网窃取、泄露国家秘密、情报或者军事秘密；
- 利用互联网煽动民族仇恨、民族歧视，破坏民族团结；
- 利用互联网组织邪教组织、联络邪教组织成员，破坏国家法律、行政法规实施。

（3）为了维护社会主义市场经济秩序和社会管理秩序，对有下列行为之一，构成犯罪的，依照刑法有关规定追究刑事责任：

- 利用互联网销售伪劣产品或者对商品、服务作虚假宣传；
- 利用互联网损害他人商业信誉和商品声誉；
- 利用互联网侵犯他人知识产权；
- 利用互联网编造并传播影响证券、期货交易或者其他扰乱金融秩序的虚假信息；
- 在互联网上建立淫秽网站、网页，提供淫秽站点链接服务，或者传播淫秽书刊、影片、音像、图片。

（4）为了保护个人、法人和其他组织的人身、财产等合法权利，对有下列行为之一，构成犯罪的，依照刑法有关规定追究刑事责任：

- 利用互联网侮辱他人或者捏造事实诽谤他人；
- 非法截获、篡改、删除他人电子邮件或者其他数据资料，侵犯公民通信自由和通信秘密；
- 利用互联网进行盗窃、诈骗、敲诈勒索。

8.7.2 我国信息系统安全与法律法规

1. 法律法规与信息系统安全的关系

1）法律和法规是信息系统安全的制度保障

法律是具有强制性规范体系，离开了它，信息系统安全技术和管理人员的行为，都失去了约束，即使有再完善的技术和管理的手段，都是不可靠的，即使相当完善的安全机制也不可能完全避免非法攻击和网络犯罪行为。信息安全法律告诉人们哪些信息系统操作行为不可为，如果实施了违法行为就要承担法律责任，构成犯罪的还承担刑事责任。一方面它是一种预防手段；另一方面它也以其强制力为后盾，为信息系统安全构筑起最后一道防线。

2）法律和法规也是实施各种信息系统安全措施的基本依据

信息系统网络安全措施只有在法律的支撑下才能产生约束力。法律对信息系统网络安全措施的规范主要体现在：对各种信息系统提出相应的安全要求；对安全技术标准，安全产品的生产和选择作出规定；赋予信息系统安全管理机构一定的权利和义务，规定违反义务应当承担的责任；将行之有效的信息系统安全技术和安全管理的原则规范化等。

2. 我国信息网络安全法律体系

我国现行的信息系统安全法律体系框架分为四个层面。

1）一般性法律规定

例如宪法、国家安全法、国家秘密法，治安管理处罚条例、著作权法，专利法等。这些法律法规并没有专门对网络行为进行规定，但是，它所规范和约束的对象中包括了危害信息网络安全的行为。

2）规范和惩罚网络犯罪的法律

这类法律包括《中华人民共和国刑法》《全国人大常委会关于维护互联网安全的决定》等。这些刑法也是一般性法律规定，这里将其独立出来，作为规范和惩罚网络犯罪的法律规定。

3）直接关于信息系统安全的特别规定

这类法律法规主要有《中华人民共和国计算机信息系统安全保护条例》《中华人民共和国计算机信息网络国际联网管理暂行规定》《计算机信息网络国际联网安全保护管理办法》《中华人民共和国计算机软件保护条例》等。

4）具体规范信息网络安全技术、信息网络安全管理等方面的规定

这一类法律主要有：《商用密码管理条例》《计算机信息系统安全专用产品检测和销售许可证管理办法》《计算机病毒防治管理办法》《计算机信息系统保密管理暂行规定》《计算机信息系统国际联网保密管理规定》《电子出版物管理规定》《金融机构计算机信息系统安全保护工作暂行规定》等。

3. 我国信息系统安全管理的基本法律原则

从现有的信息系统安全法律法规中可以看出，我国已经确立了多项关于信息系统安全管理的基本法律原则。其中主要包括：

（1）重点保护原则；

（2）预防为主原则；

（3）责任明确原则；

（4）严格管理原则；

（5）系统性原则；

（6）可操作性原则；

（7）开放性原则；

（8）促进社会发展的原则等。

习　题　8

一、选择题

1. 入侵检测的基本方法是（　　　）。

　　A. 基于用户行为概率统计模型的方法　　　　B. 基于神经网络的方法

　　C. 基于专家系统的方法　　　　　　　　　　D. 以上都正确

2. 关于入侵检测技术，下列描述中错误的是（　　　）。

　　A. 入侵检测系统不对系统或网络造成任何影响

　　B. 审计数据或系统日志信息是入侵检测系统的一项主要信息来源

　　C. 入侵检测信息的统计分析有利于检测到未知的入侵和更为复杂的入侵

　　D. 基于网络的入侵检测系统无法检查加密的数据流

3. 入侵检测系统工作在（　　　）。

　　A. 计算机网络系统中的关键节点上　　　　　B. 网络服务器上

　　C. 网络主机或防火墙上　　　　　　　　　　D. 路由器或网关上

4. 审计管理是指（　　　）。

　　A. 保证数据接收方收到的信息与发送方发送的信息完全一致

　　B. 防止因数据被截获而造成的泄密

　　C. 对用户和程序使用资源的情况进行记录和审查

　　D. 信息使用者都可以得到相应授权的全部服务

5. 关于安全审计目的描述错误的是（　　　）。

　　A. 识别和分析未经授权的动作或攻击　　　　B. 记录用户活动和系统管理

　　C. 将动作归结到为其负责的实体　　　　　　D. 实现对安全事件的应急响应

6. 安全审计跟踪是（　　　）。

　　A. 安全审计系统检测并追踪安全事件的过程

　　B. 安全审计系统收集易于安全审计的数据的过程

　　C. 人利用日志信息进行安全事件分析和追溯的过程

　　D. 对计算机系统中的某种行为的详尽跟踪和观察

7. 防范内部人员恶意破坏的方法有（　　　）。

    A. 严格的访问控制　　　　B. 完善的管理措施　　　　C. 有效的内部审计　　　　D. 适度的安全防护措施

8. 安全审计系统能够防止（　　　）。

    A. 密钥窃取　　　　　　　B. 行为抵赖　　　　　　　C. 病毒入侵　　　　　　　D. 漏洞攻击

9. 下列所列各项中，不属于我国已经确立的关于信息系统安全管理的基本法律原则的是（　　　）。

    A. 重点保护原则　　　　　B. 预防为主原则　　　　　C. 独立自主原则　　　　　D. 责任明确原则

二、判断题

1. 入侵检测技术是用于检测任何损害或企图损害系统的机密性、完整性或可用性等行为的一种网络安全技术。（　　　）

2. 主动响应和被动响应是相互对立的，不能同时采用。（　　　）

3. 异常入侵检测的前提条件是入侵性活动集作为异常活动集的子集，而理想状况是异常活动集与入侵性活动集相等。（　　　）

4. 针对入侵者采取措施是主动响应中最好的响应措施。（　　　）

5. 在早期大多数的入侵检测系统中，入侵响应都属于被动响应。（　　　）

三、简答题

1. 收集最新 3 种广泛应用的信息系统安全卫士，进行评估。

2. 综述有关入侵检测技术的各种定义。

3. 入侵检测系统有哪些可以利用的数据源？

4. 试述入侵检测系统的工作原理。

5. 收集资料，对国内外主要基于网络的入侵检测产品进行比较。

6. 收集资料，对国内外主要基于主机的入侵检测产品进行比较。

7. 分析入侵检测系统的不足和发展趋势。

8. 入侵检测技术与法律有什么关系？

9. 简述蜜罐技术的特殊用途。

10. 用下载的蜜罐工具构造一个简单的蜜罐系统。

11. 收集国内外有关入侵检测、网络诱骗的最新动态。

12. 论述数字证据的特征。

13. 上网搜索，提交一份有关数字取证工具的报告。

14. 如何保证数字证据的安全？

15. 简述安全审计的作用。

16. 简述日志的作用和记录内容。

17. 审计与入侵检测有什么关联？

18. 收集国内外有关安全审计的网站信息，简要说明各网站的特点。

19. 收集国内外有关安全审计的最新动态。

20. 风险评估对于信息系统安全有什么意义？

21. 为一个组织的信息系统进行安全风险评估。

22. NAI 公司开发了一个用于安全风险评估的扫描器 CyberCop Scanner，试安装并使用该工具。

四、课外阅读

法律、法规、
规章和条例

我国信息安全
主要法律法规

中华人民共和
国网络安全法

关于公开征求
《关于修改〈中
华人民共和国
网络安全法〉
的决定（征求
意见稿）》

第9章 应急处理

"智者千虑，必有一失。"尽管人们已经为信息系统的防护开发了许多技术，但是很难没有一点疏漏，何况入侵者也是一些技术高手。因此，系统遭遇入侵的文件还是时有发生。

系统遭受到一次入侵，就面临一次灾难。这些影响信息系统安全的不当行为就称为事件。事件响应就是事件发生后所采取的措施和行动。信息系统的脆弱，加上入侵技术的不断进化，使得入侵不可避免。特别是 1988 年莫里斯蠕虫以迅雷不及掩耳之势肆虐互联网，招致上千台计算机系统的崩溃，造成了以千万美元计的损失。这突如其来的灾难给人们敲响了警钟：面对人类对信息系统依赖程度的不断增强，对付入侵不仅需要防御，还要能够在事件发生后进行紧急处理和援助。因此，安全事件应急处理就成为一个与防火墙技术、入侵检测技术等同样重要的安全保障策略和手段。

9.1 信息系统应急响应

一般说来，每个使用信息系统的组织都应当有一套应急响应机制。该机制应包括 4 个基本环节。

（1）信息系统应急响应组织。

（2）信息系统安全保护制度。

（3）信息系统应急预案。

（4）信息系统应急演练。

9.1.1 常见安全事件的类型与级别

1. 紧急事件类型

应急预案要根据安全事件的类型进行对应的处理。不同的组织中，信息系统安全事件的常见类型有所不同，工作人员应当根据行业性质和地域状况进行具体分析。下面提供一些常见的安全事件类型供参考。

（1）网络攻击事件：通过网络或其他技术手段，利用信息系统的配置缺陷、协议缺陷、程序缺陷或使用暴力攻击对信息系统实施攻击，并造成信息系统异常或对信息系统当前运行造成潜在危害的事件。

（2）信息破坏事件：通过网络或其他技术手段，造成信息系统中的数据被篡改、假冒、泄露等而导致的事件。

（3）信息内容安全事件：利用信息网络发布、传播危害国家安全、社会稳定和公共利益的不良信息内容的事件。

（4）网络故障事件：因电信、网络设备等原因造成大部分网络线路中断，用户无法登录信息系统的事件。

（5）服务器故障事件：因系统服务器故障而导致的信息系统无法运行的事件。

（6）软件故障事件：因系统软件或应用软件故障而导致的信息系统无法运行的事件。

（7）灾害性事件：因不可抗力对信息系统造成物理破坏而导致的事件。

（8）其他突发事件：不能归为以上七个基本分类，并可能造成信息系统异常或对信息系统当前运行造成潜在危害的事件。

2. 紧急事件级别判断

按照造成信息系统的中断运行时间，将信息系统突发事件级别划分为一般（Ⅳ级）、较大（Ⅲ级）、重大（Ⅱ级）、特别重大（Ⅰ级）。

（1）一般（Ⅳ级）：信息系统发生可能中断运行 2h 以内的故障；

（2）较大（Ⅲ级）：信息系统发生可能中断运行 2h 以上、12h 以内的故障；

（3）重大（Ⅱ级）：信息系统发生可能中断运行 12h 以上、24h 以内的故障；

（4）特别重大（Ⅰ级）：信息系统发生可能中断运行 24h 以上的故障。

9.1.2　应急响应组织与应急预案

1. 应急响应组织的职能

应急响应组织的主要工作如下。

（1）安全事件与软件安全缺陷分析研究。

（2）安全知识库（包括漏洞知识、入侵检测等）开发与管理。

（3）安全管理和应急知识的教育与培训。

（4）发布安全信息（如系统漏洞与补丁、病毒警告等）。

（5）安全事件紧急处理。

应急响应组织包括应急保障领导小组和应急技术保障小组。应急保障领导小组的主要职责是领导与协调突发事件与自然灾害的应急处理。应急技术保障小组主要解决安全事件的技术问题，如物理实体和环境安全技术、网络通信技术、系统平台技术、应用系统技术等。当然其中有些工作也可以进行服务外包。

2. 信息系统应急预案

应急预案是指根据不同的突发紧急事件类型和意外情形预先制定的处理方案。应急预案一般要包括如下内容。

（1）执行应急预案的人员（姓名、住址、电话号码以及有关职能部门的联系方法）。

（2）系统紧急事件类型、级别及处理措施的详细说明。

（3）应急处理的具体步骤和操作顺序。

9.1.3　信息系统应急处理的基本流程

1. 安全事件报警

值班人员发现紧急情况要及时报告，报告要对安全事件进行准确描述并作书面记录。按照安全事件的类型，安全事件呈报条例应依次报告：值班人员、应急工作组长、应急领导小组。如果想进行任何类型的跟踪调查或者起诉入侵者，应先跟管理人员和法律顾问商量，然后通知有关执法机构。一定要记住，除非有执法部门的参与，否则对入侵者进行的一切跟踪都可能是非法的。

同时，还应通知有关人员，交换相关信息，必要时可以获得援助。

2．信息安全紧急事件认定

信息系统发生下列事件之一，应视为紧急事件。

（1）信息系统硬件受到破坏性攻击，不能正常发挥其部分或全部功能。

（2）信息系统软件受到破坏性攻击，不能正常发挥其部分或全部功能。

（3）信息系统受到恶意程序攻击，局部或全部数据或功能受到损坏，或工作效率急剧降低。

（4）相关物理设备受到人为和自然灾害破坏，无法正常工作。

（5）出现意外停电而又无后备电源。

（6）关键岗位人员不能到位。紧急事件发生后，应尽快确定安全事件的类型，以便启动相应的预案。

3．启动应急预案

（1）首先要能够找到应急预案。

（2）保护现场证据（事件描述、处理操作、与外界的沟通等），避免灾害扩大。

（3）控制事态发展。

4．恢复系统

这部分内容将在下一节中详细介绍。

5．应急工作总结

召开会议，分析问题和解决方法。

（1）总结教训。从记录中总结关于这起事故的教训，这有助于反思安全策略。

（2）计算事件的代价。计算事件代价有助于让组织认识到安全的重要性。

（3）改进安全策略。

6．撰写安全事件报告

安全事件报告的内容包括以下部分。

（1）安全事件发生的日期、时间。

（2）安全事件处理参加的人员。

（3）事件发现的途径。

（4）事件类型。

（5）事件涉及范围。

（6）现场记录。

（7）事件导致的损失和影响。

（8）事件处理过程。

（9）使用的技术和工具。

（10）经验和教训。

9.1.4 灾难恢复

灾难恢复是安全事件应急预案中特别重要的部分，从发现入侵的那一刻起，所有工作就都围绕它进行。

1. 灾难恢复级别

2007 年 7 月，国务院信息化工作办公室下发了《信息系统灾难恢复规范》，并于 2007 年 11 月 1 日开始正式实施。这是中国灾难备份与恢复行业的第一个国家标准，也是各行各业进行灾备建设的重要参考性文件。GB/T 20988—2007《信息安全技术 信息系统灾难恢复规范》将灾难恢复能力划分为如图 9.1 所示的 6 级。

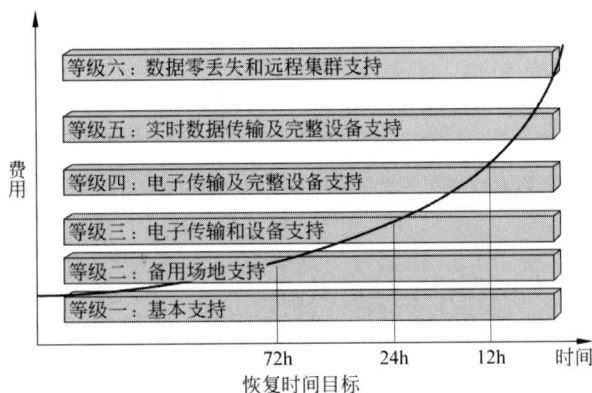

图 9.1 信息系统灾难恢复级别

等级一：基本支持。要求数据备份系统能够保证每周至少进行一次数据备份，备份介质能够提供场外存放。对于备用数据处理系统和备用网络系统，没有具体要求。

等级二：备用场地支持。在满足等级一的条件基础上，要求配备灾难恢复所需的部分数据处理设备，或灾难发生后能在预定时间内调配所需的数据处理设备到备用场地；要求配备部分通信线路和相应的网络设备，或灾难发生后能在预定时间内调配所需的通信线路和网络设备到备用场地。

等级三：电子传输和设备支持。要求每天至少进行一次完全数据备份，备份介质场外存放，同时每天多次利用通信网络将关键数据定时批量传送至备用场地。配备灾难恢复所需的部分数据处理设备、通信线路和相应的网络设备。

等级四：电子传输及完整设备支持。在等级三的基础上，要求配置灾难恢复所需的所有数据处理设备、通行线路和相应的网络设备，并且处于就绪或运行状态。

等级五：实时数据传输及完整设备支持。除要求每天至少进行一次完全数据备份，备份介质场外存放外，还要求采用远程数据复制技术，利用通信网络将关键数据实时复制到备用场地。

等级六：数据零丢失和远程集群支持。要求实现远程实时备份，数据零丢失；备用数据处理系统具备与生产数据处理系统一致的处理能力，应用软件是"集群的"，可实时无缝切换。

中国软件评测中心信息安全专家认为，灾难恢复能力等级越高，对于信息系统的保护效果越好，但同时成本也会急剧上升。因此，需要根据成本风险平衡原则（即在灾难恢复资源的成本与风险可能造成的损失之间取得平衡），确定业务系统合理的灾难恢复能力等级。对于多个业务系统，不同业务可采用不同的灾难恢复策略。

信息系统灾难恢复能力等级与恢复时间目标（RTO）和恢复点目标（RPO）具有一定的对应关系，各行业可根据行业特点和信息技术的应用情况制定相应的灾难恢复能力等级要求和指标要求。

2. 灾难恢复的内容

灾难恢复中应当包括如下几项内容。

1）与高层管理人员协商

系统恢复的步骤应当符合组织的安全预案。如果安全预案中没有描述，应当与管理人员协商，以便能从更高角度进行判断，并得到更多部门的支持和配合。

2）夺回系统控制权

为了夺回对被入侵系统的控制权，先要将被入侵系统从网络上断开，包括拨号连接。如果在恢复过程中，没有断开被侵入系统和网络的连接，入侵者就可能破坏所进行的恢复工作。

进行系统恢复也会丢失一些有用信息，如入侵者正在使用的扫描程序或监听进程。因此想要继续追踪入侵者时，可以先不夺回系统控制权，以免被入侵者发现。但是，也要采取其他一些措施，避免入侵蔓延。

3）复制一份被入侵系统的映像

在进行入侵分析之前，最好对被入侵系统进行备份（如使用 UNIX 命令 dd）。这个备份在恢复失败时非常有用。

4）入侵评估

入侵评估包括入侵风险评估、入侵路径分析、入侵类型确定和入侵涉及范围调查。下面介绍围绕这些工作进行的调查工作。

（1）详细审查系统日志文件和显示器输出，检查异常现象。

（2）入侵者遗留物分析，包括以下几方面。

- 检查入侵者对系统文件和配置文件的修改。
- 检查被修改的数据。
- 检查入侵者留下的工具和数据。
- 检查网络监听工具。

（3）其他，如网络的周边环境和涉及的远程站点。

5）清除后门

后门是入侵者为下次攻击设下的埋伏，包括修改了的配置文件、系统木马程序、修改了的系统内核等。

6）查阅 CERT 的安全建议、安全总结和供应商的安全提示

查阅 CERT 以往的安全建议、安全总结和供应商的安全提示，一定要安装所有的安全补丁。

7）记录恢复过程中所有的步骤

毫不夸张地讲，记录恢复过程中采取的每一步措施都是非常重要的。恢复一个被入侵的系统是一件很麻烦的事，要耗费大量的时间，因此经常会使人做出一些草率的决定。记录恢复过程的每一步可以帮助自己避免做出草率的决定，还可以留作以后参考，也可能给法律调查提供帮助。

8）系统恢复

各种安全事件预案的执行都是为了使系统在事故后得以迅速恢复。对于服务器和数据库等特别重要的设备，则需要单独制订紧急恢复预案。

（1）操作系统恢复。

① 安装干净的操作系统版本。如果主机被入侵，就应当考虑系统中的任何东西都可能被攻击者修改过了，包括内核、二进制可执行文件、数据文件、正在运行的进程以及内存。通常，需要从发布介质上重装操作系统，然后在重新连接到网络上之前，安装所有的安全补丁，只有这样才会使系统不受后门和攻击者的影响。只找出并修补被攻击者利用的安全缺陷是不够的。

建议使用干净的备份程序备份整个系统。然后重装系统。

② 取消不必要的服务。只配置系统要提供的服务，取消那些没有必要的服务。检查并确认其配置文件没有脆弱性以及该服务可靠。通常，最保守的策略是取消所有的服务，只启动所需要的服务。

③ 安装供应商提供的所有补丁。建议安装所有的安全补丁，使系统能够抵御外来攻击，不被再次入侵，这是最重要的一步。

④ 安装所有需要的驱动程序。

⑤ 安装所有需要的服务软件包。

⑥ 安装备份软件及其修补程序。

显然，手工进行服务器的恢复是非常麻烦的。如果能设计一种专门的软件包，可以生成存有服务器镜像文件的启动盘来恢复服务器，就便利多了。

（2）数据库系统的恢复。

数据库恢复是指通过技术手段，将保存在数据库中丢失的电子数据进行抢救和恢复的技术，其中包括以下 3 个方面。

- 数据文件恢复：把备份文件恢复到原来位置。
- 控制文件恢复：控制文件受损时，要将其恢复到原位重新启动。
- 文件系统恢复：在大型操作系统中，可能会因介质受损导致文件系统被破坏。

数据库恢复的一般步骤如下。

① 将介质重新初始化。

② 重新创建文件系统。

③ 利用备份完整地恢复数据库中的数据。

④ 启动数据库系统。

（3）数据恢复。

谨慎使用备份数据。在从备份中恢复数据时，要确信备份主机没有被入侵。一定要记住，恢复过程可能会重新带来安全缺陷，被入侵者利用。例如，备份中的用户的 home 目录（UNIX/Linux 系统中有一个/home 目录，通常用来保存用户的文件，一个用户登录系统并进入后所处的位置就是/home 目录）、数据文件、hosts 文件（hosts 是一个没有扩展名的系统文件，可以用记事本等工具打开，其作用就是将一些常用的网址域名对应的 IP 地址建立一个关联"数据库"）中也许藏有特洛伊木马程序。

9）改变密码

在弥补了安全漏洞或者解决了配置问题以后，建议改变系统中所有账户的密码。

10）加固系统和网络的安全

（1）根据 CERT 的配置指南检查系统的安全性。

CERT 的 UNIX/NT 配置指南可以帮助用户检查系统中容易被入侵者利用的配置问题。

（2）安装安全工具。在将系统连接到网络上之前，一定要安装所有选用的安全工具。同时，最好使用 Tripwire、aide 等工具对系统文件进行 MD5 校验，把校验码放到安全的地方，以便以后对系统进行检查。

（3）打开日志。启动日志/检查/记账程序，将它们设置到准确的级别，例如，sendmail 日志应该是 9 级或者更高。

要经常备份日志文件，或者将日志写到另外的计算机、一个只能增加的文件系统或者一个安全的日志主机。

（4）配置防火墙对网络进行防御。

（5）重新连接到 Internet。完成以上步骤以后，就可以把系统重新连入 Internet 了。

应当注意，安全事件处理工作复杂，责任重大，至少应有两人参加。

9.1.5　信息系统应急演练

信息系统突发事件的发生是非常随机的。对于一个管理健全的信息系统，突发事件的发生概率极低。但是一旦发生就是一个非常大的灾难。这时，即使是有完美的应急预案，也会因为不太熟练或手忙脚乱，而贻误时机或处理不到位，从而造成系统损失。因此，光有安全管理制度、应急领导组织和应急预案是不够的，还需要通过应急演练提高应急处理的响应能力、灾难恢复能力和处置能力。

应急演练一般包含如下内容。

（1）明确应急演练的指导思想。

（2）成立应急演练组织机构。

（3）制定应急演练方案。

（4）应急演练准备工作。

（5）应急演练的实施。

（6）总结汇报。

1. 应急演练的指导思想

信息系统灾备演练对于检验信息系统灾难恢复预案的适用性、有效性，提升灾备系统的实际恢复能力具有重要意义。因此，应急演练不能仅仅看作是演练，而应该当作一次实战。要从实战出发，认真对待。

2. 应急演练组织机构

应急演练的组织一般分为应急演练指挥部和应急演练工作组。

1）应急演练指挥部

应急演练指挥部的职责是：负责信息系统突发事件应急演练的指挥、组织协调和过程控制；向上级部门报告应急演练进展情况和总结报告，确保演练工作达到预期目的。

2）应急演练工作组

应急演练工作组的职责如下。

（1）负责信息系统突发事件应急演练的具体工作，对信息系统突发事件应急演练业务影响情况进行分析和评估。

（2）收集分析信息系统突发事件应急演练处置过程中的数据信息和记录。

（3）向应急指挥部报告应急演练进展情况和事态发展情况。

（4）做好后勤保障工作，提供应急演练所需人力和物力等资源保障。

（5）做好对受影响客户的解释和安抚工作。

（6）做好秩序维护、安全保障支援等工作。

（7）建立与电力、通信、公安等相关外部机构的应急演练协调机制和应急演练联动机制。

（8）为降低事件负面影响或损失提供其他应急支持保障等。

3. 制定应急演练方案

应急演练方案包含如下内容。

（1）演练时间。

（2）选定演练目的。

（3）确定演练内容。

4. 应急演练准备工作

（1）组织员工学习信息安全的有关规范和本组织的信息系统突发事件应急预案。

（2）提高员工对于突发事件的应急处置意识，熟悉在突发事件中各自的职责和任务。

（3）明确责任，严格组织实施演练活动，确保演练活动顺利完成，达到预期效果。

（4）制定演练详细时间安排表。

5. 应急演练的实施

根据演练方案开展演练。

6. 总结汇报

演练结束后，要对演练进行总结，对演练中出现的问题要及时上报并进行整改。

9.2 数据容错与数据容灾

信息系统是脆弱的，它的可靠性不断遭受威胁。为了保证系统的可靠性，经过长期摸索，人们总结出了 3 条途径：避错、纠错和容错。

避错是完善设计和制造，试图构造一个不会发生故障的系统。但是，这是不太现实的。任何一个系统都会有纰漏。因此，人们不得不用纠错作为避错的补充。一旦系统出现故障，可以通过检测和核实来消除，再进行系统的恢复。

容错是第三条途径。其基本思想是，即使出现错误，系统也还能执行一组规定的程序。或者说，程序不会因为系统中的故障而中断或被修改，并且故障也不引起执行结果的差错。或者简单地说，容错就是系统可以抵抗错误的能力。容灾是针对灾害而言的。灾害对系统危害比错误要大、要严重。

9.2.1 数据备份

数据备份是数据容灾、数据容错和数据恢复的基本保障措施。

1. 数据备份的概念

为了弄清楚备份的概念，需要从以下几个方面理清它与另外一个意义相近的术语——复制之间的关系。

1）从词面解释看

备份对应的英语单词是 backup，它在英语中具有支持、后援、备用、候补、阻塞、伴奏、倒退、裱等意思。复制对应的英语单词是 copy，它在英语中具有复制、抄写、模仿等意思。

从汉语方面看，备份就是准备好一份，以便必要时应急，所以它是基于可靠或安全进行的冗余性保存。而复制是照样做一个的意思，不一定是为了可靠与安全，也许还有别的目的。

2）从形式上看

从形式上看，复制有两个特点。
（1）与源数据内容完全相同。
（2）与源数据文件格式完全相同。
而备份与之不同：
（1）不一定是全部，可能是全部，也可能是一部分，只要应急够用就行。

（2）格式不一定相同。备份根据备份软件的不同，会被打包成不同的备份文件格式，只能用备份软件恢复过来，不能直接使用。多数备份软件（比如 VERITAS NetBackup 软件）的备份格式为标准的 TAR 格式，也就是磁带的格式。

2. 数据备份模式

从模式看，数据备份可以分为逻辑备份和物理备份。

1）逻辑备份

逻辑备份也称为"基于文件（file-based）的备份"，即以文件为单位进行复制备份。这种备份使得每个单独的文件恢复比较简单。但是，一个文件往往可能由分散在磁盘上的多个数据块连接而成；文件备份需要进行文件操作，又需要对数据块进行操作。这样，对非连续存储在磁盘上的文件进行备份时，需要额外的查找操作。这些额外的查找操作会增加磁盘开销。此外，即使文件中有一点很小的改变，也要对整个文件进行一次备份。

2）物理备份

物理备份也称为"基于块（block-based）的备份"或"基于设备（device-based）的备份"。这种备份以数据件、块为单位进行备份，因此在备份过程中，花费在搜索上的开销很少，可以提高备份的性能。但是在恢复时必须收集文件和目录的信息，要知道具体的数据块是以什么方式组织到文件中的，因此恢复的效率很低。

3. 数据备份环境

按照环境，备份可以是冷备份，也可以是热备份。

1）冷备份

冷备份也称为离线备份或脱机备份，是数据库已经正常关闭的情况下将关键性文件复制到其他位置的备份。这样，可以很好地解决备份选择进行时并发数据更新所带来的数据不一致。其缺点是用户需要等待较长的时间。

2）热备份

热备份也称为在线备份或同步数据备份，是在数据库运行的情况下，采用归档模式（archivelog mode）备份数据的方法。采用这种备份时，用户无需等待，即在数据更新时也允许数据备份，但要采用文件的单独写/修改特权等技术措施解决数据的不一致问题。

4. 数据备份的策略

数据备份策略包括备份时间、备份数据种类和故障恢复方式等。下面介绍 4 种备份策略。

1）完全备份

完全备份（full backup）指定时对整个系统或用户指定的所有文件数据进行一次完全的备份。例如，星期一用一个磁盘（或光盘）对整个系统进行一次备份，星期二再用另一个磁盘（或光盘）对整个系统进行一次备份，以此类推。这种备份策略比较可靠，可以将数据恢复到任何一次备份之前，但不能保证将数据恢复到灾难之前。并且，其成本较高，需要大量存储空间。

2）增量备份

增量备份（incremental backup）只备份上次备份后作过更新的文件。例如，星期一先用一个磁盘（或光盘）进行一次完全备份，星期二则只备份自星期一备份以后新的或被修改过的数据，星期三只备份自星期二备份以后新的或被修改过的数据，以此类推。这种备份使系统性能和容量可以得到很好的改善。但是，一旦出现数据故障时要进行数据恢复，不得不从最后一次的备份向前进行链式恢复。例如，星期四出现故障，则要先从星期一的备份数据开始，用星期二的备份恢复出星期二备份之前的数据；再以此为基础，用星期三的备份恢复出星期三备份之前的数据。若其中任何一个中间环节出现问题，都使恢复难于继续。因此，这种模式与完全备份配合使用效果较好。

3）差别备份

差别备份（differential backup）是每次只备份上次全盘备份之后更新过的数据。例如，星期一先用一个磁盘（或光盘）进行一次完全备份，以后每天只备份与星期一的备份数据不同的数据部分。这样，全部系统只需要两组磁盘或光盘（最后一次完全备份磁盘或光盘和最后一次差别备份磁盘或光盘）就可以恢复。

4）按需备份

按需备份是指在正常的备份之外，有选择地进行额外备份操作（例如对于非常关键的数据）。按需分配可以弥补冗余管理或长期转储的日常备份的不足。

5. 数据备份的存储

1）直接备份

使用备份软件直接备份在磁带、磁盘、闪存、光盘等介质上。

2）网络备份

网络备份是通过网络进行数据备份。主要形式有如下几种。

（1）网络附加存储（Network Attached Storage，NAS），其结构如图 9.2 所示，它通过在网络中安装一种只负责实现文件 I/O 操作的设施，把任务优化的存储设备直接挂在网上，使数据的存储与数据的处理相分离：文件服务器只用于数据的存储，主服务器只用于数据的处理。

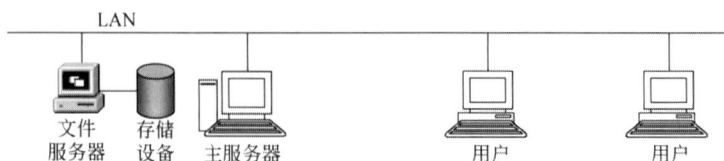

图 9.2　NAS 的存储结构

（2）存储局域网（Storage Area Network，SAN）：是用来连接服务器和存储装置（大容量磁盘阵列和备份磁带库等）的专用存储网络。如图 9.3 所示，SAN 的连接基于固有光纤通道和 SCSI，通过 SCSI 到光纤通道转换器和网关，一个或多个光纤通道交换机在主服务器与存储设备之间提供相互连接，形成一种特殊的高速网络。如果把 LAN 作为第一网络，则 SAN 就是第二网络，它置于 LAN 之下，但又不涉及 LAN 的具体操作。

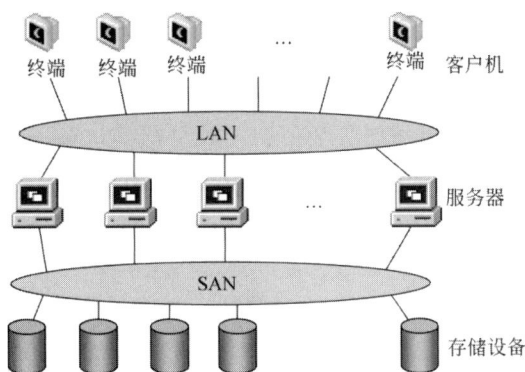

图 9.3　SAN 的结构

（3）云存储：即云计算的数据存储技术，它具有分布式、高吞吐率、大冗余和高传输率的特点。目前云计算系统中广泛使用的数据存储系统是 Google 的 GFS（Google File System，Google 文件系统，非开源）和 Hadoop 团队开发的 GFS 的开源实现 HDFS（Hadoop Distributed File System）。目前这两种技术已经成为事实标准。

GFS 是一个可扩展的分布式文件系统，用于大型的、分布式的、对大量数据进行访问的应用。一个 GFS 集群由一个主服务器（master）和大量的块服务器（chunk server）构成，并被许多客户（client）访问。主服务器存储文件系统所有的元数据（描述数据的数据），包括名字空间、访问控制信息、从文件到块的映射以及块的当前位置。它也控制系统范围的活动，如块租约（lease）管理、孤儿块的垃圾收集、块服务器间的块迁移。主服务器定期通过 HeartBeat 消息与每一个块服务器通信，给块服务器传递指令并收集它的状态。GFS 中的文件被切分为 64MB 的块并以冗余存储，每份数据在系统中保存 3 个以上备份。客户与主服务器的交换只限于对元数据的操作，所有数据方面的通信都直接和块服务器联系，这大大提高了系统的效率，防止主服务器负载过重。

6. 数据备份关键技术

1）镜像技术

通常，镜像（mirroring）是指一个物体对于一个镜面的重现。在计算机技术中，镜像是一种冗余的类型，是数据的另一个完全相同的副本。

（1）按照存在形式，镜像可以分为磁盘镜像和镜像站点。

磁盘镜像是在两个或多个磁盘或磁盘子系统上产生同一个数据的镜像视图的信息存储过程，即一个磁盘上的数据在另一个磁盘上存在一个完全相同的副本即为镜像。RAID 1 和 RAID 10 使用的就是镜像。常见的镜像文件格式有 iso、bin、img、tao、dao、cif、fcd。

镜像站点指某个网站存在另一个相关内容完全相同的网站。

（2）按照存在关系，镜像系统有主从之分。

在磁盘镜像系统中，要将一个磁盘指定为主磁盘镜像系统，将另一个指定为从磁盘镜像系统。

在镜像站点系统中，则将一台服务器指定为主服务器，将另一台指定为从服务器。客户只能对主服务器上的镜像的卷进行读写，即只有主服务器通过网络向用户提供服务，从服务器上相应的卷被锁定以防对数据的存取。主/从服务器分别通过心跳监测线路互相监测对方的运行状态，当主服务器因故障停机时，从服务器将在很短的时间内接管主服务器的应用。

（3）按主从磁盘镜像存储系统所处的位置，磁盘镜像可分为本地镜像和远程镜像。

本地镜像是在本机的磁盘中划分主镜像区和从镜像区。远程镜像又称为远程复制，是通过高速光纤通道线路和磁盘控制技术将镜像磁盘延伸到远离本地机的地方，镜像磁盘数据与主磁盘数据完全一致。

（4）按请求镜像的主机是否需要远程镜像站点的确认信息，远程镜像又可分为同步远程镜像和异步远程镜像。

同步远程镜像（同步复制技术）是指通过远程镜像软件，将本地数据以完全同步的方式复制到异地，每一本地的 I/O 事务均需等待远程复制的完成确认信息，方予以释放。同步镜像使复制总能与本地机要求复制的内容相匹配。当主站点出现故障时，用户的应用程序切换到备份的替代站点后，被镜像的远程副本可以保证业务继续执行而没有数据的丢失。但它存在往返传播造成延时较长的缺点，只限于在相对较近的距离上应用。

异步远程镜像（异步复制技术）保证在更新远程存储视图前完成向本地存储系统的基本操作，而由本地存储系统提供给请求镜像主机的 I/O 操作完成确认信息。远程的数据复制是以后台同步的方式进行的，这使本地系统性能受到的影响很小，传输距离长（可达 1000km 以上），对网络带宽要求低。但是，许多远程的从属存储子系统的写没有得到确认，当某种因素造成数据传输失败，可能出现数据一致性问题。为了解决这个问题，目前大多采用延迟复制的技术（本地数据复制均在后台日志区进行），即在确保本地数据完好无损后进行远程数据更新。

2）存储快照技术

快照（snapshot）是通过软件对磁盘子系统中的数据快速扫描，为要备份数据在某个时间点上建立的映像，这个映像由快照逻辑单元号（LUN）和快照高速缓存组成。快照 LUN 是一组指针，它指向快照高速缓存和磁盘子系统中不变的数据块（在备份过程中）。在快速扫描时，把备份过程中即将要修改的数据块同时快速复制到快照高速缓存中。

快照能够进行在线数据备份与恢复。当存储设备发生应用故障或者文件损坏时可以进行快速的数据恢复，将数据恢复至某个可用的时间点的状态。在正常业务进行的同时，利用快照 LUN 实现对原数据的一个完全的备份。它可使用户在正常业务不受影响的情况下（主要指容灾备份系统），实时提取当前在线业务数据。

快照的另一个作用是为存储用户提供另外一个数据访问通道，当原数据进行在线应用处理时，用户可以访问快照数据，还可以利用快照进行测试等工作。由于其"备份窗口"接近于零，可大大增加系统业务的连续性，为实现系统真正的 7×24 小时运转提供了保证。所有存储系统，不论高、中、低端，只要应用于在线系统，那么快照就成为一个不可或缺的功能。

远程镜像技术往往同快照技术结合起来实现远程备份，即通过镜像把数据备份到远程存储系统中，再用快照技术把远程存储系统中的信息备份到远程的磁带库、光盘库中。

3）互连技术

早期的主数据中心和备援数据中心之间的数据备份，主要是基于 SAN（存储区域网络）的远程复制（镜像），即通过光纤通道（FC），把两个 SAN 连接起来，进行远程镜像（复制）。当灾难发生时，由备援数据中心替代主数据中心保证系统工作的连续性。但是由于这种远程容灾备份方式存在实现成本高、设备的互操作性差、跨越的地理距离短（10km）等因素，阻碍了它的进一步推广和应用。

目前出现了多种基于 IP 的 SAN 的远程数据容灾备份技术。它们利用基于 IP 的 SAN 的互连协议，将主数据中心 SAN 中的信息通过现有的 TCP/IP 网络远程复制到备援中心 SAN 中。当备援中心存储的数据量过大时，可利用快照技术将其备份到磁带库或光盘库中。这种基于 IP 的 SAN 的远程容灾备份，可以跨越 LAN、MAN 和 WAN，成本低，可扩展性好，具有广阔的发展前景。基于 IP 的互连协议包括 FCIP、iFCP、Infiniband 和 iSCSI 等。

4）虚拟存储

虚拟存储就是把多个存储介质模块（如硬盘、RAID）通过一定的手段集中在一个存储池（storage pool）中进行统一管理。这样，从主机的角度看到的就不是多个硬盘，而是一个分区或者卷。从拓扑结构来讲，虚拟存储主要有两种方式：对称式虚拟存储和非对称式虚拟存储。对称虚拟存储有如下优点。

（1）采用大容量高速缓存，可以显著提高数据传输速度。

（2）采用多端口并行技术，可以消除 I/O 瓶颈。

（3）其逻辑存储单元提供了高速的磁盘访问速度。

（4）成对的存储池具有很好的容错性能。

9.2.2　数据容错技术

容错（Fault Tolerant，FT）就是当由于种种原因在系统中出现了数据、文件损坏或丢失时，系统能够自动将这些损坏或丢失的文件和数据恢复到发生事故以前的状态，使系统能够连续正常运行的技术。

目前，广泛采用的数据容错技术有以下几种。

1. 双重文件分配表和目录表技术

硬盘上的文件分配表和目录表存放着文件在硬盘上的位置和文件大小等信息，如果它们出现故障，数据就会丢失或误存到其他文件中。通过提供两份同样的文件分配表和目录表，把它们存放在不同的位置，一旦某份出现故障，系统将做出提示，从而达到容错的目的。

2. 快速磁盘检修技术

这种方法是在把数据写入硬盘后，马上从硬盘中把刚写入的数据读出来与内存中的原始数据进行比较。如果出现错误，则利用在硬盘内开设的一个被称为"热定位重定区"的区，将硬盘坏区记录下来，并将已确定的在坏区中的数据用原始数据写入热定位重定区。

3. 磁盘镜像技术

磁盘镜像技术是在同一存储通道上装有成对的两个磁盘驱动器，分别是驱动原盘和副盘，两个盘串行交替工作，当原盘发生故障时，副盘仍旧正常工作，从而保证了数据的正确性。

4. 双工磁盘技术

双工磁盘技术是在网络系统上建立起两套同样的且同步工作的文件服务器，如果其中一个出现故障，另一个将立即自动投入系统，接替发生故障的文件服务器的全部工作。

5. 事务跟踪系统

网络操作系统具有完备的事务跟踪系统，这是针对数据库和多用户软件的需要而设计的，用以保证数据库和多用户应用软件在全部处理工作还没有结束时，或者在工作站或服务器发生突然损坏的情况下，能够保持数据一致。其工作方式是：对指定的事务（操作）要么一次完成，要么什么操作也不进行。

6. 负载均衡

负载均衡（load balance）就是将一个任务分解成多个子任务，分配给不同的服务器执行，通过减少每个部件的工作量，增加系统的稳定性。通常，负载均衡会根据网络的不同层次（网络七层）来划分。其中，第二层的负载均衡指将多条物理链路当作一条单一的聚合逻辑链路使用，这就是链路聚合（trunking）技术，它不是一种独立的设备，而是交换机等网络设备的常用技术。现代负载均衡技术通常操作于网络的第四层或第七层，它完全脱离交换机、服务器而成为独立的技术设备。

7. LOCKSTEP 技术

LOCKSTEP 技术使用相同的、冗余的硬件组件在同一时间内处理相同的指令。它可以保持多个 CPU、内存精确的同步，在相同时钟周期内执行相同的指令；保证能够发现任何错误，即使短暂的错误，系统也能在不间断处理和不损失数据的情况下恢复正常运行。

8. 安全故障（FAILSAFE）软件

FAILSAFE 可以管理和诊断特征，捕获、分析和通报服务器的软件问题，从而允许个人在软件发生错误之前去纠正错误。FAILSAFE 软件通过下列功能来增强 Windows 环境中的可靠性。

（1）保护短暂的硬件故障。
（2）通过增强的驱动程序预防软件失效。
（3）软件问题的捕获、分析及修正。
（4）内存数据的连续性维持。
（5）丰富的纠错功能可以解决各种不同的错误。
（6）自动重启功能，能够在宕机前将 CPU 与内存数据即时保存下来。

FAILSAFE 软件在 Windows 2000/2003 环境下采用热插拔、内存镜像、负载均衡、多点终止失效、多通道 I/O 等方式,大大增强了系统连续运行的稳定性。

9. 服务器容错技术

服务器容错技术的出现极大地降低了企业业务在各种不可预料灾难发生时的损失,保证业务系统的 7×24 小时不间断运转。常用的服务器容错技术有下列一些。

(1)双机热备(hot standby):通过系统冗余的方法解决计算机应用系统的可靠性问题,并且具有安装维护简单、稳定可靠、监测直观等优点。

(2)服务器集群(cluster):服务器集群是通过将多台服务器互连在一起而形成的,以松散的成对配置共享资源,具有一定的自我修正能力,可以保证系统 7×24 小时不间断运行,把非计划和计划的停机时间降到最低。在确保高可用性方面,服务器集群堪称最具价值的系统级技术之一。

(3)SAN:允许服务器在共享存储装置的同时仍能高速传送数据,具有带宽高、可用性高、容错能力强的优点,而且它可以轻松升级,容易管理,有助于改善整个系统的总体成本状况。

9.2.3 数据容灾系统

真正的数据容灾就是要能在灾难发生时全面、及时地恢复整个系统。在系统遭受灾害时,使系统还能工作或尽快恢复工作的最基础的技术是数据备份。对于一个容灾系统,如果没有备份的数据,任何容灾方案都没有现实意义。

1. 衡量容灾的两个技术指标

从技术上看,衡量容灾系统有两个主要指标——RPO 和 RTO。

数据恢复点目标(Recovery Point Object,RPO)主要指的是业务系统所能容忍的数据丢失量,代表了当灾难发生时允许丢失的数据量。

恢复时间目标(Recovery Time Object,RTO)主要指的是所能容忍的业务停止服务的最长时间,代表了系统恢复的时间,也就是从灾难发生到业务系统恢复服务功能所需要的最短时间周期。

所以,RPO 针对的是数据丢失,而 RTO 针对的是服务停止,两者没有必然的关联性。RTO 和 RPO 的确定必须在进行风险分析和业务影响分析后根据不同的业务需求确定。对于不同企业的同一种业务,RTO 和 RPO 的需求也会有所不同。

2. 容灾必须满足的 3R

真正的容灾必须满足 3R。

(1)Redundance,即系统中的部件、数据都具有"冗余性",即一个系统发生故障,另一个系统能够保持数据传送的顺畅。

(2)Remote,即具有"长距离性"。因为灾害总是在一定范围内发生,因而充分长的距离才能够保证数据不会被一个灾害全部破坏。

(3)Replication,容灾系统要追求全方位的数据"备份",也称为容灾性。

3. 确定容灾备份技术方案的因素

根据国际标准 SHARE 78 的定义，确定灾难备份技术方案应主要考虑如下 8 个方面。

（1）备份/恢复的范围。

（2）灾难恢复计划的状态。

（3）应用站点与灾难备份站点之间的距离。

（4）应用站点与灾难备份站点之间是如何相互连接的。

（5）数据是怎样在两个站点之间传送的。

（6）允许有多少数据被丢失。

（7）怎样保证更新的数据在灾难备份站点被更新。

（8）灾难备份站点可以开始灾难备份工作的能力。

4. 容灾系统等级

按照以上考虑因素，国际标准 SHARE 78 将容灾系统定义成 7 个层次。但是，这 7 层比较复杂，人们常简化为如下 4 个等级。

1）第 0 级：没有备援中心

这一级容灾备份实际上没有灾难恢复能力，它只在本地进行数据备份，并且被备份的数据只在本地保存，没有送往异地。

2）第 1 级：本地磁带备份，异地保存

在本地将关键数据备份，然后送到异地保存。灾难发生后，按预定数据恢复程序恢复系统和数据。这种方案成本低、易于配置。但当数据量增大时，会出现存储介质难管理的问题，并且当灾难发生时存在大量数据难以及时恢复的问题。为了解决此问题，灾难发生时，先恢复关键数据，后恢复非关键数据。

3）第 2 级：热备份站点备份

在异地建立一个热备份点，通过网络进行数据备份。也就是通过网络以同步或异步方式，把主站点的数据备份到备份站点，备份站点一般只备份数据，不承担业务。当出现灾难时，备份站点接替主站点的业务，从而维护业务运行的连续性。

4）第 3 级：活动备援中心

在相隔较远的地方分别建立两个数据中心，它们都处于工作状态，并进行相互数据备份。当某个数据中心发生灾难时，另一个数据中心接替其工作任务。这种级别的备份根据实际要求和投入资金的多少，又可分为两种：①两个数据中心只限于关键数据的相互备份；②两个数据中心互为镜像，即零数据丢失等。零数据丢失是目前要求最高的一种容灾备份方式，它要求不管什么灾难发生，系统都能保证数据的安全。所以，它需要配置复杂的管理软件和专用的硬件设备，需要的投资相对而言是最大的，但恢复速度也是最快的。

5. 容灾方案

目前有很多种容灾技术，分类也比较复杂。但总体上可以区分为离线式容灾（冷容灾）

和在线式容灾（热容灾）两种类型。

1）离线式容灾（冷容灾）

离线式容灾主要依靠备份技术来实现。其重要步骤是：将数据通过备份系统备份到磁带上面，然后将磁带运送到异地保存管理。这种方式主要由备份软件来实现备份和磁带的管理，除了磁带的运送和存放外，其他步骤可实现自动化管理。整个方案的部署和管理比较简单，相应的投资也较少。但缺点也比较明显：由于采用磁带存放数据，所以数据恢复较慢，而且备份窗口内的数据都会丢失，实时性比较差。对于资金受限、对数据恢复的 RTO 和 RPO 要求较低的用户可以选择这种方式。

2）在线式容灾（热容灾）

在线式容灾要求用户工作中心和灾备中心同时工作，用户工作中心和灾备中心之间由传输链路连接。数据自用户工作中心实时复制传送到灾备中心。在此基础上，可以在应用层进行集群管理，当用户工作中心遭受灾难、出现故障时，可由灾备中心自动接管并继续提供服务。应用层的管理一般由专门的软件来实现，可以代替管理员实现自动管理。由上面分析可见，实现在线式容灾的关键是数据的复制。

6. 在线式容灾的数据复制方式

数据复制的技术有很多，从实现复制功能的设备分布上可大体分为 3 层：服务器层、存储交换机层和存储层。

1）服务器层

在用户工作中心和灾备中心的服务器上安装专用的数据复制软件，以实现远程复制功能。两中心间必须有网络连接作为数据通道。可以在服务器层增加应用远程切换功能软件，从而构成完整的应用级容灾方案。这种数据复制方式相对投入较少，主要是软件的采购成本。另外，其兼容性较好，可以兼容不同品牌的服务器和存储设备，较适合硬件组成复杂的用户。但这种方式要在服务器上运行软件，不可避免地对服务器性能产生影响。

2）存储交换机层

存储交换机技术的发展使交换机可以实现更多的功能，很多原来由服务器和存储设备实现的功能现在也可以在交换机层实现，例如存储虚拟化。由于交换机可以管理和复制的数据是存放在存储层的，因此用户需要将数据都存储在交换机所连接的存储设备中，这样就可以实现交换机对数据的管理和复制。目前采用这种方案的用户比较少。

3）存储层

远程数据复制功能几乎是现有中高端产品的必备功能。要实现数据的复制，需要在用户工作中心和灾备中心都部署一套这样的存储系统，数据复制功能由存储系统实现。用户工作中心和灾备中心距离比较近（几十千米之内）时，它们之间的链路可由两中心的存储交换机通过光纤直接连接；距离在 200km 内时，可通过增加 DWDM 等设备直接进行光纤连接；距离超过 200km，则可增加存储路由器进行协议转换，途经 WAN 或 Internet 实现连接。因此，从理论上可实现无限制连接。在存储层实现数据复制功能是很成熟的技术，而且对应用服务器的性能基本没有影响。在应用层增加远程集群软件后就可以实现自动灾难切换的整体容灾解决方案。这种容灾方案稳定性高，对服务器性能基本无影响，是目前容灾方案的主流选择。

7. 灾难检测技术

对于一个容灾系统来讲，在灾难发生时，尽早地发现生产系统端的灾难，尽快地恢复生产系统的正常运行或者将业务迁移到备用系统上，都可以将灾难造成的损失降到最低。除了依靠人力来对灾难进行确定之外，对于系统意外停机等灾难还需要容灾系统能够自动检测灾难的发生，目前容灾系统的检测技术一般采用心跳技术。

心跳技术的一个实现是：生产系统在空闲时每隔一段时间向外广播一下自身的状态；检测系统在收到这些"心跳信号"之后，便认为生产系统是正常的。若在给定的一段时间内没有收到"心跳信号"，检测系统便认为生产系统出现了非正常的灾难。心跳技术的另外一个实现是：每隔一段时间，检测系统就对生产系统进行一次检测，如果在给定的时间内，被检测的系统没有响应，则认为被检测的系统出现了非正常的灾难。心跳技术中的关键点是心跳检测的时间和时间间隔周期。如果间隔周期短，会给系统带来很大的开销。如果间隔周期长，则无法及时地发现故障。

8. 系统迁移技术

灾难发生后，为了保持生产系统的业务连续性，需要实现系统的透明性迁移，利用备用系统透明地代替生产系统进行运作。一般对实时性要求不高的容灾系统，例如 Web 服务、邮件服务器等，可以通过修改 DNS 或者 IP 来实现，对实时性要求高的容灾系统，则需要将生产系统的应用透明地迁移到备用系统上。目前基于本地机群的进程迁移的算法可以应用在远程容灾系统中，但是需要对迁移算法进行改进，使之适应复杂的网络环境。

习 题 9

一、选择题

1. 当发现信息系统被攻击时，以下（　　）项是首先应该做的。
   A. 切断所有可能导致入侵的通信线路　　　B. 采取措施遏制攻击行为
   C. 判断哪些系统和数据遭到了破坏　　　　D. 与有关部门联系

2. 系统备份与普通数据备份的不同在于，它不仅备份系统中的数据，还备份系统中安装的应用程序、数据库系统、用户设置和系统参数等信息，以便迅速（　　）。
   A. 恢复整个系统　　B. 恢复所有数据　　C. 恢复全部程序　　D. 恢复网络设置

3. 灾难恢复计划或者业务连续性计划关注的是信息资产的（　　）属性。
   A. 可用性　　　　B. 真实性　　　　C. 完整性　　　　D. 保密性

4. 数据备份常用的方式主要有完全备份、增量备份和（　　）。
   A. 逻辑备份　　　B. 按需备份　　　C. 差分备份　　　D. 物理备份

5. 根据国际上对数据备份能力的定义，下面不属于容灾备份的是（　　）。
   A. 存储介质容灾备份　B. 业务级容灾备份　　C. 系统级容灾备份　D. 物理级容灾备份

二、简答题

1. 简述紧急响应的意义。

2. 试述紧急响应服务在实现目的方面受哪些因素制约。

3. 如何制定紧急响应预案？

4. 尽可能多地列举一些安全事件。

5. 简述应急事件处理的基本流程。

6. 灾难恢复涉及哪些内容？

7. 灾难恢复涉及哪些技术？

8. 简述数据容错和数据容灾之间的联系与区别。

9. 简述数据备份在数据容错和数据容灾中的作用。

10. 简述各种数据备份技术的特点。

11. 简述各种数据备份策略的用途。

12. 收集国内外有关应急响应、数据容错或数字取证的网站信息，简要说明各网站的特点。

13. 收集国内外有关应急响应、数据容错或数字取证的最新动态。

三、课外阅读

中华人民共和国应急管理部令	被入侵系统的恢复指南	国际标准 SHARE 78 的七级容灾等级

第4篇　信息安全系统工程

　　信息系统是复杂的系统，其安全涉及众多因素和冲突。首先是要求的冲突，如保密性、完整性与可扩展性、方便性、成本的冲突；其次是安全理论与系统实际之间的冲突；此外还有人、设备和数据之间的复杂关系等。因此，在为一个信息系统进行安全设计时，必须以系统工程（Systems Engineering，SE）方法进行。简单地说，系统工程就是要从"系统"和"工程"两个角度考虑问题。

系统工程

　　从系统角度考虑问题，就是要遵循如下四个原则。

　　（1）总体最优原则。从全局考虑问题，不强调每一部分都最优。

　　（2）木桶原则。木桶原则也称为均衡防护原则。它是基于"木桶的容积由其最短的一块木板决定"的原则，考虑到即使绝大部分的环节上防御能力极强，只要有一处很弱，系统总体的防御力也是弱的。因此，要对于最常见的攻击手段采取均衡防护。

　　（3）分权制衡原则。要害部位的管理分割给几个人，互相制约。

　　（4）最小特权原则。只有需要时才可授予某种特权，但同时要限制其他的系统特权。

　　为此，对于信息系统来说，就要了解开放式系统互连安全体系结构，它可以有哪些安全服务和哪些安全机制以及它们的配置和管理模式。

　　从工程的角度考虑问题，就是要遵循如下四个原则。

　　（1）可评估原则。安全系统的规划、设计、实施和运行都要有章可循，同时要考虑用户对于安全的需求和具体环境，使安全系统成为可以论证、可以评估的系统。

　　（2）成本效率原则。任何系统都不是100%安全的，因为100%安全要求的成本可能是无限的。因此，需要根据系统的重要性设定相应的安全需求级别，采取相应的安全措施。

　　（3）可扩展性原则。考虑信息系统的发展、规模的变化以及新的风险的出现，要求安全体系具有可扩展性和延续性。

　　（4）可行性原则。系统建设是可以实施的。

　　为此，对于信息安全系统来说，就要了解有哪些测评准则以及如何实施。

第 10 章　OSI 安全体系

现代信息系统都是基于计算机网络的。计算机网络是一种 7 层结构的系统，其安全漏洞及其服务也就分布在这个 7 层结构中。ISO（International Organization for Standards，国际标准化组织）于 1989 年在对 OSI（Open System Interconnect，开放系统互连）环境的安全性进行深入研究的基础上提出的 ISO 7498-2 和《Internet 安全体系结构》（RFC 2401）。中国国家标准《信息处理系统开放系统互连基本参考模型——第二部分：安全体系结构》（GB/T 9387.2—1995）是一个与之等同的标准，它给出了基于 OSI 参考模型七层协议之上的信息系统安全体系结构。

10.1　OSI 安全体系结构

10.1.1　OSI 安全体系模型

OSI 安全体系结构是一个普遍适用的安全体系结构，其核心内容是保证异构计算机系统进程与进程之间远距离交换信息的安全；其基本思想是，为了全面而准确地满足一个开放系统的安全需求，必须在 7 个层次中提供必需的安全服务、安全机制和技术管理，以及它们在系统上的合理部署和关系配置。这个体系结构如图 10.1 所示。

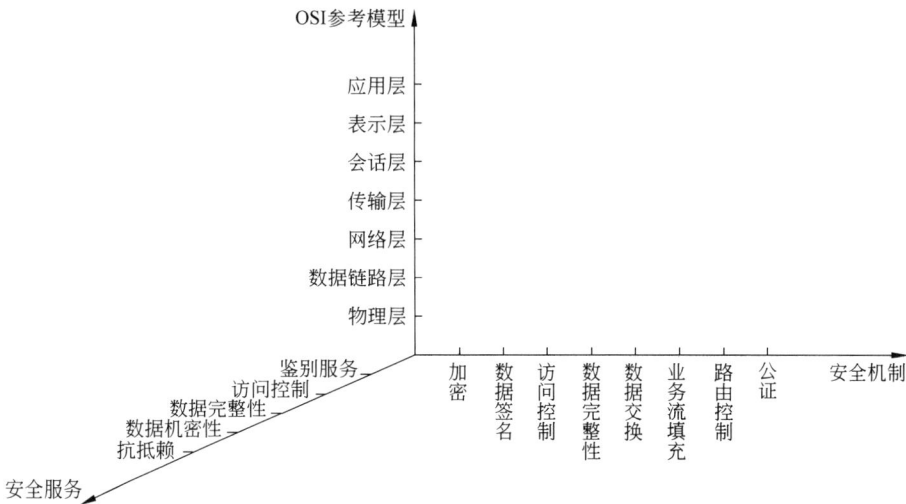

图 10.1　OSI 安全体系结构

10.1.2　OSI 安全体系内容

OSI 安全体系结构的基本思想是，为了全面而准确地满足一个开放系统的安全需求，必须在 7 个层次中提供必需的安全服务、安全机制和技术管理，以及它们在系统上的合理部署和关系配置。它提供的基本内容如下。

（1）提供安全体系结构所配备的安全服务（也称为安全功能）和有关安全机制在体系结构下的一般描述。

（2）确定体系结构内部可以提供相关安全服务的位置。

（3）保证完全准确地配置安全服务，并且一直维持于信息系统安全的生命周期中，安全服务必须满足一定强度的要求。

（4）一种安全服务可以通过某种单独的安全机制提供，也可以通过多种安全机制联合提供，一种安全机制可用于提供一种或多种安全服务，在七层协议中除第五层（会话层）外，每一层均能提供相应的安全服务。

实际上，最适合配置安全服务的是物理层、网络层、传输层和应用层。其他层都不宜配置安全服务。

10.2　OSI 安全体系的安全服务

10.2.1　OSI 安全体系中定义的安全服务

OSI 安全体系结构中定义的 5 大类安全服务，也称为安全防护措施。

1. 鉴别服务

鉴别是对付假冒攻击的有效方法，分为对等实体鉴别和数据源鉴别。

（1）对等实体鉴别。对等实体鉴别是在开放系统的两个同层对等实体间建立连接和传输数据期间，为证实一个或多个连接实体的身份而提供的一种安全服务。这种服务可以是单向的，也可以是双向的；可以带有有效期检验，也可以不带。从七层模型看，当由 N 层提供这种服务时，使 $N+1$ 层实体确信与之打交道的对等实体正是它所需要的对等 $N+1$ 层实体。

（2）数据源鉴别。数据源鉴别服务是对数据单元的来源提供识别，但对数据单元的重复或篡改不提供鉴别保护。从七层参考模型看，当由 N 层提供这种服务时，将使 $N+1$ 层实体确信数据来源正是它所需要的对等 $N+1$ 层实体。

2. 访问控制服务

访问控制用于防止资源未授权使用。在 OSI 安全体系结构中，访问控制的安全目标如下。

（1）通过进程（可代表人或其他进程行为）对数据不同应用或不同计算资源的访问控制。

（2）在一个安全域内的访问或跨越一个或多个安全域的访问控制。

（3）按照其上下文进行的访问控制。如根据试图访问的时间、访问者地点或访问路由等因素的访问控制。

（4）在访问期间对授权更改做出反应的访问控制。

3. 机密性保障服务

1）在信息系统安全中需要区分两类机密性服务

（1）数据机密性服务：使攻击者想要从某个数据项中推出敏感信息是十分困难的。

（2）业务流机密性服务：使攻击者想要通过观察通信系统的业务流来获得敏感信息是十分困难的。

2）根据所加密的数据项，机密性服务可以有如下几种类型

（1）连接机密性：为一次连接上的所有用户数据提供机密性保护。

（2）无连接机密性：为单个无连接的 SDU 中的全部用户数据提供机密性保护。

（3）选择字段机密性：为那些被选择的字段提供机密性保护。这些字段或处于连接的用户中，或者为单个无连接的 SDU 中的字段。

（4）通信业务流机密性：使得攻击者不可能通过观察通信业务流推断出其中的机密信息。

4. 完整性服务

OSI 安全体系把完整性服务概括为以下 5 个方面。

（1）带恢复的连接完整性：为连接上的所有用户数据保证其完整性，并检测整个 SDU 序列中的数据遭受到的任何篡改、插入和删除，或者同时进行补救和/或恢复。

（2）不带恢复的连接完整性：服务同带恢复的连接完整性，只是不做补救恢复。

（3）选择字段的连接完整性：为一次连接上传送的 SDU 的用户数据中的选择字段提供完整性保护，确定被选择字段是否遭受了篡改、插入、删除或不可用。

（4）无连接完整性：为单个无连接上的 SDU 提供完整性保护，检测一个接收到的 SDU 是否遭受了篡改，并在一定程度上提供对连接重放的检测。

（5）选择字段的无连接完整性：为单个无连接上的 SDU 中的选择字段提供完整性保护，检测被选择字段是否遭受了篡改。

5. 抗抵赖服务

上面的安全服务是针对来自未知攻击者的威胁，而抗抵赖服务的目的是保护通信实体免遭来自其他合法实体的威胁。OSI 定义的抗抵赖服务有两种类型。

（1）有数据原发证明的抗抵赖：为数据的接收者提供数据的原发证据，使发送者不能抵赖这些数据的发送或否认发送内容。

（2）有交付证明的抗抵赖：为数据的发送者提供数据交付证据，使接收者不能抵赖收到这些数据或否认接收内容。

10.2.2　OSI 七层中的安全服务配置

1. 安全分层及服务配置原则

安全服务分层以及安全机制在 OSI 七层上的配置应按照下列原则进行。

（1）实现一种服务的不同方法越少越好。

（2）在多层上提供安全服务来建立安全系统是可取的。

（3）为安全所需的附加功能不应该也不必要重复 OSI 的现有功能。

（4）避免破坏层的独立性。

（5）可信功能度的总量应尽量少。

（6）只要一个实体依赖于由位于较低层的实体提供的安全机制，那么任何中间层应该按不违反安全的方式构建。

（7）只要可能，就应以作为自容纳模块起作用的方法来定义一个层的附加安全功能。

（8）本标准被认定用于由包含所有 7 层的端系统组成的开放系统以及中继系统。

2. 在 OSI 各层中的安全服务配置

OSI 各层提供的安全服务配置如表 10.1 所示。不论所要求的安全服务是由该层提供还是由下层提供，各层上的服务定义都可能需要修改。

表 10.1　OSI 各层中的安全服务配置

安 全 服 务	协 议 层						
	1	2	3	4	5	6	7
对等实体鉴别			√	√			√
数据源鉴别			√	√			√
访问控制			√	√			√
连接机密性	√	√	√	√		√	√
无连接机密性		√	√	√		√	√
连接字段机密性							√
通信业务流机密性						√	√
带恢复的连接完整性	√			√			√
不带恢复的连接完整性				√			√
选择字段连接完整性			√	√			√
无连接完整性							√
选择字段无连接完整性			√	√			√
有数据原发证明的抗抵赖							√
有交付证明的抗抵赖							√

注：表中空白表示不提供。

10.3　OSI 安全体系的安全机制

OSI 安全体系结构没有说明 5 种安全服务如何实现，但是它给出了 8 种基本（特定的）安全机制，使用这 8 种安全机制，再加上几种普遍性的安全机制，将它们设置在适当的（N）层上，用以提供 OSI 安全体系结构安全服务。

10.3.1　OSI 的 8 种特定的安全机制

1. 加密

在 OSI 安全体系结构的安全机制中，加密涉及 3 个方面的内容。

（1）密码体制的类型：对称密码体制和非对称密码体制。

（2）密钥管理。

（3）加密层的选取。表 10.2 给出了加密层选取时要考虑的因素，它不推荐在数据链路层上的加密。

表 10.2　加密层选取时要考虑的因素

加 密 要 求	加 密 层
对全部通信业务提供加密	物理层
细粒度保护（对每个应用提供不同的密钥）	表示层
抗抵赖或选择字段保护	
提供机密性与不带恢复的完整性	网络层
对所有端对端之间通信的简单块进行保护	
希望有一个外部的加密设备（如为了给算法和密钥提供物理保护或防止软件错误）	
提供带恢复的完整性以及细粒度保护	传输层

2. 数字签名

1）数字签名的作用

数据签名是附加在数据单元上的一些数据，或是对数据单元所做的密码变换，这种附加数据或变换可以起如下作用。

（1）供接收者确认数据来源。

（2）供接收者确认数据完整性。

（3）保护数据，防止他人伪造。

2）数字签名需要确定的两个过程

（1）对数据单元签名，使用签名者私有（独有或机密的）信息。

（2）验证签过名的数据单元，使用的规程和信息是公开的，但不能推断出签名者的私有信息。

3. 访问控制

访问控制是一种对资源访问或操作加以限制的策略。此外，它还可以支持数据的机密性、数据完整性、可用性以及合法使用的安全目标。访问控制机制可应用于通信联系中的任一端点或任一中间点。

访问控制机制可以建立在下面的一种或多种手段之上。

（1）访问控制信息库，保存了对等实体的访问权限。

（2）鉴别信息，如口令等。

（3）权限。

（4）安全标记。

（5）试图访问的时间。

（6）试图访问的路由。

（7）访问持续期。

4. 数据完整性

数据完整性保护的目的是避免未授权的数据乱序、丢失、重放、插入和篡改。下面讨论数据完整性的两个方面：单个数据或字段的完整性和数据单元流或字段流的完整性。

决定单个数据单元的完整性涉及两个实体：一个在发送实体上，另一个在接收实体上。发送实体给数据单元附上一个附加量，接收实体也产生一个相应的量，通过比较两者，可以判定数据在传输过程中是否被篡改。

对于连接方式数据传送，保护数据单元序列的完整性（包括防止乱序、数据丢失、重放或篡改），还需要明显的排序标记，如顺序号、时间标记或密码链；对于无连接数据传送，时间标记可以提供一定程度的保护，防止个别数据单元重放。

5. 鉴别交换

1）可用于鉴别交换的技术

（1）鉴别信息，如口令。

（2）密码技术。

（3）使用该实体特征（生物信息等）或占有物（信物等）。

2）可以结合使用的技术

（1）时间标记与同步时钟。

（2）两次握手（单方鉴定）和三次握手（双方鉴定）。

（3）数字签名和公证。

6. 通信业务填充

通信业务填充是一种反分析技术，通过虚假填充将协议数据单元扩展到一个固定长度。它只有受到机密服务保护才有效。

7. 路由选择控制

路由选择控制机制可以使敏感数据只在具有适当保护级别的路由上传输，并且采取如下一些处理。

（1）检测到持续的攻击，可以为端系统建立不同路由的连接。

（2）依据安全策略，使某些带有安全标记的数据禁止通过某些子网、中继或链路。

（3）允许连接的发起者（或无连接数据单元的发送者）指定路由选择，或回避某些子网、中继或链路。

8. 公证

公证机制是由可信的第三方提供数据完整性、数据源、时间和目的地等的认证和保证。

10.3.2 OSI 安全服务与安全机制之间的关系

表 10.3 为 OSI 安全服务与安全机制之间的关系。

表 10.3　OSI 安全服务与安全机制之间的关系

安　全　服　务	安　全　机　制							
	加密	数字签名	访问控制	数据完整性	鉴别交换	业务填充	路由控制	公证
对等实体鉴别	√	√			√			
数据源鉴别	√	√						
访问控制			√					
连接机密性	√						√	
无连接机密性	√						√	
连接字段机密性	√							
流量机密性	√					√	√	
带恢复的连接完整性	√			√				
不带恢复的连接完整性	√			√				
选择字段连接完整性	√			√				
无连接完整性	√	√		√				
选择字段无连接完整性	√	√		√				
原发方抗抵赖		√		√				√
接收方抗抵赖		√		√				√

10.4　OSI 安全体系的安全管理

OSI 安全管理活动有如下 3 类：系统安全管理、安全服务管理和安全机制管理。此外还必须考虑 OSI 本身的安全和特定的系统安全管理活动。

10.4.1　系统安全管理

系统安全管理着眼于 OSI 总体环境的管理，其典型活动如下。

（1）总体安全策略的管理，包括一致性修改与维护。

（2）与别的 OSI 安全管理的相互作用。

（3）与安全服务管理和安全机制管理的交互。

（4）事件处理管理。在 OSI 中可以看到事件管理的实例，包括远程报告明显违反安全的企图以及对用来触发事件报告的阈值的修改。

（5）安全审计管理。主要内容有：

- 选择将被记录和被远程收集的事件。
- 授予或取消对所选事件进行审计跟踪日志记录的能力。
- 所选审计记录的收集。
- 准备安全审计报告。

（6）安全恢复管理。主要内容有：

- 维护用于对实有的或可疑的安全事件做出反应的规则。
- 远程报告明显的系统安全违规。
- 安全管理者的交互。

10.4.2　安全服务管理

安全服务管理指特定安全服务的管理。在管理一种特定安全服务时，可能的典型活动如下。

（1）为该种服务决定并指派安全保护的目标。

（2）在有可选择的情况时，指定与维护选择规则。

（3）对需要事先取得管理者同意的安全机制进行协商。

（4）通过适当的安全机制管理功能，调用特定的安全机制。

（5）与其他安全服务管理功能和安全机制管理功能交互。

10.4.3　安全机制管理与 OSI 管理的安全

1. 安全机制管理

安全机制管理指特定安全机制的管理。典型的安全机制管理有下列 9 个部分。

1）密钥管理

（1）间歇性地产生与所要求的安全级别相称的合适密钥。

（2）根据访问控制的要求，决定每个密钥应分发给哪个实体。

（3）用可靠办法使这些密钥对开放系统中的实体是可用的，或将这些密钥分配给它们。

2）加密管理

（1）与密钥管理交互。

（2）建立密码参数。

（3）密码同步。

3）数字签名管理

（1）与密钥管理交互。

（2）建立密码参数与密码算法。

（3）在通信实体与可能的第三方之间使用协议。

4）访问控制管理

（1）安全属性（包括口令）的分配。

（2）对访问控制表或权力表进行修改。

（3）在通信实体与其他提供访问控制服务的实体之间使用协议。

5）数据完整性管理

（1）与密钥管理交互。

（2）建立密码参数与密码算法。

（3）在通信实体间使用协议。

6）鉴别管理

（1）将说明信息、口令或密钥（使用密钥管理）分配给要求执行鉴别的实体。

（2）在通信的实体与其他提供鉴别服务的实体之间使用协议。

7）通信业务填充管理

（1）指定数据率。

（2）指定随机数据率。

（3）指定报文特性，例如长度等。

（4）可能按时间或日历来改变这些规定。

8）路由选择控制管理

路由选择控制管理的主要功能是确定那些按特定准则被认为是安全可靠和可信任的链路或子网络。

9）公证管理

（1）分配有关公证的信息。

（2）在公证方与通信的实体之间使用协议。

（3）与公证方的交互作用。

2. OSI 管理的安全

所有 OSI 管理功能的安全以及 OSI 管理信息通信安全是 OSI 安全的重要部分。这一类安全管理将对上面所列 OSI 安全服务与机制进行适当选取，以确保 OSI 管理协议与信息获得足够的保护。例如，在管理信息库的管理实体之间的通信一般要求某种形式的保护。

10.4.4　特定的系统安全管理活动

1．事件处理管理

（1）远程报告违反系统安全的明显企图。

（2）对用来触发事件报告的阈值进行修改。

2．安全审计管理

（1）选择将被记录和被远程收集的事件。

（2）授予或取消对所选事件进行审计跟踪日志记录的能力。

（3）所选审计记录的远程收集。

（4）准备安全审计报告。

3．安全恢复管理

（1）维护那些用来对实有的或可疑的安全事故做出反应的规则。

（2）远程报告对系统安全的明显违反。

（3）安全管理者的交互作用。

习　题　10

一、选择题

1. 信息系统安全工程（ISSE）的一个重要目标就是在 IT 项目的各个阶段充分考虑安全因素，在 IT 项目的立项阶段，以下不是必须进行的工作是（　　　）。

    A．明确业务对信息安全的要求　　　　　　B．识别来自法律法规的安全要求

    C．论证安全要求是否正确完整　　　　　　D．测试证明系统功能和性能可以满足安全要求

2. 以下不属于安全服务分层以及安全机制在 OSI 七层上的配置原则的是（　　　）。

    A．实现一种服务的不同方法越少越好

    B．可信功能能度的总量应尽量少

    C．在多层上提供安全服务来建立安全系统是可取的

    D．每一层的安全服务都应当追求最优

二、简答题

1. 分析一个具体系统的安全需求，并给出相应的安全策略。

2. 如何理解 OSI 安全体系的安全机制和安全服务之间的对应关系？

3. 收集资料，分别给出下列操作系统的安全等级，并说明理由。

1）DoS。

2）Windows。

3）UNIX。

4）Linux。

4. 为学生成绩管理系统设计一个安全策略。这个系统最少要由学生、教师和管理人员访问。

5. 给出一个中等规模的局域网（包含一些子网，但不跨多个地域），为其设计一个安全解决方案。

三、课外阅读

OSI 模型

第11章 信息系统安全测评

任何信息系统的安全需求都不是无限的，因为无限的需求需要无限的投入。因此对于信息系统的安全确立一个评价准则非常必要。

信息安全测评（信息安全测试与评估），它指对信息安全模块、产品或信息系统的安全性等进行验证、测试、评价和定级，以规范它们的安全性，是信息系统安全工程过程（Information Systems Security Engineering，ISSE）中的关键环节。

11.1 信息安全技术测评

11.1.1 可信计算基

可信计算基（Trusted Computer Base，TCB）是在信息安全等级标准中一个非常重要的概念。通常指计算机系统赖以实施安全性的一切设施，包括硬件、固件、软件和负责安全策略的组合。它们根据安全策略来处理主体（系统管理员、安全管理员、用户和进程）对客体（进程、文件、记录和设备等）的访问，通常包括下列部分。

（1）操作系统的安全内核。

（2）具有特权的程序和命令。

（3）处理敏感信息的程序，如系统管理命令等。

（4）与 TCB 实施安全策略有关的文件。

（5）其他有关的固件、硬件和设备。

（6）负责系统管理的人员。

（7）保障固件和硬件正确的程序和诊断软件。

（8）具有抗篡改的性能和易于分析与测试的结构。

11.1.2 世界信息安全技术准则进展

世界上最早的计算机系统安全标准是美国国防部于 1979 年 6 月 25 日发布的军标 DoD 5200.28-M。在此基础上，美国国防部于 1983 年发布可信计算机系统评价准则 TCSEC（1985 年发布正式版），又称为橘皮书。以后，许多国家和国际组织也相继提出了新的安全评价准则。图 11.1 所示为国际主要信息技术安全测评标准的发展及其联系。

11.1.3 TCSEC

TCSEC 是计算机系统安全评价的第一个正式标准，于 1970 年由美国国防科学技术委员会提出，1985 年 12 月由美国国防部公布。它把计算机系统的安全分为如下 4 等 7 级。

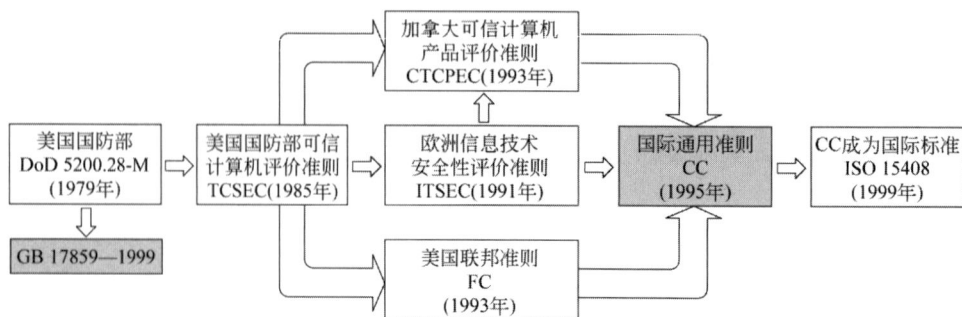

图 11.1　国际主要信息技术安全测评标准的发展及其联系

1. D 等（含 1 级）

D1 级系统：最低级。只为文件和用户提供安全保护。

2. C 等（含 2 级）

C1 级系统：可信计算基通过用户和数据分开来达到安全目的，使所有的用户都以同样的灵敏度处理数据（可认为所有文档有相同的机密性）。

C2 级系统：在 C1 级的基础上，通过登录、安全事件和资源隔离增强可调的审慎控制。在连接到网上时，用户分别对自己的行为负责。

3. B 等（含 3 级）

B 级具有强制性保护功能。强制性意味着在没有与安全等级相连的情况下，系统就不会让用户存取对象。

1）B1 级系统要求

（1）对每个对象都进行灵敏度标记，导入非标记对象前要先标记它们。

（2）用灵敏度标记作为强制访问控制的基础。

（3）灵敏度标记必须准确地表示其所联系对象的安全级别。

（4）系统必须使用用户口令或身份认证来决定用户的安全访问级别。

（5）系统必须通过审计来记录未授权访问的企图。

2）B2 级系统要求

（1）必须符合 B1 级系统的所有要求。

（2）系统管理员必须使用一个明确的、文档化的安全策略模式作为系统可信任运算基础体制；可信任运算基础体制能够支持独立的操作者和管理员。

（3）只有用户能够在可信任通信路径中进行初始化通信。

（4）所有与用户相关的网络连接的改变必须通知所有的用户。

3）B3 级系统要求

B3 级系统要求具有很强的监视委托管理访问能力和抗干扰能力。要求如下。

（1）必须符合 B2 级系统的所有安全需求。

（2）必须设有安全管理员。

（3）除控制个别对象的访问外，必须产生一个可读的安全列表；每个被命名的对象提供对该对象没有访问的用户列表说明。

（4）系统验证每一个用户身份，并会发送一个取消访问的审计跟踪消息。

（5）设计者必须正确区分可信任路径和其他路径。

（6）可信任的通信基础体制为每一个被命名的对象建立安全审计跟踪。

（7）可信任的运算基础体制支持独立的安全管理。

4. A 等（只含 1 级）

A1 级：最高安全级别。A1 级与 B3 级相似，对系统的结构和策略不作特别要求，而系统的设计者必须按照一个正式的设计规范进行系统分析；分析后必须用核对技术确保系统符合设计规范。A1 级系统必须满足如下要求。

（1）系统管理员必须接收到开发者提供的安全策略正式模型。

（2）所有的安装操作都必须由系统管理员进行。

（3）系统管理员进行的每一步安装操作必须有正式的文档。

TCSEC 的初衷主要是针对集中式计算的分时多用户操作系统。后来又针对网络（分布式）和数据库管理系统（C/S 结构）补充了一些附加说明和解释，典型的有可信计算机网络系统说明（NCSC-TG-005）和可信数据库管理系统解释等。

11.1.4　国际通用准则 CC

1. CC 的历史

1993 年 6 月，美国政府同加拿大及欧共体共同起草单一的通用准则（CC 标准）并将其推到国际标准。最初在美国的 TCSEC、欧洲的 ITSEC、加拿大的 CTCPEC、美国的 FC 等信息安全准则的基础上，由 6 个国家 7 方（美国国家安全局和国家技术标准研究所、加、英、法、德、荷）共同提出了"信息技术安全评价通用准则（The Common Criteria for Information Technology security Evaluation，CC）"，简称 CC 标准，它综合了已有的信息安全的准则和标准，形成了一个更全面的框架。于 1996 年颁布了 1.0 版。1999 年 12 月，ISO 正式将 CC 2.0（1998 年颁布）作为国际标准——ISO 15408 发布。目前最新的版本为 CC 3.1 版。

为了推进信息技术产品的安全性评估结果在国际间互认，减少重复检测认证，还成立了 CC 互认组织 CCRA（Common Criteria Recognition Arrangement）。截至 2019 年，CCRA 成员国已发展到 31 个。根据协议要求，各 CCRA 成员国之间对 CCEAL 的评估结果相互承认。

1999 年，CC 2.0 版成为国际标准 ISO/IEC 15408，2001 年，我国将其转化为推荐性国家标准 GB/T 18336。

2. CC 适用范围

CC 定义了评估信息技术产品和系统安全性所需的基础准则，是度量信息技术安全性的基准。首先，CC 适用于所有 IT 产品的检测，不管是硬件、软件还是固件，都能在同一个框架下评估，还可用于指导产品或系统开发；其次，CC 融合了 TCSEC、ITSEC、CTCPEC

等标准，站在巨人肩膀上又超越了这些标准，更能适应信息技术的发展，这就为 CC 标准通用性提供了技术支撑。

安全功能类	安全保障类
FAU类：安全审计	APE类：保护轮廓评估
FCO类：通信	ASE类：安全目标评估
FCS类：密码支持	ADV类：开发
FDP类：用户数据保护	AGD类：指导性文档
FIA类：标识和鉴别	ALC类：生命周期支持
FMT类：安全管理	ATE类：测试
FPR类：隐私	AVA类：脆弱性评定
FPT类：TSF保护	ACO类：组合
FRU类：资源利用	
FTA类：TOE访问	
FTP类：可信路径/信道	

图 11.2　CC 的 11 个安全功能类和
8 个安全保障类

3. CC 的内容

目前的 CC 3.1 版本包含三个内容，第一部分是简介和一般模型，描述了 CC 体系中所使用的基本概念以及对 PP（保护轮廓）和 ST（产品的安全目标）的评估要求。第二部分是安全功能要求（SFR），提供了 11 个安全功能类，用标准化方式描述了 IT 产品可以提供的安全功能的特征。第三部分是安全保障要求（SAR），提供并定义了 8 个安全保障类，作为保证 IT 产品安全功能实现的正确性、开发者和评估者所需要活动。图 11.2 为 11 个安全功能类和 8 个安全保障类。每个类下面包括一个或多个族，每个族下面又包括一个或多个组件。

4. CC 重要术语

TOE：评估对象（Target of Evaluation），用于安全评估的信息技术产品、系统或子系统（如防火墙、计算机网络、密码模块等），包括相关的管理员指南、用户指南、设计方案等文档。

PP：保护轮廓（Protection Profile），为既定的一系列安全对象提出功能和保证要求的完备集合，表达了一类产品或系统的用户需求。PP 与某个具体的 TOE 无关，它定义的是用户对这类 TOE 的安全需求。PP 主要内容包括：需保护的对象、确定安全环境、TOE 的安全目的、IT 安全要求、基本原理等。

对于一类产品的评估方法，CC 的解决办法是由业界专家共同对某个类型产品定制一个 PP。由 PP 定义此类产品需要保护的资产、所面临的安全问题，以及与实现无关的安全需求。因 PP 由业界专家共同编制，所以定义的内容具有普适性。

ST：安全目标（Security Target），ST 针对具体 TOE 而言，它包括该 TOE 的安全要求和用于满足安全要求的特定安全功能和保证措施。ST 包括的技术要求和保证措施可以直接引用该 TOE 所属产品或系统类的 PP。ST 是开发者、评估者、用户在 TOE 安全性和评估范围之间达成一致的基础。

5. CC 评估保障级 EAL

EAL（Evaluation Assurance Level）是评估保障等级，是 IT 产品或系统在 CC 安全评估下的数字等级。CC 预定义了 7 个保障级，从 EAL1 到 EAL7。每个保障级由一些安全保障要求组成。满足了保障级相应的安全保障要求，就达到了相应的保障级。等级越高，表示通过认证需要满足的安全保证要求越多，系统的安全特性越可靠。

EAL1：功能测试级（functionally tested）。适用于对正确运行需要一定信任的场合，对该场合的安全威胁并不严重。个人信息保护就是其中一例。

EAL2：结构测试级（structurally tested）。要求开发者递交设计信息和测试结果，但不需要开发者增加过多费用或时间投入。适用于在缺乏现成可用的完整开发记录时，开发者或用户需要一种低等到中等级别的、独立保证的安全性。

EAL3：系统测试和检查级（methodically tested and checked）。适用于开发者或用户需要一个中等级别的、独立保证的安全性，且在不需要大量重建费用的情况下。对 TOE 及其开发过程进行彻底审查。

EAL4：系统设计、测试和复查级（methodically designed，tested and reviewed）。适用于开发者或用户对于传统的、商品化的 TOE，需要一个中等到高等级的、独立保证的安全性。EAL4 级需要分析 TOE 模块的低层设计和实现的子集。

EAL5：半形式化设计和测试级（semiformally designed and tested）。开发者能从安全工程中获得最大限度的安全保证，该安全工程基于严格的商业开发实践，靠适度应用专业安全工程技术进行支持。需要分析所有的实现，还需要额外分析功能规范和高层设计的形式化模型和半形式化表示和论证。

EAL6：半形式化验证设计和测试级（semiformally verified design and tested）。开发者通过安全工程技术的应用和严格的开发环境获得高度的认证，保护高价值的资产能够对抗重大风险。适用于在高风险环境下的特定安全产品或系统的开发。

EAL7：形式化验证设计和测试级（formally verified design and tested）。适用于一些安全性要求很高的 TOE 开发。这些 TOE 将应用在风险非常高或者所保护资产的价值很高的地方。

实现特定的 EAL 等级，产品或系统需要满足特定的安全保证要求。大多数要求包括设计文档、设计分析、功能测试、穿透测试。等级越高，需要越详细的文档、分析和测试。一般实现更高的 EAL 认证，需要耗费更多的时间和金钱。通过特定级别的 EAL 认证，表示产品或系统满足该级别的所有安全保证要求。

11.1.5　中国信息系统安全保护等级划分准则

中国已经发布实施《计算机信息系统安全保护等级划分准则》（GB 17859—1999）。这是一部强制性国家标准，也是一种技术法规。它是在参考了 DoD 5200.28-STD 和 NCSC-TC-005 的基础上，从自主访问控制、身份鉴别、数据完整性、客体重用、审计、强制访问控制、标记、隐蔽信道分析、可信路径和可信恢复 10 个方面将计算机信息系统安全保护等级划分为 5 个级别的安全保护能力。

第一级：用户自主保护级，相当于 TCSEC 中定义的 C1 级。
第二级：系统审计保护级，相当于 TCSEC 中定义的 C2 级。
第三级：安全标记保护级，相当于 TCSEC 中定义的 B1 级。
第四级：结构化保护级，相当于 TCSEC 中定义的 B2 级。
第五级：访问验证保护级，相当于 TCSEC 中定义的 B3 级。
计算机信息系统的安全保护能力随着安全保护等级的提高而增强。

在信息安全等级标准中，各等级之间的差异在于 TCB 的构造不同以及其所具有的安全保护能力不同。表 11.1 为这 5 个级别之间的简单比较。

表 11.1　5 个级别之间的简单比较

	第一级 用户自主保护级	第二级 系统审计保护级	第三级 安全标记保护级	第四级 结构化保护级	第五级 访问验证保护级
自主访问控制	·	·	·	·	·
身份鉴别	·	·	·	·	·
数据完整性	·	·	·	·	·
客体重用		·	·	·	·
审计		·	·	·	·
强制访问控制			·	·	·
标记			·	·	·
隐藏信道分析				·	·
可信路径				·	·
可信恢复					·

下面介绍各等级的基本内容。

1. 第一级：用户自主保护级

本级可信计算基通过隔离用户与数据，使用户具备自主安全保护的能力。它具有多种形式的控制能力，对用户实施访问控制，即为用户提供可行的手段，保护用户和用户组信息，避免其他用户对数据的非法读写与破坏。具体保护能力如下。

1）自主访问控制

可信计算基定义系统中的用户和命名用户对命名客体的访问，并允许命名用户以自己的身份和（或）用户组的身份指定并控制对客体的访问；阻止非授权用户读取敏感信息。

2）身份鉴别

从用户的角度看，可信计算基的责任就是进行身份鉴别。在系统初始化时，首先要求用户标识自己的身份，并使用保护机制（例如口令）来鉴别用户的身份，阻止非授权用户访问用户身份鉴别数据。

3）数据完整性

可信计算基通过自主完整性策略阻止非授权用户修改或破坏敏感信息。

2. 第二级：系统审计保护级

这一级除具备第一级所有的安全功能外，要求创建和维护访问的审计跟踪记录，使所有用户对自己的合法性行为负责。具体保护能力如下。

1）自主访问控制

可信计算基定义实施的访问控制的粒度是单个用户。没有存取权的用户只允许由授权用户指定对客体的访问权。

2）身份鉴别

身份鉴别比用户自主保护级增加两点：

（1）通过为用户提供唯一标识，可信计算基使用户对自己的行为负责。

（2）具备将身份标识与该用户所有可审计行为相关联的能力。

3）数据完整性

可信计算基通过自主完整性策略阻止非授权用户修改或破坏敏感信息。

4）客体重用

在可信计算基的空闲存储客体空间中，对客体初始指定、分配或再分配一个主体之前，撤销该客体所含信息的所有授权。当主体获得对一个已被释放的客体的访问权时，当前主体不能获得原主体活动所产生的任何信息。

5）审计

可信计算基能创建和维护受保护客体的访问审计跟踪记录，并能阻止非授权的用户对它访问或破坏。可信计算基能记录下述事件：使用的身份鉴别机制；将客体引入用户地址空间（例如打开文件、程序初始化）；删除客体；由操作员、系统管理员或（和）系统安全管理员实施的动作，以及其他与系统安全有关的事件。对于每一事件，其审计记录包括事件的日期和时间、用户、事件类型、事件是否成功。对于身份鉴别事件，审计记录包含请求的来源（例如终端标识符）；对于客体引入用户地址空间的事件及客体删除事件，审计记录包含客体名。对不能由可信计算基独立分辨的审计事件，审计机制提供审计记录接口，可由授权主体调用。这些审计记录区别于计算机信息系统可信计算基独立分辨的审计记录。

3. 第三级：安全标记保护级

本级的可信计算基具有系统审计保护级的所有功能。此外，还需以访问对象的安全级别限制访问者的访问权限，实现对访问对象的强制访问。为此需要提供有关安全策略模型、数据标记以及主体对客体强制访问控制的非形式化描述，具有准确地标记输出信息的能力，消除测试发现的任何错误。具体保护能力如下。

1）自主访问控制

这里的自主访问控制同系统审计保护级。

2）身份鉴别

可信计算基初始执行时，首先要求用户标识自己的身份，而且，可信计算基维护用户身份识别数据并确定用户的访问权及授权数据。其他同系统审计保护级。

3）数据完整性

可信计算基通过自主和强制完整性策略，阻止非授权用户修改或破坏敏感信息。在网络环境中，使用完整性敏感标记来确保信息在传送中未受损。

4）客体重用

同系统审计保护级。

5）审计

在系统审计保护级基础上要求可信计算基具有审计更改可读输出记号的能力。

6）强制访问控制

可信计算基对所有主体及其控制的客体（例如进程、文件、段和设备）实施强制访问控制。通过敏感标记为这些主体及客体指定安全等级。安全等级用二维组表示：第一维是等级分类（如秘密、机密和绝密等），第二维是范畴（如适用范畴）。它们是实施强制访问控制的依据。可信计算基支持两种或两种以上成分组成的安全级。可信计算基控制的所有主体对客体的访问应满足以下要求。

（1）仅当主体安全级中的等级分类高于或等于客体安全级中的等级分类，且主体安全级中的非等级类别包含了客体安全级中的全部非等级类别，主体才能读客体。

（2）仅当主体安全级中的等级分类低于或等于客体安全级中的等级分类，且主体安全级中的非等级类别包含了客体安全级中的全部非等级类别，主体才能写一个客体。

可信计算基使用身份和鉴别数据来鉴别用户的身份，并保证用户创建的可信计算基外部主体的安全级和授权受该用户的安全级和授权的控制。

7）标记

标记是实施强制访问的基础。可信计算基应明确规定需要标记的客体（例如进程、文件、段和设备），明确定义标记的粒度（如文件级、字段级等），并必须使其主要数据结构具有相关的敏感标记。为了输入未加安全标记的数据，可信计算基向授权用户要求并接受这些数据的安全级别，且可由计算机信息系统可信计算基审计。

4. 第四级：结构化保护级

本级计算机信息系统可信计算基建立于一个明确定义的形式化安全策略模型之上，将第三级系统中的自主和强制访问控制扩展到所有主体与客体。此外，还要考虑隐蔽信道。本级可信计算基必须结构化为关键保护元素和非关键保护元素；可信计算基的接口也必须明确定义，使其设计与实现能经受更充分的测试和更完整的复审；加强了鉴别机制；支持系统管理员和操作员的职能；提供可信设施管理；增强了配置管理控制。系统具有相当的抗渗透能力。

与安全标记保护级相比，本级的主要特征如下。

（1）可信计算基于一个明确定义的形式化安全保护策略。

（2）将第三级实施的（自主或强制）访问控制扩展到所有主体和客体，即在自主访问控制方面，可信计算基应维护由外部主体能够直接或间接访问的所有资源（例如主体、存储客体和输入输出资源）实施强制访问控制，为这些主体及客体指定敏感标记，这些标记是等级分类和非等级类别的组合，它们是实施强制访问控制的依据。

（3）审计。

- 同系统安全标记保护级。
- 计算机信息系统可信计算基能够审计利用隐蔽存储信道时可能被使用的事件。

（4）数据完整性：计算机信息系统可信计算基通过自主和强制完整性策略，阻止非授权用户修改或破坏敏感信息。在网络环境中，使用完整性敏感标记来确保信息在传送中未受损。

（5）隐蔽信道分析：系统开发者应彻底搜索隐蔽存储信道，并根据实际测量或工程估算确定每一个被标识信道的最大带宽。

（6）可信路径：对用户的初始登录和鉴别，计算机信息系统可信计算基在它与用户之间提供可信通信路径，该路径上的通信只能由该用户初始化。

5. 第五级：访问验证保护级

本级的可信计算基满足引用监视器需求。访问监控器仲裁主体对客体的全部访问。访问监控器本身是抗篡改的，必须足够小，能够分析和测试。

为了满足访问监控器的需求，可信计算基在其构造时，排除那些对实施安全策略来说并非必要的代码；在设计和实现时，从系统工程角度将其复杂性降低到最小程度。支持安全提供系统恢复机制管理员职能；扩充审计机制，当发生与安全相关的事件时发出信号；提供系统恢复机制。系统具有很强的抗渗透能力。

与第四级相比，本级的主要特征有如下几个方面。

1）在可信计算基的构造方面

在可信计算基的构造方面，本级具有访问监控器。访问监控器是监视主体和客体之间授权关系的部件，仲裁主体对客体的全部访问。访问监控器必须是抗篡改的，并且是可分析和测试的。

2）在自主访问控制方面

由于有访问监控器，所以访问控制能为每个客体指定用户和用户组，并规定他们对客体的访问模式。没有存储权的用户只允许由授权用户指定对客体的访问权。

3）在审计方面

可信计算基包含能够监控可审计安全事件发生与积累的机制，当超过阈值时，能够立即向安全管理员发出警报。并且，如果这些与安全相关的事件继续发生或积累，系统应以最小的代价终止它们。

4）可信恢复

提供过程和机制，保证计算机信息系统失效或中断后，可以进行不损害任何安全保护性能的恢复。

11.2　中国信息安全等级保护

1999 年，国家质量技术监督局颁布《计算机信息系统安全保护等级划分准则》（GB 17859—1999），标志着中国信息技术安全保护拉开了序幕。之后，从 2001 年开始，国家开始陆续发布《信息技术安全性评估准则》；2007 年，中国公安部、国家保密局、国家密码管理局和国务院信息化工作办公室联合以（公通字[2007]43 号）文件的形式发布了《信息安全等级保护管理办法》，2008 年公安部和全国信息安全标准化技术委员会发布《信息安全技术信息系统安全等级保护基本要求（GB/T 22239—2008）》，这标志着信息安全技术等级保护 1.0 的正式启动。人们将这一系列关于信息技术安全保护的文件称为等级保护 1.0 或等保 1.0。

2017 年《中华人民共和国网络安全法》正式实施，2018 年公安部正式发布《网络安全等级保护条例（征求意见稿）》，标志着我国信息安全技术和网络安全的等级保护 2.0（以下简称等保 2.0）的正式启动。网络安全法明确"国家实行网络安全等级保护制度"（第二十一条）、"国家对一旦遭到破坏、丧失功能或者数据泄露，可能严重危害国家安全、国计民生、公共利益的关键信息基础设施，在网络安全等级保护制度的基础上，实行重点保护"（第三十一条）。这些要求为网络安全等级保护赋予了新的含义。按照这些要求，等保 2.0 重新调整和修订等级保护 1.0 标准体系，配合网络安全法的实施和落地，指导用户遵守网络安全等级保护制度的新要求。

11.2.1 信息安全等级保护 1.0

1. 信息安全等级保护 1.0 的架构

等级保护 1.0 在《计算机信息系统安全保护等级划分准则》的框架内，规定了等级保护需要完成的"规定动作"，即定级备案、建设整改、等级测评和监督检查，为了指导用户完成等级保护的"规定动作"，在 2008—2012 年陆续发布了等级保护的一些主要标准，构成图 11.3 所示等级保护 1.0 的标准体系。

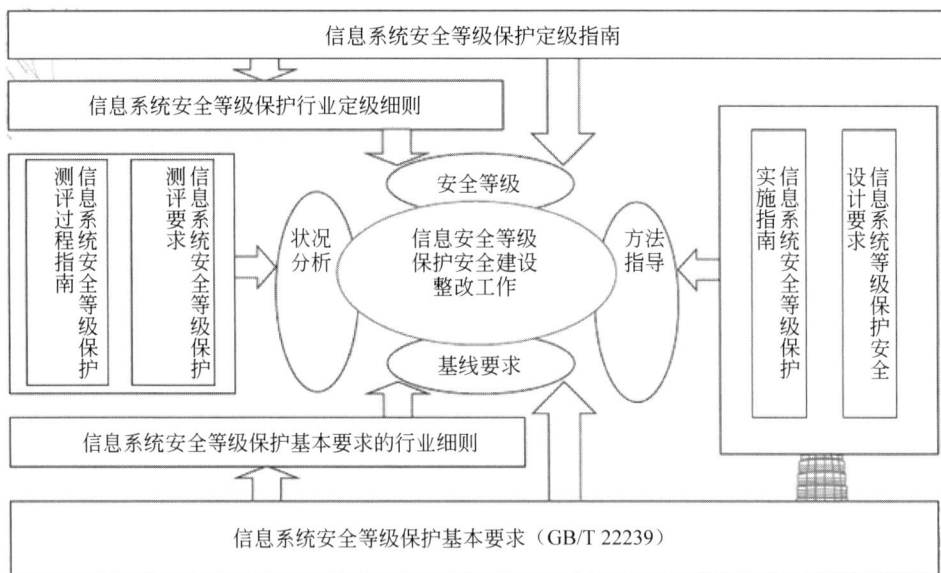

图 11.3 等级保护 1.0 的标准体系

等级保护 1.0 时期的主要标准如下。
- 信息安全等级保护管理办法（43 号文件）（上位文件）。
- 计算机信息系统安全保护等级划分准则（GB 17859—1999）（上位标准）。
- 信息技术安全性评估准则（GB 17859 系列）。
- 信息系统安全等级保护实施指南（GB/T 25058—2008）。
- 信息系统安全保护等级定级指南（GB/T 22240—2008）。
- 信息系统安全等级保护基本要求（GB/T 22239—2008）。
- 信息系统等级保护安全设计要求（GB/T 25070—2010）。

- 信息系统安全等级保护测评要求（GB/T 28448—2012）。
- 信息系统安全等级保护测评过程指南（GB/T 28449—2012）。

2. 等级保护 1.0 对五个安全保护等级的保护能力要求

信息系统安全等级保护应依据信息系统的安全保护等级情况保证它们具有相应等级的基本安全保护能力，不同安全保护等级的信息系统要求具有不同的安全保护能力。根据《计算机信息系统安全保护等级划分准则》（GB 17859—1999）中的定义的五个信息系统安全等级，《信息系统安全等级保护基本要求》（GB/T 22239—2008）提出不同等级的信息系统应具备的基本安全保护能力如下。

第一级安全保护能力：应能够防护系统免受来自个人的、拥有很少资源的威胁源发起的恶意攻击和一般的自然灾难，以及其他相当危害程度的威胁所造成的关键资源损害，在系统遭到损害后，能够恢复部分功能。

第二级安全保护能力：应能够防护系统免受来自外部小型组织的、拥有少量资源的威胁源发起的恶意攻击和一般的自然灾难，以及其他相当危害程度的威胁所造成的重要资源损害，能够发现重要的安全漏洞和安全事件，在系统遭到损害后，能够在一段时间内恢复部分功能。

第三级安全保护能力：应能够在统一安全策略下防护系统免受来自外部有组织的团体、拥有较为丰富资源的威胁源发起的恶意攻击、较为严重的自然灾难，以及其他相当危害程度的威胁所造成的主要资源损害，能够发现安全漏洞和安全事件，在系统遭到损害后，能够较快恢复绝大部分功能。

第四级安全保护能力：应能够在统一安全策略下防护系统免受来自国家级别的、敌对组织的、拥有丰富资源的威胁源发起的恶意攻击和严重的自然灾难，以及其他相当危害程度的威胁所造成的资源损害，能够发现安全漏洞和安全事件，在系统遭到损害后，能够迅速恢复所有功能。

第五级安全保护能力：（略）。

3. 等级保护 1.0 基本技术要求和基本管理要求

基本安全要求分为基本技术要求和基本管理要求两大类。

1）基本技术要求

技术类安全要求与信息系统提供的技术安全机制有关，主要通过在信息系统中部署软硬件并正确地配置其安全功能来实现，包括物理安全、网络安全、主机安全、应用安全和数据安全。并且根据保护侧重点的不同，技术类安全要求进一步细分为 S、A、G 三种类型。

S 类型：保护数据在存储、传输、处理过程中不被泄露、破坏和免受未授权的修改的信息安全类要求；

A 类型：保护系统连续正常地运行，免受对系统的未授权修改、破坏而导致系统不可用的服务保证类要求；

G 类型：通用安全保护类要求。

对于五种保护等级，S、A、G 被具体细化为不同的实施内容。

《信息系统安全等级保护基本要求》（GB/T 22239—2008）中的大部分内容是对于 S、A、G 的细化和组合。基本情况见表 11.2 所示。

表 11.2　GB/T 22239—2008 中对各等级信息系统定级结果组合

安全保护等级	信息系统定级结果的组合
第一级	S1A1G1
第二级	S1A2G2，S2A2G2，S2A1G2
第三级	S1A3G3，S2A3G3，S3A3G3，S3A2G3，S3A1G3
第四级	S1A4G4，S2A4G4，S3A4G4，S4A4G4，S4A3G4，S4A2G4，S4A1G4
第五级	S1A5G5，S2A5G5，S3A5G5，S4A5G5，S5A4G5，S5A3G5，S5A2G5，S5A1G5

2）基本管理要求

管理类安全要求与信息系统中各种角色参与的活动有关，主要通过控制各种角色的活动，从政策、制度、规范、流程以及记录等方面做出规定来实现，包括安全管理制度、安全管理机构、人员安全管理、系统建设管理和系统运维管理。

11.2.2　信息安全等级保护 2.0 架构

图 11.4 为等级保护 2.0 的框架结构。

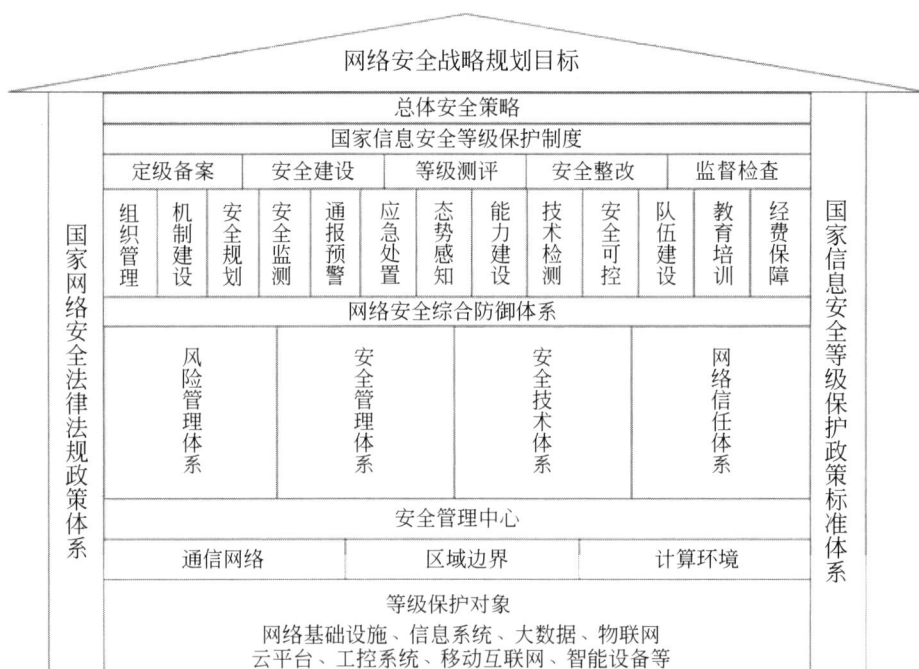

图 11.4　等级保护 2.0 的框架结构

等级保护 2.0 仍然以《网络安全等级保护条例》《计算机信息系统安全保护等级划分准则》为上位标准，先后出台了如下一系列文件。

- 网络安全等级保护实施指南（GB/T 25058—2020）。
- 网络安全等级保护定级指南（GB/T 22240—2020）。
- 网络安全等级保护基本要求（GB/T 22239—2019）。

- 网络安全等级保护设计技术要求（GB/T 25070—2019）。
- 网络安全等级保护测评要求（GB/T 28448—2019）。
- 网络安全等级保护测评过程指南（GB/T 28449—2018）。

11.2.3　信息安全等级保护 2.0 通用要求

信息安全等级保护 2.0 通用要求针对共性化保护需求提出，无论等级保护对象以何种形式出现，需要根据安全保护等级实现相应级别的安全通用要求。安全扩展要求针对个性化保护需求提出，等级保护对象需要根据安全保护等级、使用的特定技术或特定的应用场景实现安全扩展要求。等级保护对象的安全保护需要同时落实安全通用要求和安全扩展要求提出的措施。

如图 11.5 所示，安全通用要求细分为技术要求和管理要求。

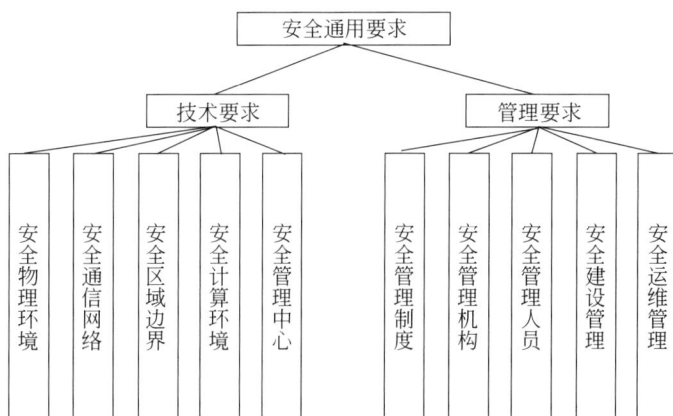

图 11.5　信息基础设施保护安全通用要求（等级保护 2.0）框架

1. 技术要求

技术要求包括如下内容。

1）安全物理环境

针对物理机房提出的安全控制要求。主要对象为物理环境、物理设备和物理设施等；涉及的安全控制点包括物理位置的选择、物理访问控制、防盗窃和防破坏、防雷击、防火、防水和防潮、防静电、温湿度控制、电力供应和电磁防护。

2）安全通信网络

针对通信网络提出的安全控制要求。主要对象为广域网、城域网和局域网等；涉及的安全控制点包括网络架构、通信传输和可信验证。

3）安全区域边界

针对网络边界提出的安全控制要求。主要对象为系统边界和区域边界等；涉及的安全控制点包括边界防护、访问控制、入侵防范、恶意代码防范、安全审计和可信验证。

4）安全计算环境

针对边界内部提出的安全控制要求。主要对象为边界内部的所有对象，包括网络设备、安全设备、服务器设备、终端设备、应用系统、数据对象和其他设备等；涉及的安全控制点包括身份鉴别、访问控制、安全审计、入侵防范、恶意代码防范、可信验证、数据完整性、数据保密性、数据备份与恢复、剩余信息保护和个人信息保护。

5）安全管理中心

针对整个系统提出的安全管理方面的技术控制要求，通过技术手段实现集中管理；涉及的安全控制点包括系统管理、审计管理、安全管理和集中管控。

2. 管理要求

管理要求包括如下内容。

1）安全管理制度

针对整个管理制度体系提出的安全控制要求，涉及的安全控制点包括安全策略、管理制度、制定和发布以及评审和修订。

2）安全管理机构

针对整个管理组织架构提出的安全控制要求，涉及的安全控制点包括岗位设置、人员配备、授权和审批、沟通和合作以及审核和检查。

3）安全管理人员

针对人员管理提出的安全控制要求，涉及的安全控制点包括人员录用、人员离岗、安全意识教育和培训以及外部人员访问管理。

4）安全建设管理

针对安全建设过程提出的安全控制要求，涉及的安全控制点包括定级和备案、安全方案设计、安全产品采购和使用、自行软件开发、外包软件开发、工程实施、测试验收、系统交付、等级测评和服务供应商管理。

5）安全运维管理

针对安全运维过程提出的安全控制要求，涉及的安全控制点包括环境管理、资产管理、介质管理、设备维护管理、漏洞和风险管理、网络和系统安全管理、恶意代码防范管理、配置管理、密码管理、变更管理、备份与恢复管理、安全事件处置、应急预案管理和外包运维管理。

11.3 信息安全测评认证体系

11.3.1 一般国家的信息安全测评认证体系

目前世界许多国家都建立了国家信息安全测评认证体系。图 11.6 为已经建立 CC 信息安全测评认证体系的国家信息安全测评认证机构组织的一般结构。

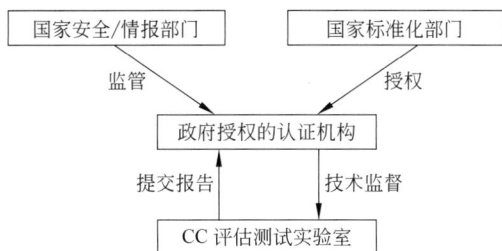

图 11.6　国家信息安全测评认证机构组织的一般结构

在这样的安全测评认证组织结构中,认证机构是核心。认证机构是一些公正的第三方,负责具体管理信息安全产品的安全性评估和认证,并颁发认证证书。它们上由国家标准化部门认可和授权,并受国家安全和情报主管部门的监管;下可委托一些具有商业性质的 CC 测试实验室进行安全性评估和认证的具体实施,并向认证机构提交结果。

11.3.2　中国国家信息安全测评认证中心

中国国家信息安全测评认证中心是国家授权的、并按照 CC 准则建立的具有第三方性质的技术机构。它代表国家,并依照国家认证的法律、法规和信息安全管理政策,对信息技术、信息系统、信息安全产品以及安全服务的安全性实施测试、评估和认证。图 11.7 为中国国家信息安全测评认证中心开展涉密信息系统认证的流程。

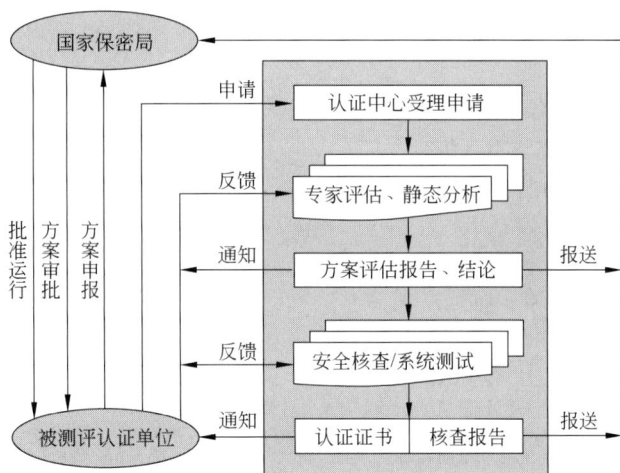

图 11.7　中国国家信息安全测评认证中心开展涉密信息系统认证的流程

11.3.3　国际互认

1995 年 CC 项目组成立了 CC 国际互认工作组,并于 1997 年制定了过渡性互认协定。目前,CC 互认协定（CCRA）已经有美国的 NSA 和 NIST、加拿大的 CSE、英国的 CESG、德国的 GISA、法国的 SCSSI、新西兰的 DSD,以及澳大利亚、荷兰、西班牙、意大利、挪威、芬兰、瑞典、希腊等 20 多个国家的政府官方组织参加。CCRA 也已经允许有政府机构参与或授权的非官方组织参加。

习　题　11

一、选择题

1. "保护数据库，防止因未经授权的或不合法的使用造成的数据泄露、更改、破坏。"这是指数据的（　　）保护。

    A. 安全性　　　　　　B. 完整性　　　　　　C. 并发　　　　　　D. 恢复

2. 信息安全评测标准 CC 是（　　）标准。

    A. 美国　　　　　　B. 国际　　　　　　C. 中国　　　　　　D. 加拿大

3. 我国《信息系统安全等级保护基本要求》中，对不同级别的信息系统应具备的基本安全保护能力进行了要求，共划分为（　　）级。

    A. 4　　　　　　B. 5　　　　　　C. 6　　　　　　D. 7

4. 在 CC 中，称为访问控制保护级别的是（　　）。

    A. C1　　　　　　B. B1　　　　　　C. C2　　　　　　D. B2

5. 《计算机信息系统安全保护等级划分准则》（GB 17859—1999）中规定了计算机系统安全保护能力的五个等级，其中要求对所有主体和客体进行自主和强制访问控制的是（　　）。

    A. 用户自主保护级　　B. 系统审计保护级　　C. 安全标记保护级　　D. 结构化保护级

二、简答题

1. 什么是可信计算基？
2. 详细说明安全标记保护级的可信计算基的功能。
3. 结构化保护级的主要特征有哪些？
4. 试对国家信息等级保护 1.0 与 2.0 进行分析比较。

三、课外阅读

计算机信息系统安全保护等级划分准则

信息安全等级保护管理办法

第 12 章　信息安全系统开发

在攻防双方不断地博弈中，信息系统的安全问题日益显要，信息系统安全开发也逐渐成熟，并趋向 ISSE 和 CMM 两种方法。

12.1　ISSE

12.1.1　ISSE 及其过程活动

ISSE（Information System Security Engineering，信息系统安全工程）最早由美国军方在系统工程（SE）理论基础上开发，并于 1994 年 2 月 28 日发表了《信息系统安全工程手册 v1.0》。由于是基于系统工程的，所以 ISSE 被解释为 Information Security System Engineering（信息安全系统工程）更为合适。不过使用简写 ISSE 并无差别。

ISSE 按照系统工程过程活动模型提出了 ISSE 的过程活动模型如图 12.1 所示。

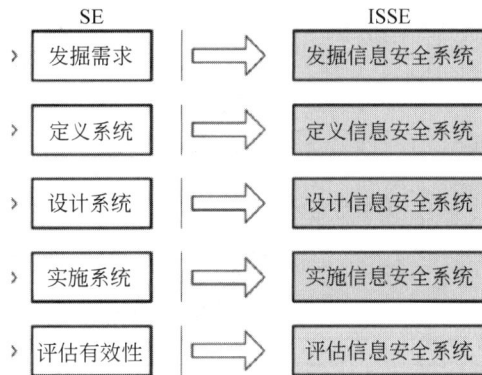

图 12.1　SE 过程模型与 ISSE 过程模型

这个 ISSE 过程模型被进一步细化为如下活动。

（1）分析并描述信息保障的用户愿望。

（2）基于愿望形成信息保障需求。

（3）确定信息保护的级别，以一个可接受的信息保障的风险水准来满足要求。

（4）根据需要，构建一个功能上的信息保障体系结构。

（5）根据物理体系结构和逻辑体系结构分配信息保障的具体功能。

（6）设计信息系统，实现信息保障的功能架构。

（7）考虑成本、规划、进度和操作的适宜性及有效性等因素，平衡信息保障风险等。

（8）研究各安全服务之间的配合，进行全局最优调整。

（9）系统集成。

（10）测试与评估系统。

（11）创建标准化文档。

（12）为用户部署系统，并根据需要进行用户培训。

（13）根据需求继续进行生命周期内的安全支持。

ISSE 过程存在于完整的系统开发生命周期（System Development Life Cycle，SDLC）中。在这个生命周期中，调查分析/立项阶段、开发/采购/设计阶段、实施阶段和运行/维护阶段，分别与 ISSE 的发掘信息安全需求、定义与设计信息安全系统、实施信息安全系统和评估信息安全系统过程相对应。它们与信息系统安全保障工程的关系如图 12.2 所示。

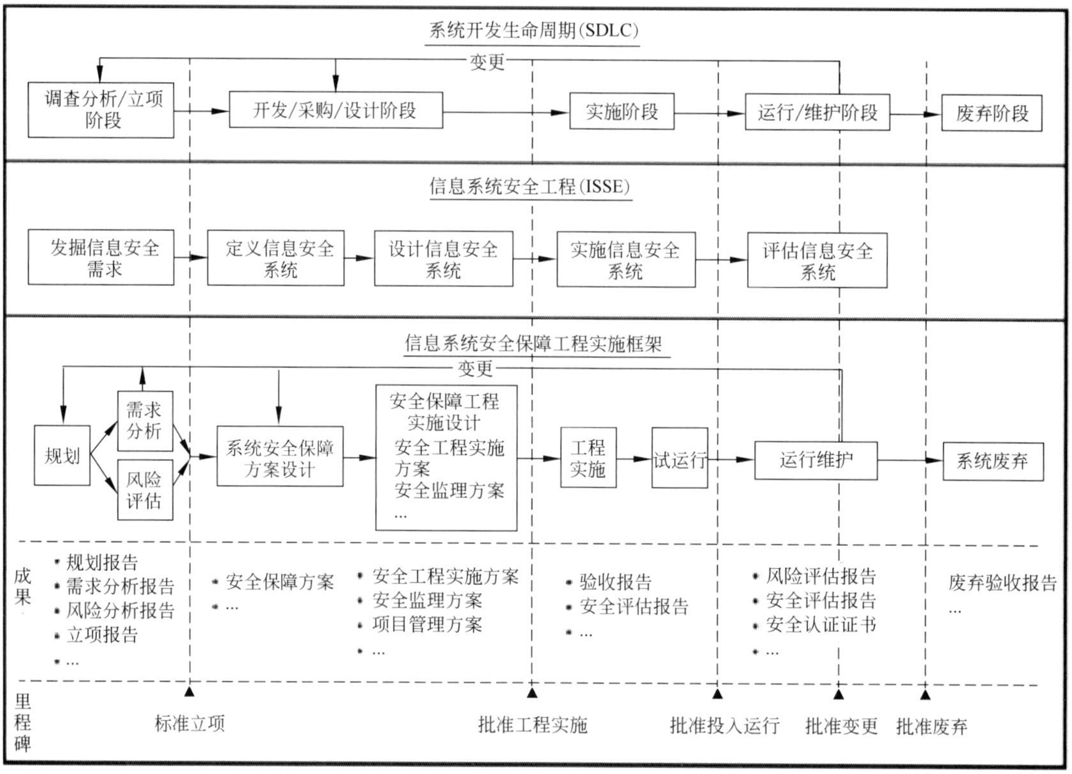

图 12.2　信息系统安全保障工程实施简明框架

在这个过程中最重要的是发掘用户系统安全需求。而系统安全需求是通过风险分析获得的。因此，下面着重介绍系统的安全风险分析。

12.1.2　信息系统安全风险评估

信息系统安全风险评估是用户系统安全需求的基本依据，也是系统运行中是否需要进入下一个生命周期的基本依据。

1. 信息系统安全风险评估的概念

由于信息系统的重要性和激烈的攻防对抗，使得信息系统的脆弱性和面临的威胁不可避免，也使得人们不可能建立永久的、完全没有风险的信息系统。这里，风险就是脆弱性和威胁的总和。一个现实的目标则是，通过对于要保护的资产以及系统受到的潜在威胁的分析，把系统风险降低到可以接受的水平。这就是信息系统安全风险评估。

系统的安全强度可以通过风险大小衡量。科学地分析信息系统的风险，综合平衡风险和代价的过程就是信息系统安全风险评估。世界各国信息化的经验表明：

（1）不计代价，片面地追求系统安全是不切实际的。

（2）不考虑风险存在的信息系统是危险的，是要付出代价，甚至是灾难性代价的。

（3）所有的信息系统建设的生命周期都应当从安全风险评估开始。

2. 信息系统安全风险评估的目的

通过信息系统安全风险评估，组织可以达到如下目的。

（1）了解组织的信息系统的管理和安全现状。

（2）确定资产威胁源的分布，如入侵者、内部人员、自然灾害等；确定其实施的可能性；分析威胁发生后资产的价值损失、敏感性和严重性，确定相应级别；确定最敏感、最重要资产在威胁发生后的损失。

（3）了解系统的脆弱性分布。

（4）明晰组织的安全需求，指导建立安全管理框架，合理规划安全建设计划。

3. 信息系统安全风险评估时机

信息系统安全风险评估是信息系每个生命周期的起点和动因。具体地说，应当在下面的一些时机进行。

（1）要设计规划或升级到新的信息系统时。

（2）给目前的信息系统增加新的应用或新的扩充（包括进行互联）时。

（3）发生一次安全事件后。

（4）组织具有结构性变动时。

（5）按照规定或某些特殊要求对信息系统的安全进行评估时。

4. 信息系统安全风险评估准则

在信息系统安全风险评估中，应当遵循如下一些原则。

（1）规范性原则。具有 3 层含义。

- 评估方案和实施，要根据有关标准进行。
- 选择的评估部门，需要被国家认可，并具有一定等级的资质。
- 评估过程和文档要规范。

（2）整体性原则。评估要从业务的整体需求出发，不能局限于某些局部。

（3）最小影响原则。包含如下意义。

- 评估要有充分的计划性，不对系统运行产生显著影响。
- 所使用的评估工具要经过多次使用考验，具有很好的可控性。

（4）保密性原则。包含如下方面。

- 对评估数据严格保密。
- 不得泄露参评人员资料。
- 不得使用评估数据对被评方造成利益损失。

5. 信息系统安全风险评估参考标准

进行信息系统安全风险评估时可以参照的标准如下。

- ASNZS 4360:1999（风险管理指南）——澳大利亚和新西兰关于风险管理的标准。
- NIST SP 800-30：美国国家标准和技术研究院（NIST）开发的信息系统风险管理指南。
- NIST SP 800-26：NIST 开发的信息系统安全自我评估指南。
- ISO 17799：英国标准协会（British Standard Institute，BSI）开发，后成为信息安全管理体系的国际标准。
- BS 7799-2：BSI 开发的信息安全管理标准。
- OCTAVE（Operationally Critical Threat, Asset, and Vulnerability Evaluation）：美国卡内基-梅隆大学软件工程学院开发的一种风险评估方法。
- BS 15000（ITIL）：信息系统服务管理标准。
- ISO 13335：信息技术安全管理指南。
- G51：安全风险评估及审计指南。
- ISO 15408/CC。
- GB/T 18336：中国国家标准《信息技术、安全技术、信息技术安全性评估准则》。
- GB 17859—1999：中国国家标准《计算机信息系统安全保护等级划分准则》。

6. 信息系统安全风险评估模式

安全风险评估模式是进行安全风险评估时应当遵循的操作过程和方式。每个组织应当根据自己的信息系统的环境选择适当的评估模式。下面是几种常用的风险评估模式。

1）基线评估（baseline risk assessment）

安全基线评估就是按照标准或惯例进行评估。例如，按照下列标准规范或者惯例。

（1）国际标准和国家标准，例如 BS 7799-1、GB/T 18336—2001 等。

（2）行业标准或推荐，例如德国联邦安全局 IT 基线保护手册等。

（3）其他具有类似商业目标和规模的组织的惯例。

采用基线安全风险评估，组织应当根据行业性质、业务环境等实际情况，用安全极限的规定对自己的信息系统的安全措施进行检查，找出差距，得到基本的安全需求。

安全基线规定适合于特定环境下的所有系统。采用基线安全风险评估，可以满足基本的安全需求，使系统达到一定强度的安全防护水平。这种评估模式需要的资源少，评估周期短，操作简单，是最经济有效的风险评估模式。但是，基线水平的确定较困难。

2）详细评估

详细评估就是对信息系统中的所有资源都进行仔细的评估。例如，可以划分成如下方面进行安全风险评估。

（1）网络安全风险评估，可以按照了解拓扑结构—获取公共访问机器名字和地址—进行端口扫描的顺序进行。

（2）平台安全风险评估，包括认证基准配置、操作系统、网络服务有无改变，认证管理员口令并测试口令的强度，跟踪审计子系统，评估数据库等。

（3）应用安全评估。

详细评估包括了资产的鉴定和评估、资产面临威胁的评估以及安全薄弱环节的分析，并在这些评估分析的基础上进行最后的风险评估分析，最后制定出合适的安全策略。它体现了风险管理的思想，能识别资产的风险并将风险降低到可以接受的水平。但是，这种模式需要相当多的财力、物力、时间、精力和专业能力的投入，最后获得的结果可能有一定的时间滞后。

3）组合评估

组合评估是上述两种模式的结合。它首先对所有信息系统进行一次较高级别的安全分析，并关注每一个实际分析对整个业务的价值以及它所面临的风险程度。然后对鉴定为对业务非常重要或面临严重风险的部分，进行详细评估分析，对其他部分进行极限评估分析。这种方法注意了耗费与效率之间的平衡，还注意了高风险系统的安全防范。

7. 信息系统安全风险评估过程

信息系统安全风险评估是确定信息系统安全需求的过程，它包括图 12.3 所示的几个阶段。

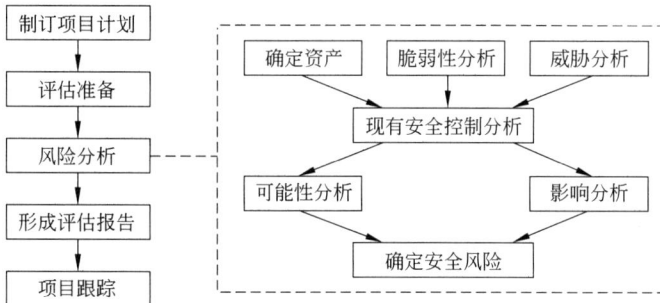

图 12.3　信息系统安全风险评估过程

下面对信息系统安全风险评估的几个重要环节作进一步说明。

1）制订项目计划

评估工作从制订项目计划开始。项目计划应当包括如下一些内容。

（1）评估目标。进行安全风险评估的目的和期望。

（2）项目范围和边界。例如，通过定义系统的连接和接口。

（3）约束条件。包括时间（是否要在非繁忙办公时间，甚至非工作时间进行）、财务预算、技术因素等。这些约束可能影响项目进度和评估的可用资源。

（4）建立资产价值（重要性或敏感度）评估标准。

（5）风险接受标准。明确组织可以接受的风险水平或等级。

（6）确定风险评估的模式。

（7）项目进度安排。用来控制进度，监督项目过程。

2）评估准备

制订风险评估计划之后，便要为实施风险评估做准备工作。准备工作包括以下几个方面。

（1）成立一个专门的风险评估小组，成员包括：

- 具有风险评估经验者。
- 熟悉组织运作者。
- 管理层、业务部门的成员。
- IT 系统代表。
- 用户代表。
- 外部风险评估专家。
- 组织的信息安全官员和安全管理人员。
- 组织的高层管理人员。

同时要进行分工，明确责任。

（2）收集资料，围绕项目的范围，收集相关资料。收集方法包括：

- 问卷调查。
- 对各级人员进行访谈。
- 小组讨论。
- 查阅文档（政策法规、设计资料、操作指南、审计记录、安全策略、应急预案、以前的评估结果等）。
- 现场勘察。观察各类人员的行为、环境状况和操作情形，寻找不良行为（如违反安全策略的现象）。

（3）材料准备。为风险评估过程设计拟定标准化的表格、模板和问卷等。

3）资产分析

通常用资产估计来确定需要保护的系统的价值。对于信息系统来说，可以用"信息资产"来描述信息化的成果。

（1）资产类型。通常信息资产可以认为由组织的 5 种资产组成。

- 物理资产。构成信息系统的一切具有物理形态的资产都称为物理资产，包括通信线路、通信设备、工作站、服务器、终端和存储设备等。
- 信息资产。信息资产是相对于物理资产而言的资产，是具有信息属性的资产，包括软件以及各种信息资源（财务信息、人事信息、业务信息、计划信息、设计信息以及系统记录的其他信息等）。它们也常被看作是知识资产。
- 时间资产。时间也是一种宝贵的资产。
- 人力资源。人力资源是组织最灵活、最主动的资源。
- 信誉（形象）资产。信誉是组织宝贵的无形资产。信誉受到损失，组织的形象和可信度将会不佳，愿意与之打交道者会减少。

（2）资产形式。

资产的形式包括以下几种。

- 各种文档。包括数据库和数据文件、系统文件、用户手册、培训资料、支持程序和应急计划等。

- 纸质文件。包括合同、策略方针、企业文件和重要商业结果等。
- 软件。应用软件、系统软件、开发工具和公用程序等。
- 物理资产。

资产的确定应当从关键业务开始，最终覆盖所有关键资产。在实际操作时，可以根据关键业务流程确定资产清单。得到完整的资产清单后，要进一步确定每项资产的价值。资产的价值用资产对于组织的重要性或敏感度衡量。

（3）建立一个资产评估标准，划分资产等级。

为了保证资产评估的一致性和准确性，组织应建立一个资产评估标准，对资产进行等级划分。表 12.1 为一个资产敏感度等级划分标准范例。

表 12.1　一个资产敏感度等级划分标准范例

等　级	名　称	描　述
5	巨	造成灾难性损失，导致组织停顿，决策层免职
4	大	造成重大经济损失，造成产品和服务大幅度缩减，形象受损，士气低落
3	中	对组织造成引起重视的损失，市场有一定程度的反映，士气受到影响
2	小	对部分产品或服务造成影响，受到外部批评
1	微	造成影响，基本不产生负面效应

4）脆弱性分析

（1）脆弱性分类。

- 技术性脆弱性：系统软硬件中存在的漏洞或缺陷。
- 操作性脆弱性：系统在配置、操作、使用中的缺陷，包括操作人员的不良习惯、缺乏审计或备份等。
- 管理性脆弱性：组织结构、人员意识、规章制度和策略计划等方面的不足。

（2）技术性脆弱性分析手段。

- 采用工具进行网络扫描。
- 主机审计。采用脚本工具或人工方式，对网络设备、主机和数据库进行列目式排查。
- 渗透测试。人工模拟黑客攻击，进行排查。
- 系统分析。进行网络结构和边界分析。

（3）非技术性脆弱性分析主要采用调查表、查看文件、访谈和现场勘察手段进行。

5）威胁分析

威胁是对系统或资产的保密性、完整性以及可用性构成潜在损害的事件。威胁分析的目的是在明晰关键资产安全需求的基础上，确定面临的威胁，并界定发生威胁的可能性以及对系统或资产的破坏性潜力。

（1）威胁源分类。为了描述方便，对威胁源要进行分类。表 12.2 为一个威胁源分类范例。

表 12.2　一个威胁源分类范例

编号	名　称	描　述
1	不可抗	不可抗拒的自然灾害（地震、飓风等）、环境（电力中断、污染等）、政治、战争等
2	组织薄弱	因组织、体制或制度缺陷造成的安全威胁

编号	名　称	描　　　　述
3	人为失误	因人的素质、技能等形成的安全威胁
4	技术缺陷	因技术缺陷形成的安全威胁
5	恶意行为	人为的侵害行为

（2）确定威胁途径。

- 查看安全策略文档。
- 业务流程分析。
- 网络拓扑分析。
- 人员访谈。
- 入侵检测系统收集信息分析。
- 人工分析。

6）现有安全控制分析

对于现有（在规划中的或已经实现的）安全控制措施进行分析的目的，是通过分析这些控制措施减少或消除一个威胁源利用系统脆弱性的可能性。

（1）安全控制措施的类型。安全控制措施按照性质分为以下几种。

- 管理性（administrative）。包括安全策略、程序管理、风险管理、安全保障和系统生命周期管理等。
- 操作性（operational）。包括人员职责、应急响应、事件处理、意识教育、系统支持和操作、物理和环境安全等。
- 技术性（technical）。加密、认证、访问控制和审计等。

安全控制措施按照功能分为以下几种。

- 预防性（preventive）。阻止对安全策略的犯罪，包括访问控制、加密和认证等。
- 检测性（detective）。检测并及时发现对安全策略的违犯或企图，并发出警告，具有一定威慑性（deterrent），如入侵检测、审计跟踪、校验和、蜜罐技术等。

（2）安全控制措施分析方法。设计安全要求核对表，系统化地进行有效分析，验证安全是否与既定法规和政策一致。

（3）输出信息系统已经实现或计划实现的安全控制措施清单。

7）可能性及影响分析

可能性（likelihood）和影响（impact）是威胁的两个属性，也是评估风险的两个关键因素。可能性指威胁发生的概率，影响指用于确定威胁对系统资产破坏或影响的程度。

（1）可能性分析。可能性分析是对威胁发生的概率进行估计，要结合威胁源的动机和能力、脆弱性的性质、安全控制措施的存在与有效性进行综合评估。通常采用经验分析或定性分析的方法确定。为便于分析，应制定威胁的可能性等级标准。表 12.3 为一个威胁的可能性等级范例。

（2）影响分析。影响分析已经在确定资产阶段用资产的敏感性进行了描述。需要说明的是，影响分析可以用定性和定量两种方法进行。

表 12.3　一个威胁的可能性等级范例

等　级	名　称	等 级 权 重	描　述
A	频繁	1.0	大多数情况下会发生
B	经常	0.7	多数情况下很可能发生
C	有时	0.5	有时会发生
D	很少	0.3	有时可能发生
E	个别	0.1	特殊情况下发生

定性影响分析只用级别描述威胁的影响，这样可以对风险进行排序，并能够立即对那些需要改善的环节进行标识。定量分析可计算影响的大小，以便用成本效益分析进行成本控制。

8）确定安全风险

确定安全风险的目的是评估信息系统的安全风险级别。

（1）风险级别和措施。信息系统风险级别最多划分为 4 级，并可以用颜色表示，如表 12.4 所示。

表 12.4　信息系统风险级别和行动措施

级别符号/颜色	名　称	建议的行动措施
E/红色	极度风险	立即采取措施：避免、转移、降低
H/橙色	高风险	需要尽快部署行动：避免、转移、降低
M/黄色	中风险	必须在一个合理的时间段内制订一个计划实施行动：避免、接受、转移、降低
L/绿色	低风险	按常规处理：避免、接受、转移、降低

（2）风险级别矩阵。将风险的可能性（概率）与威胁的级别相乘，可以得到最终使命风险，从而可以得到风险矩阵。表 12.5 为一个风险矩阵计算范例。

表 12.5　一个风险矩阵计算范例

可 能 性	影　　响				
	微	小	中	大	巨
	1	2	3	4	5
A（1.0）	1.0	2.0	3.0	4.0	5.0
B（0.7）	0.7	1.4	2.1	2.8	3.5
C（0.5）	0.5	1.0	1.5	2.0	2.5
D（0.3）	0.3	0.6	0.9	1.2	1.5
E（0.1）	0.1	0.2	0.3	0.4	0.5

（3）确定风险尺度。例如，对风险级别作如下定义：E 为 4.5～5.0，H 为 3.5～4.5，M 为 1.0～3.5，L 为 0.1～1.0。

按照风险级别的上述定义，将风险级别符号标进风险矩阵，得到的结果如表 12.6 所示。

9）形成评估报告

风险评估报告内容一般包括以下几部分。

（1）概述：评估目的、方法和过程等。

（2）评估结果：包括资产、威胁、脆弱性、现有安全控制措施等级和风险评估等。

表 12.6　一个风险矩阵结果

可 能 性	影　　响				
	微	小	中	大	巨
	1	2	3	4	5
A（1.0）	M（1.0）	M（2.0）	M（3.0）	H（4.0）	E（5.0）
B（0.7）	L（0.7）	M（1.4）	M（2.1）	M（2.8）	H（3.5）
C（0.5）	L（0.5）	M（1.0）	M（1.5）	M（2.0）	M（2.5）
D（0.3）	L（0.3）	L（0.6）	M（0.9）	M（1.2）	M（1.5）
E（0.1）	L（0.1）	L（0.2）	L（0.3）	L（0.4）	L（0.5）

（3）安全控制建议和备选解决方案。

前两项的内容已经介绍过了，在对安全控制建议和备选解决方案提出建议时应当考虑的内容如下。

- 建议的选项在兼容性等方面的有效性。
- 与法律法规的符合性。
- 组织及策略方面的可接受性。
- 对运行的影响。
- 安全性和可靠性。

12.1.3　信息系统渗透测试

一般说来，渗透测试 （penetration test）是一种模拟恶意攻击者的技术与方法，挫败目标系统的安全控制措施，取得访问控制权，并发现具备业务影响后果安全隐患的一种安全测试与评估方式。这种方法源于军事演习，20 世纪 90 年代时，由美国军方与国家安全局引入到对信息网络与信息安全基础设施的实际攻防测试过程中。

实施渗透测试一般需要对目标系统进行主动探测分析，以发现潜在的系统漏洞，包括不恰当的系统配置、已知或未知的软硬件漏洞以及在安全计划与响应过程中的操作性弱点等。

1．渗透测试目标

（1）主机操作系统渗透。对 Windows、Linux 等操作系统本身进行渗透测试。

（2）数据库系统渗透。对 MS-SQL、Oracle、MySQL 等数据库应用系统进行渗透测试。

（3）应用系统渗透。对渗透目标提供的各种应用，如 ASP、JSP、PHP 等组成的 Web应用进行渗透测试。

（4）网络设备渗透。对各种防火墙、入侵检测系统、网络设备进行渗透测试。

（5）不同网段/VLAN 之间的渗透。这种渗透方式是从某内/外部网段，尝试对另一网段/VLAN 进行渗透。这类测试通常可能用到的技术包括对网络设备的远程攻击、对防火墙的远程攻击或规则探测以及规避尝试。

2．渗透测试手段

1）内网测试

内网测试指的是渗透测试人员从内部网络发起测试，这类测试能够模拟企业内部违规操作者的行为。最主要的"优势"是绕过了防火墙的保护。内部主要可能采用的渗透方式包括远程缓冲区溢出、口令猜测以及 B/S 或 C/S 应用程序测试（如果涉及 C/S 程序测试，需要提前准备相关客户端软件供测试使用）。

2）外网测试

外网测试指的是渗透测试人员完全处于外部网络（例如拨号、ADSL 或外部光纤），模拟对内部状态一无所知的外部攻击者的行为。包括对网络设备的远程攻击，口令管理安全性测试，防火墙规则试探和规避，Web 及其他开放应用服务的安全性测试。

3）端口扫描

通过对目的地址的 TCP/UDP 端口扫描，确定其所开放的服务的数量和类型，这是所有渗透测试的基础。通过端口扫描，可以基本确定一个系统的基本信息，结合安全工程师的经验可以确定其可能存在以及被利用的安全弱点，为进行深层次的渗透提供依据。

4）远程溢出

这是当前出现的频率最高、威胁最严重，同时又是最容易实现的一种渗透方法，一个具有一般网络知识的入侵者就可以在很短的时间内利用现成的工具实现远程溢出攻击。

对于防火墙内的系统同样存在这样的风险，只要对跨接防火墙内外的一台主机攻击成功，那么通过这台主机对防火墙内的主机进行攻击就易如反掌。

5）本地溢出

本地溢出是指在拥有了一个普通用户的账号之后，通过一段特殊的指令代码获得管理员权限的方法。使用本地溢出的前提是要获得一个普通用户密码。也就是说，导致本地溢出的一个关键条件是设置不当的密码策略。

多年的实践证明，在经过前期的口令猜测阶段获取普通账号并登录系统之后，对系统实施本地溢出攻击，就能获取不进行主动安全防御的系统的控制管理权限。

6）口令猜测

口令猜测也是一种出现概率很高的风险，几乎不需要任何攻击工具，利用一个简单的暴力攻击程序和一个比较完善的字典就可以猜测口令。对一个系统账号的猜测通常包括两个方面：首先是对用户名的猜测，其次是对密码的猜测。

7）脚本及应用测试

Web 脚本及应用测试专门针对 Web 及数据库服务器进行。根据最新的技术统计，脚本安全弱点为当前 Web 系统，尤其是存在动态内容的 Web 系统是比较严重的安全弱点之一。利用脚本相关弱点轻则可以获取系统其他目录的访问权限，重则将有可能取得系统的控制权限。因此对于含有动态页面的 Web 数据库等系统，Web 脚本及应用测试将是必不可少的一个环节。在 Web 脚本及应用测试中，可能需要检查的部分包括如下 5 个方面。

（1）检查应用系统架构，防止用户绕过系统直接修改数据库。

（2）检查身份认证模块，防止非法用户绕过身份认证。

（3）检查数据库接口模块，防止用户获取系统权限。

（4）检查文件接口模块，防止用户获取系统文件。

（5）检查其他安全威胁。

8）无线网络测试

通过对无线网络进行测试，可以判断企业局域网的安全性，这种测试方法已经成为越来越重要的渗透测试环节。

除了上述测试手段外，还有一些可能会在渗透测试过程中使用的技术，包括社交工程学、拒绝服务攻击以及中间人攻击。

3．渗透测试方法

1）黑箱测试

黑箱测试（black-box testing）又称为 zero-knowledge testing。采用这种方式时，渗透测试团队将从一个远程网络位置来评估目标网络基础设施，并没有任何目标网络内部拓扑等相关信息，完全处于对系统一无所知的状态。他们完全模拟真实网络环境中的外部攻击者，采用流行的攻击技术与工具，有组织有步骤地对目标组织进行逐步的渗透与入侵，揭示目标网络中一些已知或未知的安全漏洞，并评估这些漏洞能否被用来获取控制权或造成业务资产的损失。所以这种测试方法又称为外部测试（external testing）。

黑盒测试还可以对目标组织内部安全团队的检测与响应能力做出评估。在测试结束之后，黑盒测试会对发现的目标系统安全漏洞、所识别的安全风险及其业务影响评估等信息进行总结和报告。

2）白盒测试

白盒测试（white-box testing）也称为内部测试（internal testing）。进行白盒测试需要事先了解关于目标环境的所有内部与底层状况，因此可以让渗透测试者以最小的代价发现和验证系统中最严重的安全漏洞。如果实施到位，白盒测试能够比黑盒测试消除更多的目标基础设施环境中的安全漏洞与弱点，从而给客户组织带来更大的价值。这类测试通常用于模拟企业内部雇员的越权操作。

3）灰盒测试

灰盒测试（grey-box testing）是对黑盒测试和白盒测试两种基本类型的组合。采用灰盒测试可以提供对目标系统更加深入和全面的安全审查，能够同时发挥两种基本类型渗透测试方法的各自优势。这种测试也称为隐秘测试，是被测单位仅有极少数人知晓测试存在的方法，因此能够有效地检验单位中的信息安全事件监控、响应、恢复做得是否到位。

4. 渗透测试流程

渗透测试一般包括如下 7 个阶段。

1）前期交互阶段

在前期交互（pre-engagement interaction）阶段，渗透测试团队要与客户组织进行交互讨论，收集客户需求，准备测试计划，定义测试范围、边界和限制条件，定义业务目标、项目管理与规划，讨论服务合同细节等。

2）情报搜集阶段

情报搜集（information gathering）是在目标范围确定之后，进行尝试获取更多关于目标组织网络拓扑、系统配置与安全防御措施信息的活动。

对目标系统的情报探查能力是渗透测试者的一项非常重要的技能，情报搜集是否充分在很大程度上决定了渗透测试的成败。所以在这个阶段，渗透测试团队要尽力利用各种信息来源与搜集技术方法，包括公开来源信息查询、Google Hacking、社会工程学、网络踩点、扫描探测、被动监听和服务查点等。

3）威胁建模阶段

在搜集到充分的情报信息后，渗透测试团队将集思广益，通过缜密的情报分析，进入威胁建模（threat modeling）、制定攻击规划阶段。

4）漏洞分析阶段

漏洞分析（vulnerability analysis）阶段的工作是在确定出最可行的攻击通道之后，根据前几个阶段获取的情报信息，特别是在安全漏洞扫描结果、服务查点信息等基础上，通过搜索可获取的渗透代码资源，找出可以实施渗透攻击的攻击点，并在实验环境中进行攻击模拟。高水平的渗透测试团队还会针对攻击通道上的一些关键系统与服务进一步进行安全漏洞探测与挖掘，找出可被利用的未知安全漏洞，并开发出渗透代码，打开攻击通道上的关键路径。

在这个环节中，需要渗透测试团队根据目标组织的业务经营模式、保护资产形式与安全防御计划的不同特点，自主设计出攻击目标，识别关键基础设施，并寻找客户组织最具价值和尝试安全保护的信息和资产，最终达成能够对客户组织造成最重要业务影响的攻击途径。

5）渗透攻击阶段

在渗透攻击（exploitation）将实施真正的入侵，获得访问控制权。

6）后渗透攻击阶段

在后渗透攻击（post exploitation）阶段，渗透测试团队要根据测试目的、收集的信息和测试结果，对系统的安全状况进行科学的评价，并评估自己的渗透攻击，查找不足。若有不足或遗漏，应返回到威胁建模阶段进行弥补。

7）渗透测试报告撰写阶段

渗透测试报告（report）是提交给用户的最终成果，内容包括所有阶段中渗透测试团队所获取的关键情报信息、探测和发掘出的系统安全漏洞、成功渗透攻击的过程，以及造成业务影响后果的攻击途径，同时还要站在防御者的角度，帮助客户分析安全防御体系中的薄弱环节以及存在的问题，给出系统加固建议。

通常也把前 4 个阶段称为预攻击阶段，把第 5 个阶段称为攻击阶段，把最后两个阶段称为后攻击阶段。

5. 渗透测试的实施

渗透测试是按照黑客攻击的思路进行的攻击性测试，每个阶段、对于不同的部位的攻击，都可以采用已有的攻击工具进行。图 12.4 给出渗透测试相关的攻击目标及其使用的工具。

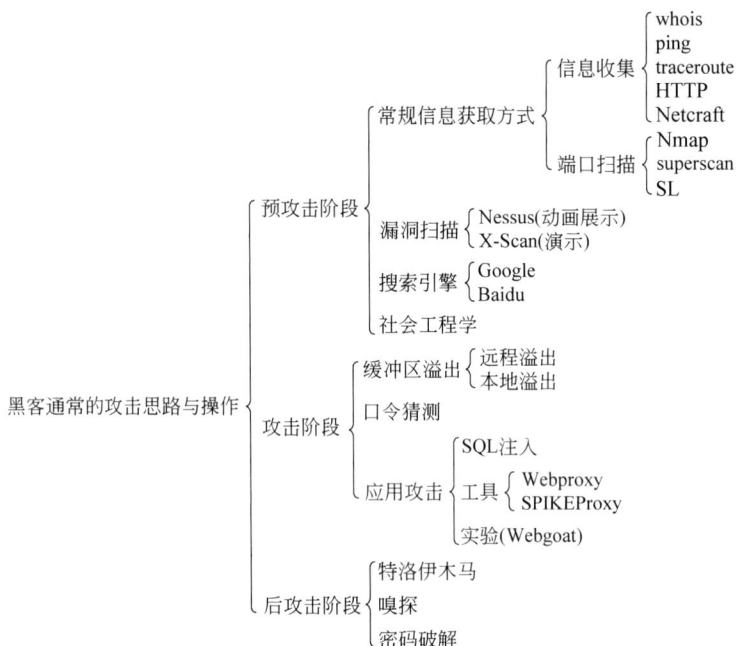

图 12.4 渗透测试相关的攻击目标及其使用的工具

12.2 SSE-CMM

ISSE 可以认为是系统工程的子集，其体系结构沿袭了系统工程，即以时间维划定工程元素，前一项的结果是后一项的输入，具有严格的顺序性。然而信息安全内容复杂，一项完整的信息安全工程会涉及多个复杂的安全领域，而有些领域的时间过程性却不明显，因而以时间维为线索的描述方式不适合反映这些内容。这种矛盾常形成系统建设的盲目性，并会导致系统安全工程的失败。为弥补这一缺陷，1991 年美国国家安全局将软件开发的 CMM（Capability Maturity Model，能力成熟度模型）评估思想引入到信息安全工程中，形成 SSE-CMM 评定方法。

12.2.1 CMM 及其模型

1. CMM 由来

软件开发是人的智力与问题复杂性之间的博弈。从计算机诞生开始这种博弈就出现了，随着计算机应用的不断扩展，这种博弈日渐激烈。到了 20 世纪 60 年代，接连两次发生的软件危机，迫使人们去研究如何迎战并解决这些矛盾。首先从程序结构和程序设计模式方面开始突破：结构化程序设计、面向对象程序设计、函数式编程等应运而生，使程序设计的效率大大提高。与此同时却暴露出了另一方面的问题——软件质量，即如何使开发出来的软件令顾客满意。

实际上，软件质量一直是一个模糊的、捉摸不定的概念。人们常常用这样的方式描述软件质量："好用"与"不好用"、"功能全"与"功能单一"、"操作不便"与"操作方便"等。但是，这些语言太模糊，用它们来评价软件质量不科学，也不好度量。到了 20 世纪 70 年代中期，当时的美国国防部开始立题专门研究软件项目做不好的原因。在研究中发现 70% 的项目是因为管理不善而失败，而不是因为技术实力不够，进而得出一个结论，即管理是影响软件研发项目全局的因素，而技术只影响局部。这个方面的研究后来由美国国防部委托卡内基-梅隆大学软件研究所（SEI）进行。

1987 年，卡内基-梅隆大学软件研究所率先在软件行业从软件过程能力的角度提出了软件过程成熟度模型（CMM）用于评价软件承包能力并帮助其改善软件质量的方法，并在世界推广实施。这个成果表明，软件质量，乃至于任何产品质量，都是一个很复杂的事物性质和行为。产品质量，包括软件质量，是人们实践产物的属性和行为，是可以认识，可以科学地描述的，也可以通过一些方法和人类活动来改进质量。

2. CMM 模型结构

CMM 是一种用于评价软件承包能力并帮助其改善软件质量的方法，侧重于软件开发过程的管理及工程能力的提高与评估。它分为如图 12.5 所示的五个等级，形成了一个基于过程改进的阶梯式框架。

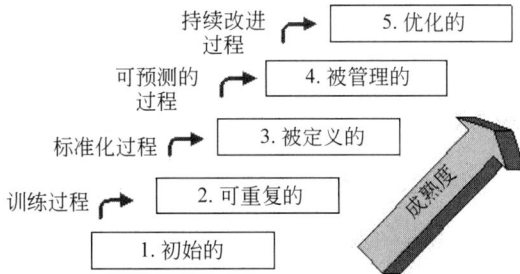

图 12.5　阶梯式的 CMM 框架

CMM 指明了一个软件组织在软件开发方面需要管理哪些主要工作、这些工作之间的关系，以及怎样一步一步地做好这些工作从而使软件组织走向成熟。

12.2.2　SSE-CMM 及其模型

1. SSE-CMM 的特点

SSE-CMM 是在安全系统工程 SSE 的基础上，加入 CMM 模型而形成的安全工程实施改善度量标准。它拥有 SSE 的所有特征，例如，它覆盖整个组织的活动，包括管理、组织和工程活动等，而不仅仅是系统安全的工程活动；它与其他组织的相互作用，涉及开发者、产品供应商、集成商、采购者、安全评估组织、资质评估认证组织、咨询服务商等；同时 SSE-CMM 不是孤立的工程，而是与其他工程并行且相互作用，包括企业工程、软件工程、硬件工程、基建工程、人力资源工程、通信工程、测试工程、系统管理等。同时它也作为一种特殊的 CMM 模型，当过程被定义、实践和改进时，CMM 模型描述了过程的进步阶段，并通过确定当时特定过程的能力，在一个特定域中识别出最关键的质量和过程改进环节，来确定如何选择过程改进的策略，既可以指导开发过程，也可以指导成熟的或已经定义的过程。

2．二维 SSE-CMM 模型

SSE-CMM 体系结构的设计可以在整个安全工程范围内决定安全工程组织的成熟性。这个体系结构的目标是清晰地从管理和制度化特征中分离出安全工程的基本特征。为了保证这种分离，如图 12.6 所示，这个模型是二维的，分别称为"域维"和"能力维"。

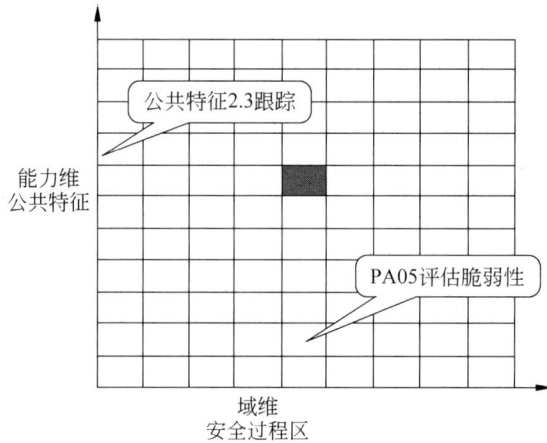

图 12.6　SSE-CMM 模型

通过这两个相互依赖的维，将 SSE-CMM 的各个能力级别覆盖了整个安全活动范围。给每个 PA 赋予一个能力级别评分，所得到的二维图形就形象地反映了一个工作组织整体上的系统安全工程能力成熟度，也间接地反映了其工作的质量以及安全上的可信度。

3. SSE-CMM 的域维

1）域维及其类型

域维由所有定义安全工程的过程活动构成，这些实施活动称为"过程区域（Process Area，PA）"。SSE-CMM 共有 22 个 PA，分为三种类型。

（1）工程过程类（engineering），包含 11 个 PA。如图 12.7 所示，这类 PA 描述了系统安全工程中实施的与安全直接相关的活动，也是 CISP 培训及考试的内容。这类 PA 又进一步分为风险过程（PA02、PA03、PA04、PA05）、工程过程（PA01、PA07、PA08、PA09、PA10）和保证过程（PA06、PA11）。

（2）组织过程类（organization）和项目过程类（project），共包含 11 个 PA。它们并不直接同系统安全相关，但常与 11 个工程过程类一起用来度量系统安全队伍的过程能力成熟度。图 12.8 列出了组织过程类（PA12～PA16）和项目过程类（PA17～PA22）PA 的组织和职能。

2）域维特点

需要注意的是，SSE-CMM 并不意味着在一个组织中的任何项目组或角色必须执行模型中所描述的任何过程，也不要求使用最新最好的安全工程技术和方法论。这个模型的要求

PA01　实施安全控制（Administer Security Controls）

PA02　评估影响（Assess Impact）

PA03　评估安全风险（Assess Security Risk）

PA04　评估威胁（Assess Threat）

PA05　评估脆弱性（Assess Vulnerability）

PA06　建立保证论据（Build Assurance Argument）

PA07　协调安全（Coordinate Security）

PA08　监视安全态势（Monitor Security Posture）

PA09　提供安全输入（Provide Security Input）

PA10　明确安全需求（Specify Security Needs）

PA11　验证与确认安全（Verify and Validate Security）

图 12.7　工程过程类域维的组织及职能

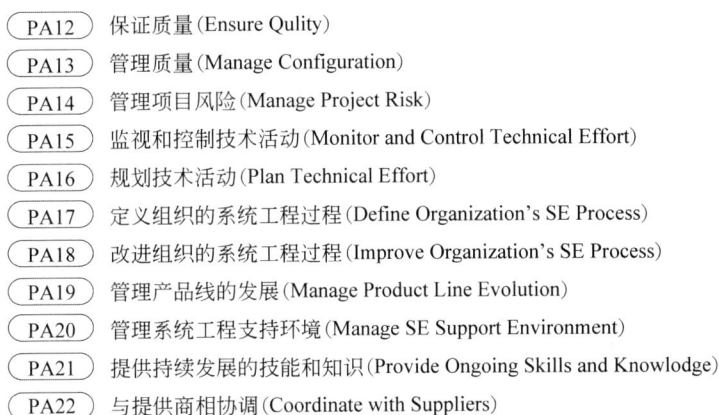

PA12　保证质量（Ensure Qulity）

PA13　管理质量（Manage Configuration）

PA14　管理项目风险（Manage Project Risk）

PA15　监视和控制技术活动（Monitor and Control Technical Effort）

PA16　规划技术活动（Plan Technical Effort）

PA17　定义组织的系统工程过程（Define Organization's SE Process）

PA18　改进组织的系统工程过程（Improve Organization's SE Process）

PA19　管理产品线的发展（Manage Product Line Evolution）

PA20　管理系统工程支持环境（Manage SE Support Environment）

PA21　提供持续发展的技能和知识（Provide Ongoing Skills and Knowlodge）

PA22　与提供商相协调（Coordinate with Suppliers）

图 12.8　组织过程类和项目过程类 PA 的组织和职能

是一个组织机构要有一个适当的过程，这个过程应包括这个模型中所描述的基本安全实施，即域维所包含的内容。组织机构以任何方式随意创建符合他们业务目标的过程以及组织结构。因此，一个过程区域有如下特点。

- 汇集一个域中的相关活动；
- 可应用于整个组织生命周期；
- 能在多个组织和多个产品范围内实现；
- 能作为一个独立过程进行改进。

3）域维中的基本实施（Base Practice，BP）

每个过程区域包括一组表示组织成功执行过程区域的目标。每个过程区域也包括一组集成的基本实施。基本实施定义了获得过程区域目标的必要步骤，它具有如下特性。

- 应用于整个组织生命周期；
- 和其他 BP 互不覆盖；
- 代表安全业界"最好的实施"；
- 在业务环境下不指定特定的方法或工具。

4. SSE-CMM 的能力维

能力维由通用实施（General Practice，GP）组成。GP 是广泛分布在所有域中的组织能力（过程管理能力和制度化能力），针对的是一个域过程的管理、测试和制度化，并且它们的顺序根据常熟度排列，依次表示不断增强的组织能力。

如图 12.9 所示，SSE-CMM 的能力维共分为 6 个级别，其中 0 级未实施。能否执行某一个特定的公共特征是一个组织能力的标志。每一个公共特征包括一个或多个通用实施。

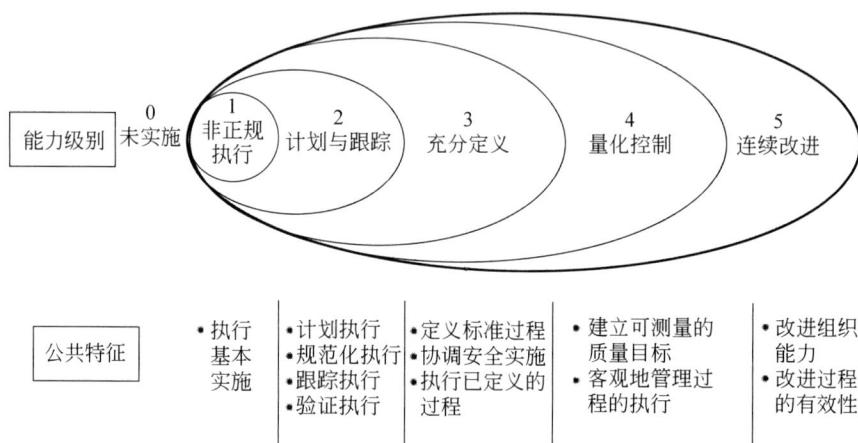

图 12.9　SSE-CMM 的能力级别

5. 安全工程能力成熟度模型评估

系统安全工程能力成熟度模型评估方法（SSE-CMM Appraisal Method，SSAM）是专门基于 SSE-CMM 的评估方法，它包含对系统安全工程能力成熟度模型中定义的组织的系统安全工程流程能力和成熟度进行评估所需的信息和方向。

SSAM 过程的主要工作产品是调查结果简报和评估报告。调查结果简报包括评估资料和评估结果清单，评级报告表示组织的每个 PA 的能力水平。调查结果考察了评估组织的优缺点，它通常是为被评估方开发的，但可以作为被评估方的要求提交给评估组织。评估报告仅供被评估方使用，并包括每个调查结果及其对被评估方需求影响的详细信息。

评估参与者根据参与评估的三种组织进行分组，包括被评估方、评估者和评估人员。每个人在确保评估目标得到满足方面发挥重要作用。

SSAM 分为 4 个阶段，分别是规划、准备、现场和报告。每个阶段由下一阶段开始之前必须执行的多个步骤组成。每个步骤最后的"注释"部分包括如何从每个步骤获得最佳结果的指导。

（1）规划。规划阶段的目的是建立评估框架，并为现场阶段准备后勤方面的工作。

（2）准备。准备阶段的目的是准备评估团队进行现场活动，并通过问卷进行数据的初步收集和分析。

（3）现场。现场阶段主要是探索初始数据分析结果，以及为被评组织的专业人员提供参与数据采集和证实过程的机会。

（4）报告。小组对在此前三个阶段中采集到的所有数据进行最终分析，并将调查结果呈送给发起者。

12.2.3　SSE-CMM 的应用

图 12.10 为所有 PA 的能力成熟度综合图。可以看出，SSE-CMM 为每个能力级别定义了一个或多个公共特征。只有当所有这些公共特性都达到某个级别层次时，过程才达到了对应的能力级别。不过，工程组织可以根据系统安全工程项目的实际需求有选择地执行某些过程，而不是全部过程域。但是，工程组织用每个过程域上的能力级别为自己评级时，得到的各过程域上的能力级别不同，会为自己在改善过程能力方面提供一个努力方向。

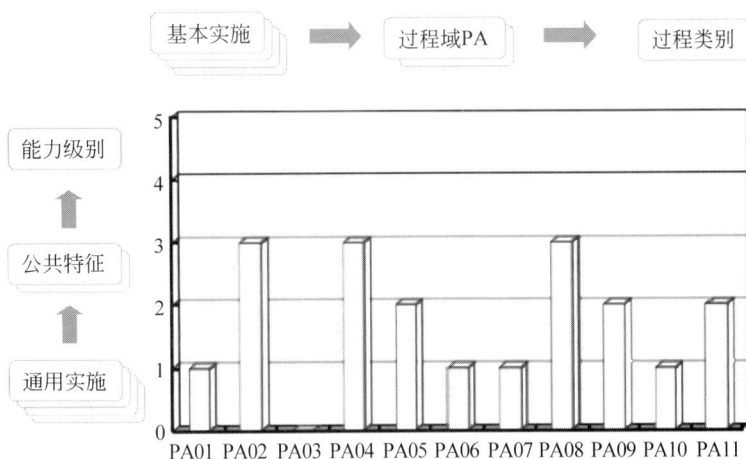

图 12.10　所有 PA 的能力成熟度综合图

习　题　12

一、选择题

1. 关于信息安全风险，下面说法中正确的是（　　）。

A. 风险评估要识别资产相关要素的关系，以判断资产面临的风险大小。在对这些要素的评估过程中，需要充分考虑与这些基本要素相关的各类属性

B. 风险评估要识别资产相关要素的关系，以判断资产面临的风险大小。在对这些要素的评估过程中，不需要充分考虑与这些基本要素相关的各类属性

C. 安全需求可通过安全措施得以满足，不需要结合资产价值考虑实施成本

D. 信息系统的风险在实施了安全措施之后可以降为零

2. ISSE 是美国发布的 IATF 3.0 版本中提出的设计和实施信息系统（　　）。

A. 安全工程方法　　　B. 安全工程框架　　　C. 安全工程体系结构　　D. 安全工程标准

3. SSE-CMM 的 6 个级别，其中计划和跟踪级着重于（　　）。

A. 规范化地裁剪组织层面的过程定义　　　B. 项目层面定义、计划和执行问题

C. 测量　　　D. 一个组织或项目执行了包含基本实施的过程

4. 下面对于 SSE-CMM 保证过程的说法错误的是（　　）。

A. 保证是指安全需求得到满足的可信任程度

B. 信任程度来自于对安全工程过程结果质量的判断

C. 自验证与证实安全的主要手段包括观察、论证、分析和测试

D. PA"建立保证论据"为 PA"验证与证实安全"提供了证据支持

5. 当备份一个应用程序系统的数据时，以下（　　）是应该首先考虑的关键性问题。

　　A. 什么时候进行备份　　B. 在哪里进行备份　　　C. 怎样存储备份　　　　D. 需要备份哪些数据

二、课外阅读

SSE-CMM 工
程过程类 PA

CMM 的 5
个能力等级

SSE-CMM
能力级别

参 考 文 献

[1] 张基温. 信息系统安全教程[M]. 3 版. 北京：清华大学出版社，2017.

[2] 张基温. 信息系统安全原理[M]. 北京：中国水利水电出版社，2005.

[3] 张基温. 信息安全实验与实践教程[M]. 北京：清华大学出版社，2005.

[4] 张基温，蒋中云. 计算机取证概述[J]. 计算机教育，2005(10)：62-65.

[5] 张基温，陶利民. 一种基于移动 Agent 的新型分布式入侵检测系统[J]. 微计算机应用，2004，25(1)：70-75.

[6] 陶利民，张基温. 轻量级网络入侵检测系统——Snort 的研究[J]. 计算机应用研究，2004(4)：106-108.

[7] 江森林，张基温. Honeyd 解析[J]. 计算机工程与设计，2005，26(3)：682-685.

[8] 王玉斐，张基温. 基于 NIDS 数据源的网络攻击事件分类技术研究[J]. 计算机应用，2005(12)：2748-2750.

[9] 蒋中云，张基温. 基于 Multi-Agent 的网络入侵取证模型的设计[J]. 微计算机信息，2005(12).

[10] 魏士靖，张基温. 基于犯罪画像的计算机取证分析方法研究[J]. 微计算机信息，2006(2)：3.

[11] 张基温，王玉斐. 基于应用环境的入侵检测系统测试方案[J]. 计算机工程与设计，2006(7)：1220-1223.

[12] 叶茜，张基温. 基于移动代理的分布式拒绝服务攻击防御模型[J]. 计算机应用，2006(7)：1646-1648.

[13] 朱剑，张基温. 基于加权模糊推理的电子取证入侵重构系统[J]. 计算机工程与设计，2006(14)：2663-2665.

[14] 裴浩，张基温，黄可望. 基于 PMI 的 Web Service 访问控制方案[J]. 计算机工程与设计，2007(1)：59-61.

[15] 张基温，董瑜. 大规模 P2P 网络下蠕虫攻击的研究[J]. 微计算机信息，2008(3)：245-246.

[16] 张基温，刘英戈，陈广良，等. 基于 Mobile Agent 的协作式反垃圾邮件系统设计[J]. 计算机应用，2006，26(10)：2338-2340.

[17] 中国信息安全产品测评认证中心. 信息安全工程与管理[M]. 北京：人民邮电出版社，2003.

[18] 杨波. 现代密码学[M]. 北京：清华大学出版社，2003.

[19] 杜彦辉，等. 信息安全技术教程[M]. 北京：清华大学出版社，2013.

[20] 付永钢. 计算机信息安全技术[M]. 北京：清华大学出版社，2012.

[21] 彭新光，王峥. 信息安全技术与应用[M]. 北京：人民邮电出版社，2013.

[22] 张基温. 计算机网络原理[M]. 北京：高等教育出版社，2003.

[23] 张基温. 计算机网络技术[M]. 北京：高等教育出版社，2004.

[24] 黄波，刘洋洋. 信息安全法律汇编与案例分析[M]. 北京：清华大学出版社，2012.

[25] http://www.sans.org/.

[26] http://www.securiteam.com/.

图 书 资 源 支 持

感谢您一直以来对清华版图书的支持和爱护。为了配合本书的使用,本书提供配套的资源,有需求的读者请扫描下方的"书圈"微信公众号二维码,在图书专区下载,也可以拨打电话或发送电子邮件咨询。

如果您在使用本书的过程中遇到了什么问题,或者有相关图书出版计划,也请您发邮件告诉我们,以便我们更好地为您服务。

我们的联系方式:

地　　　址:北京市海淀区双清路学研大厦 A 座 714

邮　　　编:100084

电　　　话:010-83470236　　010-83470237

客服邮箱:2301891038@qq.com

QQ:2301891038(请写明您的单位和姓名)

资源下载:关注公众号"书圈"下载配套资源。

资源下载、样书申请　　　图书案例

书 圈　　　清华计算机学堂　　　观看课程直播